Report of International Science and Technology Development

2021
国际科学技术发展报告

中华人民共和国科学技术部

科学技术文献出版社
SCIENTIFIC AND TECHNICAL DOCUMENTATION PRESS

·北京·

图书在版编目（CIP）数据

国际科学技术发展报告.2021 / 中华人民共和国科学技术部著. —北京：科学技术文献出版社，2021.10
ISBN 978-7-5189-8557-9

Ⅰ.①国… Ⅱ.①中… Ⅲ.①科学发展—研究报告—世界—2021 Ⅳ.① N11

中国版本图书馆 CIP 数据核字（2021）第 221268 号

国际科学技术发展报告·2021

策划编辑：张　丹　责任编辑：张　丹　邱晓春　李　鑫　责任校对：张　微　责任出版：张志平

出　版　者	科学技术文献出版社
地　　　址	北京市复兴路15号　邮编　100038
编　务　部	（010）58882938，58882087（传真）
发　行　部	（010）58882868，58882870（传真）
邮　购　部	（010）58882873
官　方　网　址	www.stdp.com.cn
发　行　者	科学技术文献出版社发行　全国各地新华书店经销
印　刷　者	北京地大彩印有限公司
版　　　次	2021 年 10 月第 1 版　2021 年 10 月第 1 次印刷
开　　　本	710×1000　1/16
字　　　数	598千
印　　　张	31.75
书　　　号	ISBN 978-7-5189-8557-9
定　　　价	98.00元

前　言

　　《国际科学技术发展报告》从 20 世纪 80 年代开始发布延续至今，已经有 30 多年的历史了。报告由科技部国际合作司与中国科学技术信息研究所共同组成专题研究组，在我国驻外使领馆科技外交官的配合下，对当年世界各国科技发展的最新趋势和动向进行全面调研和分析，是国内介绍世界科技新发展的重要报告之一。

　　《国际科学技术发展报告·2021》共分 4 个部分。第一部分主要对 2020 年的国际科学技术发展动向进行综述，包括后疫情时代全球科技创新发展呈现出的新动向、全球科技竞合的新格局、各国应对疫情面向未来的新部署、各国促进和加快产业向数字化和绿色化转型的政策措施、全球研发投入格局及科技创新人员培养和流动的趋势等。第二部分主要选择一些重点科技领域的国际发展状况进行较深入的分析，包括气候变化、清洁能源、围绕新型冠状病毒展开的研发、生命科学与生物技术、人工智能、量子信息技术、区块链、先进制造及航天等。第三部分介绍了美国、加拿大、墨西哥、哥斯达黎加、巴西、智利、欧盟、英国、法国、葡萄牙、爱尔兰、比利时、挪威、芬兰、丹麦、德国、瑞士、意大利、奥地利、塞尔维亚、捷克、波兰、罗马尼亚、希腊、俄罗斯、白俄罗斯、日本、韩国、印度尼西亚、马来西亚、新加坡、缅甸、印度、巴基斯坦、以色列、哈萨克斯坦、乌兹别克斯坦、澳大利亚、新西兰、埃及、肯尼亚等国家和地区 2020 年的科技创新政策动向概况。第四部分提供了最新的科技统计数据。

全书第一部分和第二部分由课题组成员撰写，程如烟负责统稿工作。第三部分的素材由驻外使领馆科技外交官提供，课题组成员对其进行了凝练和整理，乌云其其格等负责第三部分的统稿工作。第四部分由孙浩林负责整理。

在本书的撰写过程中，我们参阅了大量的政府机构、国际组织及知名研究机构的公开报告，也引用了国内外许多期刊的资料。由于涉及资料较多，报告中未能一一列出被引用文献的名称，谨表歉意。

由于时间和编写人员水平所限，本书难免有疏漏之处，敬请读者批评指正。

《国际科学技术发展报告》课题组

目　录

第二部分 国际科技热点领域追踪与分析

第三部分 主要国家和地区科技发展概况

第四部分　附　录

第一部分

新冠肺炎疫情下的国际科技创新动向

本部分主要对2020年国际科学技术发展动向进行综述，包括后疫情时代全球科技创新呈现新的动向和趋势、全球化新阶段下全球科技竞合呈现新格局、各国政府应对疫情面向未来部署科技创新政策等。

◎ 后疫情时代全球科技创新呈现新的动向和趋势

2020 年年初暴发的新冠肺炎疫情对全球健康构成重大威胁，截至 2020 年年底，全球新冠肺炎感染人数达到 8000 多万人[①]，死亡人数近 200 万人；同时造成了第二次世界大战以来最大的全球经济危机，2020 年全球经济遭受重创，疫情致贫、返困的人口急剧上升，全球贫富差距进一步拉大。与此同时，新冠肺炎疫情导致人们的工作和生活方式也发生了巨大变化，远程办公和医疗、线上教育和购物普及程度迅速扩大，非接触经济快速发展。

新冠肺炎疫情对全球科技创新也造成了巨大影响。一方面，应对新冠肺炎疫情采取的隔离措施和经济衰退致使一些科技创新活动被迫停止；另一方面，科技创新在新冠肺炎疫情的溯源、疫苗研发及治疗等方面发挥了重要作用，推动全球尽快走出疫情的阴影。在历史长河中，2020 年暴发的新冠肺炎疫情必将对科技创新的未来发展产生一定作用，后疫情时代，全球科技创新将呈现新的动向和趋势。

一、新冠肺炎疫情对全球科技创新的影响

新冠肺炎疫情导致各国经济遭受重创，从而使得各国用于研发的资金和支持创新的风险投资不可避免地受到了影响。与此同时，新冠肺炎疫情对于科技创新的方式也产生了一些影响。

1. 研发支出将降低，但不同行业所受影响不同

从历史来看，研发支出与 GDP 的变化趋势一致，GDP 的增减将影响研发支

---

① https://voice.baidu.com/act/newpneumonia/newpneumonia/?from=osari_aladin_banner#tab4.

出的增减（图 1-1）。2020 年，除了中国之外，几乎所有国家的 GDP 都在下滑，其中美国减少 3.5%，日本减少 4.8%，德国减少 4.9%，英国减少 10%，印度减少 8%。因此可以推断，全球研发支出将会有一定程度的下降。

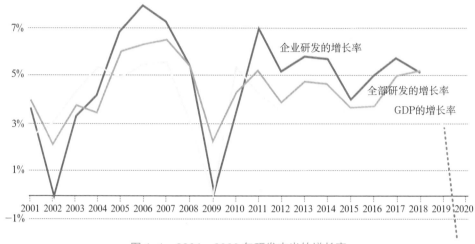

图 1-1　2001—2020 年研发支出的增长率

不同行业研发支出所受影响不同。当前，全球商业研发支出最高的行业分别为 ICT 硬件和电子设备、制药和生物技术、汽车、软件与 ICT 服务，这四大行业的研发支出所受影响不尽相同。① ICT 硬件和电子设备行业的研发支出占商业研发支出的近 1/4，受全球消费需求下降及全球供应链的影响，此行业的企业收入大幅下滑，但大多数公司却大幅增加了研发支出；②制药和生物技术占全球商业研发支出的份额为 18.8%，该行业收入在新冠肺炎疫情暴发的形势下有所增加，研发支出也会随之增长；③汽车业占全球商业研发支出的份额为 15.6%，受新冠肺炎疫情打击，汽车业的收入大幅下滑，预计汽车业的研发预算在 2020 年和 2021 年将大幅削减；④软件与 ICT 服务占全球商业研发支出的份额为 14.4%，该行业的公司通常拥有大量现金储备，同时鉴于疫情加大了对互联网活动、云服务、在线游戏和远程工作等数字化的需求，因此，该行业的研发支出将增加。

2. 风险投资受到一定冲击，对创新创业带来负面影响

过去十年间全球风险投资快速增加，推进了创新型初创企业的快速发展和成长。2019 年，风险投资者向全球初创企业的投资超过了 2500 亿美元，而 2009 年此数值还不到 10 亿美元。

新冠肺炎疫情对经济的影响使得风险投资受到了巨大冲击，2020 年 1—8 月，全球风险投资交易数量下降，达到 2013 年以来的最低水平；对 1000 名美国风险投资家的调查也发现，他们在 2020 年上半年的投资速度仅为正常水平的 71%，这对创新创业带来了负面影响。然而，相较 2008—2009 年的金融危机和 2001—2002 年的互联网泡沫，新冠肺炎疫情对风险投资的冲击要小得多，到 2020 年 7 月，风险投资活动开始恢复。

尽管风险投资在 2020 年下半年开始恢复，但新冠肺炎疫情仍然对风险投资带来了很多不利的影响。一是风险投资减少了对早期阶段初创企业的支持，因为早期阶段的风险更高。风险资本家在疫情期间没有为新的初创企业提供融资，而是专注于价值 1 亿美元及以上的大型融资。二是风险投资减少了对拥有优秀专利及长期研究项目的创新公司的支持，这非常不利于重大突破性创新的未来发展。三是让风险投资将更多的资金分配给在新冠肺炎疫情中受益的初创企业，从而使得一些重要行业的初创企业难以获得风险投资。

3. 新冠肺炎疫情推动了相关数据和论文的开放

受新冠肺炎疫情影响，相关科研成果的发布速度加快。许多期刊加快了同行评议进程，以确保新型冠状病毒研究的迅速传播。针对 14 种医学期刊上发表的 669 篇论文的研究表明，论文发表平均时间从 117 天减少到 60 天。同时，预印本（尚未经过同行评审或发表的学术论文）在医学研究领域变得越来越普遍。预印技术可以加快领域内甚至跨越科学领域的扩散速度，并能接触到更广泛的潜在同行。此外，新冠肺炎研究可公开获取文献的比例也较其他领域要高：经合组织对 PubMed 的分析发现，新冠肺炎研究可公开获取的份额为 76%，而糖尿病和痴呆症出版物的比例分别为 43% 和 40%。

4. 任务导向型创新政策受到各国政府的关注

在新冠肺炎大流行的背景下，任务导向型创新政策被加速应用。任务导向型创新政策旨在实现雄心勃勃的目标，将一系列公共干预措施结合在一起，包括经过协调的"一揽子"研究与创新政策及监管措施，能够覆盖创新周期的各个阶段，从研究到示范再到市场开发，并能够混合使用"供给推动"和"需求拉动"工具，跨越多个政策领域。当前，不少国家政府将其视为应对新冠肺炎危机及危机后复苏的重要手段。例如，日本于 2020 年 7 月在其"登月型"研发计划中增设了第 7 大目标，即建立可持续的医疗和护理系统，以在 2040 年前战胜重大疾病，确保人民在 100 岁前能够健康生活。同时，日本还计划制定新的"登月"目标，以应对新冠危机后日本社会和经济领域面临的挑战。

值得注意的是，各国政府对于任务导向型政策的关注可能会导致对自由探索型科研项目的忽视，损伤那些没有直接价值的"蓝天研究"，这将在一定程度上影响科技创新前进的步伐。

5.新冠肺炎相关研发和信息技术的应用受到高度关注

新冠肺炎疫情要想得以有效控制，一方面要通过研发新冠疫苗来保护人们不被传染；另一方面要研发新冠肺炎治疗药物来治愈新冠患者。疫情暴发后，各国政府在有史以来的最短时间内，启动应急研发计划，在医院、医药企业等的大力配合下，积极开展新型冠状病毒的预防、诊断、治疗及疫苗开发工作。在疫情暴发的头几个月，与新冠肺炎病毒相关的研究文章迅速增加，为应对疫情提供了知识储备。截至 2020 年年底，全球有 64 款新冠疫苗进入实验阶段，其中 18 款进入Ⅲ期实验。

新冠肺炎疫情增加了数字工具在经济社会中的应用。在疫情期间，各国政府和企业都增加了对大数据分析、人工智能和数字工具的使用：各国政府与电信运营商合作利用地理定位数据跟踪人口流动情况，大型软件公司开发了跟踪新冠肺炎的新型移动应用程序，这些对于有效监测新冠肺炎疫情的传播发挥了重要作用；远程工作、虚拟会议、网上购物快速增加，数字健康、数字教育等服务快速扩展等。

二、后疫情时代科技创新呈现新的动向

（一）科学发现正进入新的加速时代

发现是推动创造新技术、提出新思想和形成更深刻见解的基础。在过去，许多领域的发现是偶然发生的，或者是计算机辅助模拟和实验检验之间一个缓慢的迭代过程。当前，人工智能、大数据、超级计算及量子计算等的发展正在突破科学发现中长期存在的瓶颈，使得科学发现的部分过程实现了自动化，推动科学进入"加速发现"的时代。

从历史来看，科学经历了多次重大的范式转变（图 1-2）。第一范式是实验科学，以观察自然和做出测量为主要活动；第二范式是理论科学，建立假设，并利用观察结果来验证或反驳假设；第三范式是计算科学，通过计算机建模和模拟来促进科学发展；第四范式是大数据驱动的科学，该范式以超大规模的系统和海量数据为主导，将科学转变为了大数据问题。如今，科学发现正在进入新的加速时代，科研机构和科研人员在大数据的基础上，将使用人工智能、量子计算等来改造科学方法，攻克长期存在的瓶颈问题，加速科学发展的步伐。

第一范式	第二范式	第三范式	第四范式	
实验科学	理论科学	计算科学	大数据驱动的科学	加速发现
观察	科学定律	模拟	大数据	大规模的科学知识
实验	物理学	分子动力学	机器学习	人工智能生成的
	生物学	机械模型	模式	假设
	化学		可视化	自动化测试
文艺复兴之前	至 1600 年	至 1950 年	至 2000 年	至 2020 年

速度加快、自动化程度提升、规模扩大

图 1-2　科学正在进入加速发现的时代

1. 科学发现的过程正在形成闭环

科学发现由一组步骤组成，通常情况下，它以提出问题为开端，然后开展研究，生成假设、测试和评估结果，最后做出报告（图 1-3）。此过程面临多个挑战：在提出问题阶段，我们需要不断加深和拓宽专业知识，实际上，在当前知识大爆炸的时代，保持对快速增加的科学论文和知识的阅读和掌握是非常困难的；生成假设的过程也充满挑战，据估计，潜在的药物类分子有 1063 种，而我们所知道的却非常少；我们的测试工作也存在不足，包括如何在数字模型与物理测试之间进行衔接并确保测试的再现性。统计表明，大约 70% 的科学家有过至少一次尝试再现其他科学家的实验但最终失败的经历。

鉴于上述的瓶颈问题，以往的科学发现过程没有形成完整的闭环。随着人工智能、量子计算、云技术等的应用，这些瓶颈问题正在越来越多地被攻克。在深度搜索、人工智能和量子强化的模拟、生成模型等方法的帮助下，科学发现正在成为闭环，成为一个自我推进的、持续的、永无止境的过程（图 1-3）。

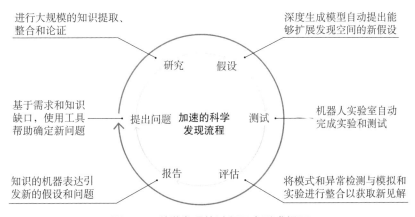

图 1-3　科学发现的过程正在形成闭环

2. 加速发现的范式在材料领域的应用

材料科学的最新发展展示了加速发现的潜能（图1-4）。使用人工智能的深度搜索正在加速科学文献的读取和知识的提取，使其达到比人类专家快1000倍的速度——每秒读取数十页，而人类读者读完一页需要几分钟。人工智能首先会将PDF文件解析为不同类型的内容，然后建立知识图谱和网络以使不同的概念基于它们的关系连接在一起。分子可以与其属性、关联分子和该分子的实验数据库相连接。人工智能还被用于进行预测性模拟，自动选择和优化运行哪些模拟、模拟顺序、模拟方法，包括能够将总体模拟速度提高2～40倍的量子模拟。生成模型和深度学习架构也在迅速改变材料设计工作。使用生成模型将能够帮助确定知识缺口并生产新的候选材料，从而使化学发现的早期阶段提速10倍。基于云的人工智能驱动的机器人实验室能够快速合成和验证最适合的候选材料，速度比传统方法快100倍。

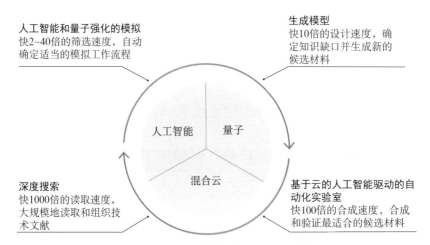

图 1-4 加速发现的范式在材料领域的应用

当前，一个由计算机科学家、系统研究人员、数据科学家和主题专家组成的多学科团队正在采取上述方法来推动新型光刻胶材料的发现，其目标是使整个科学发现过程加速10倍，成本降低九成。深度搜索工具被用于从6000多份论文和专利中提取有关光刻胶材料及其特性的信息。人工智能强化的模拟平台被用于对每种材料进行预测性模拟以增加可提取的数据。例如，如果某种材料的熔点尚未被测量和发布，那么模拟工作将填补这个空白。增加的数据集被用于训练一个生成模型，这个生成模型在数小时之内创建了一份包含数千种具有目标特性的候选材料的清单。模拟过程可以模拟给定材料的特性，生成模型会从数据中学习并提出可能具有给定特性组合的新材料。生成模型给出的候选材料随后将接受人类专家的评估以便进入下一个流程。2020 年年底，人工智能驱动的自动化实验室合成了第一种候选的光刻胶材料，新材料的创造速度比先前的人工方法快了 2～3倍。新创造的材料的测量值随后可以被输入发现过程的其他阶段，从而创建能够进一步加速发现的反馈循环。

（二）科技创新支撑和引领经济发展和转型

1. 科技创新促进经济高质量发展

随着科学发现速度的不断提升，科技成果产业化的时间也日益缩短，人类基因组、超导、纳米等研究成果尚在实验室阶段时就已经申请专利并快速应用于市场，科技对经济发展的促进作用不断增强。

基于新一代信息技术的数字经济目前已经成为全球经济增长的新引擎，目前数字经济的增长速度是普通经济的 3.5 倍，未来五年数字经济还会以 25% 的增速发展[1]。人工智能、虚拟现实和增强现实、人机界面等新兴领域迅猛发展，促进网络空间与物质世界相互渗透和深度融合。新一代智能技术与制造、能源、交通和农业等技术结合，带动智能电网、智慧城市、智能制造、智能交通和智能农业快速发展。

先进技术正在推动制造业发生巨大变革。3D 打印通过实现快速原型设计、高度定制化零件、现场生产和制造原本不可能实现的形状，正在推动一场现代制造业的革命。强大的工业物联网和先进的机器人技术，有可能实现完全集成的协作制造系统，实时响应，以满足工厂、供应网络和需求的变化条件。材料正在经历一场革命性的变革，从现成的材料转向为定制产品设计的优化材料和工艺，使从飞机到手机的一切产品变得更强、更轻、更耐用。在未来，二维材料、超材料和可编程物质将具有不同寻常的强度、灵活性、导电性或其他特性，从而实现新的应用。随着网络设计和制造服务商的不断涌现，集中制造正在向更加分散开放的协同制造转变。

先进能源技术使得全球能源正在向绿色可持续方向前进。风能、太阳能、生物质能等可再生能源开发存储及智能电网等快速发展，受控核聚变能技术在未来10～20 年内可投入商业运营。信息及互联网技术的发展及其在能源分布式管理中的应用，推动新的电网方案、智能化操控和多样化蓄电技术的发展，将改变传统能源的生产与使用方式。

---

① https://baijiahao.baidu.com/s?id=1680577041560547513&wfr=spider&for=pc.

生物技术推动健康、农业等领域发生变革。精准医疗技术已在新药研发等方面得到推广和应用。疫苗、干细胞技术、组织工程技术不断取得新突破，有望带来继人类基因组测序之后最重要的发现。生物技术很可能在未来二十年内为经济增长做出重大贡献，到 2040 年，生物经济占国内生产总值的份额将达到 20%。

2. 科技创新推动全球制造格局发生重大调整

未来国际制造格局将最有可能向着 4 个方向发展，即制造回归、区域化、多地复制和多元化。

制造回归是指企业简化制造流程，更多采取本土制造或临近本土制造的方式。其特点是价值链更短、更集中，生产分工更少，以减少海外制造和外包任务。这一发展方向可能会出现在高技术产业和当前比较依赖全球价值链的产业，如机械和设备制造、电子工业、汽车制造业、零售和批发、物流业等。

区域化是跨国企业将从前的全球价值链后撤到区域层面或在临近本土的地区开展业务活动的结果，数字技术的大规模应用及新冠肺炎疫情后各国出台的区域主义政策是生产格局区域化发展的关键推动力。其特点是价值链更短，但仍保持在区域范围内的分散，同时附加值的地理分布会变得更广。区域加工业、部分依赖全球价值链的产业及初级产业都可能会向着区域化方向发展，如食品饮料工业、化工、汽车制造业、农业等。

多地复制是由增材制造、数字技术等新兴技术带来的新型制造格局，制造地点分散在全球临近消费市场的多个地点，并且制造方式为自下而上的自动化生产模式，任何企业甚至个人都能够参与到这一过程中。这一发展方向的特点包括价值链更短、更集中；生产分工更少；制造活动的地理分布更广，但附加值更集中在研究、设计等前端环节；外包业务增加，适用于中心辐射型产业和区域加工业，如制药业、服装和食品加工业中的高定制化领域。

多元化是指放弃一定的规模经济收益，而在供应链中加入更多的地点和供应商。多元化生产格局的特点包括价值链继续保持分散，平台形式的供应链管理模式增加，海外生产和服务外包增加，附加值分布更为集中。相比制造回归，多元化对于高度依赖生产分工和海外生产的低技术制造业和高附加值服务业而言可能效率更高，如纺织和服装业、金融服务业、市场服务业等。

上述四大发展方向并不是独立的，不同产业和区域会同时受到这四大方向不同程度的影响，最终的生产格局也会呈现出不同的形态（图 1-5）。

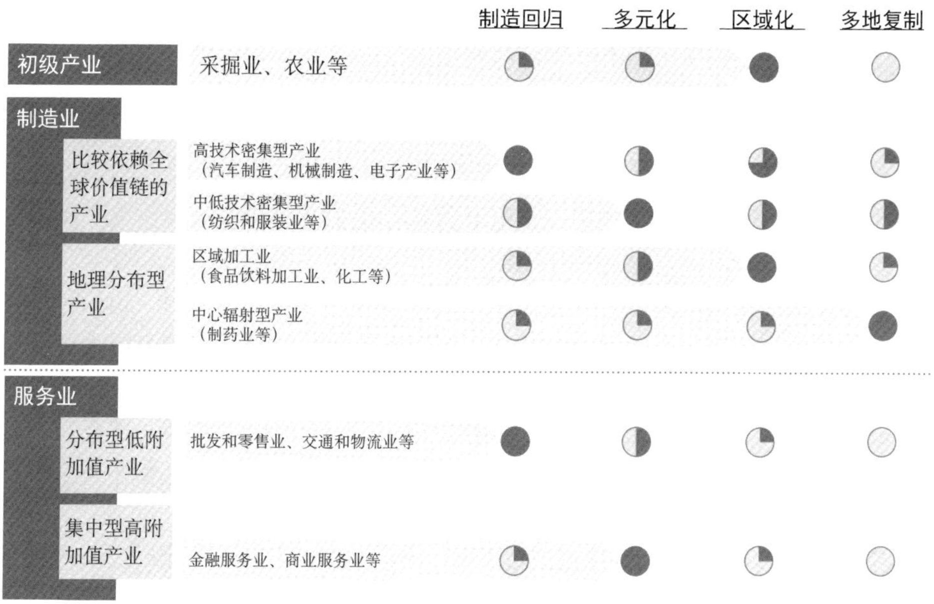

		制造回归	多元化	区域化	多地复制
初级产业	采掘业、农业等				
制造业					
比较依赖全球价值链的产业	高技术密集型产业（汽车制造、机械制造、电子产业等）				
	中低技术密集型产业（纺织和服装业等）				
地理分布型产业	区域加工业（食品饮料加工业、化工等）				
	中心辐射型产业（制药业等）				
服务业					
分布型低附加值产业	批发和零售业、交通和物流业等				
集中型高附加值产业	金融服务业、商业服务业等				

图 1-5　不同产业与四大发展方向的关联度

（三）新兴技术给社会治理带来重大挑战

新兴技术在给经济社会带来巨大收益的同时，也存在被滥用而产生消极后果的风险。因此，新兴技术在快速发展的同时，也需要加强监管和治理。

1. 新兴技术带来的风险

下面主要介绍人工智能、5G/ 物联网、大数据等新一代信息技术、生物技术和能源技术带来的风险。

人工智能（AI）。未来，人工智能算法将无处不在，重塑医疗、教育、金融、交通、军事等行业，在保障社会安全的同时也会给社会带来不稳定因素。在超级计算机、机器人、飞机等复杂系统的应用中，如果 AI 发生故障，可能会带来灾难性后果。此外，AI 驱动的自主网络攻击和网络防御正在兴起，很可能改变现有的安全规则。例如，自主恶意软件可以自动传播、复制和升级，并能应对网络防御，这将使 AI 驱动的网络攻击能够逃避检测，并最大限度地扩大所造成的破坏。因此，在 AI 伦理和操作准则方面达成全球共识变得极为迫切。

5G/ 物联网（IoT）。未来 2 ～ 5 年，5G 将成为下一波被广泛应用的新兴技术。AI 技术为 5G 的应用提供了原动力，5G 反过来又推动了 IoT 的发展。IoT 在智能交通、先进制造、精准农业、智能城市、精准医疗等领域有广阔的应用前景，在未来十年将对经济产生重大影响。5G 驱动的 IoT 将数十亿个传感器与数百万台计算机、网络和云连接起来，也会使网络安全成为一个至关重要的问题，事关国家安全。

大数据等新一代信息技术。在 AI 和数字时代，社交媒体数据的不当利用是一个日益凸显的全球性问题。例如，机器人和互联网有可能被用来招募恐怖分子、操纵选举、深度伪造信息等，在电子商务、隐私及政治和社会方面产生新的问题。

生物技术。生物技术在给人类健康、能源带来巨大收益的同时，也给伦理、道德、安全及稳定等带来了风险。例如，基因编辑等生物技术在伦理方面存在巨大的争议，全球顶尖科学家和研究人员呼吁暂停基因编辑，建立一个国际管理机构，以制定一套规则和标准指导人类基因编辑的相关工作。此外，信息技术、AI、生物技术之间的交叉融合降低了生物技术的准入门槛，给社会带来更多的不稳定因素。

能源技术。目前，人们日益关注全球气候变化和温室气体排放，新兴技术可能在交通电气化、电池和能源存储、工业物联网、智能建筑、智慧城市、先进制造（3D 打印）、模块化核能等领域产生影响，直接或间接地改变未来的能源需求。改变后的能源系统会对地缘经济和政治产生深远影响。

2. 新兴技术的治理实践

人工智能的治理。形成 AI 开发和应用的伦理原则、标准和规范，是未来十年最迫切的治理挑战。当前，很多国家、地区及国际组织正在就人工智能的治理出台相关措施，如 2019 年 4 月，欧盟发布《可信赖 AI 的伦理准则》和《算法责任与透明治理框架》；5 月，经合组织（OECD）成员国及 4 个非成员国（阿根廷、巴西、秘鲁、罗马尼亚）通过了《负责任地管理可信赖 AI 的原则》，以规范全球各国政府、组织、企业、个人在设计及使用人工智能方面的行为；2020 年 1 月，美国联邦政府发布了《人工智能应用的监管指南》，提出了管理人工智能应用的十大原则，并呼吁更多采取行业细分的政策指南或框架、试点项目和实验。人工智能治理的共性核心原则包括：保障人类的能动性和利益，确保 AI 系统的安全性、问责制和失败的透明度，保护隐私和数据治理自由，避免 AI 自主武器的军备竞赛，定期审查 AI 治理的规范等。

数据的治理。鉴于大型平台公司拥有众多的数据，因此加强对其监管非常重要。欧盟 2018 年出台的《通用数据保护条例》（GDPR）隐私标准已经被在欧盟营业的全球科技公司接受，并引发全球关注。之后，美国、日本、巴西、新加坡等纷纷出台或修订个人数据保护立法。2020 年 11 月，欧盟委员会通过《欧洲数据治理条例》(建议稿),通过为数据共享提供商创建通知机制,来增加对共享个人和非个人数据的信任。当前,全球需要采取共同办法,如制定最低隐私标准,采取适当的惩罚等来规范相关行为,这需要各国和国际组织达成相关的政策共识。

生物技术的治理。生物技术准入门槛的降低大大增加了滥用技术制造未知生物武器的风险,目前的生物技术治理跟不上技术发展的步伐。在基因编辑和合成生物学方面,需要有一个全球共识的开发应用的伦理原则。联合国安理会、经合组织、非洲联盟等有必要基于 WHO 的道德标准通过对话达成共识,以期建立一个强有力的全球性制度。

新兴技术的治理是一项系统工程,在国内需要政府、企业及行业协会的共同努力,在国际则需要各国和国际组织达成政策共识,这样才能让新兴技术在给人类经济社会带来巨大收益的同时,将风险降至最低。

(执笔人:程如烟)

◉ 全球化新阶段下全球科技竞合呈现新格局

近年来持续发酵的中美战略竞争及当前仍在全球肆虐的新冠肺炎大流行对第二次世界大战以来形成的全球化世界秩序造成了巨大挑战，全球化发展的驱动因素及主要特征正在加速变化，其中一大最为显著的趋势则是科技创新的地位迅速提升。在这一背景下，世界各国愈发重视围绕科技创新的竞争与合作，并呈现出了新的发展格局和趋势。

一、以科技为核心的全球化新阶段成为全球竞合格局的大背景

（一）以经济引领的上一阶段全球化模式逐渐丧失发展动力，传统全球化支持者立场转变

从 20 世纪 90 年代开始的经济全球化曾是全球化最显著的特征，但近年来继续推进的动能不足。随着中美贸易战、英国脱欧、新冠肺炎疫情等国际事件接踵而至，全球商品贸易和投资等经济要素的增速持续放缓，甚至发生骤降。根据世界贸易组织（WTO）的数据，全球商品贸易总额的增长幅度在 2017 年达到近年来的峰值 4.7% 之后便开始放缓，2018 年为 2.9%，2019 年甚至有了 0.1% 的负增长；另据联合国贸易和发展会议（UNCTAD），2019 年全球外国直接投资（FDI）总额相比 2015 年的峰值 2 万亿美元下降了 25%。2020 年的新冠肺炎疫情更是对全球化发展造成了前所未有的重大打击，据预测，全球商品贸易总额将在 2020 年同比下降 9.2%（WTO 数据）；全球 FDI 总额可能会在 2021 年降至谷底 1 万亿美元，比 2009 年金融危机时期（1.2 万亿美元）还要低（UNCTAD 数据）。

同时，本是全球化坚定支持者的以美国为代表的西方国家内部"逆全球化"呼声却开始高涨。其主要原因在于，虽然上一阶段全球化的规则和模式是美西方国家为了攫取更多利益、扩大自身政治影响制定的，但实际上也促进了以中国为代表的一众发展中国家更加快速地发展。在 1995 年全球化初始时期，7 个主要新兴经济体的 GDP 总和只占 7 个西方发达国家 GDP 总和的一半左右，2015 年二者就已经势均力敌，预测到 2040 年 7 个发展中国家的经济潜力将超过 7 个西方发达国家的 2 倍。此外，全球化生产模式在降低跨国公司成本的同时，也造成了发达国家内部的失业、工资水平下降、制造业空心化等问题，使社会矛盾频频激化。这些现象让美西方国家逐渐失去自身的绝对领先优势，因而对此前的全球化模式心生不满，开始采取一些有悖于全球化理念的政策措施以重塑其优势地位。

（二）科技成为全球化新阶段的核心驱动力

在上一阶段全球化过程中逐步成型的科技全球化成为新阶段的重要基础。全球化的上一阶段发展主要是依靠经济引领，但科技也随着经济全球化的步伐逐渐建立起全球网络。首先，互联网和现代通信技术让科技国际合作更加便捷，全球科研人员的交流协作愈发频繁，全球合著论文的占比已从 2000 年的 17.4% 升至 2017 年的 27.5%，科研成果和知识通过开放获取的方式在全球更加广泛地传播。其次，世界主要国家技术贸易额在过去的 20 年中飞速增长，如美国的技术出口额在 2000—2015 年增长了 102%、德国增长了 256%、韩国更是增长了 8 倍，各国的优秀技术成果在世界范围内遍地开花，也催生了更多的创新成果和产业。这一全球化的科技创新平台是下一阶段全球化发展的有力支撑。

以数字化为核心的新兴技术将带动全球化走向新的发展模式。大数据、人工智能、物联网、5G 等新一代数字技术的应用将重新定义人类社会的生产生活方式，这一重大转变将促使全球化发展模式的重构，如智能化、自动化的生产方式降低了劳动力成本的重要性，跨国公司选择生产地点将更多地考虑靠近市场，进而使全球化中的区域性特征更加明显；更加即时和低成本数字通信可能会在一定程度上抑制全球商品贸易，同时推动服务贸易成为全球化的关键增长要素；新型通信手段可能会使部分人员的全球流动转变为线上的数据流动，全球化将更多地从物理世界迈向虚拟世界。

更愿意进行全球流动的科研人员群体将成为新阶段全球化发展的先锋主体。相对普通人而言，科研人员进行全球流动的意愿和次数都更高，因为国际化的科研合作和交流对科技进步有重要的推动作用已成为科学界的普遍共识。而且，随着全球化的发展，将科研人员流动视为从一个国家永久地移居到另一个国家的观点已成为过去时，短期、频繁的科研访问正在成为普遍趋势，很多科学家在一个国家停留的时间从不超过两年。在个人的作用更加突出的全球化新阶段，科研人员的全球流动规模将进一步扩大（无论是线上还是线下），并通过科技全球化带动全球化的整体发展。

二、中美欧将成为全球科技竞合格局中的核心势力

在以科技创新驱动的全球化新阶段，一国只有拥有强大的科技创新实力才能在未来的全球竞争和合作中占据主导地位。同时，想要在竞争中拔得头筹的国家也需要具备足够的规模和能力让自身的科技创新成果在世界范围内产生影响，并足以引领全球的科技创新发展方向。从目前的情况看，只有中国、美国和欧盟才有可能挑起这一重担。

（一）中美欧是全球最重要的科技创新投入和产出来源地

无论是从科技创新要素的投入还是成果的产出上看，中美欧都是当前全球最重要的三大势力，且这一趋势愈发明显。2018 年，美国、欧盟和中国的 GDP 占全球的份额分别为 20.51%、18.77% 和 13.46%；2017 年三者在国际贸易中的出口占比分别为 12.8%、33.3% 和 8.7%；全球市值最高的企业也基本集中于此。相应地，在全球科技创新格局中，中美欧同样是具有领先优势的三大力量。从研发投入上看，2018 年美国、中国和欧盟的研发投入分别为 5815.53、4680.62 和 4648.76 亿美元，各占全球研发总投入（2.19 万亿美元）的 26.56%、21.37% 和 21.23%，三者之和已经占到了全球近 70%。从专利申请量上看，2019 年，中国国家知识产权局接受了超过 140 万件申请，占全球总申请量的 43.4%，位列第一；美国专利局紧随其后，接受了 62.1 万件申请，占 19.3%；欧洲整体接受了 36.2 万件申请，占 11.3%[①]，三者之和接近全球的 75%。从研究人员数量上看，2018 年欧盟共有研究人员近 210 万人年，美国拥有超过 143 万人年（2017 年数据），中国更是以超过 187 万人年保持世界拥有研究人员最多的国家。从科技论文发表和被引量上看，2016 年，欧盟研究人员发表科技论文数量占全世界总量的 26.7%，中国占 18.6%，美国占 17.8%；2010—2020 年全球发表 20 万篇以上 SCI 科技论文的 22 个国家中，美国和中国在发表数量和被引量方面均位列世界前 2 名，而这些国家中有 9 个属于欧盟成员国。

从以上数据中可以看出，美国仍然是全球科技创新能力最强的国家，这一地位在短时间内很难被超越；欧盟虽然近年来有些式微，但由于其汇集了很多传统的领先创新型国家，因此在科技创新资源的积累量上也不容小觑；中国作为科技

---

① 因此项数据来源于世界知识产权组织，该组织未单独统计欧盟国家的专利申请总量，此处使用欧洲地区的数据，欧盟国家的申请数量应略少于该项数据，但差距不会过大。

创新领域的"后进生"，虽然基础较为薄弱，但增长速度和发展潜力是三者之中最大的，诸如专利申请量、研究人员数量等指标已多年位居世界第一，且根据预测，到 2030 年中国的研发投入也将超过美国，问鼎全球。

（二）中美欧之间围绕科技创新既有竞争也有合作

中美欧作为当前全球最重要的三大科技创新力量，相互之间既存在共同的合作基础，也会产生基于竞争的冲突。

目前中美两国间在科技创新领域的冲突要大于合作，美国将中国视为最大的竞争对手，但两国仍然存在合作空间。自 2017 年美国总统特朗普上台后，中美关系急转直下，特别是在科技创新方面，特朗普政府在人才、技术、产业等领域，采取监管、司法、舆论、金融等多方面行动，从科学思想、技术流动、产业竞争等多维度，全方位狙击中国重点领域高新技术的发展，甚至谋求与中国在科技创新方面全面脱钩。特朗普政府的一系列遏制政策对中美两国的科技创新合作造成了极其恶劣的影响，使得两国间的科技人才交流、企业间商业往来及投资规模受到严重冲击，也打击了全球化的发展进程。在这些措施的背后，美国政府的根本目的是要维持美国在科技创新领域的全球霸主地位，其在看到中国的快速崛起后想要把"威胁"扼杀在摇篮里。2021 年拜登政府上台后虽然还未出台正式、系统的对华策略，但从目前已经公布的信息来看，美国仍然会延续在科技创新领域遏制中国的政策基调。在 2021 年 2 月美国贸易代表办公室发布的《2021 年贸易议程报告》中，中国是唯一被特别列为"拜登政府将应对"的国家，报告提出美国将在科技创新领域制定一个系统性的全面战略以对抗中国；美国新任国务卿布林肯在其任内的首场主要外交政策演讲中，也将应对"中国挑战"列为美国八大外交优先之一。但拜登政府采取的措施可能会与特朗普政府有所区别：首先，拜登政府更加注重拉拢盟友对中国进行"合围"，其计划在半导体、5G、生物科技及人工智能等多个领域与其他国家组成联盟抗衡中国，阻止中国成为全球科技龙头。其次，不同于上一届政府对与中国"全面脱钩"的追求，拜登政府也强调美国在竞争的同时存在与中国在科技创新领域合作的空间，如美国于 2021 年 3 月 3 日发布的《过渡时期国家安全战略指南》就提出，美国欢迎中国政府在气候变化、全球卫生安全、军控及核不扩散等议题上的合作。最后，拜登政府在遏制中国的同时也注重自身科技创新实力的发展，目前正在起草多份法案为发展关键核心技术和产业提供支持，涉及半导体、人工智能、5G、量子技术、生物医药等多个领域，从而确保中国不会迅速实现赶超。总体而言，美国谋求的是在科技创新领域的"一家独大"，不会允许出现与其平起平坐、相互抗衡的新势力，而中国庞大的体量和惊人的发展速度俨然已经成为美国的"心头大患"，因此可以预测，竞争与冲突将成为中美未来在科技创新领域的"主旋律"，二者可能只能在涉及人类社会发展的普惠领域寻找合作空间。

美国和欧盟仍然互为各自最重要的科技创新合作伙伴，但双方近年来在数字主权、解决全球挑战等方面的分歧有所增加。欧盟一直是美国的传统盟友，二者的经济、政治联系紧密，拥有相似的文化和价值观，多年以来在科技创新的各个领域开展了全方位的合作，在相关的全球问题上也更易达成共识。但随着数字技术等新兴技术的快速发展，美欧在数字主权方面的分歧越来越大，如欧盟对于美国数字巨头的垄断地位疑虑重重，且愈发担忧美国对欧盟数据的窃取和监听，因此每年都会向美国数字巨头开出巨额罚单，严格审查这些企业在欧洲的收购行为，禁止其将欧洲的数据传回美国，甚至准备向这些大型科技公司征收数字税。此外，美国在解决一些全球性挑战方面的不配合也引起了欧盟的不满，特别是在特朗普政府时期，美国随意退出《巴黎协定》等全球合作机制的做法让重视气候变化问题的欧盟感到难以接受。但无论如何，美欧之间的龃龉仅属于"内部矛盾"，二者在科技创新领域的合作大趋势不会改变，当前美国的拜登政府也将更加重视缓和美欧之间的关系，在诸如对抗中国、解决全球挑战方面重新寻求与欧盟这一"盟友"的合作。但欧盟将在未来的合作中更加强调自身的利益和诉求，在全球施加具有欧盟自身特色的科技创新影响力，不会完全追随美国的脚步。

欧盟与中国的科技创新合作受到双方重视，在解决全球挑战、"大科学"项目等非敏感领域存在较大合作空间，但二者在争夺未来科技发展主导权方面也存在竞争。中欧从 20 世纪 80 年代开启科技合作，至今已经建立了较为完备的合作机制，欧盟已成为中国最大的国际科技合作伙伴，且中国与法国、德国等欧盟核心成员国的科技往来尤其频繁。鉴于中国庞大的经济市场和不断增强的科技创新实力，欧盟对与中国的合作也愈发重视，近年来并未追随美国对中国的科技创新进行全面遏制和打压，如在华为问题上没有表现得像"五眼联盟"国家一样激进。但同时，欧盟的 27 个成员国对待中国的态度不一，既有对与中国开展科技创新合作抱有极大兴趣的国家，也有愿意追随美国脚步共同遏制中国的国家，使得在欧盟层面上开展与中国全方位、深入的科技创新合作困难重重。正如欧盟在2019 年发表的《欧中战略展望》中对中欧关系的四重判断所言，欧盟同时将中国视为与自身有着紧密关系的合作伙伴、需要找到利益平衡点的协商伙伴、追求技术领导权的经济竞争者及推广自身治理模式的体系竞争者。鉴于这一现状，中欧多年来的科技创新合作主要集中在基础研究、能源、农业、生物、材料等传统领域，高技术领域中只有信息通信技术一枝独秀。特别是随着欧盟及其成员国不断强调"技术主权"的保护，其对与中国在高技术领域的合作及中国企业对欧盟高技术企业收购行为的审查愈加严格，在反垄断法改革中拟引入针对中国的国家补贴的考量。因此，从目前情况看，中欧科技创新合作的重要性和地位将会不断提高，特别是随着中欧在 2020 年成功签署《中欧全面投资协议》，中欧科技创新合作的数量和质量都会迈上一个新的台阶，但双方的合作可能将主要聚焦气候变化、粮食问题、人类健康等公益性研究领域及单一国家无法承担的"大科学"项目等。

三、关键核心技术和新兴技术成为全球科技竞合的主战场

2020年，世界各国的原有发展计划都被突如其来的新冠肺炎疫情打乱，抗击疫情及恢复被疫情破坏的经济成为各国政府的优先事项。但在以科技创新为核心的全球化新阶段大背景下，世界主要国家并没有停止对加快重要科技创新领域发展的追求，甚至将其视为疫情后促进经济复苏及在全球竞争中获得主导地位的一大关键途径。特别是具有引领未来发展潜力的关键核心技术和新兴技术领域，已经成为各国竞相争取的战略高地，数字经济、绿色经济、新能源、新材料、颠覆性创新等依然是各国推进科技创新发展的关注重点。

多国发布科技创新综合战略或一揽子计划，从顶层设计上体现科技创新对疫后经济恢复的重要性，并对后疫情时代重点科技创新领域发展进行系统部署。一是将促进重点科技创新领域发展纳入本国的后疫情时代经济刺激方案，如德国在2020年6月通过的"应对新冠肺炎疫情影响、确保繁荣、增强未来能力"经济计划中，专门提出要加强向未来技术、环保技术和医疗体系投入，主要涉及科研创新和卫生领域，包括研发税收优惠、新能源、交通出行、人工智能、量子技术、未来通信技术等，为此将投入超过500亿欧元；法国于2020年9月推出重振经济计划"法国重启"，致力于通过科技创新使法国走出新冠肺炎疫情阴霾并实现转型，医疗、数字化、环保转型、维护经济与技术主权、提升社会弹性成为科技创新重点。二是制定本国中长期科技创新发展规划，如韩国发布《科学技术未来战略2045》，提出面向2045年的科技发展蓝图和政策方向，并指出要以生命、人脑、宇宙、新材料、数学等基础科学为基础，创造新的研究成果，以解决一系列关键社会挑战；日本发布《产业技术愿景2020》，提出要立足知识经济，集中关键资源进行重点研发，包括支持日本向知识经济转型的数字技术、生物技术、材料技术、能源与环境技术等；美国发布《关键和新兴技术国家战略》，旨在促进和保护美国在人工智能、能源、量子信息科学、通信和网络技术、半导体、军事及太空技术等尖端科技领域的竞争优势，夯实国家安全创新基础；英国制定《研发路线图》，旨在完善科学、研究和创新系统，以充分释放其潜力，构建更绿色、更安全、更健康的未来；俄罗斯出台《2035年前制造业发展战略》，核心在于加大高新技术应用，将数字技术引入生产制造，提高产品竞争力，实现

进口替代。

各国争相出台关键核心科技创新领域专项规划，抢抓新一轮科技革命发展机遇。近年来围绕科技创新发生的重大变革及新冠肺炎疫情中科技发挥的重要作用让各国充分认识到，只有在关键科技创新领域取得领先地位，才能在未来的全球竞争中获得优势，才能在面临重大社会挑战时拥有有效的应对工具，同时避免在关键时刻被自己的竞争对手"卡脖子"。2020年，世界主要国家政府不断出台关键核心科技创新领域专项规划，新兴数字技术、半导体、量子技术和新能源应用是其中的重点。一是在数字技术领域，韩国政府发布《国家人工智能战略》，寻求从"IT强国"向"AI强国"的转型，计划2030年前在人工智能领域创造455万亿韩元的经济效益；澳大利亚政府发布人工智能路线图，旨在通过人工智能构建新产业、改造现有产业、创造新就业机会，并帮助解决澳大利亚面临的重大挑战；德国联邦政府更新《联邦政府人工智能战略》，重点聚焦人工智能领域的人才、研究、技术转移和应用等方面，同时增加了利用人工智能技术抗击新冠肺炎、促进可持续发展等新主题；欧盟于2020年9月发布一系列加速数字化转型的政策，包括《数字金融一揽子方案》《有关加速5G等高性能网络建设的建议》《修订欧洲高性能计算共同计划的提案》，涉及数字金融、网络基础设施、高性能计算等多个数字技术相关领域；澳大利亚制定《国家区块链路线图》，以充分释放区块链技术的应用潜力，使澳大利亚成为全球区块链产业的领导者；德国发布"健康数据"计划路线图，以期通过健康研究和数字化改善患者诊疗手段。二是在微电子和半导体领域，俄罗斯发布《至2030年俄罗斯联邦电子工业发展战略》，从推动技术开发、升级制造设施、培养人才等9个方面出发，不断提升电子工业行业对国家经济发展的贡献；德国发布《微电子研发框架计划》，计划4年内投入4亿欧元支持微电子研究，以成为开发和生产可靠且可持续微电子产品的全球重要竞争者；韩国制定《人工智能半导体产业发展战略》，计划到2030年使自身在人工智能半导体市场占有率达20%，并培育20家创新企业和3000名高级人才。三是在量子技术领域，美国发布量子互联网路线图，计划在未来十年打造与现有互联网并行的第二互联网，使用量子技术安全共享信息并连接新一代计算机和传感器；澳大利亚发布《量子技术路线图》，提出"2040量子技术愿景"，旨在确保澳大利亚量子产业的竞争优势，实现量子产业可持续发展；法国启动"国家量子技术战略"，将在5年内投入18亿欧元推动法国成为欧洲与国际范围内的量子技术领先国家。四是在新能源领域，氢能获得多个国家和地区青睐，德国、欧盟、法国、韩国、俄罗斯、加拿大等国家和地区2020年先后发布"氢能战略"或组建负责氢能发展的组织和机构，多措并举推动氢能的发展和应用，将其视为实现2050年净零碳排放目标的关键途径之一，并致力于加快工业、交通等多个行业的能源转型。

保证技术主权和关键供应链安全可控成为各国制定科技创新发展规划的重要出发点之一。2020 年暴发的新冠肺炎疫情对已经发展数十年的全球供应链造成了前所未有的挑战，特别是在疫情暴发初期，世界各国都遭遇了防疫用品、原材料等关键产品供应不足的问题，即使在疫情趋于好转的 2020 年年末和 2021 年年初，全球仍然受到芯片短缺的严重影响，各大汽车制造商甚至不得不因此在未来几个月中降低产量。面对全球供应链的脆弱性及未来可能到来的竞争性"断供"，很多国家一方面希望将远离本土的关键产品供应链回迁或促进其多元化；另一方面将确保自身供应安全和技术自主设定为关键科技创新领域发展规划最重要的目标之一。例如，德国《微电子研发框架计划》的首要目标就是加强德国和欧洲在微电子领域的技术主权，使自身在微电子领域不依赖任何一个单独的国家或地区，并通过自主生产的产品实现更高的质量和可靠性。此外，德国在近期制定的所有专项规划和战略中都会着重强调技术主权的重要性；欧盟 17 个国家于 2020 年年底共同签署了《欧洲处理器和半导体科技计划联合声明》，宣布未来两三年内将共同投入 1450 亿欧元用于半导体产业，以保证欧洲半导体产业的自主性；俄罗斯制定《至 2030 年俄罗斯联邦电子工业发展战略》，希望在欧美国家对其进行全方位制裁的背景下，确保国家电子工业产品供应实现独立；欧盟委员会发布了《关键原材料行动计划》及其配套文件，明确了 10 项具体行动，旨在确保欧盟在绿色和数字化经济转型中掌握关键原材料的战略自主权。

四、新兴技术标准和监管政策成为全球科技竞合的战略高地

近年来如雨后春笋般涌现的新兴技术在给人类社会的生产生活方式带来变革的同时，也存在着国际标准尚不健全、缺乏受世界各国普遍认同监管制度等问题。从历史经验看，只有在制定新兴技术标准和相关监管规定过程中掌握主导权的国家，才能在全球科技竞合中获得优势，这也是为何美欧等西方发达国家能够在上一次技术革命中获得最大利益的一大重要原因。因此，在以科技创新为主要驱动力的全球化新阶段，世界主要国家在努力追求关键技术突破的同时，更加重视抢占新兴技术标准和监管政策这块战略高地，谋求主导未来世界科技创新的发展方向。

数据访问和应用治理框架愈发受到世界主要国家关注。数据是未来数字化世界最重要的生产要素之一，也是一切新兴技术应用和发展的基础。2020 年，一些国家围绕数据的使用、开放共享、跨境流动、公平竞争等关键性问题提出了自己的解决方案，同时也引发了国家和地区间关于数据治理的矛盾。在这一领域，

欧盟和部分欧洲国家走在了最前列。继欧盟在 2018 年出台"史上最严"数据保护条例《通用数据保护条例》（GDPR）后，其于 2020 年又发布了《欧洲数据战略》，致力于推动欧盟成为世界上最具吸引力、最安全和最具活力的数据敏捷型经济体，提出要构建符合"欧洲价值观"的数据访问和使用治理框架。同时，欧盟国家对本地数据的保护措施愈发严格，如欧盟法院在 2020 年 7 月裁定多年前与美国签署的数据传输框架协议《欧美隐私盾牌》无效，认为协议里规定的数据传输标准没有充分保护欧盟公民的隐私；10 月，爱尔兰数据监管机构向脸书公司发布初步命令，不再允许该公司把欧盟用户数据传回美国。除欧盟外，英国、德国等欧洲国家政府也相继发布了自己的"数据战略"，为更好地利用和保护本地数据奠定基础。

对数字巨头进行有效监管成为世界主要国家政府的普遍共识。近年来，谷歌、脸书、亚马逊、苹果等数字巨头已经成为超越国家边界的数字"巨无霸"，其全新的发展模式对传统的政府治理、税收制度、法律法规等造成了巨大挑战，越来越多的国家政府开始出台新政策加以应对。一是对数字巨头开征数字税或要求其为内容付费，如英国从 2020 年 4 月开始对全球销售额超过 5 亿英镑且至少有 2500 万英镑来自英国用户的企业征收税率为 2% 的数字税；欧盟主席乌尔苏拉·冯德莱恩在 9 月的欧洲议会上表示：如果在全球范围内没有就如何指定互联网时代的税收规则达成一致的协议，欧洲将提出自己的数字税收；澳大利亚 4 月提出强制要求谷歌、脸书等数字平台为使用新闻媒体提供的新闻内容付费；欧盟在 2020 年年底制定的《数字服务法》（DSA）和《数字市场法》（DMA）也将增加要求互联网公司为内容付费的条款。二是对数字巨头滥用权力或不负责任的行为加以限制，如美日欧的反垄断监管机构将联手打击美国四大科技公司滥用市场权力的行为，包括大量收购市场竞争者、滥用数字平台权力等；美国的反垄断机构多次向国会提交限制数字巨头权力的相关法案，并要求这些企业承担更多管理在线平台内容的责任。

多国探索制定新兴技术和未来技术领域监管和治理政策框架。人工智能、加密货币、5G 等新兴和未来技术对于人类社会的进一步发展意义重大，但由于这些技术的应用目前都处在早期阶段，还没有形成针对此类技术的通用监管和治理框架。因此，一些具有争夺未来科技发展主导权雄心的国家近年来开始探索制定相关政策，以向这一"无人区"施加更多自己的影响。2020 年 1 月，美国白宫发布了《人工智能应用监管指南备忘录（草案）》，从监管和非监管层面提出了人工智能应用相关原则和建议；2 月，欧盟发布《人工智能白皮书》，提出构建欧洲共同人工智能监管框架，以实现卓越和可信任的人工智能生态系统；3 月，韩国通过全球首批综合加密货币法，为加密货币和加密交易在韩国所需要的监管和合法化提供了一个框架；9 月，美国联邦总务署（GSA）公布了数据伦理框架的草拟文件，详细介绍适当使用数据的美国联邦标准和政府案例，提出数据伦理的七项基本原则；10月，美国国家航空航天局与澳大利亚、加拿大、意大利、日本、卢森堡、阿联酋和英国7个国家的航天机构签署了《阿尔忒弥斯协定》，提出了一个关于月球矿产开发的国际法框架。

技术领先国家开启国际标准之争，抢占全球科技竞合制高点。国际标准不仅有助于消除技术壁垒、促进技术进步和经济技术交流与合作，也能赋予标准主导国家强有力的竞争优势。因此，面对当前新兴技术国际标准尚未成型的现状，技术领先国家已经开始打起"标准战"，欧美日韩等传统科技强国想要抢抓这一先机继续保持自身在新一轮科技革命中的领导位置，而中国等后发国家也想利用这一机会摆脱多年以来在技术领域的被动地位。2020年5月，韩国国家标准委员会等部门共同制定《2020年国家标准实施计划》，将投资3258亿韩元，为韩国各个领域的关键技术建立国际和国家标准，涉及5G、物联网和区块链等多项新兴技术和农业、医药等多个领域；美国为了防止自身在中国领先的5G技术标准方面处于弱势，甚至修改针对华为的禁令，允许美企与华为共同制定5G标准；德国发布《人工智能标准化路线图》，为人工智能这一最重要的未来技术标准制定提供指导。

（执笔人：孙浩林）

各国政府应对疫情面向未来部署科技创新政策

2020 年新冠肺炎疫情暴发。各国政府迅速行动，借助科技力量抗疫，采取措施降低疫情对科技和经济的影响。从中长期来看，确保可持续发展和增强国家竞争力仍然是各国科技政策的重点。

一、科技创新是各国应对新冠肺炎疫情的重要手段

1. 新冠肺炎疫情暴发后，各国政府迅速出台多项政策措施推动相关研究

各国政府开展了新型冠状病毒溯源、临床诊断、防治及疫情对社会的长期影响等研究。仅以德国为例，德国研究财团于 2020 年 3 月公开招募传染病相关的跨学科研究，包括新型冠状病毒和其他传染病的起因、后果、早期监测、封锁措施等。联邦教研部自 2020 年年初即开始了对治疗药物的资助。目前已开发出了全新的活性成分，接下来要进行安全性和有效性的临床实验及推动后续的产品生产。2021 年 1 月，联邦教研部又推出了新的药物研发资助计划，初步预算 5000 万欧元。德国还强调对社会科学和人文科学项目的资助，重点研究疫情的长期影响及由此带来的社会挑战。联邦教研部于 2021 年 3 月发布了申请指南，资助领域包括：健康及卫生系统面临的挑战；教育体系及教育、培训情况；家庭、代际关系和社会共存；民主、政治参与、对政府部门的信任及媒体的作用等。

一些国家建立了应对传染病的管理体系和研发体系。韩国将保健福利部下属的疾病管理本部升级为"疾病管理厅"，实现应对传染病的综合管理。在保健福利部下属国立保健研究院内设立"国立传染病研究所"，进行疫苗和药物等有关

传染病的综合研究。在科学技术信息通信部设立下属"韩国病毒基础研究所"，对包括传染病在内的病毒等进行基础研究。德国罗伯特·科赫研究所筹建了首个联邦公共卫生研究人工智能中心，将传染病Ⅱ和非传染性疾病的专业知识与人工智能方法相结合，拓展数字流行病学的研究，以期更有效地应对 21 世纪可能再次遭遇的流行性疾病。

美英等国家利用国防力量，推进多样化项目研发并促进技术应用。美国国防部高级研究计划局（DARPA）为了应对生物化学战等与传染病相关的生物化学危机，一直在广义范围的防疫领域进行持续研发投资。生物科技公司 Moderna Therapeutics 于 2013 年申请获得了 DARPA 的"可用于预防和治疗的自主诊断技术项目"，以核糖核酸（RNA）为基础开发新型疫苗。基于该技术的新冠疫苗已在美国获批上市。英国国防部下属的国防和安全促进机构（DASA）于 2020 年 4 月 6 日发布了"大范围生物传感"技术开发计划，目的是在防卫、治安活动现场迅速监测出危险生物因子。为了大范围创新新型冠状病毒迅速应对技术，DASA 设立了 100 万英镑的基金，公开招募防疫技术创意。如"受传染病污染的救护车迅速清理技术"在一周内就收到了 200 件以上的方案。

2. 各国政府重视公民健康生活，布局未来课题，应对长远挑战

新冠肺炎疫情敲响了公共卫生危机的警钟，各国以疫苗为抓手，建设安全的具有韧性的现代化防疫体系。

2020 年 6 月欧盟发布《欧盟疫苗战略》，8 月美国发布《2020—2030 年国家流感疫苗现代化战略》，9 月俄罗斯发布《至 2035 年传染病免疫预防发展战略》。2021 年 3 月，法国宣布将制定《国家新兴传染病与核、放射性、生物与化学威胁加速防治战略》。这些国家一方面立足当下，以疫苗作为预防新冠肺炎进一步传播的关键抓手，同时着眼未来，加强疫苗研发能力，自主掌控疫苗生产制造供应链。其中，俄罗斯战略的主要内容包括：推动疫苗的科学研究、临床前和临床研究；以现代技术为基础生产疫苗，满足全周期生产的需求；改进免疫预防安全技术和免疫后副作用检测系统；完善传染病免疫预防的国家政策、监管制度和法律法规体系等。

各国的另一个布局重点是：利用新一代数字技术和生物医学技术，构建研发体系、治疗体系（特别是精准医疗体系），攻克癌症、脑部疾病等难治性疾病，实现公民健康生活。

2020 年 8 月，韩国《科学技术未来战略 2045》提出，通过新一代生物技术和医疗技术创造国民健康生活。结合其《第四期科学技术基本计划（2018—2022）》的主要目标，韩国重点要基于 ICT 技术开展疾病事前诊断和预防，开发数字药物；建设精准医疗体系，推进医疗创新；加强对干细胞、遗传基因等难治

性疾病的治疗研究等。12月新加坡《研究、创新与企业计划2025》提出，对医疗卫生系统进行创新性改革，为公民提供更好的健康保障。主要举措包括：推动医疗卫生系统以患者为中心，以数据为驱动，并大规模使用创新技术和数字化解决方案。深入实施"国家精准医学研究计划"，构建相关基础设施和能力，以可信赖且安全的方式使用有关数据。

2020年9月，德国联邦教育与研究部、卫生部和经济与能源部共同发布"健康数据"创新计划路线图，通过健康研究和数字化改善患者诊疗手段，明确了德国未来数字医疗的发展重点。9月英国政府制定《基因组英国：医疗的未来》战略，以诊断与个性化医疗、预防、研究为三大支柱领域，构建世界领先的基因组医疗体系。11月欧盟出台了《欧洲制药战略》，确保药品的可获得性、可负担性、可持续性与可发展性。2021年2月，欧盟发布《战胜癌症计划》，推动癌症预防、治疗、研究与监测。

二、实现可持续发展、确保长期竞争力是各国科技政策重点

新冠肺炎疫情虽然对经济和社会造成了极大冲击，但并未从根本上改变各国通过科技创新实现国家长期可持续发展、增强国家竞争力的根本目标。一些国家和地区在2020年发布了中长期战略、规划和计划等政策性文件。

（一）各国政策指导后疫情时代科技创新发展

2020年7月，英国发布《研发路线图》，是后疫情时代英国科技创新工作的战略性政策文件，旨在完善科学、研究和创新系统，充分释放潜力，构建更绿色、更安全、更健康的未来。其核心内容包括：大力支持长期、基础的科学研究；推动创新以提升生产力；制定区域研发战略，在全英范围内提升研发水平；激励并赋能研究人员和团队等。

8月韩国政府发布《科学技术未来战略2045》，是韩国新一期以十年为周期的科技发展战略，强调以应对挑战和转型为核心，大力发展能够提高民众生活质量和经济发展质量、为人类社会做出贡献的科技。《科学技术未来战略2045》将生命科学、数学、新材料等基础科学视为应对相关挑战的基础。同时从科技发展相关主体（人力资源、研究人员、企业与公民）、科技发展空间（区域与全球）、政策环境三大维度确立了八大政策方向。

12月法国《2021—2030年研究规划》正式生效。该规划是法国科研战略领域的顶层设计，旨在通过更长期的规划和更明确的资金分配，推动科研的可持续

性发展。主要包括三个方面的内容：加强科研投入；确保科研类职业的吸引力；鼓励科研服务社会特别是产业界。

同是在 12 月，新加坡政府发布新一轮《研究、创新与企业计划 2025》五年科技研发投资计划。提出了三大目标：解决更广泛的国家需求；完善科学基础；推动技术转移，强化企业创新能力等。

（二）各国政策的共性代表了全球科技创新发展方向

以上这些战略与计划的核心目标高度一致：一是以科技创新应对挑战，包括自然环境剧变、灾难灾害、公共卫生等威胁人类生命与安全的全球性危机；二是以科技创新保障国家经济结构转型与技术升级，实现知识型经济发展模式。

这些战略与计划在具体内容的部署上也具有很多共性，代表了全球科技创新的发展方向。主要包括：

1. 推动基础研究和关键技术双轮研发

基础研究的长期价值得到进一步确认。正如美国《无止境的前沿：科学的未来 75 年》指出，当今世界环境发生了深刻变化，但《布什报告》的基本原则没有动摇——基础研究仍然是创新的源泉所在，至关重要。2020 年 5 月，美国国家科学委员会发布《2030 年愿景》。2021 年 1 月，俄罗斯公布《俄联邦基础研究长期计划（2021—2030）》，明确了这 2 个基础研究强国未来十年基础研究的走向。美俄均显著强调了基础研究的"使命"导向，要求基础研究能够聚焦国家优先事项，反映国家研究需求。高度重视利用基础研究帮助识别和应对重大挑战，推动国家经济和社会发展，进一步提高国民生活质量。为此，两国的规划都布置了鼓励从基础研究到创新转化的内容。

各国纷纷布局以人工智能、量子技术、区块链等为代表的未来关键技术，谋求具有巨大潜力的经济增长和生产力增长。以量子技术为代表，美国白宫网站在 2020 年 2 月发布《美国量子网络战略构想》。7 月，美国能源部发布《从远距离纠缠到建立全国性的量子互联网》报告；澳大利亚联邦科学与工业研究组织（CSIRO）在 2020 年 5 月发布《量子技术路线图》；法国在 2020 年 1 月发布量子领域的政策建议报告《量子：法国不会错过的技术转变》，以此为基础，2021 年 1 月发布《国家量子技术战略》；英国国防科学与技术实验室代表英国国防部、英国战略司令部，在 2020 年 7 月发布了《量子信息处理技术布局 2020：英国防务与安全前景》报告。各国旨在通过这些计划成为全球领先的量子技术国家，掌握关键技术，构建相关完整产业链，实现经济发展和国家安全。在其他关键技术领域，2020 年 2 月，澳大利亚发布《国家区块链路线图》。2 月，欧盟委员会发布《人工智能白皮书：通往卓越和信任的欧洲路径》。12月，德国发布更新版《联邦政府人工智能战略》。

2. 推动数字化与绿色化两轴发展

与第四次工业革命相关的数字技术、与可持续发展相关的绿色经济原本即是各国的研发重点。新冠肺炎既是危机也是契机，在后疫情时代，数字化进程将以前所未有的速度进行，环境友好型的经济复苏政策也成为各国首选。2020年3月，欧盟发布《为实现具备全球竞争力、绿色和数字化欧洲的新工业战略》，建设提出绿色的数字化的欧洲。6月，韩国文在寅政府发表"韩国版新政"，包括数字新政和绿色新政等内容。

一些国家公布了碳中和目标，积极推动能源转型。仅在氢能领域，2020年2月，韩国出台《促进氢经济和氢安全管理法》，7月成立氢经济委员会，审议通过了《氢产业竞争力强化方案》《氢技术开发路线执行情况和未来计划》《氢能汽车和加氢站促进成果和未来计划》《氢都市促进现状和推广战略》共4项相关方案和计划。6月，德国出台《国家氢能战略》。7月，欧盟委员会发布《以实现欧洲气候中性为目标的氢能战略》。9月，法国发布《国家脱碳氢能发展战略》。通过这些战略与计划，各国推动氢能技术研究与创新，促进未来应用，为绿色转型、经济发展和能源主权等多维目标做出贡献。

在数字化转型方面，2020年2月欧盟委员会发布《欧洲数据战略》，并在9月公布了一系列政策，包括《数字金融一揽子方案》《有关加速5G等高性能网络建设的建议》《修订欧洲高性能计算共同计划的提案》等。12月，欧盟委员会又公布了《数字服务法》和《数字市场法》的草案。其他国家也积极谋求以数据驱动创新浪潮。9月，英国发布《国家数据战略》。韩国数字新政预计到2025年将投入58.2万亿韩元（其中，国家经费44.8万亿韩元）。各国的政策重点包括：发展新一代技术，加速网络基础设施建设，完善数据使用和治理，推动数字产业和整体经济增长。

3. 促进创新产业发展

2020年3月，欧盟委员会发布《为实现具备全球竞争力、绿色和数字化欧洲的新工业战略》，推动欧洲工业转型。5月，日本发布《产业技术愿景2020》，对至2050年产业技术发展优先方向进行了规划。9月，韩国发布《产业研发创新方案》，构建以自主性和市场为中心的产业研发体系。

在重点研发领域，欧盟和日本共同关注推动经济转型的数字技术、解决经济发展负面影响的能源与环境技术，日本还关注具有巨大潜力的生物技术和作为各领域发展基础的材料技术。

在加速商业化进程方面，日韩共同关注企业发展，以及研发成果商业化进程。政府得当的干预措施对提高生产力和经济增长至关重要，韩国《产业研发创新方案》的另一个重点是提高政府资助研发的经济效率。

在供应链方面，欧盟和日本从不同角度关注了供应链的安全性和灵活性。

三、推动创新型企业发展

疫情显露了创新型企业特别是中小企业和初创企业在经济中的脆弱性和重要性。为帮助企业渡过难关，各国政府纷纷出台短期的贷款、减税等优惠政策。从中长期来看，各国科技创新战略和计划将创新型企业作为重点，发挥其在创新链中的关键性作用。

1. 以临时性措施支持中小企业克服疫情影响

主要国家通过金融和税收等政策，对中小企业提供支持。主要措施包括：直接补贴、低息贷款、减少成本、降低税率、延迟纳税等。

在法国，许多企业裁减了不能带来短期收益的研发岗位，这将影响国家经济的长期竞争力。为此 2020 年 9 月法国政府发布《法国重启》重振经济计划，通过税收抵免的方式鼓励企业维持和新增研发岗位，预计投入约 3 亿欧元，每年惠及 2500 个岗位。美国中小企业厅通过薪酬保障计划，为 500 人以下的中小企业员工提供工资补贴。英国将企业法人税降低到 G20 的最低标准（19%）。

2. 推动企业数字化转型

新冠肺炎疫情显示，数字化不仅是支撑非常时期正常生活的重要手段，更是未来社会与经济的发展趋势。数字化对企业创新的影响越来越大，不但能够推动企业开发新型商业模式、促进服务创新，而且使得创新生态系统更加开放和多元化，企业可以更多更快捷地与大学、研究机构及其他企业互动。一些国家非常重视提升企业的数字化水平。除了支持企业进行一般性的数字化改造外，还重点支持企业应用 ICT、人工智能等解决方案进行数字化转型。

新加坡《研究、创新与企业计划 2025》提出要开发平台技术，支持企业进行供应链数字化改造，增强企业的应变能力、响应能力和可持续性。

《法国重启》提出支持中间规模企业、中小企业与小微企业向数字化转型。与大型企业相比，它们更缺乏相关资金和技术。应用人工智能解决方案和工业企业的数字化改造将是支持重点，包括资助企业开发应用一般机器人、协作机器人、增材制造、传感器、生产管理软件等"未来技术"。

韩国在 2020 年 11 月《中小企业综合培育计划（2020—2022）》提出以人工智能、大数据为基础，促进中小制造业企业向数字化转型，实现智能制造创新。到 2022 年，预计培养 10 万名智能制造人才。2021 年 4 月韩国发布《产业数字化转型推广战略》，促进各个行业整体向定制型数字化转型。按照数字化准备、数字化引入和应用、数字化推广、数字化优化等不同阶段，对企业提供有针对性的支持。

3. 重点资助创新型初创企业和中小企业开展高技术研发

初创企业和中小企业善于挖掘尖端技术的创新型应用，是将创新从纯粹技术带入市场应用的重要主体，在主要国家的最新部署中，受到了重点资助。

加强对中小企业、初创企业的投资，改善其融资途径。英国针对中小企业、初创企业及对市场能够产生巨大影响的创新型企业，致力于解决监管壁垒和行业间合作问题，并在 2020 年 5 月推出了向创新型中小企业提供 7.5 亿英镑的一揽子支持计划。此外，英国政府已在 2017 年秋季预算案中宣布了一项十年行动计划，旨在解锁超过 200 亿英镑的资金来资助创新型企业成长，包括创建英国耐心资本等。

韩国在 2020 年 11 月设立了 1600 亿韩元的"技术创新专用基金"，支持企业自主研发，开展一系列技术创新。该资金规模预计在三年内达到 5000 亿韩元。

支持重点领域有潜力的初创企业和中小企业成长为冠军企业。韩国"全球ICT 独角兽企业培养项目"在 2020 年 5 月正式启动，通过支持进驻海外、提供投资和融资等综合支持，发掘 ICT 领域具有发展潜力的企业，将其培养成独角兽。首批选定了 15 家企业[①]。

法国在 2019 年 1 月发布了"深科技计划"，支持颠覆性初创企业。"深科技计划"充分尊重初创企业不同阶段的发展特点，量身定做了 3 种资助机制：一是科创新兴奖金，主要支持成立不超过一年的初创型中小企业，对创业项目进行技术、法律、经济或战略方面的相关研究。每年总额约 900 万欧元。二是深科技发展补助，主要支持初创企业开展研发，每年总额约 4600 万欧元。三是创新竞赛奖金，主要支持初创企业壮大发展，每年 1500 万欧元。

为抓住第四次工业革命带来的机遇并应对新冠危机带来的科技投资不足，法国已于 2020 年 5 月和 7 月分两批设立了 33 个技术投资基金，为初创企业提供急

---

① 研发领域包括：人工智能为基础的数学学习、人工智能产业设备诊断、人工智能为基础的半导体知识产权设计、人工智能感觉认知平台、智能型声音分析、超声波医疗设备、4D 影像雷达传感器、海外汇款（金融科技）、能源 IT 平台、批发零售交易中介系统等。

需的"晚期投资"，帮助它们成长为冠军企业。投资领域主要包括颠覆性技术、医疗制药、生物技术、大数据、人工智能、机器人、工业、食品、环保与能源转型。

以初创和中小企业为核心，构建产业价值链上"命运共同体"。《日本规划至2050年产业技术发展优先方向》提出要促进初创企业和大型企业密切合作，发挥各自优势，尽快形成有竞争力的产品并投入市场。

韩国提出要促进大型企业、中小企业、研究机构和大学共同推进大规模整合研发，构建完善的创新生态系统。

爱尔兰颠覆性技术创新基金根据颠覆性技术的研发特点，强调大型企业、中小企业及研究机构等结成联合体进行联合申报。根据最新申报指南要求，联合体最少应由3个独立实体组成，2个必须是企业，其中一个必须是中小企业。

四、公民科学日益受到各国重视

公民科学一词是在科学研究成为一种专业活动、科研人员成为一种职业之后出现的，是指公众参与重要研究并贡献自身相关知识的一种活动或方法。公民科学近年来快速发展，日益受到各国重视。

1. 公民科学具有重要作用

公民科学通过动员广大群众的力量，可以实现研究的范围扩大和成本低廉。例如，在组织良好的情况下，使用志愿者进行的鸟类调查可以在几周内覆盖整个北美地区，而付钱给科学家进行相同的调查会非常昂贵，并且因为该领域的人数有限，难以在短时间内完成相关任务。

随着公民科学素养的提升和对科学问题的日益关注，加之数字平台、数据分析技术的快速发展，公民将成为科研创新的重要贡献者。2021年3月15日欧盟发布的《地平线欧洲2021—2024年战略计划》明确提出，公民科学和用户主导的创新是科研创新的新模式。根据美国《无止境的前沿：科学的未来75年》报告的预测，科学共同体的包容性将进一步扩大，原本从科学到社会的线性路径，将逐渐发展成为科学、社会和公民相互交织、相互促进的网状关系。

根据CitizenScience.gov的统计，美国各联邦部门支持的公民科学项目在1991—2000年仅有21项，2001—2010年增至62项，2011—2019年快速增加至340项。在2020年新冠肺炎疫情下，很多发达国家都启动了公民科学项目，通过在线健康调查，追踪疫情的传播，预测疫情的发展等。

2. 加强科学与公民的联通，实现双向交流机制

科学家不仅要向公众传播科学，而且要了解公众需求，取得公众信任。一些国家采取多种形式宣传、吸引广大公民投身于科学事业。包括：通过大型媒体提高公民的参与意识；利用游戏化的方式鼓励参与；开发和设计智能手机应用程序，让代表性不足的群体参与公民科学等。

2021年2月韩国第四期《科学技术人才培养与支持基本计划（2021—2025）》强调，要加强科学与公众的连通性，利用线上新媒体、全国科学馆等途径，方便国民接触科学技术，同国民一起共同推广科学文化。

3. 为公民便利化、最大化参与科研创新创造条件

发达国家的政府主要采取将公民科学项目纳入科技资助体系的做法。美国科学院《2030愿景》提出，在基础研究领域，要将社区纳入研究设计的考虑范围，鼓励公众参与研究，包括通过"公民科学"方式进行。英国《研究路线图》提出，改善研究文化，发起并实施大胆的计划，促进平等、多样性和包容性，吸引各类人才参与和推动研发，确保国家研究和创新得益于全体人民的创造力。

美欧在国家资助体系中采取了有奖竞赛（挑战赛）的资助工具，对参与人员没有任何要求，所有公众都可参加。2010年，美国政府启动了Challenge.gov网站，公众通过该网站可以发现并参与公共部门的有奖竞赛。当前，美国奖励资助计划已经涵盖能源、空间探索、卫生保健、网络安全及基础设施等多个优先领域。欧盟在"地平线2020"中把创新奖作为正式的资助工具，任何人都可以参加，只要能解决欧盟提出的创新挑战，就可以揭榜获得奖励。2018—2020年，创新奖的总奖金为4000万欧元，共设有6个奖项。

韩国在基础研究中增加了公民科学元素，包括：实施国民调查，发掘同国民生活密切相关的社会问题；通过各领域的多学科专家 – 市民论坛，分析社会性难题的成因，探索科学的解决方案；加强可提高国民生活质量的基础研究。

（执笔人：张翼燕）

⊚ 主要国家和地区加快产业向数字化和绿色化转型

2020 年，新冠肺炎突然袭来并在全球大流行，为第一时间快速防控疫情，各国纷纷出台管控措施，导致短时间内多个实体经济部门发展停滞或衰退，并进一步带来区域性甚至全球性产业链供应链断裂风险，全球产业发展面临严峻挑战。为应对这一危机并实现经济复苏，主要国家和地区开始加强产业政策布局，通过政府干预确保关键产业顺畅发展，并加速推动本国或本地区产业向数字化和绿色化转型。同时，中小企业作为产业链供应链的关键一环受到疫情的严重冲击，不少国家和地区纷纷制定救济或转型发展措施，帮助中小企业渡过难关。

一、新冠肺炎疫情导致全球产业发生结构性变化

新冠肺炎大流行给全球带来深刻影响，各国 GDP 遭受重创，增速萎缩。同时，疫情导致各国产业发生结构性变化，由于多国出台出行和物流管控措施，以生产制造为代表的第二产业和以餐饮旅游、交通运输、零售批发为代表的第三产业的多个实体经济部门发展停滞或衰退，但以新一代数字技术为支撑的"非接触型"数字经济却得到了快速发展。

1. 世界各国 GDP 遭受重创

2020 年年初，新冠肺炎疫情暴发后迅速蔓延至全球，引发大流行。作为新型突发性传染病，在疫情暴发初期，由于缺少经验和有效的应对方案，大多数国家采用严格的管控和封锁措施，这虽对疫情起到控制作用，但却对经济产生严重影响，工业生产、零售业和服务业等大多数产业部门遭受重击，各国 GDP增速严重下滑。根据 2021 年 1 月国际货币基金组织发布的最新预测，2020 年

全球经济大幅下滑，预计萎缩 3.5%，而发达经济体萎缩幅度高于全球，平均萎缩 4.9%，其中美国萎缩 3.4%，欧元区国家萎缩 7.2%，英国萎缩 10.0%。新兴市场和发展中经济体预计萎缩 2.4%；具体来看，中国是唯一实现 GDP 正增长的国家，增速为 2.3%，印度萎缩 8.0%，俄罗斯萎缩 3.6%，巴西萎缩 4.5%，南非萎缩 7.5%，东盟五国萎缩 3.7%。如图 1–6 所示。

（实际GDP，年百分比变化）	估计值 2020	预测值 2021	2022
世界产出	-3.5	5.5	4.2
发达经济体	-4.9	4.3	3.1
美国	-3.4	5.1	2.5
欧元区	-7.2	4.2	3.6
德国	-5.4	3.5	3.1
法国	-9.0	5.5	4.1
意大利	-9.2	3.0	3.6
西班牙	-11.1	5.9	4.7
日本	-5.1	3.1	2.4
英国	-10.0	4.5	5.0
加拿大	-5.5	3.6	4.1
其他发达经济体	-2.5	3.6	3.1
新兴市场和发展中经济体	-2.4	6.3	5.0
亚洲新兴市场和发展中经济体	-1.1	8.3	5.9
中国	2.3	8.1	5.6
印度	-8.0	11.5	6.8
东盟五国	-3.7	5.2	6.0
欧洲新兴市场和发展中经济体	-2.8	4.0	3.9
俄罗斯	-3.6	3.0	3.9
拉丁美洲和加勒比	-7.4	4.1	2.9
巴西	-4.5	3.6	2.6
墨西哥	-8.5	4.3	2.5
中东和中亚	-3.2	3.0	4.2
沙特阿拉伯	-3.9	2.6	4.0
撒哈拉以南非洲	-2.6	3.2	3.9
尼日利亚	-3.2	1.5	2.5
南非	-7.5	2.8	1.4
备忘项			
低收入发展中国家	-0.8	5.1	5.5

来源：国际货币基金组织《世界经济展望最新预测》，2021年1月

注释：印度的数据和预测值是按财年列示的，财年2020/2021从2020年4月开始。基于日历年，2020年印度的经济增速预测值为-7.6%，2021年为11.0%。

国际货币基金组织 IMF.org

图 1–6 《世界经济展望》最新增速预测

2. 多个实体经济部门发展停滞或衰退

受新冠肺炎疫情影响，全球流动性受阻，很多国家和地区采取停飞、停航、入境管制、国家内部区域间流动限制、宵禁等措施，从大的产业分类来看，以生产制造为代表的第二产业和以餐饮旅游、交通运输、零售批发为代表的第三产业所受冲击最为严重。

以生产制造为代表的第二产业，自 19 世纪“第一次工业革命”在英国诞生

以来，全球产业布局历经多次调整转移，目前已经形成主要国家和地区互相深度嵌入、你中有我、我中有你的局面，而全球产业链基本以各国和地区水平分工为主，环节多、链条长，任何一环缺失都会牵一发而动全身。受新冠肺炎疫情影响，部分跨境物流通道中断，许多工厂停工停产，各国工业生产所需的关键性中间品、零部件及生产设备在全球范围内面临断供风险，这给各国和跨国制造业带来重大影响。根据联合国贸发会议的评估，由于全球流动性受阻，精密仪器、机械、汽车和电信设备等行业生产受损严重。以汽车制造为例，由于新冠肺炎疫情影响，全球汽车市场需求下降，汽车产业遭遇史上最大危机，在疫情最为严重的2020年第一季度和第二季度，全球上百家车企降薪、裁员，甚至停产，而停产的零部件企业超过3000家。

以餐饮旅游、交通运输、零售批发为代表的第三产业，由于受隔离及道路封锁影响，有赖于线下消费的、劳动密集型的、持续高频运输的行业受到新冠肺炎疫情严重影响。以航空运输业为例，由于多国采取封锁措施，人口流动性降低，订单量持续下降，航班停飞，航线缩减，公司裁员，多国航空公司陷入困境，不得不依靠政府救济渡过难关，如德国政府出资90亿欧元购入汉莎航空公司20%的股份、法国政府出资70亿欧元帮助法国航空公司等。根据国际航空运输协会的预测，新冠肺炎疫情对航空运输业的影响将持续多年，航空客运量至少要到2023年才能恢复至疫情前水平。

3.以新一代数字技术为支撑的"非接触型"数字经济快速发展

新冠肺炎疫情对以制造业为主的工业部门和传统服务业部门造成巨大冲击，但对以新一代数字技术为支撑的线上及平台型产品和服务却是重大利好，"非接触型"数字经济得以快速发展。

防控疫情需要减少人际接触、加强隔离防控，这引发了线上和非接触型产品的需求激增，加速了各国向数字经济转型。微软CEO萨提亚·纳德拉表示："曾经需要2年时间才能完成的数字转换，由于新型冠状病毒的影响，只用了2个月就实现了"。为实现日常生活与防疫并行，线上购物和快递替代了线下消费，智能办公、居家工作、网络教育等呈现出了全领域向数字化转型的趋势。例如，视频会议企业"Zoom"2020年第一季度销售额同比增长169%。整体来看，非接触型产业主要涉及5G、物联网、云计算、工业机器人等电子信息和高端装备产品。例如，提供非接触型投递功能的智能快递柜，提供远程教育所需的服务器、平板电脑、智能手机等，提供远程诊疗、远程监控所需的传感器、通信设备等，可实现"非接触型"制造的自动化机床、工业机器人等。

二、主要国家和地区加强产业政策布局，通过政府干预确保关键产业顺畅发展

长期以来，全球产业布局多由企业和市场主导，追逐利益和效益是主要驱动力。但新冠肺炎疫情大流行将产业链供应链问题推上风口浪尖，高度融合的全球产业链供应链弊病暴露，这加深了各国政策制定者对产业政策的反思，开始加强对本国产业布局进行干预，试图以效率和安全为核心导向积极进行投资，推动经济复苏。

1. 美国谋划未来产业，维护技术和关键产业霸权

美国技术和产业实力雄厚，特别是关键战略性产业领先全球，但美国产业发展主要依靠企业推动，政府干预作用并不明显。近年来，中国的崛起，特别是在制造业领域和一些重大技术领域的日益强大引发美国担忧，美国政府开始谋划制定产业政策，目前主要瞄准的是未来产业。

美国政府认为，未来产业技术是维持美国全球科技霸主地位的支撑性技术，主要包括人工智能技术、量子技术、先进通信网络技术、先进制造技术、未来计算生态系统、无人机技术等。为推动未来产业发展，美国总统科技顾问委员会（PCAST）发布《关于加强美国未来产业领导力的建议》报告（2020年6月），提出一系列大胆果敢的行动建议，强调要打造未来产业联合体（Industries of the Future Institutes），以对一个或多个未来产业技术领域的研发和生产进行有机集成。PCAST提出的首批未来产业联合体旗舰项目，试点为人工智能和生物技术未来产业联合体、先进制造生成式设计未来产业联合体。2021年1月，PCAST还发布了《未来产业联合体：美国科学与技术领导力的新模式》报告详细论述了未来产业联合体的定位、特点与职能。从职能来看，未来产业联合体将：推进跨基础研究和应用研究领域的多学科和多部门合作创新；营造促进知识流动和创意涌现的研究环境；设计和实施技术快速开发和应用的创新框架；培育跨学科跨领域多元化发展的优秀未来科技人才。

2. 欧盟推出《欧洲工业战略》，确保产业链供应链独立自主

为推动欧洲工业转型，2020年3月欧盟发布《为实现具备全球竞争力、绿色和数字化欧洲的新工业战略》及其配套文件《为实现可持续发展和数字化欧洲的中小企业战略》和《更好落实和执行单一市场规则行动计划》，设定确保欧洲工业的全球竞争力并维护公平的竞争环境、推动欧洲到2050年实现气候中和、塑造欧洲的数字化未来三大目标。对此，欧盟提出了一套全面的未来行动计划，

包括：采取措施实现能源密集型产业的现代化和碳中和，支持可持续、智慧交通产业，提高能源效率，完善应对"碳泄漏"机制，确保以有竞争力的价格提供充足和可持续的低碳能源；支持战略性数字基础设施和关键技术发展，如5G、网络安全、量子通信、数据云、机器人、微电子、高性能计算、区块链、量子技术、光子学、生物工程技术、生物医药、纳米技术、制药技术、先进材料和技术等；制定知识产权行动计划，维护技术主权，促进全球公平竞争；出台关键原材料和药品行动计划，确保关键原材料的供应。同时，为尽快从新冠肺炎疫情危机中复苏，欧盟2021年5月对该战略进行了升级，高度强调战略自主，特别是能源、健康及向绿色化和数字化转型等关键领域，要求确保原材料、电池、活性药物成分、氢、半导体、云技术和边缘技术产业链供应链独立自主。

3. 英国利用创新提升产业竞争力，发起"绿色工业革命"

2020年7月，英国在最新一期《研发路线图》提出要推动研究创新以反哺经济发展、提升产业竞争力。对此，英国政府将在传统研发密集型行业的基础上，大力推动人工智能、量子技术、机器人技术等新兴技术研发和应用；支持学术界与产业界间的经常性互动，弥补知识和技能短缺；构建高效的激励机制，鼓励大学和企业开展有效合作，推动大学研究成果商业化；释放初创企业潜力，促进创新成果的应用和扩散。

英国是受新冠肺炎疫情影响最严重的国家之一。为推动经济复苏，同时承担环境责任，2020年11月英国政府制定"绿色工业革命"十点计划，以期成为清洁技术全球市场领导者和世界应对气候变化领导者。英国政府将投入120亿英镑，支持产业界在海上风能、氢能、核能、电动汽车、公共交通与骑行步行、Jet Zero（喷气式飞机零排放）与绿色航运、住宅与公共建筑、碳捕集与封存、自然保护、绿色金融与创新十大领域展开行动，确保英国能够以更为"绿色"的方式从新冠肺炎疫情中恢复过来。

4. 日本重视资源集聚，集中进行关键产业攻关

为解决日本创新长期停滞的重大任务，2020年5月日本经济产业省出台《产业技术愿景2020》，提出了至2050年日本产业技术发展的三大方向。一是扩大知识资本集聚，强化创新能力基础，包括：改善投资环境，构建初创企业生态系统；吸引高端人才，支持留学，并开展继续教育；优化日本国内知识资本供给机制。二是摆脱自我主义和技术至上主义，推动开放创新，加速技术商业化进程，包括：推动全产业链研发；确保日本在制造业及零部件领域中小企业数量和水平方面继续领先全球，稳定关键供应链；加强对研发战略的风险管理和投资。三是

立足知识经济，集中关键资源进行重点研发，包括：支持日本向知识经济转型的数字技术、具有巨大潜力的生物技术、作为各领域发展基础的材料技术、解决经济发展负面影响的能源与环境技术。

5. 韩国加大支持产业链前端，推动以市场为中心的自主研发

长期以来，韩国高度重视产业技术发展，但在产业技术研发方面存在诸多问题，如过度管理导致研发体系僵化，政府资助项目仍以封闭研发为主，研究效率低下，研究成果产出少，研发与实际需求脱节，研发成果商业化成功率低。为提高研发效率，并考虑到新冠肺炎疫情大流行背景下不确定的产业环境，2020 年 9 月韩国产业通商资源部制定《产业研发创新方案》，旨在将"以管理和规制为中心"的产业研发体系转型为"以自主性和市场中心"的产业研发体系，并提出三大战略方向：加强自主研究和负责任研究；构建以市场和成果为中心的研发体系；推进开放创新。主要措施包括：引入"研发监管沙盒"制度，取消对优秀企业的一切研发规制；采用定性评估方式，大力支持开展挑战型研究；推进大规模整合型研发机制，构建产业价值链上企业"命运共同体"，支持大中小企业协同开展研发；提高国际公共研发的战略性，鼓励国内企业与国外技术需求企业开展共同研发。

三、各国产业加速向数字化转型，寻求新的增长引擎

新冠肺炎疫情加速了数字经济和数字技术的普及，以人工智能、大数据为代表的新一代数字技术重要性凸显，推动本国产业向数字化转型成为各国政府现阶段的关键任务之一。整体来看，目前正在各国兴起的产业数字化浪潮包含 2 个题中之意，一是推动数字技术与实体经济深度融合，为本国传统产业转型升级、实现高质量发展赋能；二是构建数字基础，推动关键数字技术实现更多创新应用，培育形成新兴"未来产业"。

1. 推动新一代数字技术与实体经济深度融合，赋能传统产业

传统产业是指在历史上曾经高速增长，但目前发展速度趋缓，进入成熟阶段，资源消耗大和环保水平低的产业。从各大产业发展阶段来看，制造业、汽车工业、钢铁工业、建筑业、电力行业等实体经济领域面临发展和增长瓶颈，亟待向智能、高效、环保方向转型。人工智能、机器人、物联网、工业互联网、大数据、5G 等新一代数字技术有望对这些传统产业带来颠覆性影响，为其发展注入

新动能。为此，世界主要国家和地区都高度重视推动传统产业向数字化转型。

2021年3月，欧盟出台的《地平线欧洲2021—2024年战略计划》提出要引领关键数字技术发展，赋能健康、工业、航天、能源与交通运输、食品、农业与环境等传统领域的发展。例如，在工业领域，将大力发展数字化技术，推动欧盟工业向智能化转型；在能源与交通领域，将更智能地将工业设施与能源系统连接起来，并开发更智能和更有竞争力的能源交通解决方案。

日本《产业技术愿景2020》提出数字化经济即将到来，数据生态系统与物联网等技术将发挥核心作用，日本将基于此维持并强化原有产业优势。对此，在制造业领域，日本将大力利用人工智能和数据，加速制造业及零部件产业转型，并积极实现自动化，通过远程工作和操作解决劳动力不足问题。在材料领域，日本将构建研发数据平台，使产学研各界能够最大限度地利用优质丰富的材料数据，匹配数字化手段，大幅提高材料研发效率和材料精密性。

2020年7月，韩国在其推出的抗击疫情国家新政中将"数字新政"列为两大核心方向之一。在"数字新政"框架下，韩国将加强数字资产管理，加速数据与人工智能的融合，推动建设数字工厂；将加大数字孪生应用，构建智能港口和智慧城市；将推动基础设施向数字化转型，打造新一代智能交通系统；将打造智能产业园区，构建模拟中心测试制造流程和工艺，并构建智能能源平台实施监控能源消耗。

2020年9月，意大利政府制定《国家复苏与振兴计划》将数字化转型视作优先事项。一是，加快发展国家数字化基础设施和服务（数据中心和云服务），促进对电信、交通和航空航天等战略性部门的投资，提升智能化和创新能力。二是，通过数字化创新提升生产系统的效率，特别是农产品、工业、文化旅游业和"意大利制造"的能力。

2. 构筑数字基础，培育新兴数字产业

在新冠肺炎疫情背景下，新一代数字技术得以快速应用，基于在线平台的电子商务、数字金融、远程办公、远程教育等新产业新业态和新模式迅速发展。随着新一代数字技术的发展，越来越多的数字技术能够实现创新化应用，不断形成更多新产业新业态和新模式。对此，主要国家十分重视关键数字技术领域的政策部署，以期为新兴数字产业发展奠定基础。

近年来，美国高度重视构筑数字基础，为产业特别是新兴数字产业发展注入动力。新冠肺炎疫情暴发后，美国高度重视在人工智能、5G和先进计算领域抢占先机。2020年2月，根据美国政府《2020—2021财年预算报告》，人工智能相关预算将大幅提升，2020财年预算为9.7亿美元，2021年进一步提升至15亿美元。另据美国政府2020年8月签署的《"2022财年研发预算优先事项及全局

行动"备忘录》，人工智能被列为驱动未来产业发展的技术领域之首。在5G方面，2020年3月，美国政府出台了《美国5G安全国家战略》和《2020年5G安全及超越法案》，旨在加快5G在国内的部署。2020年11月，美国白宫科学与技术政策办公室还制定了《引领未来先进计算生态系统战略计划》，旨在构建一个未来的先进计算生态系统，为美国在科学与工程、经济竞争力和国家安全方面的领导地位奠定基础，支持基础、应用和转化型研究与开发，推动先进计算及其应用的未来发展。

2021年3月，欧盟《数字罗盘2030计划》将构建可信赖、高效和可持续发展的数字基础设施列为关键方向之一。对此，欧盟将加速5G网络覆盖；加大2纳米半导体生产制造技术研发与应用；部署符合环保需求的边缘计算设备，形成超过1万个通信节点，并部署第一台量子计算机。同时，欧盟将与成员国合作发展欧洲数字单一市场，旨在弥合各国间数字能力差异，构建互联、可互操作和安全的数字市场，相关合作项目将聚焦网络互联性、数据和云服务等。借此，欧盟计划大力推动云计算服务、大数据和人工智能技术的应用，到2030年使独角兽企业（即市值超过10亿美元的初创企业）数量翻番，达到250个。

2020年12月，德国政府更新了《联邦政府人工智能战略》，对人工智能技术发展提出了新需求。其中，致力于有助于培育新兴数字产业的主要举措包括：支持合成数据生成；通过"欧洲数据云计划"构建具有竞争力且安全可靠的互联数据基础设施，重点资助中小企业成长；设立创业资助计划Start Up Secure，加强基于人工智能的商业模式和产品的安全性；开展试验性创新挑战项目"节能型人工智能系统"和"面向未来的专用处理器和开发平台"；构建出行领域的人工智能和自学习系统创新中心，加大对自动驾驶复杂场景的应用研究、开发和测试；支持用于消费者日常生活的人工智能应用。

日本重视基础设施建设和规制完善。在基础设施建设方面，2020年6月日本政府制定了《超越5G战略——向6G转型的路线图》，旨在进一步增强5G功能，能够在任何场合实现大量数据的瞬时处理。超越5G将提高自律性，运用人工智能技术，实现所有零部件的自律型协作，建立最优网络，精准匹配用户需求；实现移动终端、基站与卫星、高空平台通信等通信系统的无缝对接；实时保障用户的网络安全与隐私，并在发生灾害时也能继续服务，瞬时恢复。在规制完善方面，在数字经济领域，日本将使企业和使用者（团体和个人）成为规定设计、监督和执行的中心，政府则将发挥促进者的作用，负责引导多样化主体参与到规定设计中。目前，日本已在移动出行、金融科技、建筑等领域讨论数字化规制改革，包括个人信息保护、网络安全、个人和法人ID信息识别等。

2020年2月，澳大利亚政府出台了《国家区块链路线图：迈向区块链赋能的未来》，旨在充分释放区块链技术的应用潜力，使澳大利亚成为全球区块链产业领导者。澳大利亚高度重视区块链在农业、教育业和金融业的创新型应用，以期创造更多就业机会，加速经济增长。例如，在教育领域，澳大利亚将加大区块链在证照审核方面的潜力，并着力打造全球互认的可信任区块链证照系统，为澳大利亚发展教育产业带来更多机遇。对此，澳大利亚将构建高效且适当的身份验证、数据、隐私保护等方面的监管与标准，大力支持公民数字技能提升及区块链相关技术研发与创新；吸引国际投资并加强国际合作。

四、各国产业加速向绿色化转型，助力实现可持续发展

2015 年 12 月通过的《巴黎协定》提出各方将加强应对气候变化威胁，到 2050 年实现净零排放，到 2100 年实现全球平均气温较工业化前水平升幅控制在 2℃之内，并为把升温控制在 1.5℃以内而努力。但目前来看，要实现这一目标十分困难。根据联合国环境规划署 2020 年 12 月最新发布的《2020 年排放差距报告》，尽管出于新冠肺炎疫情的影响，预计 2020 年二氧化碳排放总量将下降 7%，但这一降幅仅仅意味着到 2050 年全球升温幅度降低 0.01℃。在控温和新冠肺炎疫情的双重压力之下，各国纷纷提出"净零排放"或"碳中和"目标，在推动经济复苏进程中高度重视向绿色化转型。

1. 加大可再生能源使用

能源领域排放的温室气体占全球的 73%，因此主要国家正不断扩大太阳能、风能、氢能等可再生能源的使用比例和范围，同时完善相关基础设施，提高能效，推动能源产业转型。

美国总统拜登在竞选时向公众承诺，到 2035 年 100% 使用可再生能源，到 2050 年实现能源领域、建筑领域和交通领域净零排放。对此，美国将扩大太阳能板和风力发电涡轮机设备生产，降低清洁能源技术（储存电池、绿色氢气等）价格并促进其商用化。欧盟 2019 年 12 月发布《欧洲绿色政策》，2020 年 7 月发布《能源系统综合战略》和《欧洲氢能战略》，提出要提高海上风能等可再生能源的使用比重，促进清洁燃料（以可再生能源为基础的氢能、可持续生物燃料等）的使用。英国"绿色工业革命"计划提出要大力发展海上风能、氢能和核能，使英国成为清洁技术全球市场领导者。日本 2020 年 12 月发布《绿色发展战略》提出重点发展海洋风力发电、胺燃料、氢能、核能、新一代太阳能等产业。2020 年 12 月，韩国发布《2050 年碳中和推进战略》提出要加速实现能源供给转型，用可再生能源代替化石燃料作为主要供给能源，并加大分布式能源系统应用。

2. 打造可持续交通

交通运输领域是二氧化碳排放的另一主要部门，因此主要国家都在致力于减少交通运输领域的化石燃料使用，高度重视利用天然气、氢气、电力、生物燃料等低碳燃料打造可持续交通。

英国"绿色工业革命"计划提出到2030年将停止售卖新的柴油车和汽油车，到2035年将停止售卖混合动力汽车。为此，英国将大力发展电动汽车，支持汽车及其供应链的电气化，并设立"超级工厂"大规模生产所需的电池。2020年7月，法国发布的《国家脱碳氢能发展战略》提出要大力发展以脱碳氢为动力的重型交通运输工具，包括以氢燃料电池为动力的客车、火车、公交车、垃圾车、火车等。韩国《2050年碳中和推进战略》提出将通过生产和普及氢能汽车和电动汽车，引入具有创意的移动出现服务，推动未来移动出行向绿色化转型。日本《绿色发展战略》提出要致力于推动电动汽车发展，到2030年中期百分百实现电动汽车，对此日本将建立以电池为首、领先世界的电动企业车产业供应链，构建电动化移动社会。2020年12月，加拿大《氢能战略》提出将氢燃料电池应用至汽车领域，使氢燃料电池车进入快速应用阶段，到2050年生产并投入使用至少500万辆氢燃料电池汽车。

3. 发展循环经济

为应对资源枯竭和废弃物引发的环境问题，不少国家尝试从开采、生产、消费、废弃的线性经济结构向循环型经济结构转型，旨在打造可循环产业，这不仅能够减少产品全生命周期中的环境污染，提高资源效率，还能开发和创新相关技术，创造新的产业增长引擎和就业岗位。

2020年3月，欧盟发布《循环经济行动计划》致力于使循环经济成为主流生产和生活方式，加快欧洲经济向绿色化转型。对此，欧盟将更系统性地对生产和生活消费方式进行变革，将循环经济理念贯穿于产品设计、消费、制造等全生命周期，减少废弃物数量，并对资源进行二次利用，以减少资源消耗和"碳足迹"。2021年4月，芬兰政府发布《关于促进循环经济的决议》，承诺减少不可再生资源消耗，将利用税收机制支持节约使用自然资源和减少二氧化碳排放的经济模式，使用数字化技术提高物流和生产制造效率，提高资源效率及产品耐用性，促进材料回收利用，为建筑、交通、能源和基础设施项目配备低碳循环经济解决方案。2020年5月，日本发布的《循环经济蓝图》提出3R（Reduce、Reuse、Recycle：减量、重复利用、循环利用）原则，将开发循环利用性能较好的材料及循环应用技术以实现最优回收路径，提高废弃物燃烧设备运行效率，推动甲烷发酵等生物燃料生产设备的大规模实证研究等。韩国《2050年碳中和推进战略》提出将大力发展循环经济，包括加强制造工艺中原材料的循环利用，构建废旧资源回收利用体系，构建国家资源统计管理体系以对主要行业的资源使用情况进行监管等。

五、中小企业脆弱性显现，成为各国稳定供应链的重要关切

中小企业是产业链供应链网络的重要组成部分，其发展质量直接决定本地区甚至全球的关键源头性产品供给能力。受限于发展规模和资金流通能力，中小企业（特别是制造业类中小企业）受到新冠肺炎疫情的严重冲击，引发部分区域供应链断裂甚至消失的风险。因此，在抗击疫情过程中，中小企业成为各国政府关注的重点。

2020 年 3 月，美国总统特朗普签署的《冠状病毒援助、救济和经济安全法案》提出了一项 3790 亿美元的小企业救济计划，共涉及 4 项临时应对举措。一是薪资保护计划，旨在为雇员少于 500 人的企业提供最高 1000 万美元的贷款。二是灾难应对预付款计划，旨在为遭遇暂时困难的企业提供高达 1 万美元的经济救济，且无须偿还。三是快速过桥贷款计划，旨在使已向美国小企业管理局申请过快速贷款的小企业能够进一步快速获得高达 2.5 万美元的周转资金。四是债务减免计划，旨在为小企业提供财务缓和的机会，自动支付当前部分贷款为期 6 个月的本金和利息等。

2020 年 7 月，欧盟推出的高达 7500 亿欧元的"复苏基金"将为中小企业提供救助列为重要内容之一，这是因为中小企业是欧盟产业的重要组成部分，提供了 2/3 的就业岗位，创造 50% 的 GDP。鉴于中小企业对欧盟地区的重要意义，欧盟还在《欧洲工业战略 2030》的框架下制定了《为实现可持续发展和数字化欧洲的中小企业战略》，旨在帮助中小企业向绿色化和数字化转型。具体举措包括：加大对欧洲各地数字创新中心的投入，为中小企业掌握数字技术及获得相关技能创造条件；消除中小企业在开展业务、扩大规模方面的监管障碍，方便中小企业在单一市场及其他市场的运作；通过"中小企业首次公开募股（IPO）基金"，资助中小企业进行首次公开发行股票；确保各成员国向企业提供一站式服务，鼓励创业发展。

英国重视改善中小企业和初创企业融资途径。英国已在 2017 年秋季预算案中宣布了一项十年行动计划，旨在解锁超过 200 亿英镑的资金来资助创新型企业成长，包括创建英国耐心资本等。对此，英国政府致力于解决监管壁垒和行业间合作问题，同时英国政府还在在 2020 年 5 月推出了向创新型中小企业提供 7.5

亿英镑的一揽子支持计划。

2020 年 11 月，韩国发布《强小企业和中坚企业创新发展战略》旨在恢复因新冠肺炎疫情而停滞的企业活力，推动企业创新发展，重点举措包括：培育 1000 家世界一流的中小企业和中坚企业；加大产学合作力度，支持理工科大学与中小企业和中坚企业开展合作研究；向中小企业和中坚企业提供资金、技术、商业化等一揽子支持，推动产业升级重组，推动形成一批新产业"灯塔项目"；支持中小企业获取优秀人才；助力中小企业开拓国内外市场。

（执笔人：张丽娟）

全球研发投入在疫情危机下继续增长

肆虐全球的新冠肺炎疫情让 2020 年成为极不平凡的一年。面对突如其来的新冠肺炎疫情，各国政府迅速采取行动，加大科技投入，启动一系列政策措施，全力支持新型冠状病毒检测、诊治、药物、疫苗及公共卫生对策等方面的科研攻关，充分发挥科技创新的支撑作用。全球研发投入在世界经济遭受重创的情况下继续增长。

一、新冠肺炎疫情前的世界研发投入格局

1. 主要经济体研发投入强度稳步提升

研发强度（研发支出占 GDP 的比重）是衡量创新程度的重要指标之一，代表着一个经济体对科学和创新的重视程度。经合组织（OECD）的研发统计数据表明，受研发支出增长高于 GDP 增长的推动，世界主要国家和地区的研发强度在经历 2013—2016 年停滞之后，近三年大多数呈现出稳步上升的趋势。2019 年，美国研发强度首次突破 3% 大关，从 2016 年的 2.79% 增至 3.07%，日本从 3.16% 增至 3.24%，德国从 2.94% 增至 3.18%，英国从 1.66% 增至 1.76%，韩国更是从 3.99% 增至 4.64%。在上述国家的带动下，OECD 国家整体研发强度自 20 世纪 80 年代中期以来首次实现连续三年增长，从 2.3% 增至 2.5%。欧盟 27 国整体研发强度亦从 1.99% 增至 2.10%，中国则从 2.10% 增至 2.23%。

2. 研发投入地区分布差异显著

2018 年，全球研发投入总额约为 2.23 万亿美元（按购买力平价计算），美（26.1%）中（20.8%）两国几近占了一半，然后是日本（7.67%）、德国（6.34%）、韩国（4.41%）、法国（3.07%）、印度（2.63%）、英国（2.38%）、俄罗斯（1.86%）

和巴西（1.63%）。2019年，中国研发投入总额已达到美国的80%，而2005年为26%。在德国研发投入增长的推动下，欧盟27国研发总投入自2016年以来增速加快，已超过日本的增速。日本研发投入2000年曾相当于欧盟27国总额的2/3，而2019年已经不到一半。韩国和英国也形成了鲜明的对比，2008年这2个国家的研发投入水平相同，但仅十年后，韩国的研发投入已是英国的2倍。另据美国《研发世界》预测，中国研发支出（6220亿美元）将于2021年首次超过美国（5990亿美元），成为世界第一大研发支出国；印度研发支出则将超过韩国，成为世界第五大研发支出国。

全球研发投入的重心一直在由西向东转移，持续的新冠肺炎疫情可能会加速这种演变。2020年和2021年，北美和欧洲地区占全球研发支出的份额预计将继续下降，而中国、日本、印度和韩国将驱动亚洲地区占全球研发支出的份额由2019年的44%上升至46%。非洲、南美洲和中东地区仍将止步不前，这3个地区创造了全球13%的GDP，但其研发支出只占全球研发总支出的5%。

3.产业研发投入持续增长

2020年12月，欧盟发布的《2020年度欧盟产业研发投入记分牌》显示：全球企业研发投入连续十年显著增长，2019年，全球2500强企业研发投入总计9042亿欧元（占全球企业研发总投入的90%），较2018年增长8.9%。

企业研发投入最多的3个国家和地区分别是美国（3480亿欧元，占全球企业研发总投入38.4%）、欧盟（1890亿欧元，占20.9%）、中国（1190亿欧元，占13.2%）。美国企业研发主要集中在ICT服务业（占美国企业研发总投入的30.2%）、医疗健康（26.4%）和ICT制造（24.5%）行业，欧盟企业研发主要集中在汽车（34.8%）、医疗健康（19.2%）行业，中国企业研发主要集中在ICT制造（30%）、建筑（12.2%）行业。

从研发投入增速看，中国企业研发投入增长最快，高达21%，远高于美国（10.8%）、欧盟（5.6%）、日本（1.8%）和世界其他地区（5.1%）。中国企业在除汽车行业外的所有领域均呈两位数增长。中国企业研发投入增长突出主要有2个原因，一是拥有更多新企业，销售增长速度快于其他国家；二是ICT行业强大。

从行业分布看，2019年，ICT制造（23%）和医疗健康（20.5%）依然是全球研发投入最多的两大行业，合计占2019年度企业研发投入的43.5%。一个新的明显变化是，ICT服务行业（16.9%）的研发投入超过了汽车行业（16.3%），成为第三大研发投入行业。过去五年，大型科技企业的研发投入呈指数级增长，其中谷歌母公司"字母表"增长了165%，华为增长了225%，苹果增长了168%，脸书增长了410%。相比之下，同样进入前10名的大众汽车只增长了9%。这表明高科技行业与中低科技行业之间的距离进一步拉大。

二、新冠肺炎疫情对全球研发投入的影响

历史经验表明，研发投入通常与 GDP 呈现出一致的变化趋势，GDP 的增减会直接影响研发投入的增减。新冠肺炎疫情对世界各国的经济形势产生了重大影响，据国际货币基金组织预测，2020 年全球 GDP 将萎缩 4.9%。因此，预计全球研发投入也将受到一定影响。不过，由于危机强度、市场需求及各国创新体系特征均存在差异，不同国家不同行业所受的影响可能不同。

1. 疫情促使公共研发投入短期内增加，长期则可能拉大各国研究能力和创新绩效方面的差距

公共研发资金主要用于基础性、公益性和国家战略性领域的研发工作。科技创新在应对新冠肺炎疫情方面的重大贡献为各国政府加强科技创新投入提供了新动力。此外，在经济下行、企业缺乏创新资金时期，各国政府往往会加大研发投资。截至目前，在此次新冠肺炎疫情危机下对研发的公共支持与 2008 年金融危机时提供的支持同样强劲。2020 年 3 月，英国政府再次确认未来五年内将研发公共支出增加一倍以上，2024—2025 年达到 220 亿英镑。西班牙政府 2020 年 7 月启动《西班牙科学和创新行动计划》，承诺在 2020—2021 年向西班牙科学和创新系统投入 10.6 亿欧元。作为韩国重启经济增长新政的一部分，韩国政府 2020 年 9 月宣布，计划在 2021 年增加 3 万亿韩元（约 26 亿美元）的研发支出，增幅达 12%。澳大利亚政府 2020 年 10 月宣布在 2020—2021 年度为大学提供 10 亿澳元（约 7.76 亿美元）的新资金，以保护学术研究免受危机造成的长期损害。瑞典政府 2020 年 12 月提出一项计划，在 2021—2024 年，将额外投入 136.5 亿瑞典克朗（约 16.1 亿美元）用于研究和创新。

此次新冠肺炎疫情凸显出科学研究和技术创新对于准备和应对突发危机的重要性。为了更好地应对未来的挑战，目前对科技创新的大力支持很可能会持续下去。与医疗健康有关的，特别是为应对未来大流行病而进行的科学技术创新，以及其他同样被视为战略性的领域（如工业 4.0、机器人或 5G）可能获得更多的公共研发投资。

不过，公共研发投入的中长期趋势还将取决于可支配的公共预算规模。为抗击新冠肺炎疫情，大多数发达国家都实施了紧急财政支出计划，加之产出和财政收入急剧下降，致使各国公共债务率迅速提高。到 2020 年年底，公共债务已将近全球 GDP 的 98%，达到 1945 年以来的最高水平。公共债务高企和融资紧张的国家可能会在中期实施紧缩财政政策，进而削减对科技创新的公共投入，削减严重的国家将面临高水平科研人才流失的风险。因此，各国研究能力

和创新绩效方面的差距可能进一步拉大。

2. 疫情给不同行业企业的研发投资带来不同影响

企业在研究和创新方面的投资通常是顺周期的，在危机时期（如 2001—2002 年的经济衰退和 2008—2009 年的全球金融危机）倾向于收缩，因为经济危机期间需求下降、流动性受限、市场不确定性等因素增加。不过，也正是这些因素使得此次新冠肺炎疫情对不同行业产生的影响可能完全不同，企业创新可能不会像 2008—2009 年危机期间那样出现整体放缓的情况。

自新冠肺炎疫情暴发以来，为应对解决这一大流行病，对疫苗、有效治疗方法和各种卫生产品的需求急剧上升，卫生领域的创新需求大幅增加，制药和生物技术行业弹性收入增加，研发支出也会增长，从而进一步推动健康领域的研发。而针对疫情防控采取的隔离、封锁和保持社交距离等措施则导致数字化（互联网活动、云服务、在线游戏和远程工作）需求增加，因此疫情对软件与 ICT 服务领域的字母表、微软、脸书、甲骨文、阿里巴巴、腾讯、百度、软银和育碧等大公司的收入和研发影响实际上可能是正向的。据世界顶级研发投资公司的数据显示，2020 年 4—9 月，数字领域的研发支出较 2019 年同期显著增加，其中脸书增长 34%，苹果增长 16%，微软增长 12%。

另一方面，新型冠状病毒危机导致耐用品需求下降，一些制造业（汽车、航空航天、电子等）受到严重影响。波音公司在 2020 年 4—9 月的研发投资较之 2019 年同期减少 25.2% 以上，戴姆勒减少 9.8%。受全球消费需求下降及全球供应链的影响，ICT 硬件和电子设备行业的企业收入大幅下滑。三星、华为和苹果等公司 2020 年第一季度业绩略有下滑，预计之后所受影响更大。汽车行业收入也大幅下滑，预计其研发预算在 2020 年和 2021 年将大幅削减。不过，考虑到向更清洁、更安全的车辆转型，汽车行业未来预计将提高研发支出。

三、政府研发投入的走向

新冠肺炎疫情带来新一轮的公共卫生、经济和社会挑战。各国政府坚信科技创新是应对危机、克服挑战、复苏经济的重要手段，努力确保对科技创新的投入不受危机影响，打造面向未来科技发展新优势。

1. 制定长期投入计划，确保政府对科研的持续稳定资助

2020 财年美国研发预算达到 1560 亿美元，比 2019 财年的研发支出增加了 11.3%，2021 财年研发预算继续保持增长态势。2020 年，美国国会在总结反思联邦政府对科技支持的基础上，面向未来提出一系列新的科技政策法案，要求将美

国国家科学基金会更名为国家科学技术基金会，未来 5 年向十大科技领域投资 1000 亿美元，并授权商务部 5 年内投入 100 亿美元在各地建立区域创新中心；加强半导体研发投入、确保前沿技术领域竞争力；将主要科学资助部门年度预算提高 5%、确保基础研究获得持续稳定支持等。日本政府即将出台第六期"科学技术创新基本计划"，未来 5 年将投入 30 万亿日元（约合 1.72 万亿元人民币）支持研发，并希望借此带动民间投资，使官民投资总额达到 120 万亿日元（约合 6.88 万亿元人民币）。为推动科研可持续发展，法国正在制定"2021—2030 年研究规划法"，未来 10 年法国政府将增加 2500 亿欧元的科研投入。英国政府发布后疫情时代的"研究与开发路线图"，提出到 2027 年将研发支出占 GDP 的比重提高至 2.4%，支持长期基础性科学研究，包括启动"登月型"研发计划和设立类似美国国防部高级研究计划局的资助机构。俄罗斯政府公布《俄联邦基础研究长期计划（2021—2030）》，提出将投入 2.15 万亿卢布（约合 1877 亿元人民币）支持所有基础学科领域。

2. 注重为新冠肺炎相关研究和创新提供资金

新冠肺炎疫情在全球的蔓延使得各国纷纷紧急增加疫情相关的研发资金，并将其列为新的年度预算的资助重点。截至 2020 年 9 月，新冠肺炎相关研发项目所获得的公共和慈善投资总额已经达到 66 亿美元。2020 年 12 月 27 日，特朗普签署《2021 年综合拨款法案》，总额 2.3 万亿美元，包含 9000 亿美元用于应对新冠肺炎疫情的刺激救援资金。法国国民议会通过的 2021 年预算案，包括应对疫情的大笔紧急开支及重振基金，重振基金相关预算到 2022 年总额达 1000 亿欧元。2021 年韩国政府研发预算关注领域包括应对传染病方面，并培养医疗器械行业的研发项目。

3. 加强前沿关键科技领域的研发投入和战略部署

在新一轮科技革命和产业变革的前夕，新兴技术的突破将形成新的产业，产生巨大的经济价值。为打造面向未来科技发展的新优势，各国政府对有望带来新的经济增长点的未来技术和产业发展高度重视。美国政府将研发投入重点放到面向未来产业的前沿技术、公共卫生和国家安全等领域，瞄准人工智能、量子信息科学、航空航天、生物技术、5G 等前沿领域，不断做出战略部署，相继发布国家人工智能研发战略计划、国家量子倡议法案、联邦网络安全研发战略计划、美国无线通信领域的研究与发展重点等，旨在强化联邦科研协调，优化前沿领域科研布局，全力维护美国在量子、人工智能等尖端技术领域的全球领导地位。法国"未来投资计划"把对法国未来发展最为重要的战略性市场和技术领域创新作为投资重点。2021—2025 年投资总额高达 200 亿欧元，其中 125 亿欧元用于资助脱碳氢能、量子技术、数字医疗、未来通信网络技术等 15 个"未来领域"的创新。欧盟拟投入巨资支持人工智能、超级计算、量子通信、区块链等颠覆性和战略性技术发展。日本提出未来科学技术创新重点是发展人工智能和数字技术，构建网络空间和物理空间高度融合的新型社会。

4. 调整对企业研发的支持政策并加大支持力度

企业是大部分国家的创新主体和应对经济社会危机与挑战的重要力量，然而新冠肺炎疫情危机导致很多企业的营收和研发资金减少。为此，各国政府纷纷调整对企业研发的支持政策，以更好地调动和激励企业的研发活动。其中，最普遍的是加大对企业研发创新的补贴和税收优惠力度。根据 OECD "科技创新政策指南"数据库的信息，各国政府支持企业研发的政策工具中有 40% 属于针对特定目标群体定制的直接补贴。同时，排名第二的研发税收优惠政策（占全部政策工具的 11%）越来越受到青睐，税收优惠的力度不断提高，在 OECD 及其他主要经济体中的使用频率和影响快速上升：2006—2018 年，税收支持占 OECD 国家政府对企业研发支持总额的比例从 36% 提高到 56%，欧盟国家更是从 26% 提高到57%。不过，尽管研发税收优惠能够在总体上刺激企业开展研发活动，却不足以引导企业将资金投向基础研究、应用研究等创新链前端，因而无法满足更广泛的社会需求。面对日益紧迫的重大社会挑战，越来越多的政府趋向于建立平衡的创新支持组合，通过结果导向或任务导向的资助政策，将企业的创新活动引导到最需要的地方，并调整和完善支持企业研发的相关法规和监管框架，特别是在市场信号不明朗、协调最具挑战性的地方或政府作为创新主要的用户的领域。

（执笔人：姜桂兴）

◎ 全球科技人力资源稳步发展

　　全球新冠肺炎疫情的暴发、中美科技和经济摩擦的全面升级及英国的脱欧给世界带来了巨大的不确定性。全球经济因疫情受到了巨大的影响，数十亿人被困在家中，国际人员交流受到了极大的限制，数字技术、人工智能、大数据分析、机器人技术在疫情中得到快速应用，人们对科学、技术和创新的认识也随之发生了变化，而这种变化也有可能导致更多的青年人走进科学领域，对未来的科学职业形成补充。中美科技和经济摩擦的升级导致美国采取了诸多逆全球化措施，中美间的科技和人才交流也在一定程度上受到了阻碍；同时英国脱欧后为加强对国际人才的吸引也推出了诸多的政策工具。这些因素对于人才的培养、使用和流动都形成了一定程度的影响。回望2020年，全球科技人力资源发展呈现出如下特征。

一、全球人口受教育程度持续提高，科技人力资源持续增长

　　合格的科技人力资源是一个国家经济发展的关键要素。经合组织（OECD）通常用参与高等教育的人口比例来衡量一个国家或经济体的人力资本情况或技能水平。在许多国家，技术进步和全球化意味着那些缺乏技能的人在劳动力市场中的境遇的不断恶化。由于20世纪90年代以来，不少欧亚国家加强了对人力资本的投入，采取了投资教育的政策，因此，年轻群体的受教育程度在不断提高。以OECD国家平均而言，25～34岁群体未受过高中教育的人所占比例从2009年的20%下降到2019年的15%（图1-7）。就OECD国家的平均水平而言，25～34岁群体中40%的人的最高学历是高中或高中后非高等教育；48%的人接受过高等教育，不过这一比例，在不同国家差异很大，如墨西哥的这一比例是24%，而韩国则达到了70%。对于大多数OECD国家而言，年轻人的高等教育学历是学士或同等学力。

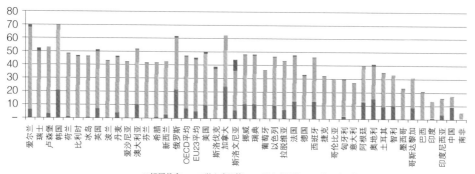

图 1-7 25～34 岁人口高等教育参与率（2019 年）

中国的数据为 2010 年数据，印度为 2011 年，巴西和南非为 2018 年，印尼为 2017 年数据。

　　获得理工农医领域学士学位的人员可视为科技人力资源。当前可获得的最新的数据显示，2018 年，美国、英国、德国和法国分别授予了 718 488 个、186 930 个、105 202 个、60 971 个理工农医类的学士学位；韩国和日本在 2019 年分别授予了 133 867 和 188 684 个理工农医类的学士学位。中国在 2019 年共授予了 3 891 750 个学士学位（表 1-1），但中国教育部的数据没有进一步的学科分类数据，因此难以获得实际授予的理工农医类学位数量。可以肯定的是中国自 20 世纪 90 年代实施科教兴国战略以来，通过扩张高等教育，其培养的科技人力资源数量在迅速增长。

表 1-1 主要国家学士学位授予情况

国家	年份	合计 / 个	人文社科 / 个	理工农医 / 个	其他 / 个	人口 / 千
美国	2008	1 601 399	954 307	404 043	243 049	304 543
	2018	2 012 854	1 029 527	718 488	264 839	326 949
英国	2008	334 100	166 900	138 000	29 200	61 824
	2018	424 545	208 130	186 930	29 485	66 436
德国	2008	122 555	67 936	52 035	2584	80 764
	2018	254 464	137 974	105 202	11 288	82 906
法国	2008	168 363	114 695	47 795	5873	64 361
	2018	203 758	133 605	60 971	9182	67 265
日本	2008	555 690	313 674	170 948	71 068	128 084
	2019	572 639	283 318	188 684	100 637	126 167
韩国	2008	289 633	142 709	108 187	38 737	49 055
	2019	327 707	156 574	133 867	37 266	51 709
中国	2008	2 082 558				1 328 020
	2019	3 891 750				1 400 050

在理工农医类硕士学位授予数量方面，与10年前相比，各国也有快速提升。2008 年时，美国授予了 151 588 个理工农医类硕士学位，2018 年的授予数量达到了 284 883 个；英国则从 2008 年的 56 400 个增加到 2018 年的 94 840 个；德国从 54 439 个增加到 88 417 个；相比之下，法国、日本和韩国的增速较为缓慢。中国授予的硕士学位（所有学科）总量则从 2008 年的 298 937 个增加到 2019 年的 654 477 个（表 1-2）。

表 1-2　主要国家硕士学位授予情况

国家	年份	合计 / 个	人文社科 / 个	理工农医 / 个	其他 / 个	人口 / 千
美国	2008	662 082	314 663	151 588	195 831	304 543
	2018	833 706	375 953	284 883	172 870	326 949
英国	2008	186 900	91 600	56 400	38 900	61 824
	2018	280 140	134 975	94 840	50 325	66 436
德国	2008	161 619	66 778	54 439	40 402	80 764
	2018	216 373	77 515	88 417	50 441	82 906
法国	2008	100 012	67 951	30 873	1188	64 361
	2018	143 404	100 430	40 980	1994	67 265
日本	2008	74 796	15 983	48 298	10 515	128 084
	2018	74 370	14 479	50 258	9633	126 167
韩国	2008	72 924	31 241	22 570	19 113	49 055
	2019	82 137	39 886	26 537	15 714	51 709
中国	2008	298 937				1 328 020
	2019	654 477				1 400 050

有一部分人获得理工农医领域的学士和硕士学位后并没有从事科技相关职业，还有一些人则进一步深造获得了理工农医领域的博士学位，这些在科技领域获得高度技能的人员是科技劳动者中的核心创新人才。

拥有博士学位的人在劳动力市场上很有吸引力，即使在经济衰退时期，平均就业率也很高，平均薪资也高。基于这一原因，多数国家都出台博士培训计划、资助计划等，致力于这类人才的培养。这使得各国的理工农医领域的博士学位授予量保持增长态势，对于高层次人才的培养发挥重要作用。

美国是世界上授予理工农医类博士学位最多的国家，2018 年授予了近 60 000 个理工农医博士学位；英国授予了 16 520 个；德国授予了 21 080 个；法国授予了 7523 个；日本授予了 11 842 个；韩国授予了 8892 个。2019 年，中国总共授予了 60 000 多个博士学位，其中理工农医类占比较大（表 1–3）。

表 1–3　主要国家博士学位授予情况

国家	年份	合计 / 个	人文社科 / 个	理工农医 / 个	其他 / 个	人口 / 千
美国	2008	62 314	14 589	37 523	10 202	304 543
	2018	91 887	18 382	59 194	14 311	326 949
英国	2008	17 600	5000	11 900	700	61 824
	2018	24 890	7260	16 520	1110	66 436
德国	2008	25 190	6373	18 143	674	80 764
	2018	27 838	6158	21 080	600	82 906
法国	2008	10 873	4158	6638	77	64 361
	2018	11 561	3923	7523	115	67 265
日本	2008	16 735	2158	12 942	1635	128 084
	2018	15 143	1702	11 842	1599	126 167
韩国	2008	9369	2610	5637	1122	49 055
	2019	15 308	4911	8892	1505	51 709
中国	2008	42 217				1 328 020
	2019	61 060				1 400 050

这些数据充分表明，全球的科技人力资源正在持续增加，使得人才池保持稳定扩充。

二、核心科技人才队伍稳步增长

研发人员（R&D Personnel）和研究人员（Researcher）是国际上常用的 2 个衡量科技人才队伍的指标。但由于研发人员涵盖的范围更广，其中除了研究人员外，还包括研究辅助人员等，所以为测算核心人才队伍，通常会使用研究人员这一指标。研究人员在 OECD 被定义为从事新知识、新产品、新工艺、新方法、新系统的构思或创造及相关项目管理的专业人员，他们可以被看作是各国开展研发创新活动的核心人员。为保证国家的竞争力，各国也必须保证有足够数量的研究人员从事研发活动，这一方面体现在研究人员的绝对数量上，另一方面体现在每千名受雇人口中的研究人员数量。从世界范围来看，各国的 R&D 人员队伍和核心科技人员数量是稳步增长的（图 1–8）。

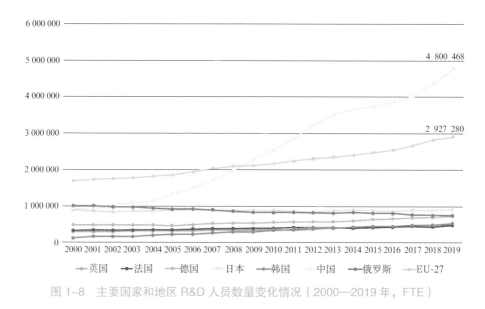

图 1-8　主要国家和地区 R&D 人员数量变化情况（2000—2019 年，FTE）

从最近 20 年的数据来看，各国的 R&D 人员数量（FTE）基本都呈现增长态势，俄罗斯是一个例外。中国的 R&D 人员队伍扩张迅速，从 2009 年起就已经超过了欧盟 27 国（EU-27），到 2019 年，其数量已经超过了 480 万。英国、法国、德国、日本、韩国的这一数据也基本保持了稳定的增长。

从 R&D 人员中的研究人员的数据来看，除俄罗斯外各国和地区的数量（FTE）也均保持稳步增长。2019 年中国的研究人员数量为 210.9 万；欧盟 27 国的研究人员数量为 185.5 万；美国 2018 年研究人员数量是 155.5 万。日本、英国、德国、法国等国家的增幅不大，但均保持了稳定的增长态势。相对而言，韩国的增长幅度较大，主要国家和地区研究人员变化情况如图 1-9 所示。

知识经济时代，拥有知识和技能的人才是知识经济的根本。尽管后发国家充分认同这一观点，不断通过强化高等教育培育人才，但是在发达经济体，受雇人口中的拥有高技能和高素质的人口比例远远高于不发达地区，这也是促使他们能够保持在全球价值链上游的根本原因。以核心科技人员，即研究人员为例，伴随着其绝对数量的增长，主要国家和地区的每万名受雇人口中的研究人员数量也基本呈现增长趋势，而且发达国家在这一数量上具有压倒性优势。1999 年时，欧盟 27 国的每万名受雇人口中研究人员的数量是 46.9，2009 年时达到了 61.9，2019 年这个数字达到了 86.5，不过欧盟各国的情况存在较大的差异，如瑞典、芬兰和丹麦，2019 年每万名受雇人口中研究人员的数量分别达到了 151.7、149.7 和 141.2，而拉脱维亚为 40.4；OECD 也经历了从 1999 年的 57.8，到 2009 年的 70.8，到 2019 年的 82.9 的增长。同期，美国、德国、法国、英国也都经历了增

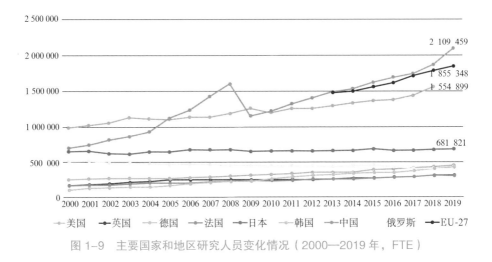

图 1-9 主要国家和地区研究人员变化情况（2000—2019 年，FTE）

长，到 2019 年基本都保持在 100 上下；韩国从 1999 年以来经历了快速增长，从 46.3 增长到 2019 年的 153.8；当然也有例外，日本每万名受雇人口中研究人员的数量 1999 年以来一直保持在 92 ～ 99，没有显著变化，不过这个数量已经超过了很多国家。在多数国家研究人员数量呈现增长态势时，俄罗斯却呈现明显的下降趋势，不论是总数还是每万名受雇人口中的研究人员数量均是如此，这主要是因为俄罗斯高水平研究人员外流造成的。中国的研究人员数量虽然经历了大幅增长，但每万名受雇人口中的研究人员数量却依然显著低于美国、英国、法国、德国、日本和韩国，截至 2019 年这个数据也只有 23.2，当然也有比中国还低的国家，如南非 2017 年的这个数据是 18.3，罗马尼亚 2019 年达到了 20.1。主要国家、地区和国际组织每万名受雇人口中研究人员数量及变化如图 1-10 所示。

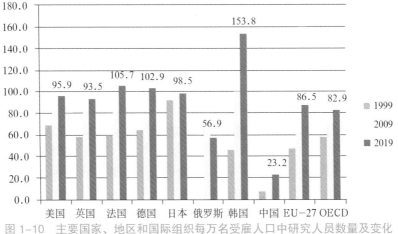

图 1-10 主要国家、地区和国际组织每万名受雇人口中研究人员数量及变化

三、全球流动的国际学生数量不断增加，流向仍然比较集中

过去 20 年，在全球流动的国际学生数量呈现快速增长态势。2019 年，在全球流动的高等教育学生有 610 万，是 2007 年的 2 倍还多。从 1998 年到 2019 年，国际流动学生的年均增长率达到了 5.5%。

个人抱负及对更好就业前景的渴望，国内难以提供高质量的高等教育，国外高等教育机构吸引人才的能力，以及政府鼓励跨境教育流动的政策等均是推动国际学生流动的重要因素。同时，全球日益知识化和创新驱动经济的发展需求极大地刺激了全世界对高等教育的需求。而随着新兴经济体财富的增加和积累，促使日益壮大的中产阶级更愿意让他们的子女到国外寻求更高质量的教育机会。此外，如国际航班费用的下降等经济因素，互联网使人们能够保持跨境联系等技术因素和英语文化的通行等因素也使得国际流动变得较之过去能够更经济、更容易获得。

在选择留学地点方面，海外教学的质量和接收机构的感知价值是关键标准。国际流动学生的首选目的地通常是国际排名靠前的高等教育机构。随着大学排行榜和其他国际大学排名的广泛传播，世界各地的学生越来越意识到高等教育系统之间的质量差异。

通常，优质的高等教育资源都是分布在发达经济体的，因此，在经合组织国家流动的国际学生占到了全球流动的学生的绝大多数，约有 69%。但是，近年来在非经合组织国家注册的国际学生人数增长显著快于经合组织国家，其人数平均每年增长 7%，而经合组织国家的国际学生的增长率为 4.9%。2019 年，在非经合组织国家注册的外国学生约占全球国际流动学生总数的 31%，而 1998 年为 23%。尽管从数据来看，国际学生的流动趋于多元化，但在世界范围内仍然非常集中，而且流动路径也存在根深蒂固的历史模式。学生流动或移徙的主要原因是东道国高质量的教育及良好的经济环境和社会环境。

英语是全球化世界的通用语言，因此，对于国际学生来说，英语国家是最具吸引力的目的国。美国、英国、加拿大和澳大利亚 4 个国家接收了经合组织和其伙伴国家 36% 以上的国际流动学生。美国是国际学生的首选目的国，2019 年经合组织国家 420 万国际流动学生中，有 97.7 万人在美国注册，有 50.9 万在澳大利亚注册，有 48.9 万在英国注册，有 27.9 万在加拿大注册。

国际学生中的绝大部分来自发展中国家：经合组织地区 67% 的国际学生来自发展中国家，其中 3% 来自低收入国家，26% 来自中低等收入国家，38% 来自中等偏上收入国家。

亚洲是国际学生的最大生源地，欧洲是第二大生源地，2019年经合组织国家流动的学生中有58%来自亚洲，21%来自欧洲。

从国际流动学生的来源国来看，中国和印度多年来一直都是最大的国际学生生源国，占到了经合组织国家流动的学生的30%以上。有超过2/3的中国和印度学生流入了美国、英国、加拿大、澳大利亚和日本。欧洲的学生则大都更愿意在欧洲流动。

近年来很多国家都开始面临出生率下降和人口老龄化问题，因此，这些国家或经济体也都纷纷出台了一些相应的政策来吸引国际学生进而将他们留在本国，以应对未来技能短缺和人口挑战问题。各国除了加强高等教育的国际化、提供优质的教育项目、设立吸引国际学生目标以外，不少国家还推出了一些毕业后的签证政策。主要目的是降低高技能人员迁徙的障碍，以支持流入、流出或回流。虽然各国政策方案中限定的条件不同，有的支持短期滞留，有的则希望是长期定居，但这些方案最常见的目标是博士前学生和早期研究人员（包括博士和博士后）。以英国为例，由于面临脱欧后来自欧盟学生减少的风险，因此，2020年推出了一系列新政策，启动了全球人才签证计划，为有才能的青年人才在英国工作提供新路径；延长了国际学生在英国获得学位后的滞留时间；设立了"人才办公室"为全球顶尖人才进入英国提供便利。

四、女性在各国科技人才开发中受关注

工作的未来正在发生变化，现有的工作岗位正在被修改，新的工作岗位正在经济的前沿出现，这需要科学、技术、工程和数学（STEM）方面的知识和技能。然而，女性在科学、技术、工程和数学领域的代表性不足现象在全球范围内一直都存在。尽管目前女性在生命科学中的比例很高，但在物理、工程和计算机科学（PECS）领域的比例仍然很低。

联合国教科文组织的数据显示，全球研究人员中，女性的占比为30%，而且女性在学术领域担任领导职务的可能性较男性也小很多。女性研究人员按人头计（HC）在全体研究人员中的占比会因地域有所差异，中亚地区研究人员中女性占比最高，可达48.5%，其次是拉美和加勒比地区45.8%，阿拉伯国家40.9%，中东欧为39.0%，北美和西欧为32.9%，东亚和太平洋地区为25.0%；南亚和西亚为23.1%。在经济发达的经合组织国家，女性平均占所有研究人员的40%。

某些国家的研究人员中女性比例相对较高，如阿根廷，可达53.8%，葡萄牙42.8%，西班牙为40.8%；但还有一些国家的比例较低，如韩国21%，日本仅有16.9%；欧洲的英国、丹麦、波兰、瑞士、意大利、瑞典、奥地利等国家，女性研究人员的占比基本在30%～39%，但是在法国、德国和荷兰等国，女性研究人

员的占比也只有 27%～28%。2020 年或最近年份各国女性研究人员占比如图 1-11
所示。

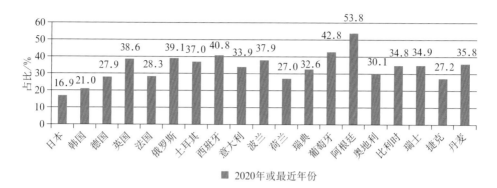

图 1-11　各国女性研究人员占比（2020 年或最近年份）

　　经合组织关于科学论文作者的国际调查也显示，女性在研究职业中代表性不
足。在科学论文作者中大约只有 30% 的通信作者是女性。尽管女性在社会科学、
心理学领域的通信作者占比可达 47%，在艺术和人文领域达到 41%，医学领域
达到 40%，制药与神经科学达到 38%，商务管理与会计领域 35%，但是在生物化
学、遗传学和微生物学领域达到 30%，计算机科学领域达到 25%，材料科学领域
只有 25%，数学领域达到 15%，工程领域达到 15%，物理学和天文学领域的通信
作者占比不足 15%。这些数据表明，女性研究人员在 STEM 相关的职业中的代表
性更加不足。

　　多数情况下，人们认为女性在研究职业中及在科学职业中代表性不足是因为
她们在步入相关领域和在相关领域发展进步的机会较少，因此女性在受教育方面
虽然并不逊于男性，但是在从博士阶段开始的专业选择方面女性选择 STEM 相关
专业的比例低于男性，从而在职业发展阶段出现了"管漏现象"。为促进更多女
性走进研究职业，走进科学，很多国家都采取了相应的性别平等措施，其中包括
了教育政策和科研劳动力开发政策。在教育阶段，很多国家鼓励和吸引女童学习
科学，并为女性进入更高层级的教育提供支持；还有一些国家为女性在科研领域
的活动提供特殊支持。例如，瑞士国家科学基金会在 2014 年就推出了性别平等
基金，为获得博士学位、开展博士后研究项目的青年女性提供构筑学术网络、获
得指导的资金支持。日本不仅通过"女性研究者研究活动支援事业"支持女性在
生产、育儿期结束后重返科研活动，还在面向 2030 年的"科学技术创新综合战略"
中提出，使大学与公立研究机构自然科学领域的科研人员中，女性研究人员的比
例达到 30%。为了让更多的女性在博士毕业后继续科研事业，并在不同的职称等
级中增强女性的存在感，德国联邦和州政府在 2008 年制定了"女性教授计划"，

并为该计划的前两期分别提供了 1.5 亿欧元的资金支持，对当前正在进行的第三期（2018—2022）计划的资助力度进一步提高到 2 亿欧元。德国政府希望通过该计划在 2 个方面起到积极效果：一是增加女性教授的数量；二是通过专门的措施促进德国高校人员结构的平等。韩国目前已经在实施第四期《女性科学家培育、支持基本计划（2019—2023）》，其目的是营造良好的社会环境，鼓励女性科学家发挥创造性力量。

五、研究人员逐步向企业集聚

各国核心科技人才队伍的稳步增长，对于创新经济的发展具有重要作用。以科学和工程研发活动为基础的创新已经成为一个国家实现经济增长，提高国际竞争力的重要手段。各国都在强化对研究人员的培养，然而在很多发达经济体获得稳定的学术职位已经变得越来越难。很多人获得博士学位后要经历两三个博士后工作，才能进入稳定的学术生涯，还有一些博士则在很长时期内都在从事合同制的科研活动。尽管很多国家都遇到了博士就业难题，但迄今为止没有哪个国家敢于果断减少博士人才的培养。很多国家也都纷纷出台一些政策，加强稳定科研队伍的同时，积极鼓励那些拥有高学历的研究人员进入企业，毕竟那种拥有高超的技能水平和创造性思维，既能够推进基础科学知识的进步，而且也有能力将其转化为有形、有用的产品和服务的研究人员是非常受企业欢迎的。只不过由于各国的产业结构不同，研究人员的分布也呈现差异。

在韩国，80% 以上的研究人员集中于企业；日本和美国的企业吸纳了 70% 以上的研究人员；在德国、法国、中国也都有 60% 左右的研究人员集中在企业。

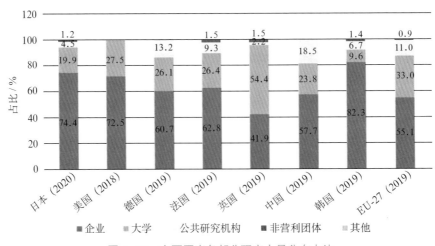

图 1-12　主要国家各部分研究人员分布占比

英国的情况与上述几个国家不同，其企业研究人员占比虽然逐年提高（图 1–12、图 1–13），但是研究人员却主要集中在大学，大约有 50% 以上；德国、法国的大学集中了近 30% 的研究人员；日本和中国的大学研究人员也有 20%；对于中国而言，还有一个比较独特的现象是公共研究机构也有 20% 的研究人员；美国只有 18% 的研究人员集中在高等教育部门，还有 11% 的研究人员则集中在政府部门；韩国则分别只有 9.6% 和 6.7% 的研究人员在高等教育部门和公共研究机构。

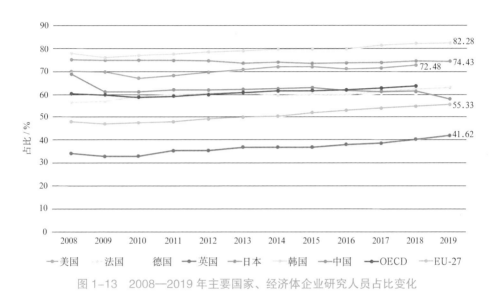

图 1–13　2008—2019 年主要国家、经济体企业研究人员占比变化

图 1–13 的数据显示，美国 2008 年以后企业研究人员数量一直在增加，从 83.4 万增加到 112.7 万；德国 2005 年开始就经历了研究人员数量的激增，先是大学研究人员的激增，之后从 2015 年开始企业研究人员数量经历了激增；法国企业研究人员数量从 2008 年起一路增长到 2013 年，2014 年略有下降，不过其后一直保持增长；日本的情况基本稳定，研究人员数量没有太大变化，长期来看，企业研究人员数量是微增；韩国则呈现快速增长，从 2008 年的 18.29 万，增长到 2019 年的 35.44 万；中国从 2009 年起采用了新的统计标准，在新的标准下，企业研究人员数量也呈现增长趋势，特别是 2019 年的数据显示，其大学研究人员数量增长显著；与上述国家不同，英国则经历了大学研究人员的快速增长态势。

（执笔人：乌云其其格）

第二部分

国际科技热点领域追踪与分析

本部分主要选择一些重点科技领域近几年尤其是2020年的国际发展状况进行较深入的综合分析与阐述，包括气候变化、清洁能源、围绕新型冠状病毒展开的研发、生命科学与生物技术、人工智能、量子信息技术、区块链技术、航天、先进制造。

全球气候持续变暖，碳中和亟待科技创新支撑引领

2020 年，新冠肺炎疫情在全球范围持续蔓延，暴露了人类社会和生态系统的脆弱性，引发人类对发展与环境关系的深刻反思。全球气候治理方面，2020 年迎来《巴黎协定》签署五周年，更多国家提出到 21 世纪中叶实现净零排放目标，增强国家自主贡献力度，许多国家和地区将应对气候变化作为绿色复苏的重要内容，制定了面向 2050 净零排放目标的技术发展战略规划，加大研发投入，持续推进减缓和适应气候变化科技创新。

一、新冠肺炎疫情未阻止气候的继续快速变化，绿色复苏成为疫后重建广泛共识

（一）2020 年二氧化碳排放增速有所放缓，全球平均气温继续升高

2020 年是工业化以来温度第二高年份（2016 年最高）。根据世界气象组织（WMO）发布的《全球 2020 年气候状况声明》，尽管受 9 月后拉尼娜现象降温影响，2020 年全球平均气温比工业化前水平（1850—1900 年）高出 1.2 ± 0.1 ℃，2015—2020 年是有记录以来最暖的六年。全球变暖存在显著地理分布差异，20 世纪 80 年代中期以来，北极地表气温增长速度是全球平均水平的 2 倍多。

尽管受新型冠状病毒肺炎（COVID-19）疫情影响，全球温室气体浓度仍持续攀升。2020 年受疫情影响，全球经济活动和人员流动受限，短期内排放量骤减，4 月达到最低值后逐渐回升，根据联合国环境规划署（UNEP）《2020 排放差距报告》，全年二氧化碳（CO_2）排放总量下降约 7%，其他温室气体排放受影响较小。全球大气温室气体浓度继续升高，根据美国国家海洋和大气管理局

（NOAA）数据，截至 2020 年年底大气中 CO_2、甲烷（CH_4）和一氧化二氮（N_2O）浓度分别达到 414.49 μg/g、1891.9 ng/g 和 333.6 ng/g，分别是工业化前水平（1750 年前）的 149%、262% 和 123%。

海洋和冰川等受气候变化影响进一步凸显。海洋变暖明显，海洋热含量继续升高，截至 2020 年约 82% 面积的海洋经历过至少一次海洋热浪，其中 2020 年约 20% 的海洋经历过海洋热浪。海平面进一步升高，1993 年以来全球海平面以每年 3.29 ± 0.3 mm 的速度升高。格陵兰冰盖质量继续减少，冰山崩解造成的冰盖损失达到近 40 年卫星记录的最高水平，2019 年 9 月—2020 年 8 月共损失了 152 Gt 海冰。2020 年北极年度最小海冰范围为 374 万平方千米，是有记录以来第二低。

（二）极端天气气候事件频发，人类健康和经济社会发展面临巨大风险

全球气候变化导致极端天气气候事件频发，气候风险加剧。根据德国慕尼黑再保险公司（Munich Re）发布的《创纪录的飓风季节与重大森林火灾——2020 年自然灾害数据》报告，2020 年因气候变化加剧的飓风、野火和洪水数量创下纪录，全球自然灾害造成约 8200 人丧生，损失达 2100 亿美元，远高于 2019 年的 1660 亿美元。北美地区遭受自然灾害损失最大，仅美国自然灾害损失就达 950 亿美元，打破历史纪录。飓风和洪水使亚洲遭受了巨大损失，经济损失总体低于 2019 年，但中国夏季季风雨季期间发生的严重洪涝是全年损失最大的单一事件，造成损失约 170 亿美元。2020 年年初，澳大利亚和美国遭受了比往年更加严重的森林大火，对当地生物多样性造成显著破坏；非洲遭遇几十年来最严重的沙漠蝗虫入侵，对农作物和百姓生计造成重大冲击。

不采取行动或气候行动失败将是人类在中长期面临影响最大的风险。世界经济论坛（WEF）发布《2021 年全球风险报告》，指出新冠肺炎大流行加剧了社会贫富差距分化，将在未来 3 ～ 5 年阻碍经济发展，未来 5 ～ 10 年加剧地缘政治紧张局势。从未来十年风险发生的概率和影响来看，最可能发生的风险包括极端天气、气候行动失败、人为环境破坏，以及数字不平等和网络安全等，影响最大的风险包括传染病、气候行动失败及大规模杀伤性武器等。随着全球合作减弱、单边主义抬头，气候风险迫在眉睫，未采取行动或气候行动失败将是人类面临的最大长期风险。

（三）多国经济复苏计划中强调"绿色低碳"，绿色复苏成大势所趋

气候变化谈判受到广泛影响。受新冠肺炎疫情影响，原计划 2020 年举办的第 26 次缔约方大会（COP26）推迟至 2021 年 11 月在英国格拉斯哥举行，其他

谈判活动也相应推延。公约下相关机构不定期召开网络会议以促进气候行动有序推进，由于无法确保各缔约方参会和谈判充分性，无法以网络会议形式谈判或通过相关决议。公约秘书处及相关机构先后于 2020 年 6 月和 12 月举办"6 月造势"（June Momentum）、"气候变化对话"（Climate Change Dialogue）系列线上活动，以促进缔约方和观察员沟通交流、信息共享，持续推进气候变化行动开展。

多国发布疫后绿色经济复苏计划。据国际货币基金组织（IMF）估计，受新冠肺炎疫情影响，2020 年全球国内生产总值（GDP）下降约 4.4%，影响远高于 2009 年全球金融危机。各国纷纷出台疫后经济复苏计划、大幅增加政府支出以推动经济增长。国际社会强烈呼吁"绿色经济刺激"，清洁能源、绿色交通和智能基础设施等应成为经济复苏政策的核心。

欧盟继 2019 年发布《绿色新政》后，于 2020 年 1 月发布《可持续欧洲投资计划》，将充分调动公共和私人资金，融资 1 万亿欧元，重点降低电子通信、纺织品、废旧电池、塑料、建筑等行业产品全生命周期碳足迹，可循环材料使用率增加一倍，推动欧洲循环经济从局部示范转向主流规模化应用，确保欧盟 2050 年碳中和目标实现。欧盟同时启动公正过渡机制，计划筹资至少 1000 亿欧元，为各国逐步放弃使用化石燃料的绿色转型过程提供特定支持，对影响最大的地区进行必要投资。

德国于 2020 年 6 月通过《国家氢能战略》，为统筹氢能生产、运输、使用、再利用等关键环节和技术创新与投资建立统一政策框架，提出有助于创建新经济价值链、实现国家气候目标和开展国际合作的举措，在可再生能源比例不断提高的情况下保障国家能源系统的安全性、经济性和气候友好性。

法国于 2020 年 9 月公布总额 1000 亿欧元的经济复苏计划，通过推动生产、交通、基建和消费等领域绿色可持续转型，强化农业转型、循环经济与生物多样性，降低温室气体排放，实现生态转型发展。

瑞典于 2020 年 9 月发布 2021 年预算声明，实施绿色经济复苏计划，加速经济转型。短期，将通过大规模工业投资提高能效、改造建筑、建设重型汽车充电基础设施及加强自然保护区管理等实现经济绿色复苏。长期，将通过引入绿色技术减税政策、提高环境税、促进生物燃料和电池生产等绿色产业发展、推广碳捕集封存和湿地恢复等负排放手段、加强轻型车使用奖惩制度等加速绿色转型。

英国于 2020 年 11 月公布《绿色工业革命十点计划》，拟通过推动海上风电、氢能、核能等清洁能源发展，推行零排放汽车等绿色出行方式，加强零喷射飞机和绿色航运研究，推广绿色环保建筑，投资碳捕集利用与封存技术，加强造林等保护和恢复自然环境手段，强化相关领域绿色金融与创新发展。该计划将筹资 120 亿英镑，并将在 2030 年前动员 3 倍以上私营部门投资，发展英国绿色产业，创造 25 万个就业机会，支撑 2050 年前实现净零排放目标。

加拿大于 2020 年 10 月发布《增长计划》，通过加拿大基础设施银行（CIB）投入 100 亿加元用于支持清洁能源发展、家庭和小型企业实现高速互联网链接、大规模建筑改造、农业灌溉保障食品安全并扩大出口、推广零排放公交车和充电基础设施等方面，助力打造低碳经济，并有望在 3 年内新增超过 6 万个岗位。

日本于 2020 年 12 月发布新经济对策，总计 73.6 万亿日元，旨在通过加强数字化和绿色社会方面的投资，促进疫后经济复苏。该经济刺激计划由新冠肺炎疫情防控、经济结构转变、国家灾害管理安全保障等三个方面构成。其中经济转型方面，投资 2 万亿日元碳中和技术研发，1 亿日元促进中小型企业加速转型，并设立 10 万亿日元高校基金以改善高校创新环境。

韩国于 2020 年 7 月发布《韩国新政：国家转型战略》，到 2025 年投资 150 万亿韩元，预计创造 190 万个工作岗位，以加强数码新政、绿色新政、就业和社会保障网络为主轴，加快疫后复苏，加强在全球转型中的引领作用。其中绿色新政投资规模最大，共 73.4 万亿韩元，主要从基础设施绿色转型、绿色产业革新生态系统构建、低碳分布式能源扩散等三方面进行。

二、各国强化应对气候变化雄心，科技成为实现碳中和目标的关键支撑

（一）主要国家纷纷提出"碳中和""增强的自主贡献"目标与关键路径

《巴黎协定》签署五周年之际，全球众多国家纷纷承诺碳中和目标，释放经济脱碳转型明确信号。为实现《巴黎协定》将全球平均气温较前工业化时期上升幅度控制在 2℃以内，并努力将温度上升幅度限制在 1.5℃以内的目标，多国通过制定法律、政策宣誓、行政命令等方式公布了在 21 世纪实现净零排放的目标，开始出台更为清晰严格的政策规划。截至 2020 年年底，全球已有超过 120 个国家宣布碳中和目标或碳中和计划，约占全球温室气体排放总量的 65%，占世界经济总量的 70%，经济脱碳转型已成为全球发展趋势。其中，英国、法国、德国等以立法形式将碳中和作为法律目标，欧盟、加拿大已启动碳中和立法程序。美国总统拜登签署行政令明确 2050 年实现全经济范围的净零排放，中国、日本、韩国等则以对外政策宣示承诺碳中和目标（表 2-1）。

表 2-1　主要国家和地区碳中和目标情况梳理

时间	国家	形式
2050	加拿大、智利、挪威、葡萄牙、南非、韩国、瑞士、巴西、日本	政策宣示
	哥斯达黎加、欧盟、斐济、马绍尔群岛、斯洛伐克	提交联合国
	丹麦、法国、德国、匈牙利、新西兰、西班牙（法律草案）	法律规定
	爱尔兰（执政党联盟协议）	其他
2060	中国	政策宣示
其他	美国加州（2045）	行政命令
	瑞典（2045）	法律规定
	新加坡（21世纪后半叶，提交联合国）	提交联合国
	奥地利（2040）、冰岛（2040）	政策宣示
	芬兰（2035，执政党联盟协议）、乌拉圭（2030，NDC）	其他

多国更新国家自主贡献（NDC）目标，气候行动力度进一步加强。根据《巴黎协定》相关安排，各缔约方国家需在 2020 年前通报并更新 NDC 目标，2020年 12 月，联合国与英法两国共同主办了"2020 年气候雄心峰会"，动员全球增强气候行动力度。中国国家主席习近平在峰会上宣布了新的 NDC 目标，到 2030年中国单位国内生产总值 CO_2 排放将比 2005 年下降 65% 以上，非化石能源占一次能源消费比重将达到 25% 左右，风电、太阳能发电装机容量达到 12 亿千瓦以上等。截至 2020 年年底，已有 71 个国家（包括欧盟 27 国）更新了 NDC 目标。英国提出将 2030 年减排力度从原定的 53% 提升至 68%，到 2035 年减排 78%（相比 1990 年水平），欧盟将 2030 年目标从原定的 40% 提高到至少 55%，美国将 2030 年目标提升至 50%～52%（相比 2005 年水平）。日本、韩国、巴西、澳大利亚等也纷纷提高了 2030 年的减排目标。

欧美发达国家提出分部门的中长期减排目标或规划，并加强科技创新系统部署。为实现碳中和目标，发达国家纷纷提出了分部门的中长期减排目标或规划，通过强化碳市场或碳税等碳定价政策机制设计，推动能源、建筑、交通、工业、农业等行业去碳化和低碳化转型。科技创新是各国实现碳中和的重要依托，通过加大创新投入、制定技术产业发展规划、实施重大工程等方式，推动高比例可再生能源电力系统、储能、氢能、智能电网、碳捕集利用与封存（CCUS）技术发展。例如，日本设立 2 万亿日元的绿色创新基金，计划撬动私营部门投资支持海上风电、氢能等发展；欧盟发布《欧洲氢能战略》，重点突破低成本大规模可再生能源绿氢生产、安全运输和储存；欧盟还发布了《可持续智能交通战略》，通过禁售燃油车，以及数字化智能化改造等减少交通运输行业排放；法国设立绿色建筑翻新工程，为低能耗建筑改造提供补助，促进低碳建筑技术的应用。

（二）清洁能源与气候友好技术合作机制不断深化

《联合国气候变化框架公约》（简称《公约》）下技术机制日渐成熟，在政策协调、能力建设等方面积极发挥作用，但囿于职能授权和资金来源，尚难以有效推动全球层面气候友好技术的开发与转让。2010年，《公约》第16次缔约方大会（COP16）决定建立技术机制（Technology Mechanism），以加强气候变化减缓和适应相关的技术开发与转让，促进《公约》实施；2015年，第21次缔约方大会决定技术机制服务于《巴黎协定》。技术机制由技术执行委员会（TEC）和气候技术中心与网络（CTCN）构成，前者作为政策机构为缔约方提供气候技术进展趋势和政策建议，后者应发展中国家缔约方请求提供能力建设和技术援助。成立以来，TEC形成了近百份专题技术报告和政策简报，每年向缔约方大会提出若干技术相关的政策建议。CTCN则建立了拥有超过1.6万个数据源的技术信息平台，成为全球最大的气候技术共享信息平台；并与超过160个国家的指定实体（NDEs）建立了工作联系；建立了包括世界知识产权组织（WIPO）等知名国际机构在内近700家机构组成的技术与知识网络。截至目前，CTCN在100多个发展中国家实施了约300个气候友好技术援助项目，资助金额超过5000万美元，吸引和撬动相关投入9.22亿美元，预期可实现二氧化碳减排1180万吨，惠及全球9000万人，成为促进全球气候友好技术开发与转让的重要平台。但是，受职能授权所限，CTCN只能响应发展中国家缔约方NDEs的请求，通过其网络成员提供小额软性的技术援助资助（不超过25万美元），一般局限于政策研究、可行性研究、技术方案识别等，无法为实质性技术开发与转让落地提供支持。此外，CTCN的经费未与全球环境基金（GEF）、绿色气候基金（GCF）等挂钩，需自行募集，每年近1000万美元的有限经费也难以支持实质性的技术开发与转让活动。

《公约》外，国际能源署（IEA）、IRENA等国际机构，以及清洁能源部长级会议（CEM）和创新使命（MI）等多边机制持续推进清洁能源推广和技术创新。IEA和IRENA通过其年度旗舰报告如《全球能源展望》《清洁能源技术展望》《可再生能源统计》等，能源统计与排放数据，以及相关工作组等机制持续在协调全球能源政策、引导清洁能源技术、可再生能源技术发展等方面发挥重要的作用。CEM和MI则通过加强各国在清洁能源技术政策和发展实践的交流与合作，促进清洁能源技术的发展与应用。2020年9月，第十一届清洁能源部长级会议（CEM11）和第五届创新使命部长级会议（MI5）由沙特能源部主办召开，以"支持经济恢复塑造清洁未来"为主题。会上多国代表分享了实施的绿色发展战略和取得的积极进展，MI计划于2021年第六届会议上启动第二阶段行动计划（2020—2030年），将重点促进成员国在高比例可再生能源电力系统、绿色氢能、低碳交通等方向的科技和资本合作，并提出更具雄心的清洁能源发展目标，推动全球能源转型。

世界银行（WB）等国际金融机构多措并举支持各国应对气候变化和适应气候影响。2020 年 12 月，WB 启动"气候支持基金"并发起"绿色复苏倡议"，旨在帮助各国实现疫后低碳和韧性复苏，德英奥提供初始资金 5200 万美元；国际金融公司与德国国际合作机构（GIZ）联合启动"通过金融部门扩大气候融资"计划，帮助埃及、墨西哥、菲律宾和南非四国私营部门气候减缓和适应项目筹资，到 2030 年投资组合中气候贷款比例提高到 30%，同时减少对煤炭行业贷款；新成立的"气候减排基金"（CERF）是其首个为低碳发展项目提供大规模流动资产的信托基金，未来十年内基于结果拨付气候资金，帮助发展中国家塑造低碳发展路径；作为森林碳伙伴基金受托机构，与八国签署减排量交易协议，调动超过 4.5 亿美元资金支持大规模可持续土地管理，减少森林砍伐和森林退化，将共计减排 1.6 亿吨；与加拿大共同启动"加拿大与世界银行清洁能源和森林气候基金"，旨在加快亚洲和小岛屿发展中国家清洁能源转型，增加对森林和可持续土地利用支持；为促进非洲绿色企业发展，设立"非洲绿色企业契约"多捐助方信托基金，加强特定国家绿色中小企业能力建设。

三、全球实现碳中和面临巨大挑战，绿色低碳研发与技术转移合作亟待加强

长远看，全球气候变化的负面影响将远大于新冠肺炎疫情。新冠肺炎疫情成为人类有史以来"最严重的全球卫生紧急事件"，不仅造成了巨大的生命和健康损失，也因生产停滞、供应链中断及投资、贸易和旅游业的严重下降给世界经济带来沉重打击。IMF 数据显示，2020 年全球经济经历了 20 世纪 30 年代大萧条以来最严重的衰退。但一些专家认为，与新冠肺炎疫情相比，气候变化的长期影响可能更糟。比尔·盖茨在《如何避免一场气候灾害》一书中指出，快速上升的气温看似离我们遥远，如不尽快控制并削减全球碳排放，到 2060 年气候变化的年度影响将与新冠肺炎疫情相当，到 2100 年的年度影响则将达到新冠肺炎疫情的五倍。

全球气候治理体系在危机中向前迈进，但距离有效落实《巴黎协定》目标仍面临政治分歧和技术路径等多方面挑战。越来越多的国家承诺在 21 世纪中叶左右实现近零排放目标，这是全球气候治理在 2020 年最重要、最鼓舞人心的进展。但是，排放责任、发展权力等方面的政治分歧依然是全球深化气候变化合作的最大障碍。一方面，为缓解过快过激转型压力，沙特、俄罗斯等油气生产国仍抵制政府间气候变化专门委员会（IPCC）《全球升温 1.5℃特别报告》相关结论，

印度等发展中大国尚未就碳中和或近零排放做出承诺；另一方面，欧盟和美国为首的发达国家在承担历史排放责任上缺乏诚意，向广大发展中国家提供新的、充分的、额外的资金、技术和能力建设援助方面至今仍未提出任何建设性目标。虽然各主要国家纷纷将应对气候变化纳入复苏计划，在应对气候影响的同时建立韧性经济，但根据气候透明度组织（Climate Transparency）2020 年 11 月发布的《气候透明度报告》指出，仅有 4 个 G20 成员国绿色行业资助资金超过了化石燃料及其他排放密集型行业。

技术方面，实现碳中和尚面临技术不足、路径不清、投入不够、合作机制不完善等挑战。技术成果上，近年来可再生能源等低碳技术快速发展应用，光伏、风电等技术成本快速下降，正在为全球绿色增长与低碳转型提供有力支撑，但国际能源署（IEA）分析显示，要实现碳中和目标，现有成熟技术仅能支撑约 25%的减排，近 35% 需由尚处于原型期或示范期的技术实现，40% 依赖于尚处于早期应用阶段的技术。技术路径上，尽管能源、交通、建筑、钢铁等部门和行业依靠可再生能源、储能、终端电气化、CCUS、氢能等技术方案可以解决大部分的排放问题，但水泥、化工等部分难减排行业，以及运载卡车、航空航海、农业甲烷等非二氧化碳气体排放等还未识别出有效的技术策略，各国对核能、太阳辐射管理（SRM）等地球工程技术可能发挥的作用也持不同态度。研发投入上，尽管近年各国加大了清洁能源技术研发投入，但力度远远不够。MI 第一阶段评估显示，18 个成员国清洁能源研发投入由 2015 年的 81 亿美元增长到 2019 年的 130 亿美元，未能实现 5 年倍增的目标。风险投资上，清洁能源领域 2019 年全球早期风险投资（种子轮、A 轮和 B 轮）约为 40 亿美元，清洁能源占全球风投（VC）的份额 2012 年以来减少了近一半，表明与生物技术、信息技术等领域相比，清洁能源的吸引力仍较弱。合作机制上，尽管在《联合国气候变化框架公约》内外已建立多个清洁能源研发合作与技术转让机制，如 CEM、MI、碳封存领导人论坛（CSLF），《公约》TEC、CTCN 等，但国家间发挥协作优势、针对关键清洁技术联合攻关的局面尚未形成，发达国家成熟绿色低碳零碳技术向发展中国家转移的有效机制也尚未建立。

IEA《清洁能源技术进展跟踪（2020）》报告再一次发出警示，为实现控制全球温升不超过 2℃的目标，涉及的 46 类行业或领域关键技术中，仅有电动汽车、照明等 6 项技术进展符合预期，电力行业中燃煤发电、电力 CCUS、海洋能、地热能等技术，油气行业阻止甲烷泄露、火炬气燃烧等技术，交通领域燃油效率、生物燃料等技术和建筑领域外围护、热泵、供热技术等 16 项技术"偏离轨道"。

"应对气候变化《巴黎协定》代表了全球绿色低碳转型的大方向，是保护地球家园需要采取的最低限度行动，各国必须迈出决定性步伐。"为应对全球气候变化的严峻挑战，各国必须尽快摒弃政治分歧，设立长期目标凝聚共识，围绕低碳零碳负碳技术研发与应用加强协调合作，共同投入研发资源、加强知识管理、发挥市场作用，建立切实保障《巴黎协定》实施的规则和机制。

（执笔人：陈其针　刘家琰　贾　莉　张　贤　仲　平　赵俊杰）

绿色清洁能源加速发展

　　2020 年，在地缘政治变动及新冠肺炎疫情等因素的影响下，世界经济增长前景不明朗，国际市场对能源需求增长放缓的担忧与日俱增，全球能源投资与供应都受到了一定程度的影响，但各国能源发展朝更加绿色清洁的方式转型的趋势愈加明显，全球可再生能源发展势头强劲。国际能源署（IEA）2020 年 11 月发布的《世界能源展望 2020》报告指出，受新冠肺炎疫情影响，2020 年全球能源需求预计将下降 5%，能源投资将下降 18%，以太阳能为发展重点的可再生能源将扮演重要角色，有望满足全球电力需求增量的 80%，而化石燃料仍面临各种挑战。2020 年 12 月，石油输出国组织（OPEC）发布的《2020—2045 年世界石油展望》报告认为，尽管新冠肺炎疫情暴发导致短期内全球石油需求急剧下降，但中长期内全球一次能源需求将持续增长，到 2045 年预计增长约 1/4，其中，石油仍将在能源消费中占据最大份额（27% 以上），天然气（25%）和煤炭（20%）分别名列第二位和第三位，太阳能、风能和地热能等可再生能源预计将占 8.7%，并且保持最快增速。石油输出国组织预测称，2019—2045 年，可再生能源的年均增长率将达到 6.6%，远高于其他能源。另据国际能源署预测，未来 10 年，全球太阳能、风能、氢能等清洁能源应用将大规模扩张；在可持续复苏情景下，全球能源需求将在 2023 年初恢复到 2019 年疫情前的水平；2020—2030 年，可再生能源电力需求将逐步增长 2/3，占到全球电力需求增量的 80%；全球电厂建设将逐步摆脱对煤炭的依赖，煤炭在全球电力结构中的占比将从 2019 年的 37% 降至 2030 年的 28%；到 2030 年，太阳能和风能在全球发电量中的占比将从 2019 年的 8% 增至近 30%；可再生能源将在 2025 年取代煤炭成为主要发电方式，到 2030 年，水能、风能、光伏、生物能、地热和海洋能将提供近 40% 的电力供应。

一、全球可再生能源装机容量逆势增长创历史新高

尽管 2020 年新冠肺炎疫情给世界各国带来了诸多挑战，但全球可再生能源发展的基本面并没有因此而改变，展现出较强的抵抗力。在世界上很多国家，太阳能光伏发电和陆上风电已经成为最便宜的电力来源，对现有的化石燃料电站发起了强有力的挑战。根据国际能源署 2020 年 12 月发布的《2020—2025 年可再生能源分析和预测》报告，在中美两国的推动下，2020 年全球可再生能源新增装机容量将达到 200 GW，同比增长约 4%，创下历史新高，占全球新增装机容量的近 90%，其中，风能和水能装机容量增幅较大。国际能源署认为，到 2023年，风能和太阳能的累计装机容量将超过天然气，到 2024 年超过煤炭，到 2025年，仅太阳能就会占到可再生能源新增装机容量的 60%，风能占到 30%，届时，可再生能源有望取代煤炭成为全球第一大电力来源，占到全球电力新增装机容量的 95%。该报告进一步分析称，鉴于世界主要市场的激励措施到期以及由此产生的政策不确定性，2022 年全球可再生能源的新增装机容量可能出现小幅下降，其增长势头会受到抑制。但是，如果各国政府能够有效解决政策不确定性问题，2022 年全球太阳能光伏发电和风电装机容量将分别增加 25%，推动可再生能源新增装机容量达到创纪录的 271 GW。其中，仅中国市场就可能占到增量的 30%。

二、绿色清洁依然是各国能源新政强调的重点

2020 年，很多国家的政府在制定能源政策时，一个突出特点就是强调绿色清洁，并将大力发展太阳能、风能等可再生能源作为其能源政策一个重要取向，把促进能源转型作为其经济复苏措施的核心。美国总统拜登就表示支持清洁能源革命，要以清洁能源为杠杆撬动美国经济发展，重振美国在气候治理、清洁能源技术、制造业和能源行业发展方面的全球领导力。拜登做出了多项促进清洁能源发展的承诺，如未来 4 年投资 2 万亿美元实现能源 100% 的清洁化和车辆零排放；未来 10 年投资 4000 亿美元建设清洁能源基础设施；到 2030 年将海上风能利用能力增加一倍。2020 年，可再生能源在美国电网中的贡献率再创新高，占到美国总发电量的 1/5，比 2019 年增长 11%。

英国致力于成为绿色技术的全球领导者。2020 年 11 月，英国政府发布了《绿色工业革命十点计划》，宣布投入 50 多亿英镑支持绿色复苏计划。其中，英国将投资 10 亿英镑建设海上风电场、核电站及开发氢能技术来促进清洁能源的应用。

欧盟委员会 2020 年 7 月发布了《欧盟能源系统集成和氢战略》，以求刺激绿

色复苏，巩固欧盟在清洁能源技术方面的世界领导地位。在能源系统整合方面，欧盟委员会提出支持在运输、建筑和供热领域部署太阳能解决方案；力求使能源产品和电力的税收与欧盟的环境和气候政策保持一致，避免双重征税，完全淘汰化石燃料补贴；建立以能源效率为核心的循环型能源系统，有效利用本地能源，加大工业废热等再利用度；为交通、供热等终端用户行业直接提供电能，取代化石燃料；对于难以直接提供的电能行业，则推广使用可再生氢、可持续性生物燃料等清洁燃料。在氢利用方面，欧盟委员会认为使用基于太阳能和风能的可再生电力电解产生的氢气在支持难以减排行业完全脱碳过程中将发挥核心作用，因此，欧盟提出将发展可再生氢作为对欧洲最终用户具有成本竞争力的解决方案。欧盟的目标是，到 2030 年，实现能效优先，促进可再生能源利用，将可再生能源在交通运输燃料中的占比提高到 14%，建立能源联盟治理体系，构建一个更智能、更高效的电力市场，以提高供应安全性。

2020 年，德国联邦议院和联邦参议院通过了《逐步淘汰煤电法案》，正式启动逐步淘汰燃煤发电的计划。该法案规定最迟在 2038 年前逐步淘汰使用硬煤和褐煤发电，持续监测德国能源安全状况。德国政府提出，到 2030 年将可再生能源发电量占比提升至 65%，以弥补因淘汰煤电而造成的电力缺口，同时增加对热电联产的资助，鼓励从煤炭过渡到更加灵活和气候友好的能源。

2020 年 1 月，意大利经济发展部、环境部和交通部联合发布了《国家能源与气候综合计划》，提出到 2030 年，使可再生能源在意大利能源消耗总量中的占比达到 30%，在电力部门的占比达到 55%；通过技术进步提高国家能源系统的弹性和韧性；发展可持续公共交通和开发生态友好燃料；2025 年淘汰燃煤发电。其主要措施包括：扩大可再生能源在发电、制冷、制热和交通领域的应用，简化对风能和水力发电厂建设的审批流程；可再生能源技术研发投资从 2020 年的 2.22 亿欧元增至 2021 年的 4.44 亿欧元；开发高效光伏器件和设备、热能、电力和油气资源储运系统等能源转型关键产品和技术；建设智能电网等。

2020 年 12 月，日本经济产业省发布了《2050 年碳中和绿色增长战略》，明确提出构建"零碳社会"，以此来促进日本经济的持续复苏。为此，日本政府计划到 2030 年安装 10 GW 海上风电装机容量；使日本氢能年供应量增至 300 万吨；力争在发电和交通运输等领域将氢能成本降至 30 日元/立方米；并且争取成为小型模块化核反应堆（SMR）的全球主要供应商；到 2040 年，使日本海上风电装机容量达到 30 GW ～ 45 GW；2030—2035 年，使日本海上风电成本降至 8 日元/千瓦时～ 9 日元/千瓦时；到 2040 年，使日本风电设备零部件的国内采购率达到 60%；到 2050 年，使日本氢能年供应量达到 2000 万吨，并将氢能成本降至 20 日元/立方米；2040—2050 年，建造和运行聚变示范堆。

印度政府提出到 2022 年 3 月底实现国内可再生能源装机容量达到 175 GW，

其中，100 GW 太阳能发电（包含 40 GW 屋顶太阳能发电），60 GW 风能发电。预计 2021 年，随着新的太阳能与风能项目的投产，可再生能源在印度电力需求中的占比将进一步上升。

从区域来看，2020 年，非洲国家迎来了可再生能源发电的新一轮快速发展期，其目标是到 2030 年实现可再生能源发电满足 1/4 的电力需求。塞内加尔、埃及和摩洛哥等国家都承诺把可再生能源电力作为其电力结构中的重要组成部分。2020 年 3 月，塞内加尔开始建设西非首个大型风力发电场。埃及政府不断健全管理和监管机制，为光伏发电设定了上网补贴电价，同时鼓励有实力的国际企业参与其可再生能源电力市场。其目标是到 2022 年将清洁能源发电量在埃及总发电量中的占比提升至 20%，到 2035 年提升至 40%。摩洛哥提出到 2021 年将可再生能源发电量占比提升至 42%，到 2030 年提升至 52%，到 2050 年实现可再生能源满足 100% 的电力需求。南非计划到 2030 年可再生能源发电量占比达到 25%，并且包揽非洲新增太阳能发电能力的 40%。纳米比亚提出到 2030 年实现其电力需求的 70% 来自可再生能源。

此外，中东国家也在加速发展可再生能源产业，推动绿色发展。据国际能源署预测，到 2030 年，中东地区可再生能源（不含水力发电）总发电能力将超过 192 GW，是当前水平的 17 倍，其中太阳能发电将占到 42% 以上，风能约占 35%。2020 年，阿联酋提出投资 6000 亿迪拉姆（1 美元约合 3.67 迪拉姆）发展清洁能源，到 2050 年实现其能源结构中的 44% 来自可再生能源，38% 为天然气，12% 为清洁化石能源，6% 为核能。沙特提出到 2030 年实现可再生能源装机容量 60 GW，可再生能源发电量占比增至 50%，并且计划 2023 年前投资 500 亿美元实施可再生能源项目，其措施包括扶植本地开发商，放松对本地太阳能面板制造商的限制。阿曼提出在 2025 年前实现可再生能源发电量占比 10%。科威特规划到 2030 年实现可再生能源发电量占比 15%。

三、太阳能继续保持强劲增长

随着太阳能越来越具有成本竞争优势，其在未来全球可再生能源增长中将发挥更大的作用。根据国际能源署 2020 年 11 月发布的《世界能源展望 2020》报告，2020—2030 年，全球太阳能光伏发电量预计年均增长 13%，约占电力需求增量的 1/3。由于资源广泛利用、成本下降及 130 多个国家的政策支持，到 2021 年全球太阳能光伏装机容量将超过疫情前水平，而且 2022 年后每年都会创新高。

彭博新能源财经（BNEF）与可持续能源商业委员会（BCSE）联合发布的《美国可持续能源实录》显示，2020 年美国太阳能光伏新增装机量达到 16.5 GW，创下美国装机量新纪录，比 2019 年增加了 24%，继续保持强劲增长。2020

年 12 月，美国能源部宣布在"太阳能技术办公室 2020 财年资助计划"（SETO FY2020）框架下投资 1.3 亿美元支持先进太阳能技术研发，推进先进太阳能技术的早期研发和突破，提升太阳能发电的经济性、可靠性和安全性及美国制造业的竞争力。

在欧洲，英国 2020 年增加了 545 MW 的太阳能发电容量，使其太阳能总容量达到 13.9 GW，其中 60% 的新项目是地面安装，其余主要是商业和工业用太阳能屋顶安装。德国 2020 年新增光伏发电量达到 4.88 GW，拥有累计 53.6 GW 的并网太阳能，其所有光伏装置的上网电价补贴将再降低 1.4%。

在亚太地区，澳大利亚能源理事会（AEC）发布的《太阳能报告》称，2020 年，澳大利亚的屋顶太阳能光伏市场表现出色，太阳能光伏发电能力和安装量均实现创纪录增长。澳大利亚 2020 年新增 2.6 GW 太阳能装机容量，比 2019 年增长 18%。到 2020 年年底，澳大利亚已有 266 多万户家庭和企业拥有太阳能屋顶。预计到 2030 年，澳大利亚将再部署 24 GW 屋顶太阳能，以大幅提升澳大利亚的小型太阳能发电能力。印度 2020 年新增光伏装机容量 3.2 GW，与 2019 年相比下降了 56%，这是印度过去 5 年来的最低值。究其原因，主要是新冠肺炎大流行期间印度实施严格的封锁禁令、印度政府无法让配电公司（DISCOM）签署电力销售协议、模块价格和运费上涨及原材料成本飙升都对印度太阳能市场造成了很大影响。此外，越南政府也在大力发展太阳能等可再生能源，2020 年成为全球前 3 大光伏市场，太阳能光伏装机量超过 10 GW。泰国政府在 2020 年提前完成了其设定的到 2025 年安装 10 万个屋顶太阳能系统的目标。

四、风电发展创下新的里程碑

过去 20 年，在技术创新和规模效应的推动下，全球风电市场的发展突飞猛进。风电不仅成为全球清洁能源的主流，还是最具成本竞争力和韧性的电力来源之一。根据全球风能理事会（GWEC）2020 年 3 月发布的《2019 年全球风能旗舰报告》，2019 年，全球风电新增装机容量达 60.4 GW，比 2018 年增长了 19%。截至 2019 年年底，全球风电累计装机容量突破 650 GW，较 2018 年增长 10%。其中，亚太地区处于"领头羊"地位，在 2019 年全球风电新增装机容量中占50.7%；其次是欧洲（25.5%）、北美（16.1%）、拉丁美洲（6.1%）及非洲和中东地区（1.6%）。相较而言，拉丁美洲、非洲和中东地区的风电新增装机容量增速较为缓慢。在拉丁美洲，由于巴西 2019 年风电新增装机容量减少近 1.2 GW，导致该地区年度整体装机规模比 2018 年减少了 51 MW。非洲和中东地区的 2019年风电新增装机规模也较 2018 年下降 26 MW，降幅为 2.6%，这主要是因为埃及与肯尼亚的新增装机规模有所下滑。此外，从国家层面来看，2019 年，风能新增装机容量排名世界前五的国家依次是中国、美国、英国、印度和西班牙，合计占全球新增装机容量的70%。就累计装机容量而言，排名世界前五的国家依次是中国、美国、德国、印度和西班牙，合计占全球累计装机容量的72%。

据GWEC统计，2019年，全球陆上风电新增装机容量为54.2 GW，比2018年增长17%；累计装机规模达621 GW。中国作为全球最大的风电市场，2019年陆上风电新增并网容量为23.8 GW，累计并网容量达230 GW。从2021年起，中国陆上风电的新增装机容量大部分来自平价上网项目及分散式风电项目。美国2019年陆上风电新增装机容量为9.1 GW，累计装机容量突破100 GW。美国发展风电的主要驱动力来自生产税抵免政策，而企业购电协议市场及州层面的可再生能源配额制也会刺激美国风电市场增长。全球2019年陆上风电新增装机排名前五位的国家除中国、美国之外，还包括印度（2.4 GW）、西班牙（2.3 GW）和瑞典（1.6 GW）。

全球海上风电发展也在不断加速。GWEC的统计数据显示，2019年，全球海上风电新增装机容量超过6 GW，是有史以来表现最好的一年。其中，中国新增海上风电装机容量达到创纪录的2.3 GW，居全球第一。英国依然是全球重要的海上风电市场之一，2019年新增装机容量接近1.8 GW，居全球第二。德国新增装机容量超过1.1 GW，居全球第三。美国海上风电的总招标装机容量从2018年的9.1 GW增至2019年的25.4 GW，预计到2026年，美国将建设超过15个海上风电项目。GWEC预测，到2024年，全球海上风电新增装机容量将从2019年的6 GW增至15 GW，其在全球年度风电新增装机容量中的占比将由10%提高到20%。

从区域来看，未来5年，美洲地区的风电年新增装机规模将达到4 GW；欧盟各国的风电市场将保持稳定发展，年新增装机容量会达到11 GW～12 GW。2020—2022年，非洲和中东地区的风电市场有望保持稳步增长，年新增装机容量预计为1.45 GW。在中东地区，风电现已成为可持续、高效益的能源，创造就业，并推动当地经济增长。摩洛哥、约旦等风力资源丰富的国家将风电作为重要发展方向。摩洛哥2019年风电装机总量位居非洲第三。约旦现有5家风力发电站，分布在伊布拉西亚、赫法、马安和塔菲勒；埃及在苏伊士湾西岸的扎阿福兰地区建有多座风力发电厂。此外，随着印度尼西亚、菲律宾、越南等国家政府积极落实此前制定的风电政策，亚洲地区的风电发展空间也有望进一步被打开。

五、氢能迎来前所未有的发展机遇

鉴于氢能具有增强经济活力、韧性和可持续性等特点，一些国家的政府部门都在采取措施发挥氢能技术的独特潜力。2020年7月，国际能源署发布的《全球氢能进展报告》指出，电解制氢等低碳制氢产能正在加速扩张，2019年，电解制氢装机容量从 2010 年的不足 1 MW 增至 25 MW 以上，数百兆瓦的电解制氢项目从 21 世纪 20 年代早期开始运营，碱性电解槽作为最成熟的电解技术在市场上占据主导地位。氢能在交通运输领域的应用正以前所未有的速度发展，但氢燃料电池汽车只占新型低碳汽车销量的 0.5%，而且低碳氢在工业中的应用进展缓慢，向现有天然气管网中注入氢气是快速提升低碳氢需求的有效方法。例如，法国 GRHYD 项目 2018 年开始向天然气网注入掺入 6% 氢气的天然气，2019 年掺混率达到 20%，证明了这种方法的技术可行性。越来越多国家表示对向天然气网中注入氢气感兴趣。据估算，世界各地在建装置每年可向天然气网输入 2900 吨氢气。此外，全球加氢站的数量也在快速增加。据国际能源署统计，截至 2019 年年底，全球加氢站共有 470 个，比 2018 年增长 20% 以上。其中，日本以 113 个加氢站位居榜首，其后依次是德国（81 个）、美国（64 个）和中国（61 个）。

现如今，很多国家认识到氢能在能源转型战略中的重要性，近两年纷纷发布本国氢能战略及路线图，一些国家还制定了明确的氢能技术部署目标，以加快氢能相关技术的开发和应用。例如，美国能源部 2020 年 12 月发布了《氢能计划发展规划》，提出研究、开发和验证氢能转化相关技术，利用多样化的国内资源开发氢能，以确保丰富、可靠且可负担的清洁能源供应。其目标是，到 2030 年，电解槽成本降至 300 美元 / 千瓦，运行寿命达到 8 万小时，系统转换效率达到 65%，工业和电力部门用氢价格降至 1 美元 / 千克，交通部门用氢价格降至 2 美元 / 千克。美国能源部 2020 年在 "H2@Scale" 计划框架下资助 6400 万美元推进氢能技术研发示范，促进氢能和燃料电池技术的突破和应用，项目主要涉及储氢、燃料电池、电解槽及促进港口、数据中心、炼钢厂等工业领域开展氢能利用示范，目标是实现经济、安全可靠的大规模氢气生产、运输、存储和利用。未来 5 年，美国能源部将在 "H2@Scale" 计划框架下投入 1 亿美元，支持 2 个由能源部国家实验室主导建立的实验室联盟推进氢能和燃料电池关键核心技术突破，进一步降低成本，加速氢能在美国电力、交通运输行业中的部署进程。

2020 年 12 月，加拿大自然资源部发布了《加拿大氢能战略》，意在通过建设氢能基础设施及促进终端应用，使加拿大成为全球主要氢供应国，巩固加拿大作为清洁可再生燃料全球工业领导者的地位。加拿大政府的目标是，到 2050 年抢占清洁氢气和燃料电池技术制高点，建立面向全球消费市场的低碳氢生产供应基地，交货价格达到 1.5 ～ 3.5 加元 / 千克；建设全国性氢燃料补给网络，500 多万辆燃料电池汽车上路行驶；创造 35 万个高薪工作岗位，带动 500 亿加元国内氢能产业；成为全球前三大清洁氢生产国，国内供应量每年超过 2000 万吨；在当前天然气供应中，实现 50% 以上由氢气掺混现有天然气管道和新建专用输氢管道来提供；形成有竞争力的氢出口市场。

从欧洲地区来看，2020 年 7 月欧盟委员会发布了《欧洲氢能战略》，计划

2024 年前至少安装 6 GW 可再生能源电解槽，达到可再生能源制氢年产量 100 万吨；到 2030 年至少安装 40 GW 可再生能源电解槽，达到可再生能源制氢年产量 1000 万吨；到 2050 年，欧盟可再生能源制氢技术将逐渐成熟，其大规模部署可以使所有脱碳难度系数高的工业领域使用氢能代替。为此，欧盟计划未来 50 年投资 4500 亿欧元支持建氢能生态系统。此外，欧盟将组织成立欧洲清洁氢能联盟，促进欧盟成员国协调一致的投资，建立氢能供应链；明确将可再生低碳氢能作为国家能源和气候战略计划中的组成部分；促进能源与交通设施协同发展，为氢能专用基础设施、天然气管网再利用、碳捕集项目及加氢站建设提供资金支持；未来 10 年，欧盟将提供约 100 亿欧元的创新基金支持低碳氢能的创新技术示范。

2020 年 6 月，德国发布了《国家氢能战略》，计划投资 90 亿欧元推动"绿氢"[①]技术发展，以确保德国在将绿氢作为未来能源载体方面发挥全球领导作用。根据该战略，到 2030 年，德国将建设供应容量高达 5 GW 的氢能生产设施。如果条件允许，德国将在 2035—2040 年再增加 5 GW 产能。德国希望在氢和其他"能源储存 / 电转 X"（Power-to-X）技术方面发挥先锋作用，以便快速将实验室创新转化为工业应用。

2020 年 9 月，法国生态转型与团结部发布了《国家脱碳氢能发展战略》，计划投入 72 亿欧元发展绿氢能，推动氢技术研发，创造就业，促进工业和交通等部门脱碳，助力法国打造更具竞争力的低碳经济。法国的氢能发展目标是：投资 18.36 亿欧元到 2030 年建成 6.5 GW 的电解制氢装置，使法国氢产量达到 60 万吨，并实现工业化盈利；投资 9.18 亿欧元发展氢能交通，尤其是用于重型车辆，到 2030 年减少 600 万吨二氧化碳排放；提升工业部门竞争力，到 2030 年通过发展氢能，直接或间接创造 5 万～ 15 万个就业岗位。

2020 年 7 月，葡萄牙政府发布了《国家氢能战略》，计划投资 70 亿～ 90 亿欧元，将绿氢逐步纳入葡萄牙现有能源体系，推动葡萄牙能源转型，在 2030 年前将其天然气管网中的氢气占比提升至 10%，使葡萄牙成为第一个大规模利用氢能的欧洲国家。根据该战略，葡萄牙将在锡尼什地区打造氢能基地，建设一个专注于氢能技术合作的国家实验室。

2020 年 3 月，荷兰政府发布了《政府氢产业战略》，目标是打造绿氢供应链。为此，荷兰政府与荷兰能源产业知识和创新联盟共同编制了《荷兰氢能创新方案 2020—2023》，将荷兰氢能研发的核心确定为提高电解效率、扩大制氢规模及降低可再生能源发电成本。未来 10 年，荷兰计划将绿氢成本降低 50%～ 60%。在

---

① 绿氢是指利用可再生能源（如风电、水电、太阳能）发电，通过电解方法制氢，制氢过程没有碳排放。

交通运输方面，荷兰政府计划到 2025 年建成 50 个加氢站，运营 1.5 万辆氢燃料电池汽车和 3000 辆燃料电池重型卡车。

2020 年 6 月，挪威石油和能源部与气候和环境部联合发布了"氢战略"，提出挪威将通过促进氢能技术开发及商业化，增加挪威氢能的试点和示范项目数量。挪威政府将根据其《2030 气候计划》，评估推进挪威氢能开发和使用的政策工具。

俄罗斯政府在 2020 年 6 月发布《2035 年俄罗斯联邦能源战略》指出，俄罗斯正在加速向"资源创新型发展"的经济结构转型，其中氢能经济是其行业战略的重点部署方向之一，到 2035 年，俄罗斯要成为全球重要的氢能供应国。俄罗斯成熟的天然气管网将在其国家氢能战略发展中发挥关键作用。2020 年，俄罗斯能源部提交了《2020—2024 年俄罗斯氢能发展路线图》草案，计划 2024 年前在俄罗斯境内建立全面的氢能产业链。根据该草案，俄罗斯的氢能产业链将完全由传统能源企业主导；在上游使用天然气、核能等制取低碳氢气而非通过可再生能源电力制取"绿氢"；运输环节计划通过天然气管网掺氢、改造现有天然气管道来建设氢气管网；氢能应用则主要用于出口至欧洲。

在亚洲，韩国政府正加紧布局氢能源产业。2020 年，韩国政府用于发展"氢经济"的预算约 5 亿美元，较 2019 年增长 52.4%，其中，发展氢燃料汽车和基础设施预算达到 4.62 亿美元。截至 2020 年 10 月，韩国累计注册氢燃料汽车达 10 041 辆，同比增加 154.1%。为扩大氢能供应，韩国政府拟采取多样化氢能供应组合，加强水分解氢技术研究和国外进口；选定 3 座氢能示范城市，在城市建筑、交通等方面进行氢能应用技术检验；实施氢燃料电池核心技术、商用液化氢成套设备技术、氢运输船技术等研发项目。2020 年 2 月，韩国政府发布了全球首个《促进氢经济和氢安全管理法》，为促进氢工业发展和氢设施安全提供必要的法律支持。

在南美洲，2010 年 11 月智利总统皮涅拉宣布智利将实施《国家绿色氢能战略》，提出投入 5000 万美元启动资金吸引国内外投资和技术，到 2025 年建成 5 GW 可再生能源电力，启动绿氢及其衍生物的工业化生产，使其年产量达到 20 万吨，在拉美国家中排名第一；到 2030 年建成 25 GW 可再生能源电力，实现绿氢及其衍生物产值 25 亿美元，价格低于 1.5 美元 / 千克，成为世界三大氢气出口国之一。

六、生物燃料发展受到疫情冲击

2020 年，新冠肺炎疫情严重冲击了生物燃料行业。根据 2020 年 12 月国际能源署发布的《2020—2025 年可再生能源分析和预测》报告，2020 年全球交通生物燃料的产量预计同比下降 12%，这是近 20 年来生物燃料年度产量首次下降，主要原因是交通燃料需求减少，化石燃料价格下跌削弱了生物燃料的经济吸引力。降幅较大的是美国和巴西的燃料乙醇及欧洲的生物柴油。国际能源署认为，随着全球经济的缓慢复苏，生物燃料产量有望在 2021 年出现反弹，并持续增长至 2025 年，其中增产最多的将是中国和巴西的燃料乙醇及美国和东南亚的生物柴油和加氢处理植物油。

2020 年 8 月，美国能源部生物能源技术办公室（BETO）发布了《实现低成本生物燃料的综合战略》报告，提出降低生物燃料成本的 5 个关键战略：开发高效生物炼油；改进工艺设计；利用现有基础设施；降低原料成本；开发高价值产品，最终目标是将成本降至 2 美元 / 加仑汽油当量。美国能源部 2020 年投资 3500 万美元支持生物能原料及藻类技术研发，以提升生物燃料生产、生物能发电及生物产品生产相关技术水平，降低风险和成本，推进美国生物经济发展。美国能源部宣布未来 5 年资助 9700 万美元支持 33 个生物能源技术研发项目，以提升生物燃料、生物基产品相关转化技术的效率，强化美国在该领域的全球领先地位。

巴西政府把生物燃料作为科技创新优先发展领域和走出经济困境的一条重要途径，明确提出到 2030 年要把可再生能源在全国能源结构中的比重提高到 45%，其中生物燃料占 18%。巴西政府计划到 2030 年全国有 1/3 的城市投资开发生物燃料，为其国民经济创造大约 1500 亿雷亚尔（约合 283 亿美元）的产值及大约 100 万个就业岗位。

印度尼西亚从 2020 年 1 月 1 日开始在全国范围内强制使用 B30 生物柴油，印度尼西亚政府希望未来进一步减少柴油比例，实施 B40 和 B50 生物柴油计划。印度尼西亚总统佐科要求 2020 年开始研制 B40，2021 年启动 B50 研究和测试。

七、核电发展区域差异明显

2020 年 12 月，国际原子能机构（IAEA）发布的《展望 2050 年能源、电力和核电预测》报告称：截至 2019 年年底，全球在运核电机组 443 台，总装机容量 392 GW；另有 54 台核电机组在建，总装机容量为 57 GW。2019 年，核电为全球供应了 2657 太瓦时（TWh）基荷电力，比 2018 年增加了 95 TWh，占全球总发电量的 10%。这是 2012 年以来全球核能发电量连续第七年保持增势。此外，2020 年 8 月世界核协会（WNA）发布的《2020 世界核工业现状报告》指出，2019 年，非洲、亚洲、南美洲及东欧和俄罗斯地区的核电装机容量呈增长趋势，北美洲稍有降低，西欧和中欧地区降低了 3 TWh。亚洲继续保持猛增趋势，核电装机容量增长了 17%。国际原子能机构预测认为，到 2050 年，在低值情景下，预计全球核电装机容量将减少约 7%，降至 363 GW；在高值情景下，预计全球核电装机将增加约 82%，达到 715 GW。未来的核电发展主要集中在亚洲和东欧地区，而北美和西欧等传统核电大国所在地区未来的核电发展将处于停滞状态，有的地区甚至会出现倒退。

2020年7月，美国能源部宣布投资6500万美元用于支持国家实验室、高校和企业联合开展核能基础研究、交叉技术开发和基础设施领域的创新核能技术研发项目。同年11月，美国能源部宣布在《先进反应堆示范计划（ARDP）》框架下向泰拉能源公司和X能源公司资助1.6亿美元，加速美国核能企业的下一代先进核反应堆技术研发和示范工作，建造2个可在7年内投入商业运行的先进反应堆，维持和强化美国在未来全球核电市场的领先地位。《先进反应堆示范计划（ARDP）》于2020年5月启动，未来7年将投入32亿美元依托"国家反应堆创新中心"推进先进反应堆示范、未来示范工作的风险管控和新概念先进反应堆研发。此外，美国能源部先进能源研究计划署（ARPA-E）2020年12月宣布在"促进热核聚变的突破性研究"主题计划（BETHE）框架下投入3200万美元，资助15个具有商业应用潜力的聚变能研究项目，以促进低成本核聚变概念研究，为下一代核聚变技术创造商业机会。

2020年9月，英国商业、能源和工业战略部（BEIS）宣布投入4000万英镑，资助3个先进模块化反应堆（AMR）项目和若干核能相关小型研究、设计和制造项目，支持开发下一代核能技术，促进低碳产业建设和提供绿色就业岗位，以求实现2050年净零排放目标。同年12月，BEIS向全国招标将建设核聚变电厂原型堆，预计2040年建成，成为全球首个核聚变能发电厂。2020年，英国国家科研与创新署（UKRI）宣布投入2.15亿英镑开展小核反应堆研发。2019年，UKRI曾投入1800万英镑开展小型模块化核反应堆（SMR）的概念设计研究，由罗罗公司（Rolls-Royce）牵头完成。在此基础上，UKRI将启动UKSMR计划。该计划预计到2050年可为英国带来520亿英镑产值，建设16个核电厂，带来2500亿英镑的出口和4万个高价值岗位。

2020年，印度启动建设4座核反应堆，其中2座700 MW，2座1000 MW。700 MW反应堆将采用印度自主研发的重水反应堆技术，1000 MW核反应堆将采用俄罗斯罗萨托姆公司技术。印度计划未来5年新增5300 MW核电装机容量，届时印度核电总装机容量将达12 080 MW。

（执笔人：王　玲）

◉ 围绕新型冠状病毒的研发和部署将是全球共同关注的焦点问题

2020 年新冠肺炎疫情的流行对全球经济、社会和生命健康造成了重大危害。截至 2021 年 5 月，全球新型冠状病毒感染者累积达到 1.6 亿，且仍处于持续上升趋势中。疫情发生以来，全球主要国家、国际组织围绕新冠肺炎疫情开展系列部署，主要医药企业针对疫苗和抗病毒药物开展了快速研发，极大程度缓解、控制了疫情的发展。但由于目前对于新型冠状病毒自身认知的不足及感染者大量、长期的存在，围绕新型冠状病毒的系列研究是未来全球共同关注的焦点问题。

一、主要国家积极部署应对新冠肺炎疫情

以美国、欧盟为代表的主要国家和地区围绕新冠肺炎疫情开展系列应急研发、疫情应对和社会恢复等方面措施，有效减弱了疫情危害，极大程度地控制了疫情的复发。

（一）美国

美国联邦政府统筹协调各方力量应对新冠肺炎疫情。2020 年 1 月，美国成立了总统新型冠状病毒特别工作组，随后白宫科技政策办公室、卫生与公众服务部、能源部、国防部、国立卫生研究院、生物医学高级研究与发展局、国家科学院等多部门均制订响应方案推进疫情应对。

1. 通过多项法案支持应急研发

2020 年 3 月，美国总统特朗普签署了《冠状病毒准备和响应补充拨款法案》和《冠状病毒援助、救济和经济安全法案》（CARES 法案），分别向国立卫生研

究院和其他科研机构提供 8 亿美元和 9.45 亿美元，以加速新冠疫苗及相关科技研发。此后于 2020 年 4 月，特朗普签署了《薪资保护计划和医疗保健增强法案》，再次向国立卫生研究院提供 18 亿美元、向生物医学高级研究与发展局提供 10 亿美元，用于加速疫情应对相关领域研发。

2. 围绕新型冠状病毒部署研发

发布新型冠状病毒长期研发战略。2020 年 4 月，美国国家过敏和传染病研究所发布《2020—2024 财年新型冠状病毒肺炎研究战略计划》，规划部署了未来 5 年新型冠状病毒相关研究重点，提出新型冠状病毒与新冠肺炎相关机制、病毒诊断和检测、抗病毒药物和疫苗等若干重点研究领域。

推动新冠相关研发的加速。① 2020 年 4 月，美国食品药品监督管理局启动了"冠状病毒治疗加速计划"，通过建立跨部门的协同机制加速推动新冠治疗药物的研发与评审，截至 2020 年年底美国处于研发阶段的新冠治疗药物超过 590 个，开展临床试验超过 400 项。② 2020 年 5 月，美国健康与社会服务部联合国防部协同疾病控制与预防中心、国立卫生研究院和生物医学高级研究与开发局等政府部门，启动"曲率极速行动"，通过政府采购、资助研发等方面来加速疫苗、治疗药物和诊断试剂的开发，投入预计超过 100 亿美元重点支持了疫苗研发、治疗方法开发、诊断方法开发、质量安全等重点方向，并资助了 Moderna、BioNTech、Novavax、赛诺菲、辉瑞、阿斯利康、强生、葛兰素史克等医药公司的疫苗开发，覆盖了 mRNA 疫苗、腺病毒载体疫苗、病毒载体疫苗等多种技术路线。③ 2020 年国立卫生研究院启动了"诊断快速加速（RADx）""疫苗与治疗加速（ACTIV）"研发计划，其中 RADx 研发计划投入 14.3 亿美金用于开发准确、快速、易用和广泛可及的病毒检测技术，ACTIV 旨在加速新冠疫苗和治疗药物如免疫调节剂、单抗等的研发评估。

3. 通过资源共享支撑研发

（1）组建高性能计算联盟。2020 年 3 月，白宫宣布启动由科技政策办公室、能源部、国家科学基金会和 IBM 牵头的新冠肺炎高性能计算（COVID-19 HPC）联盟，向全球研究人员提供可处理生物信息、流行病和分子建模数据的高性能计算资源，以加快相关科学研究。截至 2020 年年底，该联盟已有 43 个成员单位，集聚了大约 600 Petaflops 的计算能力。

（2）推动科学数据资源共享。2020 年 3 月，美国科技政策办公室会同 16 个国家的机构向学术出版物界发出倡议，以人机可读的格式提供新冠肺炎相关研究论文、数据信息等，以供研究人员利用人工智能等技术进一步深入挖掘研究成果。同时，科技政策办公室还会同艾伦 AI 研究所、陈和扎克伯格基金会、乔治敦大学安全与新兴技术中心、微软和美国国立卫生研究院 NIH 等机构联合发布了 COVID-19 开放研究数据集,用于冠状病毒相关数据和文本挖掘。

(二)欧盟

2020 年欧盟调动尽可能多的资源,围绕控制病毒传播和恢复经济社会秩序等方面,通过战略部署、研发支持、预先采购等方面应对新冠肺炎疫情。

1. 围绕新型冠状病毒预防、诊断、治疗部署系列研发

多年来,欧盟投入大量资金就类似新冠的公共突发事件开展研究,并建立了紧急研究资助机制。在研发部署方面,欧盟长期以来重视传染病研发的投入,自 2007 年至 2019 年通过第七框架方案和地平线 2020 向传染病领域研发投资了 41 亿欧元。2020 年为了应对新冠肺炎疫情,欧盟依托"地平线 2020"投资 10 亿欧元应对新冠肺炎疫情。

(1)多批次部署新冠应急研发。2020 年 3 月和 8 月"地平线 2020"先后资助两批次、共 41 项研发项目;第一批项目部署了总额 4820 万欧元的 18 个应急研发项目,重点围绕新型冠状病毒认知、患者临床需求及公共卫生应对等方面部署应急研发;第二批项目部署了总额 1.28 亿欧元的 23 个应急研发项目,以支持快速诊断、新冠肺炎治疗、欧洲研究队列、社会经济影响改善等领域。2020 年 3 月,欧盟通过"创新药物计划",启动"抗击新型冠状病毒传染的治疗和诊断研发"项目,聚焦应对新型冠状病毒药物、诊疗方法及测试工具共计资助 8 个项目 1.17 亿欧元研发资金。2021 年 2 月,欧盟继续依托"地平线 2020"提供 1.5 亿欧元启动"HERA 孵化器计划(Health Emergency Preparedness and Response Authority Incubator)",用于新型冠状病毒突变体研究和应对,重点部署突变体的快速检测、疫苗的快速适应、建立欧洲临床试验网络、更新疫苗、生产设施调整后的快速审批,推动实现疫苗生产的快速升级。

(2)制定应对新冠肺炎疫情科研创新行动短期协调计划。该计划是欧盟及其成员国按照"欧洲研究区"目标和形式,在疫情当下协调、共享和共同加强科研创新应对疫情的关键举措。该计划有十大优先行动,包括协调科研创新经费、扩大和支持大规模临床试验、为开发创新且快速应对疫情的方法提供新的资金、为其他资金投入应对疫情科研创新行动计划创造机会、建立一站式应对疫情资金投入平台、使用科研基础设施、组织泛欧黑客马拉松活动,动员创新人才和公民社会力量等。

2. 支持疫苗快速产业化

欧盟通过向公司预先订购和研发资金支持等方式支持企业疫苗研发及快速产

业化。① 2020 年 6 月，欧盟委员会提出了"欧盟疫苗战略"，向疫苗企业预先支付 27 亿欧元订购资金用于支持企业前期研发，截至 2021 年 3 月欧盟与 6 个疫苗公司签订了超过 26 亿剂的疫苗购买合同。② 欧盟委员会通过多种途径为疫苗生产企业提供资金支持，2020 年 6 月欧盟通过欧洲创新理事会（EIC）加速试点计划，向旨在应对新冠肺炎疫情研发相关项目的 36 家企业提供 1.66 亿欧元支持，向为欧洲经济复苏计划做出贡献的 36 家创新公司提供了 1.48 亿欧元支持；2020 年 6 月和 7 月欧洲投资银行分别与德国疫苗研发企业 BioNTech 和 CureVac 签署 1 亿欧元和 7500 万欧元的融资和贷款协议，用于两家公司疫苗研发和大规模生产及生产设施建设。

3. 支持应对疫情相关科研基础设施建设

欧盟围绕新冠肺炎疫情部署了系列研发基础设施建设。① 2009—2023 年投入 3220 万欧元持续支持欧洲病毒档案库建设，为冠状病毒材料的保藏提供条件；② 投资 310 万欧元支持 EXCALATE（EXasCale smArt pLatform Against paThogEns for Corona Virus）算力平台，用于新型冠状病毒相关科学数据的智能化分析，以加速寻找对抗疫情有效疗法；③ 投资 1060 万欧元的 TRANSVAC2 欧洲疫苗研发平台为新冠疫苗研究和开发提供相关网络支持；④ 投资 2375 万欧元的欧洲开放科学云 EOSC–Life 为新冠科学数据的快速开放和共享提供硬件平台。

4. 发起全球新冠认捐等活动加强全球合作

2020 年 5 月，欧盟牵头组织并在 20 国集团支持下，开展全球在线认捐活动，旨在筹集 75 亿欧元以促进全球疫苗的开发、测试、治疗和全球供应。截至 2020 年年底，共募集资金 159 亿欧元，其中欧盟及其成员国、欧洲投资银行共认捐 119 亿欧元。2020 年 8 月，欧盟加入"新冠肺炎疫苗实施计划"，截至 2020 年年底，欧盟与成员国已向该计划注资超过 8.5 亿欧元，成为其最大出资方。

（三）其他主要国家

1. 英国

英国通过研发项目部署、基础设施建设、国际研发合作方式应对新冠肺炎疫情。① 部署若干重点研发项目。自 2020 年 3 月，英国研究与创新署与英卫生部围绕新冠肺炎疫情联合部署了多批次研发项目，其中第一批 27 项共 2500 万英镑，第二批 52 项共 4600 万英镑；之后研究与创新署继续滚动支持了 2 批研发项目，第一批 202 个项目共 7700 万英镑，第二批 139 个项目共 6000 万英镑。此后，英政府于 2020 年 4 月份承诺投入 2.5 亿英镑用于疫苗研发，其中分别资助牛津大学和帝国理工新冠疫苗研发 2000 万英镑和 2250 万英镑。② 支持基础设施建设。英政府 2020 年 5 月宣布对位于哈维尔科技园的疫苗制造和创新中心（VMIC）增加投资 1.31 亿英镑。英国疫苗工作组分别支持位于英国 Harwell、Braintree 和 Livingston 的 3 个不同技术路径的疫苗生产基地，并通过"工艺创新中心计划"支持 mRNA 疫苗生产平台建设。③ 推动新冠研发国际合作。2020 年 9 月和 12 月，研究与创新署与全球挑战研究基金、牛顿基金联合投入 1450 万英镑资助 40 个新冠肺炎疫情国际合作研究项目，帮助发展中国家提高应对新冠肺炎疫情的能力。

2. 加拿大

加拿大通过研发投入、基础设施建设等措施支持新冠肺炎疫情的科技应对。① 增加应对新冠研发投入。2020 年 3 月，加拿大总理特鲁多宣布拨款 2.75 亿加元用于资助新型冠状病毒的医学对策研究，4 月宣布再投入 10 亿加元进一步推动医疗对策研究，其中 1.15 亿加元用于疫苗和治疗药物研究、6.62 亿加元用于临床试验、3.5 亿加元用于全国新冠肺炎检测和建模。② 启动快速研发项目。2020 年年初加拿大政府投入 1.7 亿加元围绕新冠诊断、治疗、疫苗、临床管理、公共卫生等重点领域先后启动两批共计 240 个快速科研项目。③ 支持科研基础设施建设，2020 年加拿大创新基金投入 2800 万加元，支持了 52 所大学、学院和研究型医院等机构的 79 项科研基础设施项目。④ 支持企业研发，加拿大政府通过战略创新基金在 2020—2021 年拨款 6 亿加元，支持由私营企业牵头的新冠疫苗、治疗药物的开发、试验和生产。⑤ 推动疫苗产业化发展，2020 年加拿大政府向多个机构、企业投资加速疫苗产业化，其中向萨斯喀彻温大学的疫苗和传染病组织国际疫苗中心（VIDO–Intervac）疫苗开发和生产投入 3500 万加元；向国家研究理事会（NRC）投入 4400 万加元用于疫苗生产设施升级，投入 1.26 亿加元用于生物制造工厂建造；向 Medicago 公司投入 1.73 亿加元支持其病毒样颗粒疫苗的开发和生产。

3. 德国

德国努力推动应对新冠的研发和相关国际合作。① 2020 年 3 月，联邦教研部提供了 4500 万欧元支持新型冠状病毒相关研究；德国研究联合会也于 3 月底启动了大规模的流行病和大流行跨学科研究项目。② 2020 年 7 月，德国联邦政府实施了总计 7.5 亿欧元的"新冠疫苗生产和开发特别计划"，其中 5 亿欧元用于扩大德国疫苗测试研究能力，2.5 亿欧元用于提高疫苗产能。③ 德国是国际流行病预防创新联盟的创始成员，自 2017 年以来共提供 9000 万欧元资金；2020 年新冠肺炎流行之后，德国提供了 1.4 亿欧元的额外资金，用于全球新冠疫苗开发促进。

4. 韩国

韩国政府协同多部门推动应对新冠疫苗的紧急研发。① 开展应急研发。2020 年 3 月，韩国政府紧急追加约 1.74 亿美元预算，用于新冠疫苗应急研发，快速部署"检测试剂""基于 AI 技术的治疗药物开发""新型冠状病毒危害程度评估""病毒溯源" 4 个方向。② 2020 年 4 月，组建跨部门、官民协作机制，制定《新冠肺炎治疗药物及疫苗开发支援对策方案》，整合政产学研力量，进一步加快治疗药物及疫苗研发。

二、国际组织努力推动全球研发合作与疫苗的可及性

世界卫生组织（WHO）、流行病防范创新联盟（CEPI）等国际组织通过整合资源，推动全球研发合作与疫苗的可及性。

1. 世界卫生组织快速资源整合，推动全球新冠研究及临床试验

2020 年 3 月，世界卫生组织发布了"新冠肺炎疫情战略准备和应对计划"，主要目标是推动国际协调和行动支持、扩大各国战备和响应、加快重点项目研究和创新。

2020 年年初，世界卫生组织启动针对新型冠状病毒的"研发蓝图计划"并推动实施"新型冠状病毒全球研究路线图计划"，旨在快速激活全球研发活动，联合快速推进病毒检测、疫苗和药物新技术及其可用性，重点布局如下方面研究，① 病毒自然史、传播和诊断；② 病毒来源的动物和环境及人与自然动物接触管理措施；③ 流行病学研究；④ 新冠肺炎临床特征与管理；⑤ 新型冠状病毒感染的预防和控制；⑥ 候选治疗药物与疫苗研发；⑦ 伦理学与社会学应对措施。为进一步推动临床试验的招募和全球协同，世界卫生组织部署开展了"应对新型冠状病毒的全球团结试验"（"Solidarity" clinical trial for COVID–19 treatments），在 30 多个国家的 500 个医院中招募了近 12 000 名患者，开展治疗药物和疫苗相关临床试验研究，极大程度提升了全球临床试验的效率；之后，世界卫生组织又联合开展了名为"团结试验 Ⅱ"的全球新型冠状病毒血清学研究，持续推动新型冠状病毒流行病学特征研究。

2. 流行病防范创新联盟推动全球疫苗研发并提升疫苗可及性

流行病防范创新联盟通过合作投资推动全球疫苗研发，并努力提升疫苗可及

性。2020 年年初，流行病防范创新联盟提出将筹集 20 亿美元，用于资助并推动全球主要技术路径新冠疫苗的快速研发和可及性，其中共计资助了包括 Moderna（mRNA 疫苗）、牛津大学 / 阿斯利康（腺病毒载体疫苗）、GSK（重组蛋白疫苗）、三叶草公司（重组蛋白技术）、Inovo（DNA 疫苗）在内等的多个疫苗研发项目，推动了全球疫苗研发和产业化的加速。

三、主要医药企业围绕抗病毒药物和疫苗启动了快速研发

2020 年全球主要医药企业在已有技术平台和技术储备的基础上，加大研发投入，围绕疫苗和治疗药物快速研发和产业化，有效缓解了新冠肺炎疫情的危害。

（一）主要医药企业围绕新冠应对加大研发投入

2020 年新冠大流行推动了企业对于应对新冠研发投入。根据 Fierce Biotech 发布的 2020 年全球主要医药公司研发投资报告显示，2020 年全球主要生物医药公司研发投入的激增，研发投入最多的前十大生物医药公司总计投入了 960 亿美元用于开发创新药物、诊断方法和疫苗，比 2019 年增加了 17.1%（140 亿美元），其中新冠肺炎疫情发挥了重要的牵引作用，罗氏、默沙东、强生等主要医药公司均围绕新型冠状病毒部署了大量研发。

2020 年，罗氏全年研发投入 139 亿美元，较之于 2019 年增加 13%，其中在对抗新冠肺炎疫情方面，罗氏聚焦病毒检测和抗病毒药物研发，于 2020 年开发出十多种 COVID-19 病毒检测技术，涵盖快速便捷的床旁检测到利用中心化实验室的高通量检测，检测类型包括抗原、抗体和核酸检测，此外还开发了流感和新型冠状病毒鉴别检测技术；在抗病毒药物研发方面，罗氏与 Atea Pharmaceuticals 公司联合开发口服抗病毒疗法。默沙东 2020 年研发投入 136 亿美元，同比增长 37%，研发投入激增很大程度上与应对新冠肺炎疫情的药物和疫苗开发有关，默沙东与 Ridgeback Biotherapeutics 公司联合开发的口服抗病毒疗法 molnupiravir（EIDD-2801/MK-4482）在 2a 期临床试验中实现了新冠患者鼻咽部病毒转阴时间的有效缩短，此外默沙东还于 2020 年年底通过收购 OncoImmune 公司的炎症调节创新疗法 CD24Fc，用于严重新冠患者临床治疗，可将患者死亡或呼吸衰竭的疾病进展风险减少 50%。强生公司 2020 年研发投入 121.5 亿美元，同比增长 7%；聚焦新冠肺炎疫情，强生公司开发的腺病毒载体新冠疫苗 Ad26.COV2.S 已经获得 FDA 授予的紧急使用授权，截至 2021 年 4 月该疫苗在美国已经接种超过 1000 万

剂次。2020 年，辉瑞研发投入 94 亿美元，同比增长 8.6%；在应对新冠研发方面，辉瑞公司与 BioNTech 在新冠疫苗开发上的合作带来了首款获得 FDA 紧急使用授权的 mRNA 新冠疫苗，在抗击新冠肺炎疫情方面起到了举足轻重的作用，截至 2021 年 4 月该疫苗在美国已经接种超过 1.14 亿剂次；此外辉瑞公司开发的口服"广谱"抗病毒疗法也于 2021 年年初进入临床试验阶段。2020 年，葛兰素史克研发投入 77 亿美元，比 2019 年同比增长了 12%；围绕新型冠状病毒，葛兰素史克与 Vir Biotechnology 联合开发的中和抗体疗法 VIR-7831 在早期新冠患者的临床试验中可显著降低患者住院时间和死亡风险。2020 年，礼来研发投入 60.8 亿美元，同比增加 8.7%；在应对新型冠状病毒方面，礼来通过与 AbCellera 公司的合作，开发出的中和抗体疗法 bamlanivimab 成为首款获得美国 FDA 授予紧急使用授权的中和抗体疗法。

（二）平台型技术和长期的研发储备快速推动了疫苗、抗病毒药物的上市

1. 平台型技术在疫苗研发中发挥了快速、灵活的优势

2020 年，全球主要医药企业围绕新冠疫苗启动快速研发，并陆续推动了多技术路径的疫苗上市，其研发速度和上市速度在疫苗史上均是最快的，多种疫苗平台型技术发挥了重要作用。灭活疫苗技术平台方面，中国科兴生物、国药生物等是较为成熟的灭活疫苗研发和生产平台；Moderna 和 BioNtech 在 mRNA 技术研发方面有十多年的积累，并围绕该技术平台开发了系列肿瘤疫苗和传染病疫苗；Inovo 和康希诺生物在 DNA 疫苗技术和腺病毒载体疫苗技术方面均有较长时期的研发积累，分别成功开发了各自技术路径的多种疫苗。平台型技术快速推动了新冠疫苗的研发和生产，充分体现了快速和灵活的特点，以 mRNA 疫苗为例，2020 年年初 Moderna 和辉瑞公司在 4 个月时间内将 mRNA 新冠疫苗从基因测序推进到 I 期临床试验，并于 2020 年年底上市用于疫情防控；此外 mRNA 疫苗在应对多种病毒突变体方面发挥了灵活的优势，Moderna 围绕新型冠状病毒开发了一系列候选疫苗包括已经上市的 mRNA-1273、针对 B.1.351 突变株的 mRNA-1273.351 候选疫苗及多价新冠疫苗 mRNA-1273.211 等。在中和抗体研发方面，礼来、再生元和葛兰素史克等公司作为抗体展示和开发的平台公司，也快速推动了新冠中和抗体的研发。

2. 抗病毒药物研发储备支撑了新冠的应急治疗

抗病毒药物研发需要长期的化合物筛选和相关技术积累，疫情期间吉利德、

罗氏、富士等公司陆续推出了瑞德西韦、法匹拉韦等若干治疗性抗病毒药物。总体来看，当前抗新型冠状病毒的药物均是既往研发的"老药"储备，其中瑞德西韦诞生于 2012 年，法匹拉韦诞生于 2008 年，未来应对新型冠状病毒的抗病毒特效药物依旧有赖于持续的相关药物研发积累。

四、围绕新型冠状病毒的相关科学问题是未来持续的重点领域

截至当前，新型冠状病毒全球的流行态势尚未完全控制，其未来仍具有较大的不确定性。与此同时，全球对于新型冠状病毒本身及其引发的健康危害认识仍旧不够。围绕新型冠状病毒的一系列科学问题成为未来较长时间全球重点关注的焦点领域。

1. 新型冠状病毒仍有诸多科学问题需要长期关注和研究

（1）疫情发展潜在的不确定性使得突变病毒与疫苗效果监测是当前亟须关注的重点领域。新冠肺炎疫情的进一步流行和发展，病毒在人群及其他生物群体中传播持续演化，导致病毒不确定性的进一步增强。根据世界卫生组织通报，全球陆续出现多种病毒突变体，包括欧洲早期出现的 D614G 突变体、英国出现的 B117 和 VOC 202012/01 突变体、南非 N501Y 突变体、巴西 P.1 变体、印度 B.1.617 变体等。病毒突变体在传染性和致病力方面均出现一定程度变化，因而在较长时期无特效抗病毒药物的情况下，病毒变异、疫苗效果的不确定会催生一系列问题，如再次感染、病毒检测敏感度降低、疫苗的持续更新、人群免疫性及疫苗抗性变化等问题。因而，对于突变病毒的监测及对已有疫苗的评估或将成为当前亟须关注的重要科学问题。

（2）围绕新型冠状病毒的相关研究成为未来较长期的重点研究领域。由于新型冠状病毒的不断变化及对于病毒本身认知的不足，加之未来较长时期没有特效抗病毒药物，因而新型冠状病毒仍具有潜在再次进入人群流行的风险。围绕新型冠状病毒开展更为广泛的研究成为未来较长时期的研究重点，主要包括病毒及感染致病机制研究、病毒相关免疫机制研究、病毒溯源和传播链研究、新冠疫苗研究、抗病毒药物研究、新冠肺炎治疗研究等方面。

（3）新型冠状病毒感染对人体系统性影响是未来较长时期的关注领域。截至2021 年 5 月，全球报告感染新型冠状病毒人数超过 1.6 亿人次，如果加上血清抗体阳性的曾经感染者，新型冠状病毒总感染者或将更多，流调数据显示武汉新冠抗体阳性率达到 6.9%，高于报告感染率 0.35%。疫情导致的巨大的感染基数使得

新型冠状病毒对人体潜在、长期的系统影响不可忽视，2021年对于武汉既往新冠感染者的研究显示，76%的患者在发病6个月后仍有疲劳、肌肉无力、睡眠障碍、焦虑和抑郁等持续症状，相关研究表明新型冠状病毒感染对于人体多系统存在潜在、长期危害的风险。新型冠状病毒感染对人体多系统潜在影响将成为未来重点关注领域。

2. 建立病毒与疫苗监测平台意义重大

当前仍不能预测疫情终结时间，人类并不能从自然界完全消灭病毒，只能最大限度地避免其在人群中传播和流行。世界卫生组织2021年3月发布的《中国－世卫组织新型冠状病毒溯源联合研究报告》显示，新型冠状病毒的传播链依旧不清晰，其病毒的来源、中间宿主及传播特征均尚未明确。因此，应对新发、突然传染病及其带来的巨大危害，未来更多的应该更加强化建立应对传染病的病毒研究、监测和溯源平台，并且持续开展相关的技术积累。另一方面，随着全球大规模、快速接种不同技术路径新冠疫苗，不同疫苗效果、疫苗应对不同突变体病毒保护力的变化、疫苗免疫性等多方面存在较大不确定性，建立新冠疫苗效果的监测平台也同样非常重要。

3. 传染病相关研究或将提升至与慢性非传染性疾病同等重要地位

新冠肺炎疫情推动了全球对于新发突然传染病及其相关的公共安全、生物安全问题的重视，有望扭转较长时期对于传染病研究相对不足的状态。

新冠肺炎疫情将扭转较长时期传染病研发趋冷的态势。由于全球主要国家在过去三十年均实现了疾病模式由传染性疾病向慢性非传染性疾病的转变，主要国家的绝大多数传染病处于低流行或者阶段性流行态势，总体导致传染病相关研发遇冷。据统计，30多年（1987年）以来，全球约共计上市抗病毒治疗药物（单体药物）64个，其中治疗艾滋病、乙型肝炎和丙型肝炎等慢性病毒感染的药物占90%，治疗急性病毒感染的药物仅5个。新冠肺炎疫情的暴发流行或将很大程度上扭转生物医药研发的重点从慢性非传染性疾病向新发、突发传染病方向的倾斜。

（执笔人：贾晓峰）

生命科学与生物技术研发活跃

2020—2021年，由于新冠肺炎疫情的全球大流行，世界主要国家在聚焦应对新冠肺炎疫情的同时，更加关注对于生命科学与生物技术领域的布局和推动。在战略布局方面，美欧等主要国家围绕生物经济、公共健康、传染病防控、技术监管、药物研发等方面展开系列部署。在重点领域研发方面，以基因科学、RNA技术、细胞治疗、干细胞、人工智能与生物技术融合、传染病防治、肿瘤治疗等一批前沿、重点技术领域不断突破。

一、主要国家围绕生命科学与生物技术领域进行系列部署

（一）美国

1. 进一步提升生命健康研发投入

生物医学与健康研究是美国长期支持的重点领域，美国近五年为NIH拨款持续升高，平均年增幅为6.4%。2020财年国会为NIH共计拨款达到417亿美金，比2019年的394亿美元增幅达到6.3%；根据2020年12月，美国国会批准的《2021财年综合拨款法》，2021年将为NIH提供了429.3亿美元（其中4.04亿美元来自21世纪治疗法案），比2020财年增长3%，并要求在2020财年拨款额的基础上，每个研究所和中心的资金增幅不低于1.5%。2021财年NIH的拨款额增幅虽有小幅下降，但总体保持了增长态势。在重点领域方面，进一步围绕癌症研究、精准医学、BRAIN计划等开展部署：① 癌症登月计划，2020财年NIH投入1.95亿美元围绕癌症的防诊治部署癌症机制、免疫疗法、快速诊断技术等领域研究；

② 精准医学计划，"精准医学—百万人基因组计划"已完成数据仓库开发，并在全国部署了 125 个生物样本站点；③ BRAIN 计划，2020 财年 NIH 共计资助 183 项相关项目，在"神经元高分辨率成像""脑转录组细胞群""感觉运动神经行为学""小脑细胞群""环神经探针"等方面布局研发；④ 1 型糖尿病计划，2020 年 NIH 新增投入 1.5 亿美元部署 1 型糖尿病计划，围绕机制及诊疗技术部署研发。

2. 围绕公共健康多方部署

① 2020 年 8 月，美国卫生与公共服务部发布《健康人群 2030》计划，围绕健康状况、健康行为、人口、环境、社会等五大领域提出未来 10 年疾病预防和健康促进方面的 355 个核心目标；该计划新增了限制阿片类药物和青少年电子烟滥用的目标，提出了有效应对新发公共卫生威胁的目标，并首次制定了经济、教育、建筑环境等与"健康的社会决定因素"相关的发展目标。② 2020 年 6 月，美国 NIH 发布了《2020—2030 年营养研究战略规划》，通过 19 亿美元的年度财政拨款支持精确营养，进一步改善公共健康、减少疾病；该计划提出应加速营养科学的发展，在饮食结构、饮食模式、饮食与健康及通过饮食来治疗疾病等方面部署重点研究。③ 2020 年 6 月，美国卫生与公众服务部发布《2020—2030 年国家流感疫苗现代化战略》，提出加强多样化流感疫苗的研发、制造和供应，促进检测、预防和应对流感的创新方法和技术的应用，增加人群流感疫苗的可及性和覆盖率，更加有效地减少流感病毒的影响。

3. 重视推动生物经济发展

① 2020 年 2 月，美国国家科学院、工程院与医学院发布《保护生物经济》报告，展望生物经济发展趋势及相关风险，提出了保护美国生物经济的相关战略；报告认为美国目前在生物经济领域的领导地位将面临挑战，要重点部署转基因作物 / 产品、生物基工业材料、生物技术消费品等重点领域；同时应通过资助企业、建立劳动力保障体系、保护知识产权、保护价值链、审查国外投资等政策措施，推动美国生物经济领导力的建立。② 进一步放宽转基因、基因编辑等农业技术的监管束缚，2020 年 5 月美国农业部颁布了新的转基因技术监管安全规则，对于部分转基因、基因编辑的植物提出了豁免规则。③ 支持生物质能开发研究，2020 年 5 月，农业部投入 1 亿美元扩大乙醇、生物柴油燃料等可再生能源的生产和使用。④ 推动生物工程产品"人造肉"开发，2019 年，农业部与 FDA 共同达成了细胞培养食品的机构监管协议，并于 2020 年 8 月宣布将启动细胞培养肉的法规制定程序。

4.完善基因编辑技术监管

2020 年 9 月，美国家科学院牵头设立的"遗传性人类基因编辑临床应用国际委员会"发布了《遗传性人类基因组编辑》报告，详细阐述了可遗传基因组编辑技术带来的潜在风险及监管方面的要求，提出了 11 项监管建议；报告提出人类生殖细胞可遗传的基因编辑仍不能应用于临床，相关国家只能在没有其他选择时才考虑允许可遗传基因组编辑技术的应用，且初期应限定在预防严重单基因遗传病中；报告为国家和国际社会科学治理与人类基因组编辑监管提供了基本参考。

5.部署生物防御国家安全计划

2020 年 2 月，美国国家审计署发布了《国家生物防御战略：尽早实施的机遇与挑战》报告，就加快实施生物防御战略提出了四点具体建议：一是美国卫生与公众服务部指导生物防御协调小组制定管理实践预案；二是增强生物防御协调小组的数据获取和处理能力，并可考虑在数据分析中使用非联邦政府资源；三是建议有关方面建立人力资源计划；四是建议厘清决策流程，明确相关机构的角色和职责。2021 年 1 月，美生物防御两党委员会发布《阿波罗生物防御计划：战胜生物威胁》报告，建议美政府紧急实施"阿波罗生物防御计划"，制定《国家生物防御科技战略》，每年投入 100 亿美元，力争在 2030 年前结束新冠等大流行病威胁，消除美国应对生物攻击的脆弱性。

（二）欧洲国家

1.欧盟出台生物多样性战略、健康欧盟战略和制药战略

2020 年 5 月，欧盟出台《欧盟生物多样性 2030 战略》，提出每年提供 200 亿欧元的资金，以逆转生态系统退化，阻止生物多样性损失。2021 年 3 月，欧盟宣布提供 51 亿欧元的财政预算实施《健康欧盟计划 2021—2027》，旨在增强欧盟有效应对未来卫生危机的能力，通过建立更强大的卫生系统应对跨境健康威胁，促进人口健康。2020 年 11 月，欧盟委员会发布《欧洲制药战略》，旨在通过支持欧盟制药业的竞争力、创新能力和可持续性，建立具有前瞻性和抗危机能力的欧盟制药体系；其主要目标包括支持以患者为中心的研发和创新，开发高质量、安全、有效、绿色的药物，确保患者获得负担得起的药物，加强危机防范和应对能力，解决供应链安全问题，确保欧盟的战略自主权。

2.英国发布国家基因组战略

2020 年 9 月英国卫生部发布《英国基因组战略：医疗保健的未来》，提出

未来 10 年英国基因组学发展规划；目标旨在通过基因组科学支撑更好的疾病预测、预防和个性化医疗；战略提出未来 10 年通过建立全球最先进的基因组医疗系统，实现以较低的成本支撑更佳的人群健康，有效应对新的全球性流行病和公共卫生威胁。

3. 德国发布国家生物经济战略

2020 年 1 月，德国联邦政府内阁正式通过了由德国联邦教研部和农业部两部委主导提出的《国家生物经济战略》，该战略提出了在德国建立可持续发展、可循环利用、充满创新力的经济体的目标；战略提出将在 2020—2024 年围绕生物经济投资 36 亿欧元，着力提升生物技术研究能力，强化分子遗传研究，推动疾病创新治疗技术研究能力，并通过公私合作等形式促进基金、公司等多方的参与。德国希望通过该战略的实施，确保其生物经济在全球居于领先地位，保持经济增长的可持续性，防止资源与环境恶化。

（三）俄罗斯

1. 部署传染病防控战略

2020 年 9 月，俄罗斯出台《至 2035 年传染病免疫预防发展战略》，部署白喉、麻疹、风疹、乙肝和流感等重点传染病的防控和消灭计划；主要任务是推动免疫生物制剂的研发，针对列入国家流行病预防接种时间表的免疫生物制剂扩大研发规模，到 2025 年满足居民对重点传染病防控相关生物制剂的需求。

2. 创建生物技术相关研发中心

俄政府提出 2020—2024 年度给予 154.6 亿卢布的财政资金支持建立 10 个世界级科学中心，其中包括数字生物设计和精准健康医疗科学中心、国家内分泌疾病精准医疗科学中心、巴甫洛夫综合生理学、医学高技术医疗保健和抗压应激技术科学中心、精准医疗科学中心、未来农业技术科学中心 6 个生物技术相关研发中心。此外，俄科教部提将在汉特 – 曼西斯克自治区乌格拉建立高级生物医学技术中心，建成包含生物样本库、分子遗传学研究方法实验室、细胞技术实验室、微流体技术实验室、质谱实验室以及 200 多位遗传学家、生物化学家、生物信息学家在内的产学研创新生态。

（四）加拿大

大力促进生物农业的发展。① 支持植物蛋白技术研发和产品生产。2020 年加拿大政府共投入 2.75 亿加元，联合 60 家公司和 200 多家单位合作，共同推进

15 个相关项目，其中包括基因编辑技术研发高蛋白双低油菜籽新品种，新型高可溶性、高功能豌豆和油菜籽蛋白产品的商业化开发，建设植物蛋白生产车间等方面。② 大力支持农业低碳发展。加政府提出 10 年内投资 6.31 亿加元支持农业固碳，设立约 15 亿加元的"低碳和零排放燃料基金"，支持纤维素乙醇等生物燃料的研发和生产。

（五）韩国

1. 促进生物健康产业发展

2020 年 6 月，韩国政府制定《应对传染病产业发展方案》，成立公共疫苗开发基金，建设"疫苗开发支援中心""三等级生物实验室"等基础设施，培育相关产业；11 月发布《促进生物健康产业项目及强化技术力量战略》，提出通过政策引导国内企业共入约 91 亿美元，促进药品、医疗器械、大健康等产业发展。

2. 重视促进基础研究

2020 年韩国重新修订《基础研究振兴及技术开发支援法》及《脑科学研究促进法》，提出制定 20 年以上的基础研究长期规划，支持基础研究国际合作，加强脑科学领域人才培养，建立完善的奖励机制等方面举措。

二、全球生物医药研发与产业发展整体呈高度活跃态势

1. 全球生物医药研发持续活跃

2020 年全球生物医药研发持续高度活跃，研发进度和研发数量均保持在高位。根据 Informa 公司报告 "the Pharma R&D Annual Review 2021" 的总体评估，2020 年全球药物研发管线持续扩展，新冠肺炎疫情并未使全球药物研发管线出现萎缩；2020 年全球研发管线中共包含了 17 697 种药物，2020 年新增进入研发阶段的药物共计 5544 种，去除 798 款针对新冠肺炎疫情的药物或疫苗后仍有4746 种新药进入研发管线，总体均超过 2019 年的 4730 种的增量。新冠肺炎疫情影响了临床试验阶段药品研发进度的推进；2020 年，处于临床前期和处于 1 期临床阶段的在研药物数目比 2019 年增加 6%；处于 2 期临床和 3 期临床的药物数目比 2019 年仅分别增加了 2% 和 0.9%。

① 中小型药企研发占比进一步增加。2020—2021 年，TOP 25 的大药企管

线中药物占比从 9.47% 下降到 9.36%；TOP 10 的大药企管线占比也从 5.4% 降低到 5.27%；中小型公司在全球研发管线中的占比不断升高。② 美国医药产业研发实力最强，中国进步最快。全球总计 5099 家公司进行药物研发，其中 46% 的公司总部设立在美国；中国医药产业迅速扩展，2020 年总部在中国的医药公司为 522 个（占全球的 9%），较上一年增加了 23%。③ 从研发领域看，抗癌疗法和基因疗法持续快速增长；新冠肺炎疫情推动了抗感染类药物研发数量比 2019 年增加了 22.4%，抗病毒药物研发数目上升了 126%；肿瘤仍然是药物研发最热门的研发领域，2021 年年初达到 6961 种（占比 37.5%），比 2020 年增长 7.0%，占比达近 10 年新高；全球研发管线中癌症免疫疗法的药物数目最多，2021 年年初达到 3712 种，比 2020 年增加了 8.1%。④ 新靶点、创新疗法进一步加速。2020 年管线中增加的全新药物靶点数目达到 139 个，增幅达到近 15 年来的第 2 高水平；2021 年年初在研疗法靶向的靶点数目达到 1858 个，比 2020 年的 1766 个有显著增加；以双抗、抗体偶联药物、细胞疗法、基因疗法、RNA 干扰疗法为代表的创新疗法进一步加速，其中 CAR-T 细胞疗法的数目达到 612 种，首次进入前 10 名；在研基因疗法的数目达到 1589 种，一年内增长了 24.8%，总数是 2016 年的 3 倍。

2. 全球生物医药产业蓬勃发展

（1）创新药物上市数量达到历史高位。美欧新增获批新药均处于历史高位。① 2020 年美国 FDA 共批准新药 53 款，批准新药数量仅次于 1996 年和 2018 年的 59 款，超过 2019 年的 48 款；在 53 款创新药中，有 21 款属于 "first-in-class" 疗法，占总数的 40%；从治疗领域来看，癌症占到 18 款（约占 34%），感染类有 6 款新药获批；2020 年 FDA 批准了 12 款抗体药物和 1 款蛋白药物，生物类药物占 22%，其中包括一款反义寡核苷酸药物和一款小干扰 RNA 药物，抗体药物获批数量与 2018 年的最高值持平；创新治疗模式药物持续涌现，2020 年美国 FDA 总计批准了 6 款具有新治疗模式的药物（抗体偶联药物 + 基因疗法 + 细胞疗法和寡核苷酸疗法），与 2019 年（7 款）的批准数目接近。② 欧洲 EMA 在 2020 年批准上市新药共 75 个，其中新活性物质（New Active Substance, NAS）33 个，总量超过 2019 年批准的 61 个新药和 25 个新活性成分。

（2）全球医药消费市场持续快速增长。全球医药市场规模持续扩大，并逐渐进入大分子时代。根据主要制药公司 2020 年财报销售数据，2020 年全球销售额超过 10 亿美元的重磅药物共有 150 个（2019 年为 140 个），其中 TOP100 药品销售额门槛是 15.4 亿美元，合计销售总额 3545 亿美元；相比 2019 年 TOP100 门槛的 14 亿美元和 TOP100 销售总额的 3370 亿美元均有相应的提高。从药物类型上看，2020 年 TOP100 药品中，单抗、双抗、抗体偶联药物、重组蛋白等大分子药物共 42 个，销售额占比 49%，总销售额超过 52 个小分子药物占比的 46%。

从疾病领域来看，TOP100 药品中肿瘤、感染性疾病、免疫、内分泌、心血管、神经疾病是市场规模最大的几个领域，销售额均超过 200 亿美元。相较于 2019 年，2020 年 TOP100 中新增若干创新疗法新药，如罗氏抗体偶联药物 Kadcyla（恩美曲妥珠单抗）和双特异性抗体 Hemlibra（艾美赛珠单抗），其 2020 年销售额分别达到 19.05 亿美元和 23.35 亿美元，比 2019 年低于 14 亿的销售额均有大幅增加。

3. 社会资本对于医疗健康领域的投融资额进一步提升

（1）2020 年全球医疗健康领域融资额达到新高位。硅谷银行（Silicon Vally Bank，SVB）发布的 2020 年全年投融资报告指出，2020 年与医疗健康产业相关的多项投融资指标创下了历史最高纪录。募资方面，医疗健康风投机构的募资数目连续 4 年创新纪录，2020 年总计募资超过 160 亿美元，比 2019 年提高了 57%，是 2011 年以来增幅最大的一年。投资方面，美国和欧洲风投机构在 2020 年完成的投资达到 510 亿美元，增长了 47%，重点支持对抗新冠的相关生物医药、诊断 / 工具技术等方面。在生物医药 A 轮融资方面，2020 年美国和欧洲的 A 轮融资金额达到 48.9 亿美元，与 2019 年相比提高了 32%。IPO 市场也在 2020 年显示出较高的热度，Evaluate Pharma 的数据显示，纳斯达克在 2020 年的前三个季度中，生物制药公司共实现 51 个 IPO，筹资 93.2 亿美元，比 2019 年前三个季度的 41 个 IPO，36 亿美元的筹资增加了约一倍。

（2）平台型、诊断工具、合成生物学等领域受关注度显著提升。2020 年美欧地区 A 轮融资投资的主要领域除传统的肿瘤领域外，平台型公司位列第二位，平台型公司 A 轮融资额高达 12 亿美元，比 2019 年增加 33%，占所有领域总额的 28.5%。2020 年的新冠大流行推动了美欧地区诊断技术 / 工具领域投融资金额达到 96 亿美元，比 2019 年增加 77.7%，达到历史高位。此外，2020 年合成生物学领域总融资额度增幅较高，据 SynBioBeta 统计，2020 年上半年，合成生物学的总融资达到 30.41 亿美元，为 2019 年同期的约 1.6 倍（2019 年同期为 19 亿美元）。

（3）中国医疗健康风险投融资额翻倍，抗感染领域增幅最高。2020 年，中国医疗健康风险投资总额达到创纪录的 121 亿美元，比 2019 年增加了一倍，创下了投融资金额历史新高。其中，生物医药、医疗器械、诊断 / 工具领域都达到了 1 倍以上的增长幅度，肿瘤学和平台技术分别吸引到 28 亿和 21 亿美元风险投资；因为新冠肺炎疫情的原因，抗感染领域吸引到的风投资金比 2019 年增加了 10 倍。

（4）医疗健康的社会资本关注度的提升有望延续。由于新冠肺炎疫情的持续及其流行所面临的较多不确定性，医疗健康仍是今后最为关注的领域之一，其在资本市场的关注度和热度仍会维持健康发展。在诊断 / 工具领域，硅谷银行预测2021年仍将可能是创纪录的一年。

三、重点前沿技术领域持续涌现新成果

2020 年，虽然新冠肺炎疫情的全球流行不同程度影响了研发和商业活动，但是在基因编辑、RNA 技术、细胞治疗与干细胞疗法、人工智能 + 生物技术、传染病防治、肿瘤治疗等重点领域均有相应的突破性进展。

1. 基因科学与基因编辑技术进一步发展

（1）绘制更为精准人类基因图谱。长基因测序技术的发展推动了更加精准的人类基因组图谱的完成。2020 年，*Science* 发布 64 份新图谱，采用长基因组测序和组装技术，以高分辨率完成了来自 32 个人体基因组测序，更准确反映人类复杂的遗传变异，成为功能更全面的人类基因组参考数据集，其总共确定的超过10 万个结构变异中的 68% 在过去短测序未被发现。

（2）基因编辑技术持续演化创新。自基因编辑技术问世以来，围绕它的研究成果不断取得突破。2020 年 10 月，CRISPR 基因编辑系统获 2020 年诺贝尔化学奖，Emmanuelle Charpentier 和 Jennifer Doudna 摘得桂冠，CRISPR 再次成为学术界关注的焦点。基因编辑技术及其在疾病治疗方面应用取得持续进展。① 单碱基编辑系统成功开发。2020 年 Broad 研究所基于 CRISPR 基因编辑系统开发出单碱基编辑器，实现基因链序列中的单个碱基的修改。② 细胞核外基因编辑实现成功。2020 年华盛顿大学与 Broad 研究所开发出 "线粒体 DNA 精确编辑工具"。③ 开发出基于 CRISPR 基因编辑技术的新型冠状病毒检测工具，2020 年 Broad 研究所开发出基于 CRISPR 技术的新型冠状病毒检测方法 "STOP"，可实现更加快速和便捷的病毒检测。

（3）基于基因编辑技术的基因治疗进一步发展。2020—2021 年年初，约有 11 项基因编辑研发项目在美国或欧盟进入临床开发阶段，其中 6 项基于CRISPR-Cas 基因编辑系统，在体外基因编辑、癌症免疫治理和体内基因编辑方面均有相应的进展。① 体外基因编辑治疗血红蛋白疾病。数项治疗镰状细胞贫血（SCD）和 β 地中海贫血的基因编辑项目已经进入临床开发阶段，如 Sangamo和赛诺菲联合开发的 ST-400/BIVV003、CRISPR Therapeutics 和 Vertex 公司联合开发的 CTX001 等；2020 年 12 月，CRISPR Therapeutics 和 Vertex Pharmaceuticals

公布了其 CRISPR/Cas9 基因编辑疗法 CTX001 的最新临床数据显示，CTX001 有望成为输血依赖性 β 地中海贫血和严重镰刀型细胞贫血病的潜在治愈疗法。② 基因编辑技术改进 CAR-T 疗法。2020 年 2 月，宾夕法尼亚大学采用 CRISPR-Cas9 基因编辑技术敲除了 T 细胞中的内源 T 细胞受体和表达 PD-1 的基因，使编辑后的 T 细胞具有更强的存活和扩增能力，并可避免严重不良反应。③ 体内基因编辑研发管线进一步推进。2020 年 1 月 Locus Biosciences 公司启动治疗大肠杆菌尿道感染疗法 crPhage（CRISPR-Cas3 基因编辑后的噬菌体）的 1b 期临床研究；3 月，Editas Medicine 和艾尔建完成了 CRISPR 体内基因编辑疗法 EDIT-101 治疗 Leber 先天性黑蒙的首例患者给药。

2. RNA 技术平台逐渐成熟

（1）mRNA 肿瘤疫苗研发进展迅速。mRNA 肿瘤疫苗逐渐走向临床，成为新的肿瘤免疫疗法，具有制造工艺和质检简便等特点。2020 年，Moderna 公司开发的个体化肿瘤疫苗 mRNA-4157 和 Keytruda 辅助治疗高危黑色素瘤已进入多中心 2 期临床试验阶段，BioNTech 用于黑色素瘤、结直肠癌等治疗的 mRNA 疫苗 BNT122 已进入临床 2 期，CureVac 公司用于黑色素瘤等适应症的 mRNA 疫苗 CV8102、用于非小细胞肺癌适应证的 CV9202 均已进入临床阶段。

（2）mRNA 传染病疫苗可快速、灵活的应对疫情防控。mRNA 成为可有效应对多种传染病的重要疫苗开发技术平台，具有快速、灵活等优势。2020 年年初 Moderna 和辉瑞制药在 4 个月时间内将 mRNA 新冠疫苗从测序推进到 1 期临床试验，并于 2020 年年底上市用于疫情防控；此外 Moderna 公司围绕新型冠状病毒开发了一系列候选疫苗，包括针对可能产生免疫逃逸的 B.1.351 突变株开发的 mRNA-1273.351 及多价新冠疫苗 mRNA-1273.211。除新型冠状病毒疫苗外，mRNA 技术可广泛用于多种类型传染病疫苗开发，如 Moderna 针对巨细胞病毒的候选疫苗 mRNA-1647 已处于 2 期临床开发阶段，针对呼吸道合胞病毒的候选疫苗 mRNA-1345 在 1 期临床试验的中期分析中也获得积极结果，针对流感病毒和 HIV 病毒的 mRNA 疫苗也将在 2021 年启动临床试验。

（3）寡核酸药物陆续上市。基于 RNA 干扰技术的寡核苷酸药物在单基因遗传病和慢病治疗中的应用进一步推进。截至 2020 年年底，全球范围内约有 10 款寡核苷酸药物获得美国 FDA 批准上市，同时还有至少 20 多款在研寡核苷酸药物进入临床研究阶段。2020 年 11 月，Alnylam 公司 RNAi 药物 Lumasiran（Oxlumo）在美国上市，用于治疗 1 型原发性高草酸尿症 (PH1)。在慢病治疗方面，2020 年 12 月，诺华小干扰 RNA 药物 Inclisiran（Leqvio）用于治疗成人高胆固醇血症及混合性血脂异常的适应症获欧盟批准上市。

（4）核酸药物初步实现功能性治愈乙肝。核酸药物初步实现功能性治愈乙肝。2020年，Arrowhead Pharmaceuticals 与杨森公司联合开发的特异性靶向肝脏递送的 RNAi 疗法 JNJ-3989，在治疗慢性乙肝患者的 2 期临床试验中的积极结果；GSK 与 Ionis Pharmaceuticals 公司联合开发的反义寡核苷酸疗法 GSK836 在治疗慢性乙肝患者的 2a 期临床试验中获得的积极结果；Vir Biotechnology 和 Alnylam 合作开发的 RNAi 药物 VIR-2218，成功实现抑制乙肝表面抗原表达。

3. 细胞治疗与干细胞疗法不断涌现

（1）以 CAR-T 疗法为代表的细胞治疗已成为癌症免疫治疗的重要路径之一。自 2017 年批准上市全球首款 CAR-T 疗法上市以来，已有 4 款 CD19 CAR-T 产品和 1 款 BCMA CAR-T 产品获批，累计适应证包括急性淋巴细胞白血病、弥漫性大 B 细胞淋巴瘤、原发纵隔 B 细胞淋巴瘤、套细胞淋巴瘤、滤泡性淋巴瘤和多发性骨髓瘤等多领域。美国 FDA 于 2020 年 7 月和 2021 年 2 月批准全球第 3 款和第 4 款 CAR-T 疗法，分别为 Kite Pharma 开发的治疗复发或难治性套细胞淋巴瘤 CAR-T 疗法 Tecartus（brexucabtagene autoleucel）和 Juno Therapeutics 开发的治疗 B 细胞淋巴瘤 CAR-T 疗法 Breyanzi（lisocabtagene maraleucel）。

（2）基于基因和细胞改造的新一代干细胞疗法在有效性、特异性和治疗疾病范围等方面均有显著提升。2020 年 4 月 Mesoblast 公司治疗急性移植物抗宿主病的异基因间充质干细胞疗法 remestemcel-L 提交 FDA 上市申请；2020 年 5 月，Gamida Cell 公司脐带血干细胞疗法 Omidubicel 在治疗高危恶性血液癌症的 3 期临床试验中获得积极结果。干细胞作为基因治疗载体获得初步成功，由 Orchard 公司开发的造血干细胞基因疗法 OTL-101 在治疗腺苷脱氨酶缺乏症导致的严重联合免疫缺陷患者的试验中取得积极结果。

4. 人工智能与生物技术进一步融合发展

人工智能进一步赋能生物领域研发，并在蛋白发现、药物筛选中取得显著成效。2020 年 12 月，Deep Mind 宣布，其新一代 Alpha Fold 人工智能系统预测蛋白质的 3D 结构的准确性可以与使用冷冻电子显微镜、核磁共振或 X 射线晶体学等实验技术解析的 3D 结构相媲美。

在药物发现方面，"AI 发现药物分子"被《麻省理工科技评论》评选为 2020 年"全球十大突破性技术"之一。2020 年，IBM 公司借助 Summit 超级计算机进行人工智能筛选新型冠状病毒候选药物分子，快速从 8000 多种化合物筛选出 7 类潜在药物。此外，全球主要头部企业均在布局人工智能药物发现技术，如 2016 年辉瑞与 IBM Watson Health 的合作，2017 年武田与 Numerate 公司的合作，2018 年罗氏对 Flatiron Health 的收购等。

5.传染病防治技术研发热度进一步推升

新冠肺炎疫情推升了全球针对以 COVID-19 为代表的新发传染病防治的研发热度，其中围绕新型冠状病毒的治疗性药物和预防性疫苗的研发在 2020 年取得突破性成果。截至 2020 年 12 月，全球已进入临床阶段新冠防治药物多达 327 个，其中生物制剂 201 个，化药 125 个，中药 1 个。① 在治疗药物方面，美国批准了吉利德瑞德西韦、礼来 JAK 抑制剂巴瑞替尼及中和抗体 bamlanivimab 用于新冠治疗（或紧急使用）；中国批准了法匹拉韦、连花清瘟胶囊、血必净等药物治疗新冠肺炎；俄罗斯批准抗体药 levilimab 治疗新冠肺炎。② 在疫苗方面，世界主要国家和组织均陆续上市了系列疫苗并推动了较大规模的接种，美国、欧盟先后批准了辉瑞 /BioNTech 新冠疫苗 BNT162b2、Moderna 公司的 mRNA-1273、强生公司的 Ad26.CoV2.S、阿斯利康的 AZD1222（仅欧盟）等疫苗的陆续上市；俄罗斯批准了新冠疫苗 Sputnik V 上市；中国先后批准了国药中生 / 科兴生物的灭活疫苗、康熙诺生物的 Ad5-nCoV 腺病毒载体疫苗及智飞生物蛋白重组等系列疫苗的上市。

6.肿瘤治疗新技术不断涌现

WHO 统计数据显示，2020 年全球预计有近 1930 万新增癌症病例；预计到 2040 年，全球预计将新增 2840 万癌症病例。肿瘤仍将是最为主要的健康危害疾病，围绕肿瘤治疗技术研究热度也进一步提升。

（1）抗体偶联与蛋白降解药物逐渐成熟。抗体偶联（ADC）与蛋白降解（PROTAC）是当前肿瘤治疗最为前沿的平台型技术领域，并已经趋近成熟。

ADC 药物展现出极高的优势治疗效果。截至 2020 年年底，全球共有 11 款 ADC 药物获批上市，其中有 6 款 ADC 是在 2019 年之后获批上市的；2020 年共上市 3 款，分别为 GSK 公司的 Blenrep（多发性骨髓瘤）、吉利德公司的 Trodelvy（三阴性乳腺癌）和 Rakuten Medical 公司的 Akalux（头颈癌）。全球已上市 ADC 药物的市场规模到 2026 年预计将超过 164 亿美元，其中阿斯利康 / 第一三共的 trastuzumab deruxtecan 预计将以 62 亿美元的销售额位居第一位。

PROTAC 疗法逐渐成熟，更多候选药物不断开发出来。2020 年 12 月，Arvinas 公司公布的其 PROTAC 药物 ARV-471（靶向雌激素受体蛋白降解剂）和 ARV-110（靶向雄激素受体蛋白降解剂）1/2 期临床试验数据显示，ARV-471 在乳腺癌患者中表现出强劲的疗效信号，ARV-110 可将 40% 前列腺癌患者的前列腺特异性抗原水平降低 50% 以上。

（2）基于微生物的肿瘤诊疗。基于微生物图谱的肿瘤诊断、微生物疗法或成为潜在重要的肿瘤诊疗新路径。微生物的遗传异质性可为肿瘤的诊断和定位提供了新的依据；2020 年，以色列魏茨曼科学研究所的 Nejman 和加州大学的 Poore 提出了 30 多种癌症的肿瘤内微生物组以及在血液诊断中的适用性，提出了不同类型癌症的微生物诊断的可行性。在治疗方面，微生物组与癌症治疗之间可能存在双向影响；2021 年年初加利福尼亚大学的 Poore 提出微生物组与癌症治疗之间可能存在的双向影响。

（3）抗肿瘤新药与新靶点不断涌现。根据美国临床肿瘤学会（ASCO）2021 年年初发布的《抗癌进展告》，当前肿瘤靶向疗法、免疫疗法、组合疗法为胃肠癌、肺癌、肝癌、乳腺癌等多种类型肿瘤患者提供了个性化治疗方案，显著降低了死亡率，实现了生存期的延长。相关进展主要体现在重要临床试验的新进展以及新的抗肿瘤药物的上市。

重要临床试验进展方面。2020 年，第一三共和阿斯利康共同开发的靶向 HER2 的抗体偶联药物 trastuzumab deruxtecan 在治疗 HER2 阳性非小细胞肺癌、胃癌、直肠癌等主要适应证方面取得显著的进展；PD-1 单抗 Keytruda 在治疗结直肠癌、三阴性乳腺癌等适应证方面取得较好的进展；PARP 抑制剂奥拉帕利治疗前列腺癌，RET 抑制剂 selpercatinib 治疗性非小细胞肺癌，PD-1/CTLA-4 组合治疗非小细胞肺癌，CDK4/6 抑制剂 Verzenio 治疗乳腺癌等方面均有相应的进展。

2020 年，美国 FDA 批准了多款针对特定分子生物特征的抗癌药物，如 Blueprint Medicines 公司 RET 抑制剂 Gavreto（pralsetinib），诺华公司 MET 抑制剂 Tabrecta（capmatinib），礼来公司 RET 抑制剂 Retevmo（selpercatinib）及 Immunomedics 公司抗体偶联药物 Trodelvy（sacituzumab govitecan-hziy）等。此外，KRAS 靶点成药性已经取得成功，安进公司在 2020 年底已经向美国 FDA 递交了 KRAS G12C 抑制剂 sotorasib 的新药申请，并有望在 2021 年获批；Mirati Therapeutics 公司开发的 KRAS G12C 抑制剂 adagrasib 也在治疗晚期 NSCLC 患者的临床试验中显示出 45% 的确认客观缓解率和 96% 的疾病控制率，有望在 2021 年下半年递交新药申请。

（执笔人：贾晓峰）

👁 人工智能发展热度有增无减

　　人工智能已经成为全球最为活跃的创新领域，对经济社会发展将产生深远影响。2020 年，人工智能研发热潮持续升温，学术产出快速增长，新算法和新模型加快涌现，计算机视觉、自然语言处理等细分领域智能水平不断提升。尽管新冠肺炎疫情大流行导致明显的全球经济衰退，全球资本对人工智能领域的投资热情依然较高。新冠疫情为人工智能技术在特征识别、复杂系统建模与预测、服务机器人等领域的应用创造了更多的现实场景，使得人工智能技术红利在新冠肺炎疫情防控中快速释放。主要国家强化人工智能战略部署的热度不减，特别是在新冠肺炎疫情影响下，韩国、德国、俄罗斯等更是将人工智能作为未来驱动本国经济复苏和增长、提升国民生活质量的重要抓手，欧盟要通过发展人工智能等数字技术捍卫欧洲的技术主权，成为数字经济及应用创新的全球领导者。

一、人工智能研发热潮持续升温

　　2020 年，全球人工智能研发依然持续升温，以论文为代表的学术产出快速增长，新冠肺炎疫情下 AI 顶尖学术会议参会人员明显增加。人工智能新算法和新模型不断涌现，AlphaFold 算法有望从根本上改变结构生物学的研究方法，从而极大缩短新药研发周期，GPT-3 模型为自然语言处理领域实现零样本和小样本学习提供了可能，计算机视觉、自然语言处理等细分领域智能水平不断提升。全球人工智能投资总额快速增长，生物医药领域获得的投资最为显著。

　　全球人工智能学术产出快速增长，美国、中国和欧盟做出重要贡献。2000—2019 年，全球经过同行评审的 AI 论文总量（包含期刊、会议和预印本论文）增长了近 12 倍，占全部论文总量的比例也从 0.82% 上升到 3.8%。到 2020 年这一增长态势更为突出，其中，全球 AI 期刊论文发表量较 2019 年增长了 34.5%，明显高于 2018—2019 年的增速 19.6%。2020 年 AI 期刊论文在所有期刊论文中的份额较 2019 年增长了 0.4 个百分点，明显高于 2016—2020 年每年 0.03 个百分点增长的平均水平。2000—2020 年，AI 会议论文在所有会议论文中的占比从接近 15% 快速增长至 20.2%。除了传统的期刊和会议论文以外，在预印本平台上发表 AI 论文也越来越受到学术界和产业界的重视，过去 6 年来，arXiv 平台上的 AI 相关论文增长了五倍多，从 2015 年的 5478 篇增长到 2020 年的 34 736 篇。在全球 AI 期刊和会议论文中，中国、欧盟和美国论文占比分别达到 22.4%、16.4% 和 14.6%，期刊论文中这一占比则分别为 18%、8.6% 和 12.3%。2020 年，中国 AI 期刊论文引用量首次超过美国，同时在 2011—2020 年，美国 AI 会议论文引用方面相对中国一直具有明显优势。2020 年受新冠肺炎疫情影响，大多数国际学术会议都是通过线上形式召开的，使得来自世界各地的研究人员的出席率提高，虽然准确的出席人数较难衡量，但粗略统计显示，包括国际人工智能联合会议（IJCAI）、国际机器学习会议（ICML）、国际神经信息处理系统大会（NeurIPS）、国际计算语言学协会年会（ACL）、国际计算机视觉大会（ICCV）、计算机视觉模式识别会议（CVPR）和欧洲计算机视觉会议（ECCV）、智能机器人与系统国际会议（IROS）和知识发现与数据挖掘国际会议（KDD）等 9 个顶级会议在内，参会总人数几乎翻了一番。

人工智能新算法和新模型不断涌现，AlphaFold 和 GPT-3 成为最具标志性的成果。DeepMind 公司的 AlphaFold 人工智能系统在第 14 届国际蛋白质结构预测竞赛（CASP）中夺得桂冠，评估中的总体中位数得分达到 92.4 分，其准确性基本与使用冷冻电子显微镜（CryoEM）、核磁共振或 X 射线晶体学等实验技术解析的蛋白质折叠后 3D 结构持平，有史以来首次把蛋白质结构预测任务做到了基本接近实用的水平。《自然》《科学》等杂志给出高度评价，《自然》评论 AlphaFold 算法解决了困扰生物界"50 年来的大问题"，AlphaFold 入选《科学》（Science）2020 年度十大突破，被称作结构生物学"革命性"的突破、蛋白质研究领域的里程碑。OpenAI 发布迄今为止全球规模最大的预训练语言模型 GPT-3，该模型具有 1750 亿参数，是之前版本 GPT-2 的 116 倍，训练所用的数据量达到 45 TB，GPT-3 在许多自然语言处理数据集上均具有出色的性能，同时对于只有 0 个或少量训练样本的任务，GPT-3 可以在未经训练的情况下完成任务（分别称为零样本和小样本学习）。DeepMind 开发出一种费米神经网络（Fermionic Neural Networks，FermiNet）来近似计算薛定谔方程，在精度和准确性上都满足科研标准，为深度学习在量子化学领域的发展奠定了基础。

计算机视觉、自然语言处理等细分领域关键技术更加成熟，智能水平不断提升。随着深度学习算法、计算硬件和大规模数据集等的不断进步，图像识别技术性能和成本同步优化。基于全球最大图像数据集（ImageNet）进行 TOP 5 准确率测试时，图像识别准确率已从 2013 年的 85% 左右提高到 2020 年的 99% 左右，同时训练成本也大幅度下降，有研究显示在 2017 年需要花费 1100 美元实现的训练功能，到 2020 年则仅需要花费 7.43 美元，即成本下降了大约 150 倍，图像识别从一种昂贵的、特定领域的技术转变为一种经济的适用于更多领域的技术。在视频识别领域，2016—2020 年，基于 ActivityNet 数据集和基准对算法在视频中标记和分类人类行为能力时，时间动作定位任务的最高平均精度增长了 140%。在语音识别领域，基于 LibriSpeech 数据库的测试显示，单词错误率从 2015 年年末约 7% 下降到 2020 年的 2% 左右。在图像识别和自然语言理解综合集成方面，VQA（要求系统根据给定图像给出自然语言答案）挑战的准确度，从 2015 年 10 月约 55% 提升到 2020 年 76.4%，这一水平已非常接近人类 80.8% 的基准水平。

全球人工智能投资总额快速增长，生物医药领域获得的投资最为显著。尽管新冠肺炎疫情大流行导致明显的全球经济衰退，然而这种衰退并未影响全球资本对人工智能领域的投资热情。斯坦福大学统计结果显示，2020 年全球人工智能投资总额为 679 亿美元（包括私人投资、公开募股、并购和少数股权），较 2019 年增长了 40%，而 2016—2019 年的增长率分别为 38.8%、149%、-0.59% 和 11.5%。其中私人投资额超过 400 亿美元，创历史新高，较 2019 年增长 9.3%，高于 2019 年的 5.7%，同时获得资助的公司数量自 2018 年以来连续第 3 年下降。美国仍然是私人投资的主要流向地，2020 年的私人投资金额超过 236 亿美元。其次是中国（99 亿美元）和英国（19 亿美元）。在投资领域分布上，"药物、癌症、分子、药物发现"领域获得的私人投资最多，总额超过 138 亿美元，是 2019 年的 4.5 倍，其次是"自动车辆、自动驾驶、道路"领域（45 亿美元）和"学生、课程、教育科技、英语"领域（41 亿美元）。同时麦肯锡一项全球调查显示（分布在全球不同地区从事 AI 行业的 2395 名统计对象），有一半受访者表示，疫情对他们在人工智能方面的投资没有影响，其中 27% 的人增加了 AI 投资，按行业划分，医疗保健和制药、汽车和装配行业的受访者增加 AI 投资的比例最高，分别为 44% 和 42%。

二、人工智能在应对新冠肺炎疫情中发挥重要作用

新冠肺炎疫情发生后，人工智能技术红利在 COVID-19 临床特征识别、病毒溯源、药物疫苗快速研发、疫情监测预警及辅助人类完成高危工作等领域快速释放，人工智能在应对新冠肺炎疫情中发挥了重要作用。

在临床特征识别领域，人工智能帮助快速诊断是否感染新冠肺炎病毒，麻省理工学院基于用户上传网络的咳嗽录音，通过语音识别判断无症状感染者的识别率达到 100%，对于确诊病人识别率达到 98.5%，中国华为、武汉大学人民医院等陆续推出新冠肺炎智能影像分析工具，为医生提供量化评价、对比分析及 4D

建模分析等功能，辅助医生精准区分患者病程早期、进展期与重症期等。在病毒溯源领域，北京大学研究团队基于深度学习的病毒宿主预测方法，分析出蝙蝠和水貂可能是 COVID-19 病毒的 2 个潜在宿主。在药物和疫苗研发领域，不少机构都使用人工智能来识别治疗方案和开发原型疫苗，以 DeepMind 为代表的机构利用深度学习预测与新型冠状病毒相关的蛋白质结构等。在疫情监测预警领域，AI系统通过挖掘主流新闻、在线内容和多语言的其他信息渠道帮助检测流行病学模式，加拿大 BlueDot 公司在 2019 年 12 月 31 日曾发出武汉出现新冠肺炎疫情警报，早于世界卫生组织和美国疾病控制与预防中心，美国 Metabiota 公司基于自然语言处理和机器学习等技术，预测泰国、韩国、日本等国出现 COVID-19 病毒感染病例的时间比官方报告早七天。在人群监测和病毒阻断领域，以韩国、中国、以色列、新加坡等为代表的很多国家都基于地理定位、图像监测和信用卡消费记录等综合信息跟踪新冠肺炎患者和密切接触人群，识别可能的感染途径等。在辅助完成高危工作方面，美国首例 COVID-19 确诊病人采用智能机器人实施治疗，将病人独自隔离在病原体隔离区内，医生负责在隔离窗外操作机器人，中国部分医院用机器人替代医护人员完成消毒、导诊、送药等工作，部分隔离服务机构使用机器人完成三餐配送，智能测温、智能服务机器人等替代人类完成的诸多工作，不仅最大限度地减少了人与人近距离接触，还在人流密集的场景下大幅度提升工作效率，破解了医护与管理人员紧缺等的难题。

三、主要国家加强人工智能战略部署

人工智能是主要国家和经济体竞争的焦点领域。近年来，以美国、欧盟、韩国、德国、俄罗斯等为代表的主要国家和地区持续强化人工智能战略部署，特别是在 2020 年新冠肺炎疫情影响下，韩国、德国、俄罗斯等更是将人工智能作为未来驱动本国经济复苏和增长、提升国民生活质量的重要抓手，面临日趋复杂严峻的大国竞争和数字地缘政治博弈，欧盟提出要通过发展人工智能等数字技术捍卫欧洲的技术主权，成为数字经济及应用创新的全球领导者，并主导国际技术标准与管制规则体系的构建。

（一）美国进一步加大人工智能部署力度

美国一直把发展人工智能视为提升国家竞争力、维护国家安全的重中之重，自 2016 年在全球范围内率先将发展人工智能上升为国家战略以来，政府通过更新战略计划、成立专门推进机制、增加研发投入、强化与盟友合作等方式不断强化人工智能战略部署。2020 年，美国政府展望发展人工智能的长期愿景，国会提出多项人工智能相关法案，积极推动将发展人工智能的战略任务上升至法律层面，同时从近年来政府投入来看，人工智能仍将是美国政府研发投资的核心重点领域。

白宫科技政策办公室发布《美国人工智能倡议首年年度报告》，宣布美国人工智能已发展至关键里程碑阶段，在总结特朗普签署"维护美国 AI 领导力总统行政令"一年取得的积极进展基础上，也进一步展望了美国政府发展人工智能的长期愿景。一是优先投资 AI 研发，联邦机构应确保人工智能研发投资的优先级。二是释放 AI 资源，对 AI 研发所需的高质量数据、模型和计算资源等，应持续扩大研发人员的访问权限。三是清除 AI 创新障碍，积极应对 AI 创新面临的法律法规和标准挑战，为美国人工智能产业发展营造良好创新生态和商业环境。四是培养 AI 人才队伍，进一步扩大所有美国人获得 AI 就绪型劳动所需技能的机会。五是优化 AI 创新国际环境，应更加重视与全球盟友的合作，积极应对为维护共同利益可能面临的挑战。六是政府事务和公共服务中实现可信 AI，以符合美国《宪法》和美国价值观及保护公民自由和隐私的方式，积极推动应用 AI 改善公共服务水平。

国会提出多项人工智能法案，推动发展人工智能相关举措上升到法律层面。3 月，国会提交《2020 年国家 AI 倡议法案》，进一步提出制定一系列确保美国在全球 AI 技术领域保持领先地位的政策和倡议，要求整个联邦政府共同努力，以加快人工智能技术研发与应用，包括构建"国家研究云"新型国家基础设施，建立国家人工智能倡议办公室，增加研究投资，改善对计算和数据资源的访问，制定技术标准，加强与盟国交流等，该法案已于 2021 年 1 月 1 日正式生效。6 月，国会提交《军队人工智能法案》（审议阶段），强调了人工智能对整个美军建设的重要性，并建议提升国防部联合人工智能中心（JAIC）的层级，推动人工智能技术在军事领域的技术转化，要求国防部长制定培训和认证计划，以更好地招募人工智能和网络安全人才等。同月，国会提交《国家安全创新途径法案》（审议阶段），为从事包括人工智能在内的特定技术领域的学生或专业人员提供永久居留的途径。

人工智能研发投入规模不断扩大，预计未来在总量规模上仍将呈现稳定增长之势。美国网络信息技术研究与发展计划（NITRD）2020 财年首次将人工智能列为单一的项目组成领域（PCA）并排在所有 PCA 之首，人工智能非机密、非国防领域研发预算总额为 9.735 亿美元，目前按实际执行预计 2020 财年投入总量为 11.27 亿美元。2021 财年人工智能非机密、非国防领域研发预算为 15.02 亿美元，较 2020 财年实际执行增长了 33%，同时拜登政府承诺 2022 财年人工智能仍然是研发预算的优先方向。在国防领域研发中，2020 财年国防部明确用于人工智能和机器学习预算申请为 9.27 亿美元，2021 财年和 2022 财年则分别申请了 8.41 亿美元、8.74 亿美元。与此同时，按彭博公司统计方式，将国防部全部指定应用人工智能和机器学习技术的研发项目统计在内，2020 和 2021 两个财年美国用于人工智能研发的综合军事预算均高达 50 亿美元。

在人工智能治理方面，2020 年 1 月白宫发布《人工智能应用监管指南备忘录（草案）》，提出管理人工智能应用的十大原则，并呼吁更多采取行业细分的政策指南或框架、试点项目和实验（如为人工智能应用提供安全港）、自愿性的行业标准等非监管型措施。8 月，国家标准技术研究院（NIST）发布《可解释人工智能四项原则草案》，提出解释说明、可理解性、解释准确性和认知局限等四项基本原则，将人类自身的决策判断作为重要参照。

（二）欧盟以人工智能为抓手维护欧洲技术主权

近年来，欧盟日益感受到中美数字发展带来的战略压力，尤其是美国互联网巨头在欧洲的长期垄断性存在、特朗普钢铝税收方案实施和美国在 5G 问题上一直施压欧洲国家选边站队，从根本上动摇了欧洲一贯坚持以多边合作维持世界秩序遏制权力政治的政治主张。2020 年 2 月，欧盟同期发布《塑造欧洲的数字未来》《人工智能白皮书》《欧洲数据战略》三份数字战略，提出"重新夺回技术主权"的政治主张，尤其是在《人工智能白皮书》中提出欧盟在数据和人工智能时代新的发展愿景——成为数字经济及应用创新的全球领导者，在人工智能和数字通信等尖端技术领域占据世界领先地位，自主掌控数据信息，并主导国际技术标准与管制规则体系的构建。

《人工智能白皮书》全名为《人工智能白皮书：通向卓越和信任的欧洲路径》，欧盟强调要充分利用其在设计创新和生产制造方面的优势，大幅提高人工智能研究创新的公共与私人投资，弥合与北美、亚洲等主要竞争者的投资差距，强调欧洲数据基础设施建设应满足可信任人工智能需求，符合欧洲价值观。白皮书核心内容是"构建卓越的生态系统"（对应"投资"）和"构建可信任的生态系统"（对应"监管"）。构建卓越生态系统，推动公共和私人部门对人工智能的开发利用，要加快实施八方面的行动：向世界推广欧洲人工智能价值观与规则；推动公共部门应用人工智能；以人工智能推进环保；加强计算能力建设；在研究、创新与投资方面形成合力；修订《人工智能协调计划》，将欧盟层面投资集中于单个成员国不能完成的行动领域；加强技能培训；推进中小企业人工智能应用；促进公私合作。

构建可信任生态系统要求建立欧洲共同人工智能监管框架，以减少人工智能对社会的潜在风险为目标，特别是那些危害最大的风险：一是对个人数据、隐私保护和非歧视等基本权利的威胁。二是对安全和法律责任制度的挑战。监管框架应适用于一切使用人工智能技术的产品与服务，其中关于"人工智能"的定义包含"数据和算法"两大元素。建立监管框架的七项基本原则主要有：由人类授权并监控，技术鲁棒性与安全性，隐私与数据治理，透明度，多样性、非歧视与公平性，社会与环境福祉，可追责性。为避免监管过重而阻碍创新，监管框架将按照风险分级，对"高风险"人工智能进行更为严格的监管，主要包括：训练人工智能的数据应符合要求；为追溯隐患原因并明确责任，应在合理期限内保留部分记录和数据，供监管部门在必要时查询；提供必要的信息以保证透明性，使用者应被告知自己正在和人工智能交互，而不是与人类互动，被告知正在使用的人工智能系统的用途和局限等；保证人工智能技术的鲁棒性和精确性，即应以负责任的方式进行开发，前瞻性研判系统可能产生的风险，进而采取合理措施使得风险最小化；所有高风险人工智能都应接受人工监控，但监控严格程度应由用途和影响决定；远程生物特征识别应遵守特别规定，包括在公共场所进行人脸识别等技术，只能在公众利益确有需要时方可使用，且应接受严格审批。高风险人工智能投入使用前应接受事前合规审查，审查内容为是否履行了上述规定。

（三）韩国全面强化人工智能战略部署

韩国将人工智能视为未来增长的重要动力源泉。早在 2018 年，韩国便提出 DNA（数据 Data、网络 Network、人工智能 AI）战略，以积极应对第四次工业革命，2019 年底韩国提出建设"AI 强国"的宏伟愿景。2020 年新冠肺炎疫情发生后，为应对疫情给韩国经济社会带来的负面影响、顺利实现经济结构转型升级、缓解两极分化等，政府制定《韩版新政综合规划》，通过数字新政和绿色新政两条主线，推动国家从追赶型经济向引领型经济、从高碳经济向低碳经济、从不公平社会向包容性社会转型，并跃升为全球领先国家，其中人工智能成为数字新政的核心要素。为了充分发挥韩国在半导体领域的优势，韩国提出实施《人工智能半导体产业发展战略》，致力于将人工智能半导体培育为"第二个 DRAM"产业。同时，韩国发布人工智能伦理标准和立法路线图，营造安全的人工智能使用环境，为韩国未来人工智能发展和负责任使用提出了方向和指引。

韩国数字新政将人工智能作为核心要素。一是加强 DNA 生态系统建设，加速促进全产业使用数据、5G、人工智能及其融合技术等，建立提供个人定制型公共服务的智能型政府，建立线上防疫体系。二是实现教育基础设施数字化转型，在全国小学、初中、高中、大学、社会培训机构构建线上线下融合学习的环境。三是培育非接触型产业，在医疗、工作、商务等领域建设非接触型基础设施，为非接触型产业的发展奠定基础。构建智能医疗和看护基础设施，建立 18 个以数字化为基础的智能医院；普及中小企业远程工作模式，建立远程工作体系；支持个体工商户进行线上商务活动。建立 10 万个以 5G 和人工智能技术为基础的个体工商户智能商店，建立 1 万个智能工坊。四是推动国家基础设施向数字化转型，提高城市、产业园、物流等与智能化相关产业的竞争力。在交通、数字孪生、水资源、灾难应对领域建立核心基础设施数字化管理体系，建立新一代智能型交通系统，构建 2 个智能示范城市，普及智能人行横道、无人配送，构建智能物流体系等。

2020 年 10 月，韩国政府发布《人工智能半导体产业发展战略》，计划到 2030 年实现"人工智能半导体强国"目标，人工智能半导体全球市场占有率达 20%，培育 20 家创新企业和 3000 名高级人才。战略确立两大发展方向，一是培养引领型创新技术与人才，实施人工智能半导体"旗舰项目"，对半导体设计、元器件和制造工艺进行创新；开发颠覆传统计算模式的新概念半导体，将存储器和处理器集成在同一芯片的技术；在人工智能应用和数据基础设施构建中引入人工智能半导体；设立专项项目，有针对性地支持具有潜力的初创企业和具备一定规模的中坚企业，支持产学研合作类项目；培养高级人才，建设人工智能半导体学院，在大学内推广建立人工智能半导体人才培养中心，面向在职人员、本科生开展教育和实习项目，培养应用型人才。二是构建创新型产业生态系统，实施"1 企业 1 芯片"项目，支持需求企业和半导体设计公司合作；构建人工智能半导体合作价值链，实施"SoC-IP"（系统芯片与知识产权）项目，推动人工智能半导体设计公司和知识产权供应商共同参与研发，支持半导体代工厂为本国设计公司提供服务；构建半导体材料、零部件和设备产业园区；利用半导体专用基金，投资新一代半导体研发；构建人工智能半导体产业支持体系，加强对人工智能半导体设计公司的基础设施支持，新设人工智能半导体创新设计中心，对人工智能半导体设计公司给予场地和技术支持；构建创业支持体系，发掘具有潜力的人工智能半导体设计公司并给予从设计到生产的全周期支持。

2020 年 12 月，韩国科学技术信息通信部发布《国家人工智能伦理标准》，旨在明确人工智能的开发与应用方向，提出共同遵守的主要原则，即人类尊严原则、社会公益原则和技术适宜原则。标准制定了十大核心条件，从开发到运用人工智能的整个过程需遵守保障人权、保护隐私、尊重多样性、禁止侵犯、社会宣传、主体合作、数据管理、明确责任、确保安全和透明度等。韩国科学技术信息通信部和国家事务协调办公室共同发布人工智能立法路线图，包括了 11 个领域的 30 项立法任务，旨在奠定人工智能时代的法律基础。这些领域主要有数据、算法、人工智能主体地位、责任承担、伦理、医疗、金融、政务、劳动就业、数字包容等。

（四）德国更新人工智能国家战略

2020 年 12 月，德国联邦政府更新了已发布两年的《联邦政府人工智能战略》，计划到 2025 年通过经济刺激和未来一揽子计划，把对人工智能的资助从 30 亿欧元增加到 50 亿欧元。这是德国在 2018 版战略基础上，根据本国人工智能发展情况做出的重大调整。战略举措涵盖人才、研究、技术转移和应用、监管框架和社会认同等领域，可持续发展、环境和气候保护、抗击新冠肺炎大流行及构建与国际和欧洲的新合作机制等成为新举措的重点。具体内容包括：一是在专业人才方面，在德国培训、招募和留住更多的人工智能专家，通过高等教育和职业教育培养更多 AI 人才，为 AI 研究人员创造有吸引力的工作和研究环境。二是在研究方面，德国的人工智能研究水平位居世界前列，需要继续保持和扩大这一领先优势，以确保和增强德国和欧洲的技术主权，为此建立高效透明的研究结构，并提供最现代最先进的 AI 计算基础架构；扩大"计算科学与生活""地球观测中的人工智能应用""环境、气候、自然和资源领域的人工智能灯塔项目"等项目资助范围，重点关注"人工智能在传染性流行病学数字化中的应用"，支持人工智能在可持续经济中的创新应用，开展人工智能在气候保护和资源节约领域的创新应用等。三是在技术转移和应用方面，基于出色的 AI 研究和技术转移机制，建立具有国际吸引力的 AI 生态系统，以加速研究成果在实践中的应用，特别是在中小企业的应用；参与并扩大全球人工智能合作伙伴关系（GPAI）。四是在监管方面，创建安全可靠的 AI 系统，加强德国和欧洲以创新和以人为本的 AI 应用框架。五是在社会认同方面，支持民间社会建立网络并参与 AI 的开发和使用等。

（五）俄罗斯制订多领域人工智能应用路线

为进一步落实 2019 年发布的《2030 年前俄罗斯国家人工智能发展战略》，切实以人工智能发展促进俄罗斯经济竞争力和人民生活福祉的提升，2020 年俄罗斯制订实施人工智能在卫生、交通、智慧城市、农业、工业和国防工业综合体等领域的应用战略和路线图，预计至 2024 年将颁布不少于 15 个此类政策。其中，在卫生领域，将运用人工智能来开发新药，应用医学图像处理辅助疾病诊断，开发集医疗诊断、开处方并做出医疗决策的 AI 系统。在交通领域，将人工智能技术应用于无人驾驶工具，推动无人机配送服务，对交通状况进行预测性监控。在工业领域，运用人工智能对工业设施安全进行监测，对设备和单个组件的运行进行预测性分析并确保产品质量，应用人工智能辅助设计新零件和产品等。在智慧城市方面，将人工智能用于公共区域安全监控，分析特大城市的交通流量，预测各地区犯罪活动等；推广机器人助手应用，运用人脸识别和语音识别等技术提升政府公共服务水平，在国家机构信息咨询服务中推广语音助手等；利用人工智能对社交网络信息进行分析，帮助政府确定旅游热点区域等。

（六）澳大利亚发布人工智能路线图

2019 年 11 月，澳大利亚政府发布题为"人工智能：解决问题、推动经济增长、改善生活质量"的人工智能发展路线图，旨在通过人工智能构建新产业、改造现有产业、创造新就业机会，并帮助解决澳大利亚面临的重大挑战。路线图明确了澳大利亚发展人工智能技术的三大重点领域：一是获得更好的健康、老年护理和残疾护理服务，利用人工智能降低医疗成本，改善福祉，确保所有国民年老时都能享受优质的老年护理。二是打造更好的城市、城镇和基础设施，提升生活环境的安全性、能效、成本效率和质量。三是改善自然资源管理，降低成本，提高农业、渔业、林业和环境管理的效率。为此，政府建议各界在以下7大领域采取行动：加强人工智能人力资源培养和能力建设；完善职业过渡和技能提升体系；确保高效的数据治理和访问；构建对人工智能的信任；加大科学研究和技术开发；构建数字基础设施，确保网络安全；加强标准制定，提升互操作性。

（执笔人：高　芳）

◎ 量子信息科技成为大国战略必争领域

20世纪90年代以来，随着相关重大基础科学问题的攻克和实验技术的迅猛发展，量子信息技术进入快速突破的新阶段，以量子信息科技为核心的"第二次量子革命"悄然兴起。特别是近年来，量子计算、量子通信、量子传感、量子导航等领域的持续性突破性进展，使得量子信息科技对传统信息技术体系的颠覆性影响开始逐步显现，量子信息科技由此成为主要大国的战略必争领域。2020年，以美国、欧盟、法国、日本、俄罗斯和印度等为代表的主要国家和经济体在量子信息科技领域强化战略性顶层设计的意愿超过历史上任何一个时期；在量子信息科技各细分领域的发展中，量子计算机尤为引人注目且主要表现在量子计算原型机性能不断提升，量子计算硬件、操作系统、编程语言及云服务等都各自实现了不同程度的突破。

一、主要国家和地区持续强化战略规划顶层设计

自2016年起，无论是欧盟的量子技术旗舰计划还是美国的《量子信息科学国家战略概述》，都在世界范围内产生了很大的影响。主要国家都充分认识到量子信息技术发展的重要性和紧迫性，近年来都尝试系统加强量子科技发展的战略谋划和长远布局。2020年，美国和欧盟在前期战略布局的基础上，进一步加大研发投入力度、明确重点发展方向，甚至提出具有颠覆性意义的重点研发方向等，法国、日本、俄罗斯和印度等大国和新兴经济体则积极谋划国家量子技术战略和实施路线图等。

1. 美国着力构筑量子信息科技领先优势

美国一直高度重视量子信息技术的研究，将之作为引领未来科技革命、产业变革和军事革命的战略性、颠覆性技术。美国是最早将量子信息科技上升为

国防安全和国家战略的国家，如果说 2016 年之前，美国国防部高级研究计划局（DARPA）是美国量子信息科技研发的主要推动者，那么从 2016 年国家科学技术委员会（NSTC）发布《推进量子信息科学：国家的挑战与机遇》和《与基础科学、量子信息科学和计算交汇的量子传感器》两份报告为标志，代表着美国开始从国家层面关注量子信息科学的发展。2018 年白宫科技政策办公室（OSTP）、NSTC 发布《量子信息科学国家战略概述》，提出七方面的战略要点及具体举措。特朗普随后正式签署《国家量子倡议法案》，主要包括建立国家量子计划的管理和执行机构和制定 10 年期国家量子行动计划两大方面内容，这一法案的签署标志着美国正式将发展量子信息科技提升至国家战略，以全方位加速量子科技的研发与应用，确保美国量子科技领先地位。2019 美国加快完善国家量子计划实施的顶层协调管理机制，成立国家量子协调办公室、国家量子计划咨询委员会。2020 年，美国率先提出构建量子互联网的宏伟愿景并制定详细的实施路线图，研究提出了八大前沿方向，并进一步加大了研发投入，由国家科学基金会（NSF）和能源部（DOE）分别牵头成立了一批研发机构，为量子信息科技领域项目实施奠定良好的资金、基础设施和顶尖团队等研发基础。

谋划量子网络战略愿景，在未来十年打造与现有互联网并行的第二互联网。2 月，白宫发布《美国量子网络战略构想》报告，提出美国将开辟量子互联网，确保量子信息科学（QIS）惠及大众的宏伟愿景。报告将量子互联网描述为一张由量子计算机和其他量子设备组成的庞大网络，它将催化出许多新兴技术，从而加速现有互联网发展，提高通信安全性并使计算技术发生剧变。战略构想指出，通过在量子网络领域的前驱开拓，美国预备革新国家和金融安全、患者隐私、药物发现及新材料的设计和制造，同时增加人们对宇宙的科学认识。该报告提出两大目标，未来 5 年内美国的公司和实验室将论证实现量子网络的基础科学和关键技术，包括量子互连、量子中继器、量子存储器、高通量量子信道，以及研究天基洲级量子纠缠分发等。同时，明确这些系统在商业、科学、卫生和国家安全方面的潜在影响和应用前景；未来 20 年内，量子互联网链路将利用网络化量子设备实现经典技术无法实现的新功能，同时促进对纠缠作用的理解。7 月，能源部发布《从长距离量子纠缠到构建全国量子网络》报告，计划在未来十年，打造与现有互联网并行的第二互联网，使用量子力学定律安全共享信息并连接新一代计算机和传感器。提出的三大应用领域包括：传感器网络、提升量子计算能力和安全量子通信。四大优先研究方向包括：为量子互联网提供基本模块，集成多个量子网络设备，为量子纠缠创建中继、交换和路由，实现量子网络的纠错。报告还提出了五个关键里程碑，里程碑根据复杂度进行排序，后一阶段包含之前阶段的所有功能。全面部署后，量子互联网将通过国家量子网络系统中的量子通信连接地球上任何两个点，主要包括：在光纤网络中验证安全量子协议，在校园间和城市内实现量子纠缠分发，利用纠缠交换实现城际量子通信，利用量子中继器实现洲际量子纠缠分发，在实验室、学术界和产业界间构建多方生态系统，从示范向运行过渡。芝加哥大学普利茨克分子工程学院教授、阿贡国家实验室高级科学家大卫·奥沙洛姆称互联网项目是美国量子研究计划的主导者，美国能源部及其17个国家实验室将成为该项目的骨干。

探讨量子信息科技国家战略前沿方向，明确核心领域和基础问题。10月，量子协调办公室发布《国家量子信息科学战略投入的量子前沿报告》，在充分集成量子信息学术界、产业界、政府等各类利益相关者意见的基础上，提出了美国发展量子信息科技的8个前沿领域：①扩展量子科技造福社会的机会；②构建量子工程学学科；③针对量子技术的材料科学；④通过量子模拟探索量子力学；⑤应用量子信息技术于精密测量；⑥利用量子纠缠探索新应用；⑦表征并降低量子误差；⑧通过量子信息理解宇宙。其中①②③⑤⑦是偏实用的方向，④⑥⑧则属于更基础前瞻的方向。

进一步加大量子信息科技领域研发投入力度。2018年量子计划法案中明确2019—2023年，美国在量子研究上总投入约为12.75亿美元，目前综合近两年的实际执行和新提出的预算请求，2020和2021两个财年的总和便达到12.78亿美元。8月，白宫科技政策办公室公布《人工智能与量子信息科学研发摘要：2020—2021财年》显示，2020财年预算提案中量子信息科学领域研发资金为4.35亿美元，2020财年实际批准5.79亿美元，比预算额增加了约33%。2021财年预算请求额为6.99亿美元，比2020财年预算请求增加约60.6%。其中，作为美国国家量子战略计划的两大执行机构，国家科学基金会在该领域的投资额为2.26亿美元，比2020财年增加了1.2亿美元，能源部投资增加到2.37亿美元，比2020财年增加约5800万美元，2021财年预算中，能源部计划投资250万美元支持量子互联网的早期研究。

推动建立一批量子科技研发机构，分别由领域内顶尖学术团队与具有强大基础设施和研究能力的国家实验室牵头负责，特别注重在最大范围内集聚学术界、产业界等各方优势力量。7月，白宫科技政策办公室（OSTP）和NSF宣布成立三家新的量子飞跃挑战机构，这些机构将收到7500万美元的资助，用于加速量子信息科学研发，巩固美国在量子信息产业的领导地位。这三家研究机构分别为：一是采用相关量子态增强传感和分发的国家科学基金会量子飞跃挑战机构。该研究所由科罗拉多大学领导，将设计、建造和采用量子传感技术，以在精密测量中广泛应用。二是用于混合量子架构和网络的国家科学基金会量子飞跃挑战机构。该研究所由伊利诺伊大学厄巴纳–香槟分校领导，主要建立相互连接的小型量子处理器网络，并在实际应用中测试其功能。三是用于当前和未来量子计算的国家科学基金会量子飞跃挑战机构。该研究所由加利福尼亚大学伯克利分校领导，主要负责设计先进的大规模量子计算机，为当前和未来的量子计算平台开发有效算法，并验证量子计算机能超越经典计算机。8月，OSTP、NSF 和 DOE 宣布将斥资 6.25 亿美元建立 5 个量子信息科学中心，私营部门和学术机构将另外提供 3.4 亿美元。这些中心将由 5 个不同的 DOE 国家实验室领导，主要包括：阿贡国家实验室领导的下一代量子科学与工程中心（Q-NEXT），布鲁克海文国家实验室领导的量子优势联合设计中心（C2QA），费米国家加速器实验室领导的超导量子材料和系统中心（SQMS），劳伦斯伯克利国家实验室领导的量子系统加速器中心（QSA），橡树岭国家实验室领导的量子科学中心（QSC）。

2. 欧盟稳步推进量子旗舰计划实施

欧洲是量子理论的发源地，因此在以量子信息科技为标志的第二次量子革命中，欧洲仍然想要发挥重要的引领作用。早在 20 世纪 90 年代，欧洲就意识到量子信息处理和通信技术的巨大潜力，充分认定其高风险性和长期应用前景，从欧盟第五框架计划开始，持续对泛欧洲乃至全球的量子通信研究给予支持，并于 2010 年发布《量子信息处理和通信：欧洲研究现状、愿景与目标战略报告》，更新欧洲未来五年和十年的量子通信研发目标。2016 年欧盟发布《量子宣言》，并在 2018 年正式启动实施量子旗舰计划，2018 年 10 月—2021 年 9 月为初始阶段，计划 2021 年之后再资助 130 个左右项目，覆盖从基础研究到产业化整条价值链。2020 年，欧盟将量子计算视为维护"技术主权"的核心领域之一，及时总结量子旗舰计划前期进展，提出新的短中长期发展目标。

发布战略研究议程，对量子旗舰计划在量子技术研究、创新和发展方面的愿景和目标进行全面回顾，进一步明确在未来短期、中期和长期的可实现的目标。3 月，量子旗舰计划战略咨询委员会向欧盟委员会提交《量子战略研究议程》，围绕量子通信、量子计算、量子模拟、量子传感和计量 4 个主要应用领域设定路线图。其中短期目标（3 年）包括：开发用于城市间和城市内的经济高效且可扩展的设备和系统，开发用于全球安全密钥分发且基于卫星的量子密码，开展标准制定工作，实现欧盟国家间可信节点上的端到端安全通信等。中长期目标（6～10 年）包括：利用量子中继器演示 800 千米以上距离的量子通信，演示至少 20 个量子比特的量子网络节点，演示利用卫星链路产生纠缠等。此外，研究议程强调，4 个主要应用领域的发展都基于量子信息基础科学，需要新颖的创新想法、科学工具、方法和过程作为底层支撑，同时更为基础的跨领域的配套支持还应包括与之相关的工程实现方法、实验理论及教育培训等。

及时总结量子旗舰计划研发项目中期实施进展，为下一步推进各研发领域和方向发展确定新起点。欧盟发布《量子技术旗舰计划中期报告》，回顾了在量子通信、量子计算、量子模拟、量子传感和测量及基础量子科学等五大模块共 19 个项目的主要成就。一是量子通信，在用于电信基础设施的连续变量量子密钥分发（QKD）技术方面取得了世界领先的进展，突破了高效和多路复用量子存储器技术，实现了量子信息存储、量子货币、量子密钥分发、数字签名及安全量子云计算技术。二是量子计算，组装了 10 量子比特的量子计算机演示器，演示了 50 量子比特的操作原型，超导量子比特方面两个量子比特门的保真度超过 99%，并组装了 7 量子比特的机器，为构建更大机器奠定了基础。三是量子模拟，开发了下一代基于原子的可编程量子模拟器。四是量子传感和测量，实现了超浅氮空位中心的均匀层，可支持更安全、更精确的医疗成像，在下一代超精确集成型／紧凑型光学量子钟方向取得了进展。五是基础量子科学，分别在二维光电材料、高保真条件量子门、紧凑型纠缠光子光源及稀土离子掺杂薄膜生长技术等方面取得积极进展。

3. 法国积极谋划国家量子战略

法国近年来对量子信息科技、人工智能、高性能计算等技术领域的关注度快速提升。2019 年，国会围绕量子信息科技连续召开了数月的听证会，为国家量子战略规划的提出做了充分的准备。2020 年 1 月，国会提出制定量子技术国家战略计划的提案《量子：法国不会错过的技术转变》，要求政府在五年内从公共部门、私营部门、地方政府和欧盟的支持资金中筹集 14 亿欧元用于量子技术的投资。提案要点主要有：在国家科研署（ANR）"量子技术"中心设立专项项目，每年资助 20 个探索性项目，年度拨款金额达到 1000 万欧元；支持法国科研机构和企业承担欧盟量子旗舰计划项目响应"量子技术"欧洲旗舰项目的号召；在创新大赛中将量子技术列为优先事项；新建 3 个量子研究中心，将量子物理专家、理论和应用研究人员、工程师、技术专家、企业等各方力量聚集起来；开设量子信息科技领域的培训课程；在 2024 年之前，创建大约 50 家量子初创公司；建立一个 3 亿～ 5 亿欧元的后期投资基金，专门用于投资量子初创公司；建立战略委员会，负责制定具体研究方向和行动计划；任命国家计划部际协调员，确保公益机构和私营部门在实施国家级计划项目和举措时的行动一致性。

4. 日本发布量子技术创新战略

日本具有一定的量子基础科学研究优势，在超导量子比特、自旋量子比特等方面提出了具有原创性的基础理论。近年来，政府日益加强对量子信息科技发展的统筹推进。2018 年，文部科学省发布"量子飞跃旗舰计划"，支持量子模拟与计算、量子测量和传感器与超短脉冲激光器等三大关键方向。2019 年开始谋划量子技术创新五大战略，2020年发布最终报告，正式将量子技术创新战略确立为国家战略，强调要将量子技术与现有传统技术融为一体综合推进，推动量子技术创新战略与人工智能战略、生物技术战略相互融合共同推进，以量子技术为基础支撑三大社会愿景：实现生产革命，实现健康、长寿社会，确保国家和国民安全安心。

量子技术创新五大战略的具体内容包括：一是技术发展战略，明确发展量子计算机与量子模拟，量子测量与传感，量子通信和密码学，以及量子材料等4个基本技术领域，发展量子人工智能、量子生物和量子安全等3个量子融合创新领域，支持企业提出的量子启发技术和准量子技术，强化量子科技基础研究。二是国际战略，5年内与欧洲和美国建立政府层面的量子技术多边/双边合作框架，实现全面的安全贸易管理防止技术泄露。三是产业创新战略，5年内建立5个以上量子技术创新中心（国际中心），成立量子技术创新委员会（暂定名称），营造良好创业投资环境，10年内创办10家以上量子技术风险投资公司。四是知识产权与国际标准化战略，在大学和研究机构中促进基于开放和封闭战略的量子技术研发成果的管理和利用，促进与企业需求对接，推进技术商业化，对日本有优势且有望对经济产生重大影响的量子技术领域，积极参与制定相关国际标准。五是人才战略，5年内通过在大学和其他机构开设量子技术课程和专业，制定系统的教育计划，促进人才资源开发，在多边和双边合作框架的基础上，促进高端学术交流和人才流动，培养本土量子人才。

5. 俄罗斯明确量子通信发展路线

俄罗斯在2018年底颁布的"数字经济国家项目（2019—2024）"中将量子科技列为九大重点发展对象之一，提出在未来5年内投入10亿欧元推进量子通信、量子计算与量子模拟、量子测量与量子感知，以及相关赋能技术的研发。2020年，俄罗斯政府数字发展和信息技术使用委员会批准了俄罗斯铁路公司牵头制定的俄联邦量子通信发展路线图。俄罗斯认为其在量子通信领域具有一定的发展基础和优势，当前的主要任务是将现有科学基础和技术解决方案应用到具体项目中，应用到高技能人才培养和量子通信商业市场发展中，从而最终建立起可与世界领先者竞争的量子技术体系。俄罗斯铁路公司此前被政府委任为量子通信方向发展的负责单位，成立了量子通信部门及路线图实施指导委员会。此次批准的路线图规定了在2024年前计划实施的120多项措施和项目，包括发展光纤、大气和卫星量子通信技术，部署商业量子通信网络和专用设备，开发用户设备，发展量子物联网及形成本国教育、科学、工业市场和生态系统等。该路线图是俄联邦项目"数字技术"框架下的第二份量子技术战略文件，第一份为俄罗斯原子

能集团的量子计算路线图，其中重点项目之一为建设全长约 800 公里的莫斯科 –
圣彼得堡骨干量子网络。该路线图具体项目主要包括设立支持新项目的专用资
金，应用成熟技术，成立认证中心和实验室，提出变更监管框架的建议，培训高
素质人员，建立量子通信领域在线教育系统，引进国内和国外优秀专家。目前，
俄罗斯铁路股份公司的基础设施已将公司所属的通信系统与全国范围内超过 7.5
万公里的光纤网络相连接，通过与其他市场参与者和监管机构等一体化发展，期
望能够建立一个从基础科学研发到最终应用的有效合作模式。

6. 印度大幅度增加量子科技领域投资

近年来，印度日益重视量子科技发展，相比欧美主要国家，印度在这一领域
的研发部署仍处在积极探索的时期。2018 年 5 月印度组织召开主题为"量子前
沿和基本原理：实验研究和理论分支"的全球会议，来自世界各地的物理学家和
相关领域学者，共同讨论印度政府在量子前沿关键领域可以采取的各种行动，同
年印度启动一个为期 5 年的量子技术研究项目，计划投资 2.79 亿美元。2019 年，
印度科学技术部资助"量子使能科学与技术（QuEST）"研究项目，总金额约
1100 万美元，印度科学研究所（IISc）发布一份量子技术倡议，提出一系列发展
愿景，包括用至少 3 年时间制造 8 个量子比特的超导 transmon（一种超导量子比
特）处理器，建立校园范围的量子通信网络，提出量子优势证明和量子模拟的新
算法，以及制定后量子密码和量子安全通信协议等。2020 年，印度着力加大量
子科技领域投资力度，宣布实施国家量子技术与应用任务（NM-QTA），计划在
5 年内投入约 11 亿美元，主要投资领域包括量子计算、量子通信和量子密码学，
并加强国际合作研究和人力资源开发，培育壮大初创企业等。在国际合作方面，
印度积极与日本探索在量子基础研究、技术研发和创新领域，以及人才培养等领
域合作的可能性，与德国就推动量子技术前沿领域战略合作计划进行联合项目征
集，与芬兰探讨在量子计算领域合作方向等。在顶尖人才培养方面，印度国防部
研究与发展组织（DRDO）成立量子技术、人工智能等 5 个实验室，由 35 岁以
下青年科学家研发先进技术，为未来国防高科技战做准备。

二、量子计算软硬件不断取得新突破

量子计算是量子信息科技领域中最为重要的一个分支。在过去的十几年间，
全球迅速成长起一批量子计算企业，量子计算机的研制取得巨大进展，采用超
导、离子阱、光量子等不同技术路线的量子计算原型机不断被研发出来，"量子
优越性"更是成为近两年的焦点话题。2020 年，在科技巨头和初创企业等的加

速推动下，全球量子计算的硬件、编程语言及云服务等都各自实现了不同程度的突破，使得量子计算软硬件系统集成的前进道路变得日趋平坦。

到 2020 年年初，全球已经有 170 多家量子计算公司，并大多分布在欧美国家，领军型企业正加快构建以其为核心的量子计算商业生态。其中，美国拥有约 50 家提供量子计算技术或服务的公司和初创企业，包括信息技术领域巨头 IBM、谷歌、微软，以及以 Rigetti Computing 为代表的初创公司，他们在量子硬件市场上处于领先地位。加拿大拥有以 D-Wave Systems（量子退火领域先驱型企业）为代表的 20 多家初创企业。欧洲地区则拥有 60 多家公司，其中仅英国公司就占到 1/3 左右。亚洲地区量子计算企业总量相对较少，且主要分布在日本、中国和新加坡。在营造量子计算商业生态过程中，领军型企业通常会向研究机构和初创企业等免费提供其量子处理器。其中 IBM 公司早在 2017 年便发起了 IBM Q Network 伙伴计划，IBM 公司为参与者提供基于云技术的多层次接入手段，使他们可以接触到量子计算方面的专家和资源，即可以通过云技术在 IBM 量子计算机上进行实验和运行算法。同时，截至 2020 年，IBM 公司已经在 9 个国家的研究机构中建立了研发中心，给每个中心都配置了量子处理器，并为这些机构提供开源量子软件和开发人员工具的访问权限等。

2020 年，全球量子计算软硬件和相关服务不断跃上新台阶。IBM 公司量子计算系统整体性能翻了一番。8 月，IBM 宣布其量子体积已达到 64（量子体积由 IBM 公司率先提出，目前已成为用于衡量量子计算机综合性能的行业基准），整体性能较上一年度 32 个量子体积翻了一番。IBM 为此调整了 IBM 技术路线中的所有硬件和软件要素，包括超导处理器及其电子设备。

D-Wave 公司宣布第一台商用量子计算机上市。9 月，加拿大量子计算系统公司 D-Wave 宣布其新一代的量子计算机 Advantage™ 正式上市，具有超过 5000 个量子比特和 15 路量子比特连接性，通过 Leap 量子云向客户提供服务。该量子计算平台集成了新的硬件、软件和工具，以实现并加速生产型量子计算应用。

霍尼韦尔公司推出最新一代离子阱量子计算机。10 月，霍尼韦尔公司推出了最新一代的量子计算机 Model H1。H1 使用离子阱技术，拥有 10 个完全连接的量子比特，可以达到 128 量子体积。H1 将会通过 Azure 量子平台提供给企业。同时，霍尼韦尔公司计划未来 10 年把量子比特数从 10 个增加到 40 个。

中国科学技术大学构建成功"九章"量子计算原型机。12 月，中国科学技术大学潘建伟团队构建了 76 个光子的量子计算原型机"九章"，实现了"高斯玻色取样"任务的快速求解。实验显示，当求解 5000 万个样本的高斯玻色取样时，"九章"仅需 200 秒，而当时世界最快的"富岳"超级计算机需 6 亿年。等效对比来看，"九章"的计算速度比谷歌公司 2019 年推出的 53 个量子比特的 Sycamore 量子计算机快 100 亿倍。

亚马逊公司推出 Braket 量子计算服务。8 月，亚马逊推出了量子计算服务 Braket，该服务为研究开发人员提供一个开发环境来设计量子算法、在模拟量子计算机上测试量子算法，以及在不同类型的量子计算硬件上运行该算法等。具体可提供 3 种量子计算设备的访问，主要包括 D-Wave 公司的量子退火硬件，IonQ 公司的离子阱设备和 Rigetti 公司基于超导的量子计算机。

多家初创企业不断更新迭代量子计算原型机，在操作系统、通用设计语言等领域接连取得新突破。美国量子计算初创公司 PsiQuantum 公开声明，将在未来几年内建造一台有百万量子比特的量子计算机，这成为量子计算领域迄今为止最为大胆的公开声明。美国量子计算初创公司 IonQ 基于离子阱技术，发布了具有 32 个量子比特的量子计算机，该量子计算机允许高效的软件编写，并能实现系统扩展。中国量子计算初创企业本源量子公司上线了量子计算云平台，接入自主研发的量子计算机"悟源"，其核心硬件是 6 个量子比特的夸父芯片。剑桥大学、量子软件公司 Riverlane 和量子硬件公司 Oxford Ionics 合作开发的量子计算通用操作系统 Deltaflow.OS 初具雏形。以色列初创公司 Quantum Machines 推出名为 QUA 的量子计算标准通用语言，成为第一种专门为通用量子计算软件抽象层设计的语言，该语言将脉冲级通用量子运算与通用经典运算结合起来，集成到该公司的量子编排平台上，编程人员可以通过其运行最复杂的量子纠错和量子经典混合算法。

（执笔人：高　芳）

全球区块链技术稳健发展

　　区块链技术从 2008 年由匿名者"中本聪"提出至今，已经得到了全球主要创新国家的高度关注，相关研究成果不断积累，投资热度越来越高。2020 年，新冠肺炎疫情冲击了全球经济社会正常秩序，但是包括区块链技术在内的数字技术由于在抗击新冠肺炎疫情、维持基本经济社会方面发挥重大作用，展现出逆势生长、大放异彩的显著态势。总体而言，区块链技术在 2020 年大致保持了最近几年的发展热度，获得了多个国家战略和政策上的支持，并在金融、供应链、能源和公共服务领域实现了典型应用，同时也因为冲击现有金融制度而面临各国全新监管要求等，总体上发展态势趋向稳健。

一、区块链技术发展持续演进

　　区块链技术自身的发展保持较高的速度。区块链技术创新保持较高速度，专利申请数量不断上升。区块链企业投融资保持高位，加密货币等金融产品服务仍然是热门领域。区块链技术开始成立了一批行业协会，朝着正规化、标准化方向又迈出一大步。

　　技术创新日趋繁荣。根据零壹智库数据，2020 年，全球区块链专利新增 1.03 万件，有 29 个国家和地区参与了专利申请。中国和美国是专利申请数量最多的两个国家。其中，中国 2020 年新增区块链专利约 8200 件，约占全球总数的 79.6%；美国新增 1434 件，约占全球总数的 13.9%。截至 2020 年年末，全球区块链专利申请数量累计达到 5.14 万件，51 个国家近 7000 家公司参与了专利申请。其中，中国累计申请区块链专利超过 3 万件，位居全球之首，专利申请数量约占全球总规模的 58%，是美国同期的 2.5 倍，超过 4100 家公司参与了专利申请。美国累计申请专利 1.21 万件，约占全球总规模的 24%，位居全球第二，累计有 2088 家公司参与了专利申请。

投融资稳步增长。根据 PAnewsLab 数据显示，2020 年，全球泛区块链领域的投融资保持了高速增长，全年披露的投融资总额达到 35.66 亿美元（不含收购）。2020 年全年，全球泛区块链领域共有 407 个项目披露融资信息（不含收购），共计发生投融资事件 434 起，多个项目在年内完成多轮融资。从行业内各领域的投融资总额来看，2020 年，加密货币类的项目仍然最受资本青睐，全年累计披露的投融资总额达到了约 17.20 亿美元，约占全年总金额的 48.37%，接近一半。其次，行业应用领域全年披露的投融资金额约为 8.27 亿美元，居次席。值得注意的是，底层技术和其他生态全年披露的投融资总额都不超过 5 亿美元，分别约为 4.90 亿美元和 4.17 亿美元。而其他跨领域项目的投融资金额则更少，累计不超过 1 亿美元。

组织化程度开始提升。根据中国信通院区块链白皮书显示，截止到 2020 年 9 月，美国、中国、欧盟、日本等国家和地区先后的区块链行业组织已增加到 19 个，大部分行业组织成员数量呈上升势头。根据推动主体的不同可以分为三类，一是技术创新类，以开发解决方案为核心要素；二是生态合作类，关注某个国家或者地区生态构建所面临的挑战；三是行业应用类，基于行业关系探讨应用发展路径。

二、主要国家发展发布专门战略及重要法律

主要国家发布战略或政策推动区块链技术发展的热度不减，同时部分国家通过修改法律法规为区块链技术发展拓展空间。

（一）澳大利亚《国家区块链路线图》

2020 年 2 月，澳大利亚政府发布《国家区块链路线图：迈向区块链赋能的未来（ The National Blockchain Roadmap: Progressing towards a blockchain-empowered future ）》（简称《路线图》），旨在充分释放区块链技术的应用潜力，使澳大利亚成为全球区块链产业领导者，并通过推动其在农业、教育业和金融业的应用，创造更多就业机会和加速经济增长。《路线图》重点关注三大战略方向，一是构建高效且适当的监管与标准，强调把"身份验证"列入监管标准、根据数据来源对数据的可信任程度进行分类、推动区块链技术标准化进程和确保隐私保护；二是大力支持技能提升与技术创新，包括加快区块链技术人才培养、激励区块链技术研发活动和强化法律人士参与；三是吸引国际投资并加强国际合作，大力吸引国际资源进入澳大利亚。《路线图》确定了未来澳大利亚三大重点领域，包括农业、教育和金融。同时，为实现《路线图》目标，澳大利亚政府还提出了 12 个行动计划，其中包括正式组建国家区块链路线图指导委员会、推动区块链提供商参与商业研究与创新计划、利用现有双边协议与其他国家合作开展区块链技术试点项目等。

（二）印度《国家区块链战略》

2020年1月，印度政府智库NITI Aayog发布了国家区块链政策草案文件《区块链：印度战略》。它阐述了印度区块链的不同案例，以及从试点项目中得出未来推广结论。该战略文件针对区块链技术的利益相关方（如政府，企业负责人、公民），旨在为区块链技术制定具体的国家行动计划。该文件提出未来印度在区块链技术研发和应用方面的几个战略设想。一是在顶层设计方面，建议印度政府研究提出印度区块链生态系统发展和监管的政策考虑。二是在基础设施建设方面，推进建设印度区块链国家基础设施"IndiaChain"，提出了该设施内部结构组成，以及要构建验证和保护交易者身份的技术平台及构建提升参与积极性的激励平台等。三是在创新能力方面，加强区块链技术研发和强化人才培养。四是财政激励方面，制定政府机构采购区块链技术产品服务的流程。五是前沿技术应用方面，在对加密货币问题做综合研判基础上，尝试建立与印度法定货币挂钩的稳定币（Stablecoins）。

（三）瑞士《区块链法案》

2020年9月，瑞士议会通过了"关于调整联邦法律以适应分布式电子注册表技术（DLT）发展的联邦法案"，旨在为区块链应用扫清障碍、创造法律安全性。它通过最大限度地减少技术的非法滥用，将加密货币和区块链技术纳入主流。该法案不仅为瑞士的数字证券交换和加密货币交换设定标准，而且为金融市场设立了全新的基础设施类型"DLT交易设施"。这将消除使用DLT（即利用区块链技术）的现有障碍。DLT交易设施以商业方式为加密货币（或资产）提供交易服务。DLT交易设施不同于传统证券交易设施，差异包括：① 个人和个体商户（所谓的"未受监管法律的实体"）能够直接参与交易，促使零售客户能够直接参与基于加密资产的有组织交易；② 加密货币（或资产）的保管方式需要单独的规则约束，需要拥有至少500万瑞士法郎的最低资产；③ 加密证券交易的结算和清算，DLT交易机制是专门为加密资产系统性交易而设计的。另外，法案批准的DLT交易设施也可能与现有已有的代币交易场所不同，因为首先前者允许加密货币（或资产）交易，其次允许保管加密货币或资产，最后能够创建加密货币或资产。

三、区块链技术应用已经出现显著案例

区块链技术通过"区块链+"方式进行赋能，实现过去无法做到的去中介化多方互信，显著提高交易或者服务的效率。当前全球主要国家持续在金融、供应链、能源、公共服务等领域实现了一批案例。

（一）区块链 + 金融

2019 年，Libra 协会计划一经推出就引发了全球范围内的巨大争议。包括美国、法国等国家的金融、财政部门对 Libra 协会公开发出了强烈质疑。为了实现最终落地使用，Libra 协会在 2020 年 4 月发布全新的白皮书。该更新版文本显示，Libra 协会"与世界各地的监管机构们、央行行长们、官员们及各种利益相关方合作，以确定将区块链技术与公认的监管框架相结合的最佳方法"。同时，Libra 协会称自己的目标是"使 Libra 支付系统与本地货币和宏观审慎政策等顺利集成，并通过启用新功能、大幅度降低成本和促进金融包容性来对现有货币进行补充"。同时在本次 2.0 版的白皮书中，Libra 协会为解决监管问题已进行了四项关键更改。一是除了确定 libra 将锚定一篮子法币之外，还将另外提供锚定单一法币的稳定币产品（Stablecoins），由此扩展 Libra 平台影响力。二是通过完善合规性框架提高 Libra 支付系统的安全性。Libra 协会吸收了监管机构的反馈意见，新建协会内的金融情报职能部门，对 Libra 参与者进行分类管理。三是放弃完全排他的 libra 公有链系统过渡计划，转向兼容现有的监管系统。四是为 Libra 的锚定资产储备建立强大的保护措施。

2020 年 10 月，欧盟中央银行（European Central Bank）发布《数字欧元报告（Report on a Digital Euro）》，提出了较为完整的数字欧元建设构想。一是实施数字欧元发行之前的评估。将欧盟不同机构组织、大众和专业人士的意见纳入考虑范畴，对数字欧元带来的社会挑战进行全面的政策分析。二是实施必要的试点和试验。试验的目的是测试功能设计方案，探索其技术可行性及能否满足未来用户需求的能力。三是吸纳广泛的国际评价。数字欧元的推动还需要引入其他欧洲国家、国际机构和标准制定者的参与，以确保数字欧元能够满足所有潜在的利益相关者的期望。

（二）区块链 + 供应链

2018 年 10 月，全球钻石行业巨头戴比尔斯集团（De Beers Group）成功试验了钻石供应链区块链信息平台——Tracr，同时宣布在平台试点期间已经成功地沿着价值链追踪了 100 颗高价值钻石。Tracr 平台的开发过程联合了包括 Diacore、Diarough、KGK Group 等全球领先钻石制造企业。在技术实现方面，Tracr 平台为每一个进入平台的钻石创建独特的全球钻石 ID，通过区块链技术存储钻石的各个属性（包括克拉数、颜色和净度），确保了使得 Tracr 平台能够确保钻石从毛坯到抛光的来源和可追溯性。

中国的京东数科公司建立了区块链回溯服务"智臻链防伪追溯平台"，能够实现零售供应链条的互信机制，记录从原产地到消费者全生命周期每个环节的重要数据，实现全流程追溯。截止到 2019 年 12 月底，智臻链防伪追溯平台上已有超过 800 家合作品牌商，超过 13 亿条追溯信息上链。根据中欧商学院《2020 区块链溯源服务创新及应用报告》显示，在使用区块链溯源技术后，京东平台的海鲜产生的复购率提升了 47.5%、营养保健品的销量提升了 29.4%、母婴奶粉的访问量提升了 16.4%，而采用区块链追溯和千里眼视频直播 / 录播功能的生鲜追溯商品，销量提升幅度更是高达 77.6%。

（三）区块链 + 能源及大宗商品交易

区块链联盟 VAKT 于 2017 年 11 月成立，它由知名石油公司（如英国石油公司、壳牌石油公司等）、大型贸易企业（美国科赫公司等）和大型银行（如美国 ING 公司等）合作组建。2018 年，VAKT 的区块链平台正式上线，这标志着世界上第一个企业级的能源大宗商品区块链平台进入市场。VAKT 平台能够实现合同签署后的贸易流程全自动化，将企业从目前效率相对较低的贸易后环节中解放出来。一是信息流通方面，VAKT 利用区块链技术及系统账户管理机制，从而保证其录入和承载的数据和信息的唯一性，同时基于底层加密安全计算，确保交易信息数据只能由参与交易的直接相关方访问和使用，得以解决参与者对平台不信任的问题。二是流程重构方面，VAKT 通过区块链技术能够消除多方对账及纸质单据物流转移等高耗时环节，全面提速交易效率。

Komgo 是一个基于区块链的石油贸易融资平台和网络，借助摩根大通公司的 Quorum（基于以太坊协议构造开源区块链平台）创建。该平台于 2018 年 9 月在瑞士日内瓦由 15 家大型机构成立（包括壳牌石油、英国石油公司、美国科赫公私和美国 ING 公司等）。它与上文提到的 VAKT 平台存在业务合作、数据联通的关系。Komgo 平台自推出以来实现了三大特性。一是节省成本。由于 Komgo 平台对石油大宗交易操作的精简，给整个石油生产链提升了 30% ～ 40% 的现金流收益，同时预计将运营成本降低 20% ～ 50%。二是贯通各方。Komgo 网络允许银行，贸易商和其他参与者通过相同平台进行交易，从而构造了全行业交易的统一通道，实现前所未有大范围的信息沟通。三是流程提速。与 VAKT 平台类似，Komgo 平台内的文件和数据也可以直接在交易参与者之间共享，同时借助区块链技术时间戳消除了交易中的滞后时间。

（四）区块链 + 公共服务

BenBen 区块链平台成立于 2015 年，其主要功能是支撑非洲加纳共和国的土地权益登记。它的成立解决了与加纳的土地登记有关的两个结构性问题，一是土地所有权不清楚。由于加纳本国基础设施较差，缺乏充分和系统的土地产权跟踪和有效的信息存储，使加纳政府和土地财产所有者无法清楚所有权具体情况。二是机构间协同能力较差。加纳本地的土地所有者、政府机构和金融机构之间的合作协同关系薄弱且效率低下，交易过程耗时冗长且容易失败。为了解决以上问题，BenBen 提供了一个基于以太坊的加纳土地登记数字系统。它能够通过卫星图像和实地核查的结合来认证土地信息，并通过实现与土地的当地利益相关者的合作，确保了加纳金融机构和土地委员会能够实时获取数据。同时 BenBen 在整个土地交易过程中充当了金融机构、政府和财产所有者的风险缓解工具，即 BenBen 作为中介，支撑企业和政府的交易、信息确认、获得信贷、解决商业纠纷和证明真实所有权等。

四、主要国家继续强化技术监管

当前基于区块链技术的加密货币（资产）开始快速发展，并在交易领域广泛利用。但伴随加密货币（资产）的发展，同时带来的合规性风险等问题。为了应对已有问题，引导加密货币（资产）的合理发展，各国金融和财政部门持续修改法规和升级监管工具。

（一）美国货币监管部门提出稳定币监管条例

美国货币监察长办公室（Office of the Comptroller of the Currency，OCC）是美国财政部下属部门，具有银行监管的权限。2020 年 9 月，OCC 对外发布了一项稳定币指南，内容主要围绕稳定币的监管及相关规定。OCC 在指南中首次明确，美国的"国家银行"（拥有美国财政部特许的商业银行，能够与当地联邦储备银行交易，如美国第一银行、JP 摩根银行等）和联邦储备系统可以为稳定币发行人提供"货币储备"服务。但是同时，OCC 提出了严格的限制，一是在稳定币发行人方面，包括银行能够接受的稳定币类型仅限与法定货币 1:1 对应的且要严格确保法定货币偿付能力，另外要对发行人进行证券法合规性和反洗钱的尽职调查。二是银行方面，实施此类业务的银行应有健全的风险管理，特别是银行管理层应该为新活动的开发建立适当的风险管理程序，并有效地监测和控制与稳定币相关的风险。此外，OCC 指南提醒与稳定币相关的储备可能会带来巨大的流动性风险，要求银行定期核实未偿付的稳定币数量，并引入第三方审计等。

（二）欧盟委员会强化加密资产管理和推行试点

2020 年 9 月，欧盟委员会发布了"关于加密资产市场的法规（The Regulation on Markets in Crypto Assets）"并提出进行分布账本技术（即区块链技术的主要利用形式之一）的区域试点。该法规涵盖了大部分涉及提供加密资产服务的企业类型，如电子托管钱包提供商、加密资产交易所、加密资产交易平台和加密资产的发行者等。监管措施具体来说，一是直接加强监管力度，该新法规虽然允许运营商如果获得某个成员国授权即同时获得在欧盟区域内提供交易服务的权限，但同时也对企业最低资本要求、资产保管方式、投资者权益保护和投资人最终兑换权等提出了非常明确的要求，并且对拥有巨大数额资产支持的加密资产（如与货币1:1对应的稳定币）的发行人进行更严格的审查。二是在未来加密资产试点方面。欧委会提出，由于现有的金融监管规则不能完全覆盖加密资产和分布式账本技术，需要通过建立试点制度获得更多加密资产交易的经验和数据，推动欧盟地区加密资产的规范使用。欧委会决定，试点制度允许参与试点的机构可以突破现有金融监管规则，从而确保监管方获得管理分布式账本的经验等，有力支撑未来欧盟深入利用加密资产。

（三）英国提出加密资产监管指南

2019年1月，英国金融行为监管局（Financial Conduct Authority，FCA）发布了加密资产指南（Guidance on Cryptoassets），将为英国境内加密资产交易提供政策性指导。该指南明确提出，英国财政部可能就加密资产监管问题及借助欧盟第五次反洗钱指令等进一步扩大与加密资产有关的反洗钱/反恐融资法规的监管范围。该指南提出若干具体措施，一是对于参与加密资产交易的企业方面，指南将明确规定在企业必须获得FCA的授权才能在英国加密资产活动的，同时将可以借助FCA设置监管沙盒，在受控环境中测试与真正的消费者实际交易。二是对于个体消费者而言，FCA等部门已经采取了措施提高公众认识，包括通过媒体亮相和发布非法交易警告等。

（四）俄罗斯部分开放加密货币交易

2020年7月，俄罗斯联邦立法机构国家杜马通过了"关于数字金融资产、数字货币和对俄罗斯联邦某些法律的修正"法案，正式允许了"数字金融资产"（Digital Financial Assets，DFA）公开发售。该法案首次定义了加密资产、数字货币等DFA，并对其发行、记录和流通进行了规范。具体来说，该法案首先提出数字资产或货币是"一套包含在信息系统中的电子数据（数字代码或名称）"，而非俄罗斯联邦或外国的法定货币。其次，法案要求凡是利用俄罗斯境内信息系统或技术的数字货币均要接受俄罗斯政府的管理。再次，俄罗斯联邦中央银行作为监管机构发挥着至关重要的作用，它有权批准和管理发行DFA的企业，并负责审核DFA交易所的具体规则。最后，该法案禁止俄罗斯法律实体、外国法律实体的俄罗斯分支机构及俄罗斯个人利用数字货币充当商品服务的直接支付手段。

此外，考虑到存在利用数字金融资产交易逃税、非法交易和腐败等现象，该法案还赋予了俄罗斯政府相对大的管理权限，包括俄罗斯有关部门有权要求 DFA 注册者披露其涉及的国家和机构等。

（执笔人：王开阳）

世界航天在新冠肺炎疫情中稳步发展

    2020 年，全球新冠肺炎疫情的影响仍在持续，世界航天领域发展也受到了波及，预计 150 次的发射缩减至 114 次，但总体而言仍取得了显著的进展。美国和中国分别以 44 次和 39 次位居年度发射次数前两位，大幅领先于其他国家。空间探测领域再度活跃，在 7—9 月的火星探测窗口期内，多个国家相继发射了火星探测器，阿联酋和美国合作研制的"希望"号（HOPE）火星轨道探测器，美国"毅力"号（PERSEVERANCE）火星车，中国的"天问一号"火星探测器均顺利执行了发射任务。在月球探测方面，中国成发射"嫦娥五号"月球探测器，探月工程的全部任务圆满完成，受到了全球的广泛关注。空间科学研究方面，欧洲航天局和美国国家航空航天局（NASA）联合开发的"太阳轨道"（SOLAR ORBITER）探测器发射升空，将显著提升对太阳的研究能力。国际空间站运行平稳，俄罗斯、美国和日本相继执行了货运任务，美国的"龙"载人飞船迎来了首次飞行。中国空间站建设加快，中国的新一代多用途载人试验飞船执行了首飞。卫星领域竞争激烈，以"星链"、ONEWEB 等互联网星座为代表的商用通信卫星迎来爆发性增长，军用卫星的部署也不断加快。全球导航卫星系统取得积极进展，中国"北斗"导航卫星实现全球组网，美国、俄罗斯等国家的导航系统相继补充了新的卫星。此外，多份研究和咨询报告显示，尽管受到新冠肺炎疫情的影响，世界航天产业发展依然乐观，正在有力推动全球经济复苏。

一、各国航天政策与投入动向

    2020 年，在全球竞争格局深度调整的影响下，世界航天领域军事化色彩日益浓厚，美国持续强化航天领域军事部署。与此同时，各国对于航天产业的发展也日益关注，不断推出相关举措推动航业领域的商业化。

（一）美国着力谋求太空发展绝对优势

2020 年 6 月，美国国防部公布《国防航天战略》，这是美国 2019 年 12 月宣布成立太空部队后公布的第一份太空战略报告。该战略明确提出了美国在太空领域的核心国家利益与战略目标，并规划了未来美国太空部队建设的行动方案。9 月，美国政府发布《5 号航天政策指令（SPD-5）》，确立了 5 个太空网络安全原则，明确了美国国土安全部和网络安全与基础设施安全局在增强美国太空网络防御领导地位的作用。12 月，美国政府发布新的《国家航天政策》，为美国航天领域未来 10 年的发展提供全面指导，阐明了美国在商业太空探索、商业增长和国家安全方面的目标，并且将太空视为战略发展重点，要求美国保持制天权。同月，美国政府发布《6 号航天政策指令（SPD-6）》，即国家太空核动力与推进战略（SNPP），旨在加强太空核动力和推进技术发展，其中包括到 2027 年年底在月球上建立一座核电站等一系列具体目标。2020 财年，NASA 的预算增长 3%，达到 233 亿美元，大部分科研部门将维持预算稳定但总体经费增长数量远少于需求，难以有效支撑 2024 年实现载人登月目标。

（二）欧盟加大投资确保航天领域领导地位

2020 年 12 月，欧盟理事会和欧洲议会谈判代表达成政治协议，同意在 2021—2027 年预算框架中投入 148 亿欧元支持欧盟"航天计划"，以保持和提升欧盟在该领域的领导地位。其中，为"伽利略卫星导航系统"（GALILEO）和"欧洲对地静止导航重叠服务"（EGNOS）投入 90.1 亿欧元，为"哥白尼欧盟地球观测计划"（COPERNICUS）投入 54.2 亿欧元，为"太空态势感知"计划（SSA）和卫星通信安全（GOVSATCOM）项目投入 4.42 亿欧元。此外，欧盟还提出将简化和梳理现有的航天政策法律框架，提供足够航天预算，并规范航天计划的安全框架。

（三）俄罗斯强化航天领域顶层设计

2020 年 7 月，俄罗斯《2030 年前国家航天发展规划》和《"未来航天系统"高科技领域发展路线图》草案编制完成，前者将俄航天领域现有若干专项计划整合形成一部统一规划，后者围绕超重型火箭、"球体"大规模星座等系列前景项目确定相关重点技术任务和实施路径。俄罗斯国家航天集团总裁罗戈津 7 月表示，俄正在积极研制核动力航天发动机，以便在未来向太阳系和系外遥远行星发送重型飞船。另外，在俄罗斯东方发射场正在建设用于发射核动力运输飞船的技术综合体，计划 2030 年投入使用。

（四）印度推动航天部门改革

2020 年 6 月，印度政府批准对航天领域进行改革，减少印度航天研究组织（ISRO）开展航天活动所需的巨额投资，以促进私营部门参与航天活动，包括改善获得航天资产、数据和设施的机会，向私营部门开放部分行星探索任务。新设立独立运作的国家航天促进和授权中心，与新航天印度有限公司（NSIL）合作，承担更多 ISRO 项目，包括运载火箭和卫星生产、发射和空间基础服务等。

（五）日本政府发布新版《宇宙基本计划》

2020 年 6 月，日本政府在 5 年后发布再次修订的《宇宙基本计划》。新修订的《宇宙基本计划》强调了航天活动在国家安全、经济、社会等多方面的重要性，特别是航天在科技创新和经济增长方面的作用。新版《宇宙基本计划》提出了为多领域国家利益服务和巩固日本航天发展的综合基础两大目标，坚持目标导向的政府 – 私人合作、充分调动私人资本积极性、高效利用资本和人力资源、坚持与"盟国"和"盟友"的战略合作等 4 个基本立场，以及确保空间安全、提高灾害管理和恢复能力以应对全球挑战、通过太空探索获取新知识、以航天驱动经济增长和创新、加强工业和科技基础以支持航天活动等 5 个具体方向。此外，新版《宇宙基本计划》中明确提出通过引入私人资本实现产业规模翻倍，在 10 年后达到 2.4 万亿日元以上水平。

二、空间科学探测十分活跃

2020 年，世界空间科学探测领域迎来了新一轮发展的热潮。火星和月球探测均取得了重要进展，阿联酋、中国和美国的火星探测器成功踏上征程，中国月球探测任务取得圆满成功，美国太阳轨道探测器进一步提升了对太阳的科学探测能力。

（一）火星探测再迎高潮

2020 年 7 月下旬至 8 月上旬是火星探测器发射的最佳窗口期，阿联酋、中国和美国先后实施火星探测器发射任务，3 颗火星探测器将于 2021 年 2 月起陆续抵达火星开展探测活动。

7 月 20 日，由阿联酋和美国合作研制的"希望"号火星探测器使用日本运载火箭在种子岛航天中心发射升空。"希望"号探测器不会在火星着陆，将在距火星表面 2 万～ 4 万千米的轨道上环绕火星运行至少 2 年，主要任务是拍摄火星大气层图片，研究火星大气的日常和季节变化。

　　7 月 23 日，中国首次火星探测任务"天问一号"探测器成功送入太空。"天问一号"探测器由环绕器、着陆器和"祝融号"火星车组成，总重量达到 5 吨左右。其中，环绕器主要负责开展火星大气电离层分析及行星际环境探测，火星表面和地下水冰的探测，火星土壤类型分布和结构探测，火星地形地貌特征及其变化探测，火星表面物质成分的调查和分析等科学探测任务。"祝融号"火星着陆火星后将主要负责开展火星巡视区形貌和地质构造探测，土壤结构（剖面）探测和水冰探查，表面元素、矿物和岩石类型探查，以及大气物理特征与表面环境探测等科学探测任务。

　　7 月 30 日，美国"毅力"号火星车成功发射。"毅力"号火星车将在火星度过大约两个地球年（至少一个火星年），探索直径 45 千米的杰泽罗陨石坑，主要负责搜寻火星远古生命的迹象，研究陨石坑地质结构，采集并保存火星样本。这些样本可能最早于 2031 年由 NASA 和欧洲航天局的联合太空任务带回地球，一旦火星样本抵达地球，世界各地的科学家将分析样本，探索火星生命潜在的证据，以及火星神秘历史的重要线索。

（二）中国探月工程圆满收官

　　2020 年 11 月 24 日，中国"嫦娥五号"探测器被精准送入地月转移轨道，开始执行采样返回的探测任务。"嫦娥五号"探测器重 8.2 吨，由轨道器、返回器、着陆器、上升器四部分组成。12 月 1 日"嫦娥五号"着陆器成功着陆月球，执行了月面自动采样和封装，并由上升器送入到预定环月轨道将样品容器转移至返回器中。12 月 17 日"嫦娥五号"返回器成功着陆内蒙古四子王旗，中国探月工程"绕、落、回"三步走圆满收官。

（三）日本成功回收"隼鸟 2 号"探测器样本舱

　　2020 年 12 月 6 日，经过 6 年的长途太空旅行后，日本"隼鸟 2 号"探测器样本舱在澳大利亚南部沙漠地带着陆。样本舱中不仅有小行星地表物质样本，还包含人类首次获得的小行星地下物质样本。科学家将通过研究这些样本了解小行星的形成历史和太阳系的演化等问题。释放返回舱后，"隼鸟 2 号"继续进行它的太空之旅，预计在 2031 年抵达另一颗小行星并展开探测。

（四）美国太阳轨道探测器成功发射

　　2020 年 2 月 10 日，由美国国家航空航天局与欧洲航天局合资打造的太阳轨道探测器发射升空，将以更加清晰的图像、前所未有的方式观测太阳，让太阳学成为精细科学。该探测器共携带了 10 部仪器，包括 6 部望远镜和 4 部用于研究探测器周围环境的仪器，将在距离太阳 4200 万千米的地方观测太阳，那里的阳光强度将是地球附近卫星感受到的强度的 13 倍，可为科学家提供太阳大气层、风和磁场的最新信息，并获取太阳未知极地区域的图像。

三、国际空间站运行平稳

2020 年，国际空间站保持平稳运行。俄罗斯的"联盟号"依然承担着重要的载人飞船任务，美国"龙"载人飞船也正式执行了任务。美国的"龙"和"天鹅座"商用货运飞船承担了更多的货运任务，俄罗斯"进步号"货运飞船和日本"鹳"货运飞船也分别执行了货运任务。

（一）俄罗斯仍是国际空间站载人任务的重要保障

2020 年，俄罗斯依然有力地保障了国际空间站的载人航天任务。4 月 9 日，成功发射了 MS-16"联盟号"载人飞船，当天将 2 名俄罗斯宇航员和 1 名美国宇航员送入了国际空间站，为防止将病毒带入太空，两国宇航局均采取大量措施：训练时减少人员接触、行前准备大量简化。10 月 14 日，俄罗斯发射了第二艘"联盟号"载人飞船，这是"联盟号"首次采用超快速飞行模式对接国际空间站。这也是美国最后一次高价使用"联盟号"飞船运送美国宇航员，为此向俄罗斯支付了高达 9030 万美元的费用。

（二）美国开启国际空间站商业载人飞行任务

2020 年重新获得载人重返太空的能力成为美国航天领域最突出的成就之一。美国 SpaceX 公司的"龙"载人飞船成功地执行了两次载人航天任务。5 月 31 日，SpaceX 公司用猎鹰 9 号火箭成功发射"龙"载人飞船，运送 2 名航天员进入太空前往国际空间站，开展了为期 2 个月的试验性飞行任务。11 月 16 日，取名为"坚韧号"的"龙"载人飞船载着 4 名航天员由猎鹰 9 号火箭发射升空，展开科学实验和空间站维护工作。这是自 2011 年航天飞机退役以来，首次在美国本土正式开展的载人航天任务，意味着美国彻底摆脱长达 20 年对俄罗斯的长期依赖，也意味着商业载人航天的正式开启。

（三）多国协力确保国际空间站货运任务

2020 年，俄罗斯、美国、日本等货运飞船均执行了国际空间站的运输任务。俄罗斯的"进步号"货运飞船分别于 4 月 25 日和 7 月 23 日执行了两次货运任务。美国 SpaceX 公司的"龙"货运飞船分别于 3 月 7 日和 12 月 6 日执行了两次货运任务，其中第二次任务使用了改进型号的"龙 2 号"货运飞船。美国商用"天鹅座"货运飞船也分别于 2 月 16 日和 10 月 2 日相继执行了两次任务，为国际空间站运送设备、实验装置和宇航员生活物资等。此外,5月25日,日本的"鹳"货运飞船执行了其退役之前的最后一次货运任务,向国际空间站运送超过4吨的物资。

四、卫星领域竞争日趋激烈

2020年,世界卫星领域竞争更加激烈。其中,商业通信卫星领域美国仍处于领先地位,多国加快部署军用卫星,美国、俄罗斯和中国三大导航卫星系统建设不断加快,科学探测卫星日益增多。

(一)商业通信卫星迎来爆发式增长

以卫星互联网为代表的商业通信卫星竞争异常激烈,入轨卫星迎来了爆发式增长。2020年,美国SpaceX公司"星链"低轨道互联网星座共分14次发射,将835颗卫星送入轨道,入轨卫星总数达到895颗。虽然"星链"星座部署远未完成,但这已是人类有史以来规模最大的星座,也是部署最快的星座,在内部测试中为用户提供了4G水平的天基互联网服务。2020年,英国ONEWEB公司虽然经历破产风波,但仍在持续推进,分三批将104颗星座卫星送入轨道,使ONEWEB星座在轨卫星总数达110颗,将为政府和企业提供商业通信服务。

其他商用通信卫星包括:俄罗斯的GONETS-M卫星、EXPRESS-80和EXPRESS-103通信卫星,用于提供移动通信、数据电视和无线广播,高度互联网接入和数据传输服务等;美国INTELSAT公司的GALAXY-30通信卫星,为美国提供视频与电视广播服务,天狼星XM公司(SXM)的SXM-7电视广播卫星等;日本BSAT-4B卫星,为日本和临近区域提供入户4K和8K超高清广播服务;印度CMS-1通信卫星,为印度大陆提供远程医疗、远程教育和其他电信服务。

2020年,中国以"天启"物联网卫星和"天通"移动通信卫星为代表的商业通信卫星领域也在快速发展。

(二)军用卫星部署加快

2020年,全球共计30多颗军用卫星送入太空,美国和俄罗斯军事卫星领域仍处于领先地位。其中,美国发射了包括AEHF-6先进极高频通信卫星及NROL-129、NROL-101、NROL-108、NROL-44等秘密卫星。俄罗斯则发射了MERIDIAN-M军事通信卫星、EKS-4导弹预警卫星等多颗军事卫星。其他国家军用卫星包括:法国CSO-2高清光电侦察卫星,日本IGS OPTICAL-7光电侦察卫星,韩国ANASIS-2军用通信,阿联酋FALCON EYE-2高清光电侦察卫星,以色列OFEQ-16高分辨率照相侦察卫星,伊朗NOOR照相侦察卫星等。

（三）导航卫星系统建设取得重要进展

2020年，以美国全球定位系统（GPS）、中国"北斗"导航卫星系统和俄罗斯导航系统格洛纳斯为代表的世界主要卫星导航系统持续加快建设。

美国分别于6月30日和11月5日将2颗新一代GPS-3卫星发射升空，导航卫星系统能力再获提升。新一代的GPS-3卫星可提供精确定位、导航和授时功能，在其精度和抗干扰能力上均有大幅提升，将使美国太空部队首次利用交叉指挥能力确保核监测。

中国"北斗"导航卫星系统成功实现组网运行。6月23日，中国"北斗三号"系统最后一颗组网卫星发射成功，"北斗"全球导航系统星座部署完成，具备向全球提供服务能力，成为世界上第三个独立拥有全球卫星导航系统的国家。

俄罗斯"格洛纳斯"全球卫星导航系统全面运行，伴随着2颗"格洛纳斯-M"发射升空，"格洛纳斯"全球导航卫星系统中所需的全部24颗卫星都已在轨运行。此外，俄罗斯还于10月25日发射了一颗新一代"格洛纳斯-K"卫星。

（四）科学卫星得到更多国家关注

2020年，科学卫星依然是各国卫星发展的重点，各类气象卫星、环境观测、遥感等卫星相继升空。主要包括：韩国自主研发的静止轨道卫星GEO-KOMPSAT-2B，用于收集东亚地区雾霾和赤潮等环境和海洋数据；阿根廷最先进的卫星SAOCOM-1B，可用于绘制农业和水文用途的土壤湿度图、洪水风险图、火灾风险图，评估农作物病害风险，模拟采取播种和施肥决策后出现的各种情况，确定雪地中可用于灌溉的水量，研究冰川位移等；印度EOS-1地球观测卫星，用于农业、林业和灾害管理支持；欧洲SENTINEL-1卫星，用于土地覆盖图的绘制和农业管理等；日本首颗光学数据中继卫星，该卫星旨在传输已在轨道上的侦察卫星收集的数据等。

中国也在持续部署以遥感、海洋、高分为代表的科学卫星。其中，引力波暴高能电磁对应体全天监测器双星和高分辨率多模综合成像卫星等科学卫星受到了广泛关注。

五、航天产业保持快速增长

2020年，全球经济仍在受到新冠肺炎疫情的影响，但多家研究与咨询机构发布的报告显示，全球航天产业保持持续增长的良好态势，世界主要国家对航天产业发展保持着十分乐观的态度，均在持续加大该领域投入，共同推动航天产业持续健康发展。

　　7月，美国政府和私营部门研究组联合发布报告《2020年太空工业基础现状：采取行动维持美国在太空域的经济和军事领导地位》。报告指出，要重点发展通导遥等太空信息服务、地月空间经济等领域，并向美国政府提出了发展商业航天等6项建议。此外，报告分析了当前美国发展太空经济所面临的挑战，向工业界提了相关建议，尤其是加强与国内外相关零部件、子部件和子系统制造商的伙伴关系，以确保太空供应链的安全性。

　　7月，美国卫星产业协会（SIA）发布《2020年卫星产业状况报告》，对全球卫星产业进行了总结分析，这是SIA第23次发布该系列年度报告。报告显示，2019年全球航天产业总体表现尚佳，全球航天经济总量增长1.7%，达到3660亿美元，其中商业卫星产业占比约达75%，总量约为2710亿美元；火箭发射数量创历史新高，宽带和遥感技术创新取得突飞猛进的进展。此外，报告对新冠肺炎疫情影响下的未来产业发展保持适当乐观。

　　2021年1月，欧洲咨询公司发布《2020年航天经济报告》，阐述了当前航天经济的发展现状、主要趋势和增长动力。报告指出，2020年航天经济（包括政府航天投资和商业航天）总额为3850亿美元，创历史新高。其中，2020年政府航天预算为700亿美元，比2019年增加10%；商业航天的收入为3150亿美元，比2019年的3190亿美元下降2%。出现下降的原因包括新冠肺炎疫情对航空、海事、海上石油和天然气等市场带来的巨大冲击，以及视频相关服务收入的持续下降。《2020年航天经济报告》总结了全球航天整个价值链的走势，并对上游卫星制造和发射服务及下游卫星运营和卫星服务的关键事实和数字进行了分析。

六、2021年世界航天领域将继续保持良好发展态势

　　2021年，全球将执行大约100多次航天发射，世界航天领域将再次取得新的重大进展。在空间科学探测领域，美国、中国和阿联酋的火星探测器将相继抵达火星执行探测任务。月球探测将再受到全球关注，若相关项目不推迟，俄罗斯"月球–25号"（LUNA-25）月球探测器，日本"八起"（YAOKI）首辆月球车也将于2021年发射。美国将会发射"露西"（LUCY）探测器，用近10年时间对8颗小行星进行探测研究，这将是美国首次派探测器造访在与木星相同轨道上绕太阳运行的特洛伊小行星。美国将发射备受瞩目的"詹姆斯·韦伯"太空望远镜，它拥有比"哈勃"更高的红外分辨率和灵敏度，并将在天文学和宇宙学领域进行广泛的研究。美国的"成像X射线偏振测量探测"（IXPE）天文卫星也将发射升空，将为宇宙起源的研究增加一个新的维度。国际空间站建设方面，美国、俄罗斯将

发射 8 艘载人飞船奔赴太空和国际空间站。其中，美国波音公司的"星际线"载人飞船将首飞，美国"龙"载人飞船将执行 2 项飞行任务，"公理太空 –1"旅游飞船也将执行 1 次载人飞行，为国际空间站接送宇航员和太空游客。2021 年中国空间站将加快建设，将分别执行"天舟一号"和"天舟二号"货运任务，以及"神舟十二号""神舟十三号"空间站载人飞行任务，正式开启中国空间站建设运行新阶段。卫星领域将继续快速发展，商业通信卫星和军用卫星持续增长。美国 SpaceX 公司将 14 次发射"星链"互联网卫星，将 790 颗"星链"卫星送上太空。美国、俄罗斯和印度的导航卫星系统也均有发射新星计划。科学卫星领域，欧洲将发射"欧星 – 量子"（EUTELSAT QUANTUM）通信卫星，将成为世界首颗在轨可重新编程量子卫星。

（执笔人：徐　峰）

主要国家和地区重塑制造业韧性

新冠肺炎全球大流行对主要国家和地区制造业产生深刻影响，导致其短期内迅速衰退，其引发的供应链问题更是进一步推动全球生产制造格局向本地化、区域化、同盟化和多元化方向转型。为应对疫情危机及生产制造格局的变化，各国纷纷加强政策部署，加大制造业支持力度，重塑制造业韧性，旨在构建自主可控安全可靠的关键产品和技术供应链。同时，新冠肺炎大流行还引发了全球性缺"芯"危机，半导体生产制造成为各国关注的焦点。

一、新冠肺炎疫情导致全球制造业短期内迅速衰退

制造业采购经理指数（PMI）是通过对制造业领域采购经理的月度调查汇总出来的指数，能够反映制造业活动的变化趋势，其荣枯线是 50%，超过 50% 表明行业经济向好，低于 50% 表示经济较差。根据中国物流与采购联合会发布的制造业 PMI，新冠肺炎疫情对全球制造业产生深刻影响。疫情发生前，2019 年全球制造业 PMI 保持在 50% 上下，基本呈现稳定发展态势。2020 年 1 月，全球制造业 PMI 为 50%，随后新冠肺炎在全球大流行，制造业发展呈下行趋势，到 2020 年 4 月 PMI 降至最低点，仅有 39.5%。随着各国防疫情、保民生、稳经济等相关政策的陆续出台，全球 PMI 逐步回升，但依然保持较低水平，2020 年 7 月回升至 50% 的荣枯线。此后，全球 PMI 保持较快回升势头，到 2021 年 3 月达到 57.8%，全球经济复苏态势有所增强，如图 2-1 所示。

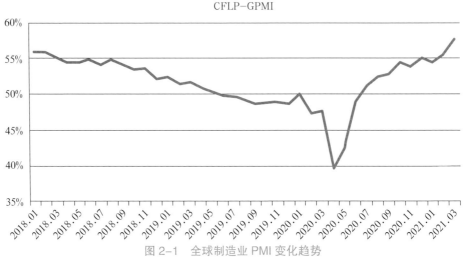

图 2-1　全球制造业 PMI 变化趋势

（来源：中国物流与采购联合会）

　　按地区分布来看，亚洲地区受新冠肺炎疫情影响于 2020 年 2 月开始显现，PMI 降至 42.9%，此后基本呈现温和上升态势，至 2020 年 8 月回升至荣枯线，此后继续稳定上升，至 2021 年 3 月达到 52.6%。美洲地区于 2020 年 3 月受疫情影响开始显现，PMI 结束原有上升态势，降至 48.7%，4 月进一步降至 39.7%，5 月开始回升，6 月升至 51.6%，此后保持较快恢复势头，到 2021 年 3 月高升至 62.3%。欧洲地区也于 2020 年 3 月受疫情影响开始显现，特别是 2020 年 4 月猛降至 33.6%，创历史新低，在各国逐步复工复产和政府政策的激励下，PMI 逐步回升，到 2020 年 7 月恢复至 51.6%，此后持续恢复，到 2021 年 3 月 PMI 达到 59.5%，为近两年最高水平。非洲地区受疫情影响同样于 2020 年 3 月开始显现，到 2020 年 4 月 PMI 降至 40.9%，此后缓慢复苏，到 2020 年 10 月回升至 54.5%，2020 年 11 月后非洲国家受疫情影响再次加重，PMI 再次下降，此后到 2021 年 3 月一直在 51% 左右徘徊。

二、全球生产制造格局或将发生重大变化

　　近年来，已经持续了数十年之久的经济、贸易和生产制造全球化进程遭遇巨大挑战，新冠肺炎疫情更是对全球供应链产生深刻影响，各国（特别是发达国家）开始反思制造业对本国国家安全、经济发展和社会民生的重要性，有意复苏制造业竞争力，推动制造业向本国或区域内回流。在这一趋势的推动下，全球生产制造格局或将发生重大变化，向本地化、区域化、同盟化和多元化方向转型。

　　本地化是企业简化生产流程，更多采取本土生产或临近本土生产的方式。其特点是价值链更短、更集中，生产分工更少，以减少海外生产和外包任务。这一发展方向可能会出现在高技术产业和当前比较依赖全球价值链的产业，如机械和设备制造、电子工业、汽车制造业、零售和批发、物流业等，其影响包括国外直接投资下降、国内投资增加、全球价值链贸易下降。例如，美国时任总统特朗普于 2020 年 10 月签署行政令，给予美国海外投资机构更多权利以帮助制造业企业返回美国，还威胁对在境外生产商品的美国企业征税；新任总统拜登于 2021 年 1 月签署行政令，要求确保未来产品由美国工人在美国制造。

　　区域化是跨国企业将从前的全球价值链后撤到区域层面或在临近本土的地区开展业务活动的结果，数字技术的大规模应用及新冠肺炎疫情后各国出台的区域主义政策是生产格局区域化发展的关键推动力。其特点是价值链更短，但仍保持在区域范围内的分散，同时附加值的地理分布会变得更广。疫情之后各国政府和企业痛定思痛，缩短产业链并布局周边成为趋势，区域产业分工将加速替代全球分工，从而进一步强化北美、欧洲和东亚三大产业中心。例如，"区域全面经济伙伴关系协定"（RCEP）和"美国 – 墨西哥 – 加拿大协定"（USMCA）等区域贸易协定的签订将加深区域内合作，增强域外壁垒。

　　同盟化是两国或多国基于盟友国集团利益或所谓的价值观在关键性产业上建立的盟友合作框架。近两三年来，特别是新冠肺炎疫情暴发以来，以美国为代表的西方经济体希望在公共卫生安全、军事安全等相关产业上与利益一致的国家构建合作，因此下大力气拉拢盟友实现关键产业链供应链"去中国化"。例如，美国不断在 5G 基础设施和半导体生产制造领域寻求与盟友合作，打压中国。欧盟发布的《欧洲工业战略》强调成员国之间形成共识、共同行动、联合投资、统一标准，以促进关键战略性价值链产业链供应链发展。日本、印度、澳大利亚计划推动"供应链弹性倡议"，未来可能邀请东盟国家参与，意图与中国抗衡。

　　多元化是除生产回归外的另一种增强供应链弹性的替代选择，指放弃一定的规模经济收益，而在供应链中加入更多的地点和供应商。多元化一直是近年来产业链调整的方向之一，新冠肺炎疫情令各国更加意识到供应链多元化的重要性。英国考虑加入"全面与进步跨太平洋伙伴关系协定"（CPTPP）以多样化供应链，在不确定性加剧、世界经济受损的情况下助力英国经济安全。日本政府因担心供应链过于集中，从其经济刺激方案中划拨 22 亿美元，鼓励日本企业搬迁（从中国搬出）。德国经济部长阿尔特迈尔表示，德国企业应该将风险分散到中国之外的亚洲市场。

三、主要国家和地区加强疫后制造业部署，确保关键产品和技术自主安全可控

1. 美国提出未来产品由美国工人在美国制造

新冠肺炎疫情暴发引起全球经济衰退，美国失去了约54万个工作岗位，同时占美国经济约12%的制造业再次陷入低迷。为恢复美国制造业能力和竞争力，总统拜登于2021年1月签署《关于确保未来由美国工人在美国制造的行政令》，旨在敦促联邦政府增加对美国产品和服务的采购，加强国内制造业生产并为新技术创造市场。具体来看，行政令要求美国联邦政府每年6000亿美元采购经费中的1/3（约2000亿美元）应用于购买美国商品和服务，所谓"美国商品"要求至少有50%的零部件来自美国本土。同时，美国还着重强调改善供应链，确保关键供应链稳定安全，对此拜登于2021年2月签署总统行政令，要求对半导体芯片、电动汽车大容量电池、稀土矿产和药品这4类产品的供应链产品展开为期100天的审查，并在一年内完成对美国国防、公共卫生、通信科技、交通、能源和食品等六大部门的供应链风险评估。

此外，"先进制造"依然是美国制造业发展的核心方向，在2020年8月公布的《美国联邦政府2022年预算备忘录》中"先进制造"被列为五大研发重点之一，其优先领域包括智能制造、数字制造及先进工业机器人技术，还重点关注低成本分布式制造、可持续制造、先进材料及其工艺等。同时，美国各大机构也加强了对"先进制造"领域的部署。例如，美国国家科学基金会于2020年3月启动了"未来制造业"项目征集，重点是支持全新的、可能具有变革性的制造方案，共包括三大研究方向：一是未来网络制造研究，即在计算和制造业的交叉领域挖掘研究机会，利用创新传感器和执行器的融合、快速可靠的通信、云和边缘计算、数据分析、计算模型、人工智能和机器学习等技术提高通用性和可靠性，并减少制造过程和系统控制的成本；二是未来生态制造研究，即整体考虑涵盖整个产品生命周期的制造过程，研究能源消耗、对环境的影响及成本效益；三是未来生物制造研究，即推动治疗性细胞和分子、化学物质、药物、聚合物和燃料的生物制造，并推动生物技术在计算、信号处理和通信领域的应用。美国能源部于2020年5月宣布将投入7000万美元新设"网络安全制造业研究所"，旨在在数字化时代应对网络漏洞，保护美国制造业。

2. 欧盟发布两版《欧洲工业战略》强调原材料供应安全

欧盟委员会先后于2020年3月和2021年5月出台两版《欧洲工业战略》，

后者旨在更充分地考虑新冠肺炎疫情后的新形势，推动欧盟工业向更加可持续、数字化、充满弹性和更具全球竞争力的方向转型。其中，欧盟高度重视原材料供应安全。新《欧洲工业战略》提出，欧盟委员会将根据贸易数据对欧盟进口的5200种产品进行"自下而上"的分析；对原材料、电池、活性药物成分、氢、半导体及云技术和边缘技术进行深入审查，进一步了解战略依赖的根源及其影响；努力使国际供应链多样化。

此外，欧盟还于2020年9月专门发布《关键原材料行动计划》，旨在解决欧盟在工业原材料供应上过分依赖其他国家的问题。对此，欧盟将：建立欧洲原材料联盟，联合价值链上的所有利益相关方（成员国、地区、行业协会、研发机构、投资者等）共同解决关键原材料供应问题；支持资源循环利用与回收再利用，提高产品可持续性，减少对初级原材料的依赖；加强欧盟境内的关键原材料勘探研发，并利用数字化、自动化、绿色化等新技术支持勘探和开采；开拓多样化的第三国原材料供应渠道，克服欧洲矿藏不足、中长期内不得不大幅依赖进口的现实。

3. 英国加速布局响应制造、精密制造和数字制造

英国正在实施于2017年11月制定的《工业战略：建设适应未来的英国》，并通过其框架下的"工业战略挑战基金项目"支持先进制造技术研发。根据英国工程与自然科学研究理事会的项目征集计划，2020年英国高度重视响应制造、精密制造和数字制造相关研究。

"响应制造"主题的目标是开发能够自主响应系统内部或外部的突发变化或中断的柔性的和可持续的制造系统。具体研究方向包括：工艺过程数字化建模；与响应制造过程相关的标准、法规和道德规范；隐私、信任和安全问题及数据处理问题；响应过程中的人为干预；响应系统的业务模型和管理系统；供应网络研究等。

"精密制造"主题的目标是在保证加工精度的同时大幅降低大规模制造成本。具体研究方向包括：降低纳米级产品的大规模制造成本；扩展使用先进材料制造产品的能力；打造基于英国的、不依赖进口技术的创新型制造平台；规模化生产和制造精密材料的方法和技术等。

"数字制造"主题的目标是让制造更智能。具体研究方向包括：智能互连工厂，即利用机器人、增材制造、数字孪生、数字追踪系统等先进技术优化当前及未来工厂的设计和运行；互连、通用的供应链，即利用人工智能和分析系统、生产方案建模、供应链系统化和风险管理等先进技术优化当前及未来供应链的设计和执行；适应性强、灵活的制造流程和技能，涉及小批量定制型生产、分布式制造、生产流程数字化模拟、安全性与人机交互等。

4.俄罗斯出台制造业发展综合战略助力经济复苏

2020 年 6 月，俄罗斯政府出台《至 2035 年制造业发展综合战略》，旨在在新冠肺炎疫情引发全球性经济危机、全球贸易保护主义加剧和市场重新分配的背景下，通过构建具有高出口潜力的工业部门丰富本国经济结构，在全球范围内展开竞争，实现经济复苏。为此，俄罗斯政府从技术政策、投资和金融政策、人力资源政策、需求刺激政策、对外贸易政策五大方面确立了具体目标和主要举措，重点发展航空、电子、医疗器械和制药、汽车、稀土和稀有金属、工业母机等 17 大行业部门。

从技术角度来看，俄罗斯将加大对研究、开发、技术转移和数字化的支持，特别是能源与环境技术、食品安全、运输和物流基础设施、卫生保健、新材料（包括化学领域的新技术）、生产和自动化技术、微电子和通信技术。具体措施包括：对研发投入进行补贴；支持创建并发展快速成长的技术领先型企业；为研究人员提供资金支持；发展研发集群和平台，支持国家数字平台发展；推动工业和工程软件开发；优先支持标准化和认证工作；推动技术转移机制发展；推广"精益制造"；扩大与国外机构的技术创新合作。

5.澳大利亚推动制造业向现代化转型

制造业对现代经济发展至关重要，但目前制造业仅占澳大利亚 GDP 的 6% 左右，且呈现下降趋势，在当前新冠肺炎疫情大流行的背景下，澳大利亚各界迫切希望尽快构建高价值制造业来支持国家经济复苏。为此，澳大利亚政府于 2020 年 10 月出台《现代制造业战略》（简称《战略》），旨在推动制造业向现代化转型，使澳大利亚成为全球公认的高质量和可持续发展的制造业国家，为所有澳大利亚民众打造强大、现代且富有弹性的经济。

《战略》确定了澳大利亚制造业发展的四大支柱，分别是：完善经济发展环境，使其更适合产业发展；推动科学技术为产业发展服务；关注六大关键优势领域（资源技术与关键矿物加工、食品与饮料、医疗产品、可再生和清洁能源、国防、太空）；确保国家经济的弹性。同时，《战略》提出三项关键行动，一是启动"现代制造业计划"，帮助制造业企业扩大规模，实现优秀想法商业化，并充分融入本地和国际价值链；二是启动"供应链弹性计划"，提前部署应对未来可能出现的供应链中断；三是发起第二轮"制造业现代化基金"，解决增长和创新障碍，构建现代化的、敏捷的和数字化的制造业企业。

6.印度大力支持医疗医疗设备和电子产品制造

印度内阁于 2020 年 3 月批准一系列计划促进国内先进制造业的发展，将在未来五年投入 40 亿卢比实施医疗器械园区促进计划，支持医疗器械园区公共基础设施的构建和完善；投入 34 亿卢比实施生产关联激励计划，支持国内医疗设备制造；投入 376 亿卢比实施"电子制造集群 2.0 计划"，支持建立电子制造集群和公共设施中心。

其中，生产关联激励计划旨在通过吸引投资加强国内医疗设备制造能力的发展，重点领域涉及癌症护理/放射治疗医疗设备、放射与影像医疗设备、麻醉和心脏呼吸医疗设备、各类植入物（如耳蜗植入物和起搏器）等。电子制造集群 2.0 计划旨在大力建设电子制造集群、工业园区和工业走廊，为电子系统设计和制造行业发展提供基础设施和服务，以进一步培育良好的电子产业生态系统，推动创新并促进地区经济增长。

7. 新加坡高度重视制造业相关研发

新加坡政府于 2020 年 12 月出台《研究、创新与企业计划 2025》，"制造业"是其四大重点研究领域之一，旨在提升制造业能力和竞争力，帮助企业拓展日益庞大的国际市场。主要举措包括：增强公共研究机构在微机电系统（MEMS）等领域的技术能力，支持电子领域抓住新的增长机会，如应用于自动驾驶汽车和医疗领域的可穿戴设备；继续开发先进材料，巩固制造业优势，如新加坡科技研究局设立"制造业材料加速开发计划"，利用机器学习、人工智能、机器人和自动化等技术，加快材料创新，并将成果应用于各大行业；启动新计划，鼓励企业采用可持续制造模式；开发平台技术，支持企业进行供应链数字化转型；扩大增材制造创新集群规模，加强与制造业关键参与者的联系与合作；加速增材制造的工业化进程，并针对行业需求开展相关研发工作。

四、半导体生产制造成为全球焦点

新冠肺炎疫情在造成全球经济发展停滞的同时，也将半导体生产制造推上风口浪尖，2020 年下半年开始全球半导体产能紧缺现象开始凸显，到 2021 年年初各大产业全面缺芯，特别是汽车行业更是出现一"芯"难求的困境，包括宝马、戴姆勒、本田、日产在内的诸多车企都因为芯片短缺问题相继停产、减产和裁员。据美国最大的芯片代工商格芯预测，全球芯片"短缺潮"很有可能要持续到 2022 年。因此，为渡过缺芯难关，各国政府纷纷加强政策部署，力求确保本国半导体供应独立自主；各大半导体制造厂商也加速全球扩建步伐，进一步扩大产能，满足全球各大产业芯片需求。

1. 发达国家积极制定半导体发展规划，力促半导体生产制造回流本国

美国着力打造自给自足的本地化半导体供应链。2020 年，美国企业占全球半导体销售额比重高达 47%，但其产能却仅占 12%，特别是先进半导体制造（即 10 nm 以下）完全依赖中国台湾和韩国。因此，在新冠肺炎疫情和中美战略竞争日益激烈的背景下，美国政府开始重视重塑半导体生产制造能力，确保半导体供应独立自主。自拜登就任总统以来，围绕半导体生产制造进行了一系列部署。2021 年 2 月，拜登签署了总统行政令要求在 100 天内对美国主要供应链进行审查，半导体及与其生产制造密切相关的稀土是审查的重点领域，提出"不能依赖国家利益和价值观不同的外国"。3 月，拜登推出总额达 2.25 万亿美元的大规模基础设施建设和就业计划，其中将有 500 亿美元用于提高半导体产能。4 月，拜登组织召开"半导体和供应链"峰会，将美国汽车制造商与全球半导体生产制造商聚集在一起，旨在寻找解决汽车行业芯片供应问题的解决方案。另外，美国国会还于 2020 年 12 月通过了《为半导体生产创造有效激励措施法案》(CHIPS for America Act)》，旨在恢复美国在半导体制造领域的领导地位，2021 年 5 月，全球半导体产业链供应链上的 64 家大企业宣布成立"美国半导体联盟（SIAC）"，要求美国政府为该法案进行拨款，以补贴相关企业赴美建厂。

德国支持半导体自主研发与生产。德国认为，微电子是数字化时代的基础，为在未来全球竞争和产业链中保持自主地位，并按照自身价值观构建数字化社会，德国和欧洲需要可信赖的微电子产业能力，通过自有的微电子产业抵御和应对全球挑战。为此，德国政府于 2020 年 11 月制定《微电子研发框架计划》，旨在成为开发和生产可靠且可持续微电子产品的全球重要竞争者，并具备理解、自主生产和开发微电子这类关键技术的能力，其主要技术发展方向包括电子设计自动化（EDA）、专用处理器、新型智能互联传感器、高频电子、电力电子、微电子制造设备等。

日本有意恢复本国半导体产业。日本在半导体产业在最尖端生产方面落后，但在半导体制造设备和材料领域具有优势，在当前半导体紧缺的形势下，日本有意恢复曾经十分辉煌的本国半导体产业。2021 年 5 月，日本公布《半导体战略概要》，旨在强化半导体研发和生产制造能力，扩大日本半导体产业的全球市场占有率。对此，日本政府将：提升国内半导体产业韧性，包括在金融和税制方面提供优惠，支持海外半导体生产制造商在日本建立生产基地，实现先进半导体量产；加大数字技术投资，提升先进半导体设计能力；进一步提升日本在半导体制造设备和材料领域的优势及供应链水平，推动其向智能化转型。

韩国继续强化半导体生产制造优势。韩国是半导体生产制造强国，其占全球半导体制造市场的比重高达 28%，位居全球之首。因此，韩国将半导体视为支柱

产业，高度重视通过政策部署支持其发展。2020 年 10 月，韩国发布《人工智能半导体产业发展战略》，旨在到 2030 年成为人工智能半导体强国，其全球市场占有率达到 20%。2021 年 2 月，韩国发布《系统半导体技术创新支持方案》，旨在支持电力半导体和新一代传感器研发。4 月，韩国表示将促进非硅功率半导体本土开发，大力支持企业在国内建设 6 ～ 8 英寸晶圆芯片代工制造基础设施，生产用于电动汽车和其他有功率效率和耐久性要求的芯片，以抢占仍处于早期阶段的下一代功率半导体市场。5 月，韩国进一步发布综合性国家半导体规划——《K 半导体战略》，提出未来十年将投入 510 万亿韩元（约合 4500 亿美元）支持半导体领域发展，旨在使韩国成为全球最大的半导体制造基地，引领全球半导体供应链。

2. 基于共同利益打造同盟半导体产业链供应链趋势显现

当前，尽管美欧日韩等半导体市场或生产制造大国都提出了供应独立自主的诉求，但要建设完全自给自足的本国半导体供应链十分困难，因为半导体供应链是真正全球化的，当前没有一家公司甚至一个国家能够实现完全的垂直整合。在全球缺芯的大背景下，不少国家开始寻求替代方案，基于共同利益和价值观打造同盟，构建同盟化的半导体产业链供应链。

美日（韩）同盟。近年来，随着中美战略竞争加剧，美国欲打造"去中国化"的产业链供应链。在半导体领域，日本既有制造设备和材料领域的优势，又有恢复本国半导体产业的诉求，因此成为美国构建独立自主半导体产业链供应链的最主要合作伙伴。2021 年 4 月，美日两国达成一致，准备设立由两国政府部门组成的工作组，以确定半导体研发和生产制造任务，日本国家安全局、经济产业省及美国国家安全委员会和美国商务部等相关部门将加入工作组，同时两国还可能任命副国务卿级别人员担任该工作组最高职位。另外，韩国也是美日两国努力争取的合作对象，这是因为美国善于半导体研发和设计，日本精于制造设备和材料，韩国则在生产制造和代工领域具有优势，美日韩三国合力将能在较短时间内实现半导体制造完整的产业链和供应链。因此，在美日韩三国于 2021 年 4 月召开的国家安全保障会议上，"半导体供应链安全"被视为重要议题。但由于半导体产业是韩国支柱产业，而美国力图打造的是以强化美国本土生产为中心的半导体供应链，这与韩国国家利益有所冲突相悖，因此韩国对与美国合作不像日本一样积极。

美日印澳稀土同盟。稀土和稀有金属在半导体产业领域应用广泛，如第二代半导体材料砷化镓、碲化镉，第三代半导体材料氮化镓等。中国是稀土生产制造大国，美国约 80% 的稀土从中国进口，日本稀土也在很大程度上依赖中国。因此，在美日共建半导体产业链供应链进程中，在稀土和稀有金属领域寻求更独立可控的合作伙伴十分重要，印度和澳大利亚作为美国在印太地区传统盟友以其资源优势成为美日的首要合作伙伴。2020 年 12 月，四国举行磋商，围绕稀土和稀有金属供应链合作达成一致，将共享生产技术和开发资金，并携手制定国际规则，以构建更少依赖中国的供应链。

欧盟半导体产业联盟。欧洲在全球半导体市场占比仅为 10% 左右，远低于其经济地位，并高度依赖国外制造的芯片。2020 年 12 月，包括德国、法国、意大利、西班牙的欧洲 19 国签署联合声明，旨在构建专属于欧洲的半导体供应链，确保半导体供应战略自主。根据联合声明，欧洲各国将：组建半导体产业联盟，制定半导体设计、部署、开发及制造相关研究和投资计划路线图；增强欧洲在半导体和嵌入式系统价值链中的生产制造能力，并在 2025 年前提高其处理器芯片的性能及能耗；设计一个跨国且包容各方的欧洲旗舰项目，支持欧洲构建强大的电子工业生态系统，确保供应链稳定和先进半导体制造。同时，欧盟在其于2021 年 3 月推出的《数字罗盘 2030：欧洲的数字十年之路》中提出了"半导体生产制造"目标，即欧洲自主生产的先进、符合可持续发展标准的半导体元器件（包括处理器）应达到全球产值的 20%。

3. 主要半导体厂商加速全球产能布局

在全球缺芯的背景下，主要国家和地区纷纷推出优惠政策，吸引半导体生产制造商到本国投资建厂，各大厂商顺势加快全球建厂步伐，以在最大程度上增加产能，满足各国和各大产业需求。

台积电在美国新建工厂并在日本设立研发中心。2020 年 5 月，台积电宣布将计划斥资 120 亿美元在美国亚利桑那州建设一家工厂，这将是台积电在美国的第二个生产基地，采用先进 5 nm 制程工艺，计划于 2021 年开始施工，2024 年完成建设，投产后每月可生产 2 万个晶圆。在全球严重缺芯和美国不断加大支持芯片制造回流力度的背景下，台积电计划再追加数百亿美元在亚利桑那州最多建设 6 座芯片工厂，并考虑采用更为先进的 3 nm 制造工艺。日本政府专项划拨2000 亿日元（约合 19 亿美元）寻求与台积电开展合作，对此台积电已决定将于2021 年内在日本新设研发中心，并计划于 2025 年在日本建设首座半导体工厂。

三星将在美国和韩国新建工厂。根据三星于 2021 年 2 月向美国得克萨斯州政府提交的文件，三星将在得克萨斯州投资 170 亿美元建造一个新的芯片工厂，预计将在 2021 年第二季度开工建设，并于 2023 年第四季度竣工投产，或将采用先进 3 nm 制造工艺。另外，三星还于 2021 年 5 月宣布，将投入 180 亿美元在位于首尔近郊的平泽半导体工厂内兴建新厂房，预计将于 2022 年下半年启用生产。

英特尔明确将继续进行芯片制造。英特尔是为数不多的既开展设计又进行制造的芯片研发制造商，近年来英特尔正在进行芯片设计和芯片制造业务调整，并曾有放弃芯片制造的计划，但在全球缺芯的背景下，英特尔新任首席执行官帕特·格尔辛格于 2021 年 3 月表示，英特尔将继续专注于芯片制造，并将斥资 200 亿美元在美国亚利桑那州新建两家芯片工厂。另外，英特尔还于 2021 年 5 月宣布将投资 100 亿美元在以色列新建芯片工厂，并计划在欧洲建设一座先进的芯片工厂。

（执笔人：张丽娟）

第三部分

主要国家和地区科技发展概况

　　本部分主要介绍了美国、加拿大、墨西哥、哥斯达黎加、巴西、智利、欧盟、英国、法国、葡萄牙、爱尔兰、比利时、挪威、芬兰、丹麦、德国、瑞士、意大利、奥地利、塞尔维亚、捷克、波兰、罗马尼亚、希腊、俄罗斯、白俄罗斯、日本、韩国、印度尼西亚、马来西亚、新加坡、缅甸、印度、巴基斯坦、以色列、哈萨克斯坦、乌兹别克斯坦、澳大利亚、新西兰、埃及和肯尼亚等国家和地区2020年的科技发展概况，包括最新出台的科技创新政策、举措与计划，科技投入，重点发展领域与产业动向，以及国际科技合作政策等。

◉ 美　国

　　2020 年，美国联邦政府促进科技应对疫情，加强重点领域科技部署，推动国际科技合作，以国家安全挂帅和共同价值观引领重塑内外科技创新环境，旨在应对新一轮科技革命和产业变革，应对战略竞争对手挑战。美国的整体创新实力和综合竞争力继续保持世界领先，若干重要科技领域取得新突破。与此同时，美面临科技实力相对下滑，新冠肺炎疫情难以遏制，应对气候变化、环境保护方面工作不力，促使科技界反思其科技政策，为新一届政府留下政策调整空间。

一、推动科技应对疫情

　　疫情暴发以来，美联邦政府加强资源统筹协调，推动官产学研合作，加大知识、数据、技术和基础设施等的共享，积极促进科技应对疫情。2020 年 1 月，美国成立了总统新型冠状病毒特别工作组。白宫科技政策办公室（OSTP）、卫生与公众服务部（HHS）、能源部（DOE）、国防部（DOD）直至国立卫生研究院（NIH）、生物医学高级研究与发展局（BARDA）、国家科学院（NAS）、国家标准与技术研究院（NIST）等联邦涉科部门和机构都制订了响应新冠肺炎疫情的科研方案，结合自身优势承担了推进新冠肺炎科研的不同职能。

　　一是加大研发投入。2020 年 3 月上旬，美国总统特朗普签署了《新型冠状病毒准备和响应补充拨款法案》，该法案向 NIH 提供超过 8 亿美元，以加速疫苗研发。3 月下旬，特朗普签署了《新型冠状病毒援助、救济和经济安全法案》（CARES 法案），向 NIH 和其他科研机构提供了 9.45 亿美元额外资金，以支持联邦政府的科技抗疫行动。2020 年 4 月，特朗普签署了《薪资保护计划和医疗保健增强法案》，向 NIH 提供 18 亿美元、向 BARDA 提供 10 亿美元，用于应对疫情相关的科研。

　　二是实施空间机战行动（Operation Warp Speed，OWS）计划。OWS 由 HHSJ

属的各部门［包括美国疾控中心（CDC）、NIH 和 BARDA］与国防部（DOD）联合实施，并得到许多联邦部门和机构的支持，旨在加强资源统筹，推动官产学研合作，以前所未有的速度加快新冠肺炎疫情相关科研。OWS 投入预计超过 100亿美元，重点支持了疫苗研发、治疗方法开发、诊断方法开发、医药产品生产及分销、质量安全等 5 个重点方向，资助了多个生物医药公司及合作者开发的疫苗候选项目。

三是组建高性能计算联盟。2020 年 3 月，白宫宣布启动新冠肺炎高性能计算（COVID-19 HPC）联盟，向全球新冠肺炎研究人员提供访问世界上最强大的高性能计算资源的机会，这些资源可以显著加快新冠肺炎相关科学研究。HPC 联盟由 OSTP、DOE、国家科学基金会（NSF）和 IBM 牵头，包括有关政府机构、企业和科研机构参与。截至 2020 年 10 月，已经支持了 90 多个项目。

四是利用先进制造技术提升抗疫能力。在 NIST 和 DOD 的支持下，美国动员了数家先进制造研究机构开发新工具和技术，通过改善供应链管理，开发新型可扩展制造系统、新疗法和药物来帮助应对疫情。

五是推动数据资源共享。2020 年 3 月，OSTP 会同 16 个国家的机构向学术出版物界发出倡议，以人机可读的格式提供新冠肺炎相关研究论文、数据信息等，以供研究人员利用人工智能（AI）等技术进一步深入挖掘研究成果。同时，OSTP 还会同艾伦 AI 研究所、陈和扎克伯格基金会（Chan Zuckerberg Initiative）、乔治敦大学安全与新兴技术中心、微软和 NIH 等机构联合发布了 COVID-19 开放研究数据集。该数据集收集了迄今为止可用于数据和文本挖掘的最广泛的机器可读冠状病毒研究文献。开放研究数据集发布后，联邦政府向全国人工智能研究界发出倡议，请立即行动起来开发新的文本和数据挖掘技术，以帮助科学界回答与 COVID-19 相关的最重要的科学问题。

六是为应对生物安全威胁做长期准备。在疫情暴发以前，美联邦政府就部署措施应对生物安全威胁。2019 年秋，特朗普总统签署行政命令，鼓励采用公私合作的方式，加强疫苗的开发、生产和供应链建设，并推动多元化发展；推动流感检测、预防和治疗的创新技术方法开发；增强疫苗覆盖范围的法规性要求。在《2022 财年研发预算重点备忘录》中，联邦政府将传染病建模、预测列为研发的重中之重。

二、塑造美国科技创新新格局

特朗普执政四年来，虽然在初期被认为对科技重视不够，包括削减联邦政府研发投入、总统科技顾问迟迟无法得到提名等。但面临新一轮科技革命和产业变革的兴起、全球科技竞争的加剧，特朗普政府采取措施巩固美国作为世界上科技最先进国家的地位，包括加大重点领域投资、推动监管改革、努力培养科学、技术、工程和数学（STEM）人才等。同时，顺应美国的精英阶层对全球竞争格局新变化、特别是中国作为美国战略性竞争对手崛起的认识，强化对美国科研环境的安全保障。2020 年，特朗普政府延续有关做法，加速美国科技创新内外环境调整，塑造美国科技创新新格局，将对未来产生重大影响。

（一）聚焦前沿科技领域，加强研发投入和战略部署

近几年，白宫发布的研发预算重点备忘录均将投入重点放到面向未来产业的前沿技术、公共卫生和国家安全等领域。在公共卫生安全与创新领域，重点是加强诊断方法、疫苗和药物研发，传染病建模、预测，生物医学研究和生物技术研发，以及推动生物经济发展；在未来产业（IoTF）及相关技术领域，重点支持人工智能（AI）、量子信息科学（QIS）、先进通信网络 /5G、先进制造和生物技术、面向未来的先进计算生态体系，以及自动驾驶、无人机、超音速飞行等的研发和部署；在涉及国家安全的领域，重点是提高应对各种自然灾害、突发事件、生物威胁的能力，增强关键基础设施抗冲击能力，防范网络和电磁脉冲冲击，增强供应链弹性，发展先进军事能力，确保美国在半导体技术（包括基础材料、元器件、设计和软件）领域继续保持领先地位；在能源和环境领域，将继续推进能源技术以确保能源供应安全，增进对海洋的了解并扩大海洋数据的使用，改善地球系统预测能力和北极观测能力；在太空领域，优先支持月球和火星资源的就地利用、低温燃料的存储和管理、太空制造和组装、先进的太空动力和推进能力及轨道碎片管理等领域研究，推进太空商业化利用。在近四年执政期间，特朗普政府瞄准人工智能、航空航天、5G、量子信息科学等前沿领域，不断做出战略部署，相继发布确保美国人工智能领导力行政令、国家人工智能研发战略计划、国家量子倡议法案、联邦网络安全研发战略计划、美国无线通信领域的研究与发展重点、美国先进制造业领导力战略、国家战略计算计划、太空行政令等，旨在强化联邦科研协调，优化前沿领域科研布局。

（二）推动面向未来的科技人才队伍建设

美国将科技人才视为促进经济繁荣和国家安全的重要保障，将人才队伍建设重点放在推进 STEM 教育上。联邦政府将加大投入力度，通过跨部门协同努力创造良好的 STEM 教育生态，为美国人提供接受高质量 STEM 教育和终身职业教育机会。联邦政府正在实施由 16 个部门和机构参与的 STEM 教育战略计划，旨在促进 STEM 教育创新发展，提高 STEM 教育的多样性、公平性和包容性。具体措施包括：① 通过加大基础设施建设和开发新工具支持远程教育和面对面学习；② 建立机制，为所有美国人，特别少数族裔和贫困人口提供 STEM 教育途

径；③创建有效的实习机会和体验平台，使学生参与 STEM 现场教育；④为推进 STEM 教育培养下一代教师和教职员工；⑤扩大宽带接入，改善远程学习教学体验；⑥确保足够数量的美国学生攻读 STEM 研究生学位；⑦广泛宣传 STEM 教学最佳实践和经验。

（三）加强科研创新环境建设

为优化美国科研创新环境，特朗普政府提出了 3 项评价标准。一是强调投资回报，要求联邦政府研发投入应被用于促进科技进步并确保获得最大回报，提出"以结果为导向的拨款责任制"，并将其列为总统的管理议程（PMA）跨部门优先事项（CAP）之一。要求各联邦部门和机构提高科研管理效率，减少不必要的行政负担，消除影响联邦科研投资转化效率的障碍因素。二是强调从事科研应符合美国价值观，要求确保科研人员、学生、博士后和技术人员安全、高效、符合道德地开展研究，尊崇美国自由探索、开放包容、公平竞争的价值观。三是强调美国科研安全，要求确保美国科研成果不被窃取。为此，联邦政府重点从与研究环境相关的 4 个领域着力：①加强美国科研机构的安全性；②减轻联邦资助研究的行政负担，努力简化联邦拨款政策和流程，以应对新冠肺炎疫情为契机，推动相关有效做法制度化；③提高研究的严谨性和诚信，加强科研诚信培训和宣传；④为研究人员创造安全、多元、包容和公平的研究环境。为此，OSTP 牵头在美国国家科学技术委员会（NSTC）下成立了研究环境联合委员会（JCORE），以协调跨部门和机构行动，确保上述措施落到实处。

（四）加强统筹协调，推进技术转移

联邦政府认为，从新冠肺炎疫情影响中复苏并保持经济持续增长需要依靠科技创新驱动。以往，联邦政府通过合作研发协议、技术许可和成功的创业投资等机制，促进了联邦资助研发成果的商业化和实验室成果向市场的转化。下一步，希望采取更多的举措促进技术成果的转移转化。为此，美国总统特朗普将"促进联邦资助科研成果从实验室到市场的转移"（Lab-to-Market，L2M）列为总统管理议程（PMA）跨机构优先事项（CAP）之一，要求联邦各部门和机构加强统筹协调，采取措施减轻联邦技术成果转让的行政和监管负担，促进私营部门加大创新投入力度。此外，还要求各联邦部门和机构积极探索更多有效的公私合作方式，以及资源和技术转移机制，并向更多利益相关者开放。有关措施包括：优先为合作项目提供资金，这些项目应与相关激励措施配套，通过多部门参与创造更多机会，使更多的外部伙伴参与其中；加强各联邦部门和机构相关合作计划的统筹，提高计划透明度，改善地方和国家层面的创新合作；通过多部门参与，加速企业家精神培育，推动创新创业，以支持下一代行业领导者的成长。

（五）强化数据资源的利用

数据资源对于促进科技创新、实施问责制、增强透明度，以及实现基于证据的科学决策都越来越重要。为此，"将数据作为战略资产"被列为总统管理议程跨机构优先事项之一，具体包括 3 个目标：一是制定一个长期的涵盖企业的联邦数据战略，以更好地管理和利用联邦数据资源；二是使政府数据可为美国公众、企业和研究人员访问和利用；三是提升数据在政府决策和问责机制中的作用，包括政策制定、创新、监督和学习；另外，在研发方面，要求联邦各部门和机构优先支持旨在改善数据可访问性和安全性的项目，包括涉及隐私保护和数据安全性的基础研究、安全保护技术，建立或强化相关基础设施、平台和工具；加强与非联邦利益相关者的协作，以利用 AI/ML（人工智能 / 机器学习）和其他技术、工具、平台和协议，在生物医学和生物技术等领域推动新发现和创新；采取措施促进数据共享，使数据可发现、可查询和可使用，相关措施应与有关法律、法规和政策保持一致。

三、研发投入在财政赤字压力下继续保持增长

面临严重的财政赤字压力，特朗普上任以来一直试图削减联邦研发预算。虽然近两年联邦政府提出的预算提案均大幅削减了研发经费，但按照美国法律规定，国会作为负责联邦预算支出的主要机构，起到了研发预算稳定器的作用。近年来，国会在提高预算上限的基础上，进一步增加了联邦研发预算。

（一）2020 财年研发预算支出继续保持增长

2020 财年美国研发预算达到 1560 亿美元，比 2019 财年（1401 亿美元）的研发支出增加了 11.3%。其中，基础研究经费 434.6 亿美元，较上年（393.16 亿美元）增长 10.5%，应用研究经费 439.3 亿美元，较上年（429.64 亿美元）增长 2.2%，开发经费 625.78 亿美元，较上年（533.69 亿美元）增长 17.3%，研发设施经费 60.05 亿美元，较上年（44.85 亿美元）增长 33.9%。

（二）2021 财年研发预算继续维持增长

2020 年 2 月，特朗普政府发布 2021 财年预算提案。根据该提案，拟大幅度削减研发预算支出，研发预算要求在 2020 财年基础上减少 9%，为 1421 亿美元。尽管特朗普政府一直试图削减研发预算，但国会持续发挥稳定器作用。同时随着美国大选的落幕和美国精英要求进一步加大研发投入的呼声高涨，2021 财年美国研发预算继续保持增长。2020 年 12 月，国会通过了 2021 财年拨款，主要涉

科部门研发经费维持了增长态势，具体如表 3-1 所示。

表 3-1　2019—2021 年美国研发投入趋势

单位：百万美元

主要涉科部门		FY19 拨款	FY20 拨款	FY21 提案	2020—2021 拨款与提案	FY21 国会拨款	2019—2020 拨款变化
能源部	科学办公室	6585	7000	5838	−17%	7026	0
	核安全局	15 229	16 705	19 771	18%	19 732	18%
	应用能源	2379	2848	720	−75%	2864	1%
国家航空航天局		21 500	22 629	25 246	12%	23 271	3%
国家科学基金会		8075	8278	7741	−6%	8487	3%
国防部	总研发投入	96 090	105 265	106 555	1%	107 457	2%
	科学与技术	15 960	16 074	14 042	−13%	16 873	5%
	其他	80 130	89 192	92 514	4%	90 584	2%
国家海洋大气局		5425	5352	4634	−14%	5431	1%
国家标准技术研究院		986	1034	738	−29%	1035	0
国立卫生研究院		39 084	41 684	38 694	−7%	42 934	3%
美国地质调查局		1161	1271	971	−24%	1316	4%

数据来源：根据美国物理研究所（American Institute of Physics）历年联邦研发投入数据整理，https://www.aip.org/fyi/federal-science-budget-tracker#21_DOE_Sci_Appropriation_Tabel。

四、加大力度防范遏制竞争对手

（一）加强投资审查

随着美国国内对国家安全格局认识的变化，美国外国投资委员会（CFIUS）已经发展成一个具有广泛管辖权的跨部门组织。《2019 国防授权法案》夹带通过《外国投资风险审查现代化法案》（FIRRMA），围绕这一法案，2020 年 1 月美国财政部推出 FIRRMA 实施细则，进一步扩大了美国外国投资委员会（CFIUS）对外商投资审查权力。2020 年 5 月，CFIUS 要求美国外骨骼机器人公司（Ekso Bionics Holdings，EBH）终止参与其与中国公司的合资项目。此外，特朗普签署行政令，禁止 Tik Tok 的母公司字节跳动公司（ByteDance）收购 Musical.ly。同时，白宫逼迫 Tik Tok 出售股权。继 Tik Tok 后，CFIUS 还瞄准了更多具有中资背景的高科技企业。据《华盛顿邮报》2020 年 9 月报道，CFIUS 已经去函数十家美国科技企业，对一些时隔已久的中国投资交易进行追溯性询问。在获得相关信息后，CFIUS 可能会启动进一步调查。

（二）加强技术管制

近年来，美国不断加强出口管制和制裁的执法力度，管制范围从军用技术、关键技术扩大到基础技术、新兴技术，实体清单范围也在不断扩大。《2018 年出口管制改革法案》（ECRA）要求管制"对美国国家安全至关重要的"新兴技术和基础技术。2020 年 1 月，商务部发布限制自动分析地理空间图像软件及其产品出口规定，掀起新兴技术出口管制进程，4 月发布 3 项新的出口管制规定，进一步扩大对华技术出口限制的领域范围、对象范围和长臂管辖。8 月，商务部工业和安全局（BIS）发布了一份拟议规则制定预先通知，就对美国家安全至关重要的"基础技术"的定义和识别标准征求公众意见。10 月，BIS 发布了一项最终规则，根据《瓦森纳协议》安排对包括极紫外（EUV）光刻技术在内的 6 种"新兴技术"施加了新的多边管制。

2020 年，BIS 继续将更多中国企业及机构列入"实体清单"。2020 年 5 月，将共计 33 家中国公司及机构列入"实体清单"，其中包括奇虎 360、哈尔滨工业大学等从事人工智能、信息安全、激光、视频监控的科技公司和机构；9 月，以在南海建人工岛为名，将 24 家中国企业列入"实体清单"；12 月 18 日，以保护国家安全为名将 77 家公司及其附属公司列入"实体清单"，涉及 58 家中国企业，其中包括芯片制造企业中芯国际和无人机制造企业大疆公司；12 月 23 日，美商务部以与"军方有关联"再度发布"实体清单"，其中包括 58 家中国企业。

（三）强化网络安全环境建设

2019 年 5 月，特朗普总统签署《确保信息和通信技术与服务供应链安全的行政令》，要求禁止购买和使用可能对美国国家安全、外交政策和经济构成威胁的外国信息通信技术和服务。2019 年 11 月，商务部公布了《〈确保信息通信技术与服务供应链安全〉行政令的实施条例草案》。2020 年 3 月，特朗普总统签署了《保障 5G 安全相关法案》（Secure 5G and Beyond Act），要求制定 5G 网络的安全策略，以解决 5G 和未来无线通信系统面临的安全等问题。2020 年 8 月，特朗普政府宣布了"清洁网络"（Clean Network）计划，以保护美国公民隐私和美国企业敏感信息为由，摒除中国企业在其电信运营、云服务、海底电缆、应用程序等多个领域内的影响力和业务运作。

（四）加强技术保护

2020 年 10 月，白宫发布了《关键和新兴技术国家战略》，提出促进国家安全创新基地和保护技术优势两大战略支柱，以确保美国在关键科技领域的全球领导地位。除继续关注出口管制、供应链安全等问题外，该战略还要求美国企业、大学和政府机构在开展对外科技合作时考虑国家安全利益，同时也提出加强与志同道合的盟友和伙伴合作，确保共同利益。报告列出了包括人工智能（AI）、能源、量子信息科学、通信和网络技术、半导体、军事及太空技术等在内的 20 项关键和新兴技术。

（五）采取全政府行动加强科研环境安全监管

特朗普上任以来，以维护"科研安全"和科研价值观为由，推动中美科技脱钩。OSTP 牵头成立研究环境联合委员会（JCORE），其中专门下设了科研安全小组委员会，重点关注科研机构安全问题，旨在加强部门协调，以全政府方式共同加强对各联邦科研机构和高校研究安全的审查。2020 财年国防授权法案夹带通过"保护美国科学和技术法案"（SASTA），要求联合各联邦科研、司法和执法等有关机构成立工作组和调查组，维护美国开放科研环境并保护美国知识产权。NIH、DOE、NSF 等按照各自职能加强了对研究安全的审查工作。2020 年 6 月，NIH 披露研究安全调查的初步结果。调查涉及 87 个机构的 189 位科学家，其中 133 位研究人员（约 70%）未能向 NIH 披露接受外国资助情况，54% 的研究人员未能披露参与外国人才计划情况，54 位研究人员受到辞职或被解雇处理，一批著名科学家受到刑事指控。

五、科技实力相对下滑引发对未来科技政策的关注

（一）美国科技实力继续保持全球领先，但相对实力下滑

总体科技实力继续保持全球领先，但相对实力下滑。根据 OECD 最新报告，美国研发竞争力继续保持世界领先，但其他国家正在迅速赶上。从研究与开发（R&D）经费投入总量看，2018 年以购买力平价（PPP）计算，美国研发经费投入总量为 5520 亿美元，居世界第 1 位，中国以 4630 亿美元位居世界第 2 位，但中国追赶势头迅猛，1995—2018 年，中国研发投入年均增长率达 15%，同期美国的年均增长率仅为 3%；从 R&D 经费投入强度看，2018 年美国为 2.8%，从 20 世纪 90 年代中期位居全球前 5 位下滑到第 10 位，以色列、韩国该项指标值均在 4.5% 以上；从研究人员指标看，2018 年中国全时研究人员（FTE）数量近 200 万人，而美国仅 150 万人；从每千名就业人口中全时研究人员数量看，丹麦和韩

国位居前列，均在 15 人以上，而美国不到 9 人。

创新创业继续保持强劲势头。尽管受到新冠肺炎疫情影响，部分科技企业前进扩张步伐放缓，但创新创业热情不减，风险投资依旧活跃。且疫情对工作、交流和创新方式产生深远影响，远程办公、远程会议、远程教育、远程医疗等兴起，许多办公方式灵活，顺应新兴技术需求的高科技企业表现出较强的适应性和韧性。以人工智能和生物医药为代表的高科技产业继续保持良好发展势头。苹果、谷歌、脸书、亚马逊等大型高科技公司股票市值屡创新高。生物医药企业受到资本市场追捧，过去一年硅谷首次公开发行股票并上市（IPO）的企业，生物医药类企业达到 18 家，超过信息类企业的 15 家。大批信息服务、生物医药和金融科技等初创企业快速发展。根据数据分析服务提供商 PitchBook 的数据，2020年前三季度美国风险投资达到 1120 亿美元，已接近于 2019 年全年值。以作为美国创新创业风向标的硅谷为例，硅谷所在加州地区风险投资总额达 470 亿美元，超过 2019 年同期的 382 亿美元，约占全美投资总额的 51%。

若干前沿领域取得新进展。在商业航天领域，太空探索公司（Space X）全系列产品均取得积极进展，载人龙飞船（Crew Dragon）完成历史性载人航天任务，成功用美国自主研发的航天器将宇航员送入国际空间站；截至 2020 年底，星链计划总共发射小卫星 955 颗，并启动星链卫星互联网服务验收测试；星舰（Starship）原型机完成首次低空飞行测试。在交通运输领域，2020 年 11 月洛杉矶交通技术企业维珍超级高铁公司（Virgin Hyperloop）完成真空管道超级高铁首次载人测试。在无线通信领域，2020 年 2 月高通公司推出第三代 5G 调制解调器骁龙 X60 基带，是全球首个采用 5 纳米制造并支持毫米波和 Sub-6GHz 两种频段聚合的 5G 基带。在人工智能领域，4 月谷歌发布一种深度强化学习方法，依据该算法人类专家需要花费数周时间完成的芯片布局设计仅需 6 小时即可完成，亚马逊、苹果、微软、谷歌等诸多公司合作将 AI 技术应用于新型冠状病毒文献检索，为抗疫提供支撑。在量子通信领域，2020 年 2 月在阿贡国家实验室与芝加哥大学间建成 52 英里（1 英里 ≈ 1.609 千米）长"量子环"并进行了系统测试。在生物医药领域，创新技术路线取得新突破，辉瑞与 BioNTech 公司合作开发的 mRNA 新冠肺炎疫苗最终有效率达 95%，Moderna 公司开发的 mRNA 新冠肺炎疫苗有效率达到 94.5%，斯克利普斯研究所开发的新型 CAR-T 细胞疗法获得快速通道资格。

地方政府继续加大对创新的支持和引导。2020 年 2 月，伊利诺伊州政府宣布投入 5 亿美元在芝加哥南部建设一个科技创新中心，中心占地 63 英亩（1 英亩 ≈ 4046.86 平方米），聚焦食品、农业、先进制造和环境等领域研发，预计未来 10 年创造 4.8 万个高科技岗位，产出达 190 亿美元。6 月，加州发布《先进清洁卡车法规》，要求制造商从 2024 年起采用零排放技术生产卡车，以期到 2045

年加州销售的所有新卡车均达到零排放标准。7月，纽约州实施第二次海上风能招标项目，标的高达2500MW，总投资达4亿美元，是美国有史以来规模最大的可再生能源联合招标计划。9月，密歇根州发布《密歇根州健康气候计划》，旨在2050年在全州实现"碳中和"目标。马萨诸塞州通过实施能源效率计划，已创造了超过140亿美元的收益，10月马萨诸塞州政府宣布再向12家能效和清洁能源初创企业提供160万美元资金支持，用于能效产业创新。

（二）国会更加积极参与科技决策

在疫情期间，美国国会多次组织关于美国科技政策，尤其是前沿技术领域发展的听证会。例如，2020年7月美国众议院预算委员会举行了"推动美国创新与复苏：联邦政府在研发中的作用"听证会，会议对美国研发经费投入强度持续下滑趋势表达了担忧，强调了联邦政府积极负责的战略性投资对美国从新冠肺炎疫情打击中复苏并发展经济的重要性。

国会在总结反思联邦政府对科技支持的基础上，面向未来提出一系列新的科技政策法案。参议院少数党领袖查克·舒默发起提出了两党法案——《无尽前沿法案》，要求将国家科学基金会（NSF）更名为国家科学技术基金会（NSTF），并在其中设立技术局，在未来5年内向十大科技领域投资1000亿美元。该法案还授权商务部在5年内投入100亿美元在各地建立区域创新中心。众议院也提出了类似的法案。此外，为确保美国在前沿技术领域的竞争力，国会还提出了《促进美国半导体生产激励措施法案》（CHIPS法案），旨在加强对半导体研发的投入；《美国创新法案》要求国家科学基金会、能源部科学办公室、国家航空航天局的科学使命理事会、国防部科技计划、NIST科技计划的年度预算增长5%，确保美国基础研究获得持续稳定支持；《美国制造业领导力法案》，旨在继续支持制造业创新网络的发展。

六、国际合作

开展应对新冠肺炎疫情科研合作。新冠肺炎疫情暴发以来，美国与国际社会进行合作，通过共享知识和资源来共同应对疫情。2020年3月，OSTP与各国包括科技部长和首席科学顾问在内的全球科学领袖共同发起了每周一次的电话会议，以共享有关科技抗疫的信息。5月，OSTP组织召开了一次七国集团（G7）科技部长虚拟会议，就应对疫情和从疫情中恢复展开合作对话。会后，G7科技部长发表了宣言，包括强化应用高性能计算应对新冠肺炎疫情的合作机制；以包容的方式支持全球经济社会复苏；在共同关注的新冠肺炎研究重点领域加强合作。

深化国际稀土生产和供给合作。2019年11月，澳大利亚地球科学局（Geoscience Australia）和美国地质调查局（USGS）签署了项目合作协议，正式就发展两国的关键矿产资源建立了伙伴关系。2020年1月，加拿大和美国宣布，双方已经制定了关键矿产合作行动计划，旨在推进制造业、通信技术、航天、国防及清洁技术所需关键矿产的安全供应，保障双方利益，以共同价值观为名试图构建新的国际治理框架。2020年5月，OSTP利用牵头召开G7科技部长级会议机会，与G7合作伙伴商定启动全球人工智能合作伙伴关系（GPAI）计划。这是一项多边倡议，旨在鼓励按照共同的宗旨发展人工智能，倡导以人权、包容性、多样性、创新和经济增长为基础的负责任地开发和利用AI。

加强前沿科技领域的国际合作。2019年12月，美国和日本签署《东京量子合作声明》，提出在量子信息科学的研发、人才培养方面加强合作，明确共同利益和合作机会。2020年9月，美国与英国宣布签署《人工智能研究与开发的合作宣言》，包括就未来在研发领域的合作提出建议，协调有关合作研究活动的计划和方案编制，明确合作重点放在基础性和具有挑战性的问题上。

（执笔人：张华胜）

⊚ 加 拿 大

2020 年，加拿大科技创新发展总体平稳。面对突如其来的新冠肺炎疫情，政府迅速采取行动，加大科技投入，启动一系列政策措施，全力支持科研机构、大学、企业在新型冠状病毒检测、诊断、治疗、药物、疫苗及公共卫生对策等方面开展科研攻关，充分发挥科技支撑作用。同时，加拿大政府继续聚焦农业与农业食品、清洁能源、环境与气候变化、人工智能与先进制造、信息通信等重点技术领域，大力推动技术创新，出台并实施氢能、清洁增长等发展战略，并通过创新超级集群等平台和载体加快科研成果转化和人才培养，促进产业可持续发展。在国际上，积极参与全球抗击新冠肺炎疫情科技合作，高调参加全球应对气候变化、清洁增长行动和国际大科学工程研发项目，国际科技合作进一步深化务实。

一、科技发展概况

（一）全社会研发投入

加拿大统计局最新数据显示，加拿大全社会研发投入自 2016 年以来较为平稳，总体保持在 350 亿加元左右。2019 年加拿大全社会研发投入总量为 355.42 亿加元，占国内生产总值的 1.543%（表 3-2）。

表 3-2　2013—2019 年加拿大全社会研发费用投入支出情况

单位：百万加元

年份	2013	2014	2015	2016	2017	2018	2019
研发费用投入	32 441	34 197	33 704	35 016	35 732	34 754	35 542
联邦政府部门	6017	6122	5622	5982	6512	6346	6456
省级政府部门	1881	1829	1741	1721	1780	1812	1848

年份	2013	2014	2015	2016	2017	2018	2019
省级研究机构	6	4	5	5	5	5	5
企业	15 151	15 645	14 814	14 951	15 248	14 290	14 572
高等教育	6320	6394	6657	6815	7106	7187	7258
私人非营利机构	1171	1420	1573	1773	1889	1874	1899
外资机构	1895	2784	3291	3769	3192	3241	3502
研发费用支出	32 441	34 197	33 704	35 016	35 732	34 754	35 542
联邦政府部门	2551	2606	2027	2003	2207	2075	2172
省级政府部门	299	307	285	290	285	283	289
省级研究机构	32	31	33	34	35	39	38
企业	16 598	18 207	17 954	18 723	18 691	17 692	18 253
高等教育	12 803	12 892	13 245	13 810	14 339	14 503	14 648
私人非营利机构	158	153	159	156	175	163	142

2019 年全社会研发投入比 2018 年增长 2.3%。其中，企业研发投入占全社会研发投入的 41.0%，为 145.72 亿加元，比 2018 年增长 2.0%，也是 2019 年总体研发费用小幅上升的主要原因。相比之下，联邦政府部门研发投入占全社会研发投入的 18.2%，为 64.56 亿加元，比 2018 年上升 1.7%；高等教育研发投入占全社会研发投入的 20.4%，为 72.58 亿加元。从研发费用支出来看，企业、高等教育作为两大创新主体，2019 年两者研发费用支出占全社会研发支出的 92.6%，分别比 2018 年增长 3.2% 和 1.0%。

（二）联邦科技财政支出

2019—2020 财年，加拿大联邦财政科技支出为 127.09 亿加元，比 2018—2019 财年增长 3.7%，自然科学与工程领域实现了科技支出与研发支出双增长，分别占联邦科技支出和研发支出的 78.4% 和 84.8%；社会与人文科学领域研发支出增长 7.6%，但科技支出略有降低（表 3-3）。

表 3-3　加拿大联邦政府科技支出表（按活动主体划分）

单位：百万加元

财年	2017—2018	2018—2019	2019—2020
科技支出	12 054	12 259	12 709
自然科学与工程	9356	9475	9965

续表

财年	2017—2018	2018—2019	2019—2020
社会与人文科学	2698	2784	2744
研发支出	7742	7554	7947
自然科学与工程	6666	6435	6743
社会与人文科学	1076	1119	1204

与 2018—2019 财年相比，2019—2020 财年占联邦政府科技支出比例最大的联邦政府（内部）科技支出增长 2.3%。省、市级政府科技支出降幅最大，达 44.7%；商业企业科技支出增幅最大，达到 17.8%；高等教育科技支出增长 3.1%（表 3-4）。

表 3-4　加拿大联邦政府科技支出表（按执行机构划分）

单位：百万加元

财年	2017—2018	2018—2019	2019—2020
科技支出	12 054	12 259	12 709
联邦政府（内部）	5390	5528	5654
商业企业	1520	1351	1591
高等教育	3418	3755	3870
非营利团体	587	676	777
省、市级政府	620	284	157
外国机构	519	665	660

另外，根据联邦部门和机构报告，2019—2020 年度有 37 186 人（全时当量）从事科技活动，其中，69.8% 分布在自然科学和工程领域，30.2% 分布在社会科学、人文和艺术领域。

（三）科技实力与产出

1. 全球创新指数

根据世界知识产权组织发布的《2020 年全球创新指数报告》（GII 2020），2020 年度加拿大的全球创新指数排名居第 17 位，与 2019 年持平。其中，加拿大创新投入指数排名居全球第 9 位，创新产出指数排名居全球第 22 位，均与 2019 年持平。呈现突出优势的分项为：制度类别下的监管环境（第 9 位）和商业环境（第 4 位）；基础设施类别下的一般基础设施（第 8 位）；市场成熟度类别下的信用（第 4 位）和投资（第 6 位）；商业成熟度类别下的创新协作（第 10 位）。在指标层面，合资企业和战略联盟、易于创业程度、高引文数量、电力供应排名均为居全球前五位。相对而言，加拿大的人均新注册企业数、单位能耗 GDP、ICT 服务进口、理工科毕业生等指标排名相对落后。

2. 世界竞争力

洛桑国际管理学院（IMD）发布的《2020 年全球竞争力报告》数据显示，加拿大的世界竞争力居第 8 位，比 2019 年上升 5 位；世界数字竞争力指数居第 12 位，比 2019 年下降 1 位。

3. 知识产权

根据世界知识产权组织统计，2019 年加拿大受理专利申请 36 488 份，较 2018 年增加 0.9%，排名居世界第 8 位，上升 1 位；授权专利 22 009 个，较 2018 年降低 1490 个，排名居世界第 8 位，下降 1 位。加拿大首个专利集体管理组织"创新资产集体管理组织（Innovation Asset Collective）"于 2020 年 12 月成立，并获得加拿大专利集体试点计划 3000 万加元资助，旨在通过建立战略专利池、普及知识产权知识、提供市场信息等措施帮助中小企业保护专利等知识产权。

4. 诺贝尔奖

加拿大共有 24 位诺贝尔奖获得者。其中阿尔伯塔大学引进的英国科学家迈克尔·霍顿与另外两位美国科学家共同获得 2020 年诺贝尔生理学或医学奖。

二、应对新冠肺炎疫情主要举措

为应对新冠肺炎疫情，政府 2020 年 3 月宣布拨款 2.75 亿加元用于资助新型冠状病毒的医学对策研究。4 月宣布再投入 10 亿加元，进一步推动医疗对策研究，并建设抗击疫情所需的基础设施。

（一）开展科技攻关

1. 启动快速科研项目

加拿大政府先后投入 1.664 亿加元，围绕新冠肺炎诊断、治疗、疫苗、临床管理、公共卫生对策等重点领域启动两批共计 240 个新冠肺炎疫情快速科研项目。这些项目具有以下特点：一是启动快。为及时满足公共卫生紧急科研需求，加拿大政府在项目征集评审中采取快速立项程序。在 2020 年 2 月的评审中，加拿大国立卫生研究院（CIHR）牵头，会同其他 8 个联邦和省级科研拨款机构，仅用了约 3 周时间便完成第一批科研项目的立项工作。二是领域宽。项目分为两大类，其中医学对策类 144 个项目，涵盖诊断、疫苗、治疗、临床管理、基础研究等重点领域，资助总额约为 1.24 亿加元；政策及公共卫生措施类 96 个项目，资助总额约为 4240 万加元。三是重点突出。疫苗类获资助项目数占申请项目总数的14.6%，在各类项目中竞争最为激烈，单个项目获资助金额也最高，达到 120 万加元。治疗类项目资助经费近 4670 万加元，占总经费的 28.1%，居各类项目之首。

2. 推进专项研究

一是成立新冠免疫特别工作组（The COVID-19 Immunity Task Force,CITF）。CITF 负责在全国范围领导血液样本中新冠抗体检测，了解新型冠状病毒在人群的传播情况，并评估人群的免疫性和致病性。二是开展基因测序。向加拿大基因组机构牵头的加拿大新型冠状病毒基因组网络提供 4000 万加元，领导开展各地新型冠状病毒和宿主基因组测序工作，用于追踪病毒及毒株，为应对疫情提供信息支撑。三是支持疫苗研究网络建设。两年内投入 1030 万加元，支持加拿大免疫研究网络开展与疫苗相关的研究和临床试验，并提升对疫苗安全性和有效性的检测能力。四是加强疫情数据管理。投入 1000 万加元，用于支持加拿大数据监测计划，在全国范围内协调和共享与大流行相关的数据。

3. 强化科研体系

一是促进全国研究网络建设。Canada COVID 专家网络由加拿大首席科学顾问莫娜·奈莫尔支持建立，旨在促进科学、卫生和决策人员之间的协作和交流。COVID-19 Resources Canada 是由研究人员、学生、网络开发人员等专业人员组成的志愿者网络，旨在帮助研发人员及时获取科研项目、专家、试剂、设备等信息。二是支持科研基础设施建设。通过加拿大创新基金投入近 2800 万加元，支持52 所大学、学院和研究型医院等机构的 79 个科研基础设施项目。

（二）支持企业创新

加拿大政府通过战略创新基金在两年内拨款 6 亿加元，支持由私营企业牵头的新冠疫苗和治疗药物的开发、试验及生产。

1. 支持重点企业

向 AbCellera 公司资助 1.756 亿加元，用于研究治疗和预防用抗体。向Variation 生物技术公司（VBI）在加拿大的全资子公司提供 5600 万加元的资助，支持其多价包膜病毒样颗粒新冠肺炎候选疫苗的开发和生产。向 Precision NanoSystems 公司提供 1820 万加元资助，支持其开发一种 RNA 疫苗，有望 2021 年夏天开展临床试验。

2. 强化工业研究援助计划

联邦政府加大对科技型初创企业的扶持力度，向加拿大国家研究理事会（NRC）工业研究援助计划（IRAP）两次增拨共 4.05 亿加元，专门用于支持疫情中不享受工资补贴政策但仍需帮助的高科技创新型企业，帮助企业渡过难关。IRAP 还为 6 家企业的新冠肺炎候选疫苗提供咨询服务和研发资金，资助总额超过 2300 万加元。NRC 还牵头启动应对新冠肺炎疫情挑战采购计划，通过政府资助、采购等方式，支持中小企业将应对疫情产品和服务快速推向市场。目前，加拿大联邦政府采购中，约一半的抗疫物资来自本国企业。

（三）加强疫苗和治疗药物研发

1. 疫苗研发

目前，加拿大正在开发的新冠肺炎候选疫苗主要有 12 种，其中，超过 6 种候选疫苗在世界卫生组织注册，1 种已进入 2 期临床试验，2 种进入 1 期临床试验。

2. 治疗药物研发

自 2020 年 3 月以来，加拿大已批准开展 70 种新冠肺炎治疗临床试验，并批准两种治疗药物，分别是吉利德公司的瑞德西韦（Remdesivir）、礼来公司的巴姆拉单抗（Bamlanivimab）。另外，加拿大 20 家医院参与世界卫生组织的全球"团结试验"，对瑞德西韦、羟氯喹等药物开展临床试验。

（四）推动成果转化

1. 推动疫苗产业化

加拿大政府加大投入，支持疫苗的本土化生产。向 VIDO-InterVac 疫苗开发和生产投入 3500 万加元，其中 1200 万加元用于中试工厂建设，该工厂计划在 2021 年底前投入使用。向 NRC 投入 4400 万加元，用于对其位于蒙特利尔的人类健康治疗设施进行升级，预计在 2021 年中期完成，可达到每月 25 万剂疫苗的产能；投入 1.26 亿加元建设新的 NRC 生物制造工厂，预计在 2021 年 7 月完，可达到月产 200 万剂疫苗的产能。向 Medicago 公司投入 1.73 亿加元，支持其病毒样颗粒疫苗的开发和生产，并预采购 7600 万剂，这也是加拿大政府目前采购的唯一国产新冠疫苗。Medicago 公司计划在加拿大建设可年产 10 亿剂疫苗的工厂，预计在 2023 年前投入运营。

2. 促进产学研合作

充分发挥创新超级集群作用，促进企业与学术、科研机构协同创新，加快产品推广应用。先进制造创新超级集群投入 5000 万加元，为应对疫情提供制造业解决方案。数字技术超级集群投入 6000 万加元，用于解决疫情带来的健康和安全问题。另外，加拿大自然科学与工程技术研究理事会（NSERC）提供 1500 万加元，推动大学、公共及非营利机构、产业界合作开展应对疫情科研合作，提高科研成果转化效率。

（五）促进科学决策

自疫情暴发以来，加拿大政府成立了由公共部门、私营企业及学术研究界等利益攸关方组成的咨询专家组和特别工作组，为应对疫情提供科学建议。

1. 国家免疫咨询委员会（NACI）

NACI 由儿科、传染病、免疫学、药学、护理、流行病学、药物经济学、社会科学和公共卫生领域专家组成，向加拿大公共卫生署（PHAC）提供与免疫有关的医疗、科学和公共卫生建议，包括确定疫苗接种的目标人群。

2. 新冠疫苗特别工作组（COVID-19 Vaccine Task Force）

该工作组主要任务包括：优先支持加拿大境内疫苗项目；引进有前途的非加拿大候选疫苗，或与非加拿大候选疫苗厂商合作；支持新冠疫苗项目研发和供应链协调；推动在加拿大生产最有前途的新冠疫苗；加强全球商业联系，以确保从主要疫苗厂商处获得疫苗。根据该工作组及相关部门建议，加拿大政府已在全球采购 7 种新冠疫苗，其中包括率先获批的辉瑞、Modema 公司疫苗。

3. 新冠治疗工作组（COVID-19 Therapeutics Task Force）

该工作组向加拿大政府提供关于新冠肺炎治疗的专家建议，以及评估寻求政府支持的新冠肺炎治疗项目，并确定其优先顺序。另外，新冠检测筛查专家咨询组（COVID-19 Testing and Screening Expert Advisory Panel）负责提供有关新型冠状病毒检测方式方面的循证咨询，新冠检测、筛查、追踪和数据管理行业咨询圆桌会议（Industry Advisory Roundtable on COVID-19 Testing, Screening, Tracing and Data Management）帮助政府重点听取各行业意见。

三、重点领域科技和产业发展

（一）清洁能源

一是启动氢能战略。在联邦层面上，加拿大政府于 2020 年 12 月发布加拿大氢能战略，力图打造全球领先的氢能及相关技术生产、使用和出口大国，并将氢能作为实现 2050 年净零碳排放的重要途径。该战略重点围绕战略伙伴关系、降低投资风险、科技创新、规范和标准、扶持政策和法规、氢能科普、区域规划、国际市场 8 个方面提出 32 条建议。二是加快能源转型。加拿大政府向新斯科舍省的 Sustainable Marine 公司投入 2850 万加元，用于交付首个浮动潮汐能阵列项目。另外，阿尔伯塔省政府投入 1500 万加元，组织开展"碳纤维大挑战"国际竞赛，重点支持从沥青生产碳纤维的技术和项目，促进传统石化行业创新发展。

（二）环境与气候变化

一是出台《健康环境与健康经济》清洁增长计划。该计划包括 64 项新措施，并在现有对清洁基础设施 60 亿加元投资的基础上再投资 150 亿加元。二是宣布 2030 年实现零塑料垃圾下一步行动计划，相关法规将在 2021 年底前最终确定。三是推进碳捕集与封存项目。投入 13 亿加元的阿尔伯塔省 Quest 碳捕集与封存项目已运营 5 年，封存超过 500 万吨二氧化碳，且低于预期成本。耗资 12 亿加元的阿尔伯塔省碳干线（ACTL）项目已投入运营，被认为是全球最大的二氧化碳输送管道，每年可运送 1460 万吨二氧化碳，约占目前所有油砂排放量的 20%，相当于 300 万辆汽车的碳排放量。

（三）人工智能与先进制造

一是促进加拿大人工智能生态系统发展。加拿大人工智能超级集群（Scale AI）推出 10 个新项目，利用人工智能提高运输、零售贸易、航空和医疗部门的效率，项目总投入 7470 万加元，其中政府投入 2680 万加元。Scale AI 还在全国范围推出人工智能人才培训专业发展计划，对参加数字智能继续教育计划的个人，报销高达 25% 的注册费，对为员工开展专业培训的公司，报销高达 50% 的培训费用。到 2023 年，该计划将培训 2.5 万名数字和人工智能领域的工人。加拿大 Loblaw 公司与美国硅谷 Gatik 公司合作，计划在多伦多部署加拿大第一个自动驾驶送货车队，将货物从自动分拣地点运送到 Loblaw 零售店。二是提升先进制造能力。阿尔伯塔省政府与加拿大高速运输技术公司 TransPod 签署谅解备忘录，支持该公司推进卡尔加里和埃德蒙顿之间超高速运输线的早期开发。TransPod 已从阿尔伯塔省获得建造 10 公里试验轨道用地，计划建造一条耗资 5

亿加元的测试轨道，到 2030 年建成时速高达 1000 公里的超级环路系统。另外，政府投入 2280 万加元，与加拿大 MDA 公司签订建造智能机器人系统"加拿大臂 -3（Canadarm-3）"的 A 阶段合同。Canadarm-3 主要用于太空站模块的组装、维护等，将参与美国月球轨道空间站"门户"（Gateway）建设，进一步提升加拿大在空间机器人领域的全球领导地位。

（四）信息通信

一是提升产业信息化水平。数字技术创新超级集群推出 6 个技术项目，以支持航空、医疗和农业等关键行业的数字化转型，总投入 2040 万加元，其中政府投入 730 万加元。另外，该集群还推出 8 个能力建设项目，以促进技能发展、技术的多样性和包容性，并吸引学生从事数字技术职业，总投入 500 万加元，其中政府投入 210 万加元。海洋创新超级集群启动数字近海项目，总投入 1800 万加元，其中政府投入 900 万加元。二是打造信息技术高地。"加拿大量子工业"协会于 2020 年 10 月成立，由 24 家量子计算、量子传感、量子通信、量子安全等领域的企业组成，旨在加强企业合作、提供知识产权和市场服务、支持初创企业发展和促进政府支持。加拿大航天局投入 1000 万加元，支持开发太空信息技术，其中，2 个登月探索项目主要研发用于拍摄月球表面全景图像的轻便节能相机，以及精确引导月球车的行星导航系统。三是推进信息基础设施建设。加拿大政府宣布投资 17.5 亿加元，计划到 2026 年，加拿大 98% 人口接入高速互联网，到 2030 年全部人口接入高速互联网。与加拿大卫星公司 Telesat 达成 6 亿加元的协议，通过低地球轨道卫星，改善网络接入，将高速互联网覆盖范围扩大到农村和偏远地区。

（五）其他技术领域

一是加强矿产开发。发布加拿大矿产和金属 2020 行动计划；加大对矿产科研支持力度，五年内投入 9800 万加元；萨斯喀彻温省宣布投入 3100 万加元，建设加拿大首个稀土加工厂，打造稀土供应链，该工厂预计将于 2022 年底全面运营。二是推动医学研究。加拿大政府通过干细胞网络竞争性研究资助计划提供 430 万加元，支持 16 个糖尿病、癌症、血液疾病等领域科研项目。通过加拿大基因组提供 1600 万加元，支持 10 个基因组学有关科研项目。批准首个艾滋病毒自我检测设备。三是加快发展小型模块化核反应堆（SMR）。加拿大政府 2020 年发布国家 SMR 行动计划，旨在打造 SMR 技术全球领先地位，减少排放和刺激经济增长。继 2019 年安大略省、萨斯喀彻温省和新不伦瑞克省政府签署 SMR 合作谅解备忘录，阿尔伯塔省 2020 年 8 月宣布加入该合作，共同探索核能尖端技术，推动 SMR 开发和部署。

四、国际科技创新合作重点举措

（一）推进抗疫国际合作

为有效应对新冠肺炎疫情，加拿大与国际组织在卫生健康领域保持密切合作。一是参与制定应对疫情科技政策。协助世界卫生组织制定应对新冠肺炎疫情研发蓝图，推动各国快速开展涉疫科研。与全球 38 个科研资助机构和 270 名专家共同合作，加拿大国立卫生研究院（CIHR）的科学家牵头制定了联合国关于从新冠肺炎疫情复苏的研究路线图。二是加强涉疫信息交流。加拿大卫生部定期与美国食品药品管理局、欧洲药品管理局等国际合作伙伴召开科学会议，及时交流新型冠状病毒、药物、疫苗等方面科研信息。加拿大首席科学顾问奈莫尔自疫情暴发后即与英国、德国、意大利、韩国、澳大利亚等国际同行保持密切交流，就新型冠状病毒检测、疫苗研发、防控措施等及时沟通。奈莫尔还与其他 15 个国家的首席科学顾问和同行共同呼吁开放新型冠状病毒研究领域的文献资料，并得到国际出版商的积极回应。三是推动涉疫科研合作。加拿大政府开展的新冠肺炎疫情快速科研项目研究方向与世卫组织的研究蓝图保持一致，并鼓励开展国际合作，其中有超过 1/4 的项目与国外同行开展合作。此外，加拿大还参与了世卫组织的"团结试验"合作计划，共同评估瑞德西韦等治疗药物，并承诺向世卫组织、欧盟委员会和法国发起的 COVAX 全球新冠疫苗计划提供约 4.4 亿加元，为本国和中低收入国家采购新冠疫苗。加拿大卫生部作为国际药品监管机构联盟（ICMRA）执行委员会成员，参与推动了全球新冠肺炎诊断、治疗、疫苗开发和评估。

（二）加强重点技术和产业国际合作

一是在人工智能领域。与法国共同推动"全球人工智能合作伙伴关系"（GPAI）。GPAI 于 2020 年 6 月正式成立，由加拿大担任 2020—2021 年度 GPAI 理事会主席国，成员包括美国、欧盟、英国、德国、日本等 19 个国家和国际组织，围绕负责任的人工智能、数据治理、未来工作、创新与商业化等开展合作。另外，加拿大政府与英国政府共同宣布三年内投资约 500 万加元和 500 万英镑，支持推进加拿大——英国人工智能计划，资助 10 个国际研究团队，重点开展监控全球疾病暴发、协助神经外科手术及检测网络仇恨言论等研究。二是在关键矿产领域。与美国共同制定《加拿大和美国关键矿产合作联合行动计划》，确保重要制造业方面所需关键矿产供应链的安全。三是在网络安全领域。投资 4900 万加元支持万事达卡（Mastercard）公司在不列颠哥伦比亚省建立全球情报和网络中心。四是在创新创业领域。北美两个最大的科技创新集群"多伦多 – 滑铁卢创新走廊"与美国硅谷于 2020 年 9 月联合开展加速器计划,为初创企业提供创业指导服务。加拿大数字加速器 Bay Street Diary 和印度创业平台 IndiaNetwork 建立合作关系,为加印两国初创企业提供 1 亿美元的风险投资基金。

(三)深化基础和前沿技术合作

一是在大科学领域。加拿大作为平方公里阵列射电望远镜(Square Kilometre Array,SKA)组织的成员国,几乎参加了 SKA 所有的科学工作组,在大型科学项目设计等方面发挥关键作用。2020 年加拿大天文学长期计划(Long Range Plan,LRP)提出将优先考虑参与 SKA 一期建设和运营。加拿大还建造了加拿大氢强度测绘实验(Canadian Hydrogen Intensity Mapping Experiment, CHIME)射电望远镜,极大增加了探测宇宙快速射电暴的能力,并与欧洲射电天文台合作,为全球第二次确定重复的快速射电暴来源做出了贡献。二是在太空领域。加拿大参加美国主导的"Artemis Accords",该协定旨在建立探索月球及更远空间的全球指导方针,确立利用太空资源的规则,并承诺和平探索太空。加拿大两个宇航员顺利完成美国国家航空航天局(NASA)2 年的培训计划,具备进行太空旅行的正式资格。加拿大还与美国签署协议,在月球轨道空间站"门户"计划中派遣一名加拿大宇航员绕月飞行。另外,加拿大参加了欧洲航天局的电信、导航、地球观测、探测、微重力和共性技术开发领域的项目工作。该合作不仅有助于加拿大航天局获得欧洲航天局任务数据和基础设施,同时可以利用空间技术推动其更广泛的经济增长。

(执笔人:胡明昕　王俊明)

◎ 墨 西 哥

2020 年，受新冠肺炎疫情影响，墨西哥国民经济和社会发展遭受重创，政府继续实施财政紧缩政策，严重影响科技创新发展。同时，疫情凸显了墨西哥科技创新实力储备不足，应对紧急情况能力欠缺，科技创新资源组织、整合、联动机制建设不充分等弱点。2020 年墨西哥科技创新发展未有较大起色。

一、政府颁布科技创新发展规划

2020 年 6 月，墨西哥政府发布了《墨西哥国家科技委员会 2020—2024 年机构规划》。此规划是墨西哥本届政府上台后发布的第一份国家科技创新发展长期规划。内容包括索引、字母简写表、法律基础、资源保障、现状分析、优先目标、优先策略和具体行动、健康目标和参数、结语和展望未来九大部分，具体指导墨西哥未来科技创新发展。

二、科技创新主要进展

（一）促进科技创新发展

2020 年墨西哥联邦政府科技研发预算投入 829.925 亿墨西哥比索，占政府公共部门计划支出的 1.6%，分布在 14 个政府行政部门中。墨西哥科技主管部门国家科技委员会（CONACYT）只获得了其中 31% 的经费，与 2019 年基本持平。

墨西哥国家科技委员会通过以下项目促进科技创新活动。

（1）在国家战略计划的框架下，通过"科学、技术和创新发展区域促进机构基金"资助了 193 个研究项目，支持经费共计 1870 万墨西哥比索，涉及水资源、生态保护、数据科学和健康卫生等领域。

（2）制定"国家技术与开放创新战略计划"，并立项16个项目。

（3）立项6个"国旗项目"，资助1.24亿墨西哥比索，聚焦于战略性健康问题。

（4）与墨西哥教育、卫生、环保、能源等其他政府部门合作，开展科学创新研究。例如，利用教育部门基金支持，资助了760个项目，支持经费11.75亿墨西哥比索；利用卫生和社会保障部门资金支持了9个关于癌症研究的项目，支持经费2110万墨西哥比索。

（5）为支持高等教育研究中心和机构，立项49个项目，拨款6450万墨西哥比索用于国家实验室的维护，分布在15个州的9个研究中心和12个研究机构。

（6）通过"科学、技术和创新活动支持计划"资助24个州的119个项目，共计经费2050万墨西哥比索，其目的是保障对国家科创体系建设有潜在影响的项目得以延续。

（7）利用CONACYT机构基金支持23个项目开展科学研究，共计6900万墨西哥比索；同时拨付600万墨西哥比索用于加强公共研究中心的科学基础设施建设。

（8）利用"经济部–国家科委技术创新基金"资助14个项目1990万墨西哥比索，用于支持生物技术、机械和电子工程领域科学研究。

（9）利用"混合基金"立项14个项目，资助8550万墨西哥比索，用于加强地方科学和技术能力。

（10）加强科普宣传工作，制作111个视频、1117张图片、32张图片、4个博客和5个摄影集来宣传科学知识，线上线下进行了200余次的交流互动等活动。

（二）加强科技人才培养

在研究生培养上，截至2020年年底，CONACYT共授予68 826个政府奖学金，其中国家奖学金60 858个（88.4%），国外奖学金3351个（4.9%），综合奖学金1260个（1.8%），特定奖学金3357个（4.9%）。2020年新增16 043个奖学金，其中国家奖学金12 883个（80.3%），国外奖学金2508个（15.6%），综合奖学金545个（3.4%），特定奖学金107个（0.6%）。

为确保研究生教育质量，开设"国家质量研究生课程"，共计有2376门课程，其中28.7%为博士课程（683），54.2%为硕士课程（1289），17%为专业课程（404）。按能力水平划分，国际水平为10.6%（253），综合级别为28.1%（669），发展中为41.8%（994），新创建为119.3%（460）。

截至2020年2月，国家研究人员系统（SNI）中在册研究人员32 768名，其中候选人8636名（26.4%），一级研究员16 854名（51.4%），二级研究员4720名（14.4%），三级研究员2558名（7.8%）。按学术领域划分，物理数学和土地15%（4900），生物化学14.6%（4787），医学与健康科学11.5%（3773），人文科学与行为科学 14.7%（4806），社会科学 16.6%（5449），生物技术和农业科学 13.4%（4392），工程学 14.2%（4661）。

（三）应对新冠肺炎疫情

（1）建立 COVID-19 国家信息生态系统，整合数据科学、人工智能、地理、数学和流行病学专家，及时分析墨西哥疫情动态演变的情况。

（2）疫情暴发之初拨付 1 亿墨西哥比索立项 61 个项目，用于医疗设备、临床试验、诊断工具、流行病学研究、心理健康和教育等方面的科学探索。

（3）依托现有公共卫生机构，资助 2930 万墨西哥比索用于诊断能力的建设。

（4）在 FORDECYT-PRONACES 基金资助下，批准 2.9 亿墨西哥比索用于与疫情相关的科学研究探索，尤其是机械式呼吸机的研发。

（5）向国立呼吸系统疾病研究所、国立癌症研究所、墨西哥国立大学等公共科研机构拨款 3000 万墨西哥比索用于疫情的防治研究。

（四）科技创新产出

据世界知识产权组织（WIPO）发布的《2020 年全球创新指数报告》（GII 2020），2020 年墨西哥综合排名升至全球第 55 位，拉丁美洲地区第 2 位。拉丁美洲地区最具创新经济体分别是智利、墨西哥和哥斯达黎加。墨西哥、阿根廷和巴西是该地区仅有的 3 个拥有私人研发企业的国家。墨西哥也是拉丁美洲地区出口创新产品和服务最多的国家。

根据《自然》发布的 2020 年全球自然指数（Nature Index 2020），墨西哥排名全球第 34 位，较 2019 年下降一名。在拉丁美洲地区位于巴西（居全球第 23 位）、智利（居全球第 31 位）之后，居于第 3 名。

（五）国际科技合作

墨西哥政府重新制定了开展国际科技合作的路线图，旨在通过合作促进发展，重点与拉丁美洲和加勒比地区开展合作及推动南南合作。通过与拉丁美洲社会科学委员会（CLASCO）联合倡议，组织召开拉丁美洲科学评估论坛，拉丁美洲及加勒比主要国家科技主管部门领导参会。

墨西哥通过联合国、拉共体、经合组织等多边渠道不断发声，扩大其国际影响力，同时与中国、欧盟、印度等国家加强双边合作，取得一定积极进展。

值得一提的是，2020 年 9 月 30 日，第二届中国 - 拉美和加勒比国家科技创新论坛以视频会议方式举行，中国科技部部长王志刚和拉共体轮值主席国墨西哥外长埃布拉德共同主持，阿根廷、智利、哥斯达黎加、哥伦比亚、古巴、危地马拉、多米尼加、厄瓜多尔、萨尔瓦多、圭亚那、洪都拉斯、牙买加、尼加拉瓜、巴拿马、巴拉圭、秘鲁、特立尼达和多巴哥、乌拉圭、委内瑞拉等拉丁美洲和加勒比国家科技及相关部门负责人出席会议。本次论坛主题为"在新冠肺炎疫情背景下推动互利共赢的中拉科技创新合作"，与会代表围绕应对新冠肺炎疫情科研合作、疫情背景下相关科技领域发展情况、后疫情时代科技发展趋势及中拉科技创新合作展望等议题开展深入讨论。会议通过了《中拉科技创新论坛联合声明》。

三、新冠肺炎疫情下凸显出的科技创新体系的短板

墨西哥目前的科技创新体系建设仍不完备，具体体现在以下几方面：

（一）科技主管部门力量薄弱，缺乏对科技发展的顶层设计和整体规划

尽管墨西哥政府层面设有科技主管部门墨西哥国家科技委员会，但该部门级别较低，在统筹国家科技资源、协调联系其他部门、制定长远发展规划及争取财政支持方面，缺乏话语权和主导力。在此次疫情中，墨西哥在国家层面对科技创新如何应对新冠肺炎疫情、治疗药物、疫苗研发布局，公立大学及科研院所分工协作安排及与卫生、防疫等其他部门合作等方面没有任何顶层设计和规划，也缺乏有效工作机制，国家科委在媒体面前基本处于失声状态。

（二）科技创新投入严重不足

疫情影响下，墨西哥国民经济出现严重下滑，失业率激增，本就捉襟见肘的科技创新投入更是雪上加霜。墨西哥科研主体未能在此次疫情应对中有任何亮眼动作也在情理之中。同时，由于缺乏合理引导和规划，导致有限的科技创新资源分散，无法聚焦形成合力，创新优势领域严重缺失。

（三）企业未能成为创新活动主体，创新驱动力不足

墨西哥科技创新投入主体是公共部门，占比 77%，私营部门投入仅为 19%。墨西哥经济与产业结构长期停留在依赖资源和廉价劳动力的低级阶段，虽吸引并承接了大量制造业，但此类企业多为外商独资，本土企业规模不大，"以市场换技术"的消化吸收能力也偏弱，缺乏培植自身技术创新力量的意识和能力，尚无法支撑自主创新活动。

（四）高质量科技创新人才供给不足

墨西哥教育普及率相对不高，研究生规模较小，政府研发投入偏少，研究人员得不到充分的资助。另外，墨西哥优秀人才外流现象较严重，主要流向美国及欧洲等发达国家，这导致科技创新要素质量不高，在事关国家大局的重大任务面前难堪大任。

（执笔人：李玮琦）

🔘 哥斯达黎加

2020 年，面对突如其来的新冠肺炎疫情，哥斯达黎加政府财政赤字高企，预计到 12 月底，将占 GDP 总量的 9.2%；政府财政收入将下跌 11.6%，是自 2007 年以来最低的，科研资金投入困难。科技部门紧抓抗疫先导，力促政府数字转型并发布生物经济战略，努力做到创新驱动发展。哥斯达黎加科技创新存量有限，做好增量方可保持其在拉美及加勒比地区的优势地位，科技原创、成果转化及总体实力仍大幅落后于世界先进国家。

一、科技创新整体实力位居拉美前三甲

据世界知识产权组织发布的《2020 年全球创新指数报告》（GII 2020）哥斯达黎加在 131 个国家或经济体中居第 56 位、在中高收入经济体中居第 12 位，在拉美加勒比区域居第 3 位。

从拉美加勒比区域内部看：哥斯达黎加从 2019 年第 2 位降至第 3 位，仍保持区域前列。考虑到区域榜首智利早已被认定为高收入国家；次名墨西哥从经济体量、人口数量及国际地位来看，皆为西班牙语国家首屈一指的国家；而哥斯达黎加能位居拉美前三甲实为不易。

二、科创战略和规划突出抗疫

面对疫情的巨大挑战，哥斯达黎加科创战略和规划聚焦抗疫，注重巩固数字转型，发挥生物经济特长；以提高生产效率和重塑生产方式为目标，努力维持价值链体系，确保正常生活。

（一）搭建抗疫科技平台

为应对疫情对社会经济造成的影响，哥斯达黎加科技部积极行动，整合公私

机构及产学研各方力量，为科技抗疫搭建合作设计平台，征集人员培训、技术支持等项目，推动辅助呼吸机等抗疫物资从创意走向产品，以减轻疫情对中小微企业的影响。创新与人力资源竞争力计划（PINN）得到美洲开发银行的支持，将为征集项目提供资金，而激励基金和中小企业支持计划（Propyme）基金还将对资金池进行补充。

2020 年 4 月，为支持抗疫 PINN 开启特别征集项目，资金投入总额达 125 万美元，单项最高可获 25 万美元，项目执行周期最长不超过 12 个月。此次资金主要投向技术创新和转让项目，旨在为新型冠状病毒快速检测、降低疫情传播提供可行解决方案。此外，PINN 还征集项目向中小微企业提供人员培训和技术支持，包括加强生物创业、创新应用、数字转型、良好实践、电子商务及向生物经济转型，促使企业应用科技知识进行生产转型，以应对疫情所造成的经济冲击。

（二）落实政府数字转型工作

数字转型战略作为哥斯达黎加生产力、竞争力和社会经济加速发展的目标，从第四次工业革命和知识社会中取得优势，通过包容性方式为民众谋求福利，为国家可持续发展赋能。2020 年 1 月，基于哥斯达黎加数字转型战略框架，科技部发布数字技术实践指南。该指南作为一本公共政策摘要，汇集了获取、发展与经营公共部门数字技术与服务的最小愿望。该指南提供技术规范并阐明实施国家重要技术工程，如政府数字印章的目的。

（三）以生物经济战略力促国家脱碳发展

为促进高效粮农生产系统，提供低碳物资给出口和本地消费；巩固基于生产效率和减少温室气体排放的有生态竞争力的畜牧业方式；巩固农村、城市及海岸土地的利用方式，有利于保护生物多样性，增加并维持森林覆盖面积及生态系统权益；2020 年 8 月，哥斯达黎加正式颁布国家生物经济战略。

该战略由科技部领衔，汇集公私各方建议，引领公共投资，指导私营倡议。从生物资源的保护与利用、生物多样性应用、生物质有效利用及相关领域科技知识及创业等 4 个方面，将发展生产和保护环境的不同领域联系在一起，将生物经济确立为哥斯达黎加生产转型的支柱之一；利用好哥斯达黎加多样化自然资源优势，推动多元经济深度创新和价值增长，应用循环生物经济原则，在区域内均衡发展，全力寻求生产和消费过程中的脱碳化。

三、航天领域加强计划和部署的前瞻性

为促进在航天领域的总体布局，哥斯达黎加立法大会科教委员会议员于

2020 年 7 月同意提交构建"哥斯达黎加宇航局（AEC）"的法令草案。该草案提请构建的公立机构虽非国家级别，但将归属在哥斯达黎加科技部下，执行国家航天政策，有利于相关领域的研发和创新；该草案设计由哥斯达黎加国家高科技中心（CenaT）暨国家大学校长理事会（CONARE）提供建设资金的起始部分，包括办公室、后勤、设备、实验室和科研人员，接受来自公立机构的各类非资金支持并授权该局通过出售自身系列产品及服务获得收入。

四、以科技抗疫推动经济创新发展

哥斯达黎加疫情前期发展较为平缓，相关研发并不迫切，加之哥斯达黎加医疗创新实力不强，将研发重点放在抗疫药物上，并加强对部分抗疫装备的自主研制，兼顾病毒基因组测序、检测试剂研制、废水监测等项目。

1. 抗疫药物方面

2020 年 3 月，大克洛多米罗·皮卡多研究所（ICP）向哥斯达黎加卫生部及社保局提出了开展研制治疗新冠肺炎药物的申请。ICP 凭借其多年研制生产抗蛇毒血清的经验、技术及近年来为生产人体免疫球蛋白针剂而分离人体血浆的实践操作，对新冠肺炎康复者血浆进行提纯，再从马血浆中分离出两种组合蛋白的抗体，分别制造出有效抗疫药物并考虑将马血清抗体在中美洲地区推广应用。12 月，从哥斯达黎加对第一批 163 名住院患者实施康复者血浆疗法及 26 名住院中症患者实施马血清抗体疗法的数据来看，疗法安全，但疗效有待进一步验证。

2. 抗疫装备方面

哥斯达黎加科技大学基于哥斯达黎加现有生产能力和可用材料，为生产防护面罩、一次性防护头套、插管防护服及 N95 口罩消毒柜等用品提供可行的设计方案。哥斯达黎加大学致力于呼吸机的研制生产，其价格约为 4500 美元，只有商用产品的 1/10。哥斯达黎加国立远程大学设计并生产了一款非侵入式潜水头盔，帮助新冠肺炎非危重症患者呼吸。国家儿童医院临床实验室开发了首批拭子，该型拭子已于 6 月获美国食药监局紧急使用许可。

3. 其他方面

2020 年 3 月，哥斯达黎加营养与健康研究教育中心提取了 6 位患者的病毒样本并成功完成全部基因组测序。4 月，国家生物技术创新中心（CENIBiot）领衔开展病毒检测试剂研制工作，但其表示需充足实验时间以保证实验的科学严谨性。

五、加快融入国际科技合作体系

面对疫情对全人类的共同威胁，哥斯达黎加科技界积极融入国际大家庭的合作中，呼吁各国秉持多边主义，以开放合作的态度加强沟通协调；重点关注区域内及文化同源国家的内在一致，同时加强与海湾富裕国家在科技创新领域的关系。

（一）以科学抗疫为契机，呼吁加强国际合作

2020 年 6 月，哥斯达黎加科技部长参加基于 2030 年可持续发展创新目标伊比利亚美洲会议的高级别科技创新特别视频会，开展生物医学研究、人工智能和公共卫生，技术创新和工业重构，数字社会等三场主题讨论。他强调，为了战胜目前的疫情，数字转型领域的培训非常重要；科技界要加强国际合作并加快行动，从而最终战胜疫情。

11 月，第六届数字政府部长级会议召开，在拉美加勒比数字政府网络框架下，聚焦数字转型服务经济社会重启。哥斯达黎加总统及科技部长出席开幕式。与会领导一致认为，受疫情影响，世界各国政府必须加快数字化行动实施，从而在新形势下维持各国的生产和服务。随后，拉美加勒比数字政府网络会员国家政府签署《圣何塞宣言》，确定数字转型是地区面对疫情进行包容性社会经济重启的根本，敦促地区公共机构优先做出努力高效简化流程，继续必要的步骤以相互承认跨境数字签名及之后的互操作活动。

（二）重点关注域内合作，加深与海湾国家关系

1. 重点强化与拉加经委会（CEPAL）的关系

2020 年 7 月，科技部长与 CEPAL 助理秘书及执委会其他成员共同主持召开 CEPAL 科技分会执委会，评估地区科技合作抗疫提案。会上提出三大领域工作：一是联合地区国家研发力量；二是为实现包容社会，缩小数字平台使用的鸿沟；三是加强各国各地区健康产业。哥斯达黎加有意贡献自身良好实践并在所有领域特别是加强健康产业方面，通过合作设计平台分享经验。10 月，CEPAL 下属拉加经济与社会规划局（ILPES）与哥斯达黎加科技部举行会议，思考并分析实施数字转型战略，尤其是政府互操作性和数字治理中的技术支持进程。10 月，哥斯达黎加科技部长以主席身份主持第 38 届 CEPAL 科技电信创新大会，重点关注区域内国家疫情后重建及可持续发展的有效成果。会议提出：促进研究和战略项目交流，连接区域内现有科技中心，通盘考虑信息通信政策，确保所有人员能

够获得数字技术；着重强调通过产业政策、技术引导及优先发展医药器械的区域整体倡议，加强健康产业；急需大额投入能力建设，促使区域内国家做好准备迎接疫情及后疫情时期挑战。

2. 参与伊比利亚美洲组织科技领域会议

2020 年 10 月，第四届伊比利亚美洲科技部长会议召开，就区域内国家推进伊比利亚美洲合作抗疫措施达成共识，并展望疫情后社会经济恢复及可持续发展，创设伊比利亚美洲科技创新空间。会议最终发表共同宣言：要求加强域内战略联盟，巩固科技合作与创新生态系统，发展并实施跨领域、包容、可整合、可参与、平等、公正和民主的公共政策，实现 2030 发展目标。

3. 打开与海湾国家创新合作之门

2020 年 6 月，哥斯达黎加科技部长与阿联酋人工智能部长进行视频会议。双方共同强调人工智能、电子商务、远程办公及教学在疫情时期的重要性；因此，人员技能培训非常重要。双方同意在远中近期保持接触，启动人工智能领域的经验交流计划并明确具体合作项目议题，从而拓展两国合作领域，达到推动两个区域加强合作的目的。

（执笔人：李世琦）

◎ 巴　西

2020 年巴西联邦政府对科技创新通信部职能进行了拆分重组，制定了今后三年的科技创新优先事项，确定了到 2030 年的科技创新战略规划。面对新冠大流行对巴西经济社会的巨大冲击，巴西投入大量资源提升国家应对新冠肺炎疫情的科技创新能力，并尝试运用科技创新手段恢复经济活力和改善民生。

一、巴西科技创新整体实力情况

世界知识产权组织（WIPO）发布的《2020 年全球创新指数报告》（GII 2020）显示，2020 年巴西国家创新能力位居全球第 62 位，比 2019 年上升了 4 位，在拉丁美洲居第 4 位。巴西在创新投入排名居第 59 位，创新产出排名居第 64 位；在人力资本和研究方面排名居第 49 位，在知识和技术产出方面排名居第 56 位。在创新质量排名中，巴西位居中国、印度、俄罗斯之后，居中等收入经济体第 4 位、全球第 29 位。

2020 年，巴西科技创新通信部（MCTIC，6 月后改组为巴西科技创新部，MCTI，以下简称巴西科技部）发布《2019 国家科技创新指标》报告。报告中披露巴西 2017 年科技活动投入 998 亿雷亚尔，其中研发投入为 827.9 亿雷亚尔，研发投入占 GDP 比重的 1.26%，较 2013—2014 年有所下降，与 2016 年持平。研发投入中企业投入占比 49.7%，政府投入占比 50.3%。联邦政府研发投入已经自 2014 年连续 4 年下降。各州（地方政府）研发投入 207 亿雷亚尔，其中圣保罗州为 118.6 亿，占各州研发投入的 57.2%，全国只有圣保罗州研发投入占区域生产总值比重超过 2%。全时研究人员为 18 万人，科研辅助人员为 19.7 万人，其中高等院校占 70%（2014 年数据）。2018 年新增博士毕业生 22 894 人。

在科研产出方面，近年来，巴西对世界论文的贡献率逐年上升。2019 年，巴西发表论文 84 887 篇，居世界第 14 位，占世界论文总量的 2.63%，占拉美地区的 52.47%。2017 年，巴西国家工业产权局（INPI）授予专利 6250 项，其中发明专利 5450 项。2017 年，获美国专利及商标局授予专利 371 项。在科睿唯安发布的 2020 年"高被引科学家"名单中，巴西 19 名科学家入选。

2020 年，巴西科技部年度预算支出 80.2 亿雷亚尔，预算支出较 2019 年减少了 11.5 亿雷亚尔。巴西科技部累计获得超过 4 亿雷亚尔的特别注资，支持应对新冠肺炎疫情的研究和创新。在经济恢复重建中，着重支持了巴西数字化转型战略、健康领域科学技术和人工智能技术的举措。

二、国家综合性科技创新战略和规划

（一）发布《国家创新政策》

2020 年 10 月，巴西政府发布《国家创新政策》，该文件旨在指导、协调和阐明巴西促进创新的战略、计划和行动，并在各级政府、各部门之间建立合作机制，促进整合各级政府和部门间的创新政策和举措。《国家创新政策》希望解决巴西创新的历史问题，特别是巴西企业的创新能力低下，以及政府在创新战略上缺乏协调的问题。

《国家创新政策》是自 2019 年底举行公众咨询后经过一年的研讨制定的。该政策分为 6 个部分：技术培训和人力资源建设、创新和企业投资、创新技术知识库、知识产权、创新创业文化传播和创新产品和服务市场发展。每一部分都设定了行动指南并分解为计划和行动计划。《国家创新政策》发布后，巴西政府建立了创新议事厅并对《国家创新战略》公开征集公众意见，《国家创新政策》规定该政策出台 180 天内将拟订《国家创新战略》。创新议事厅是一个审议机构，负责组织和指导实施国家创新政策所需的工具和程序的运作。除科技部外，还有 10 个部委共同参与确定政府针对创新主题的优先行动，负责审议批准国家创新战略和行业（或主题）创新行动计划。在议事厅机制下，成立专题咨询小组负责制定具体方案。

（二）发布《MCTIC 2020—2023 年优先事项》

2020 年 3 月，巴西科技创新和通信部发布了《MCTIC 2020—2023 年优先事项》。该文件规定了巴西科技创新和通信部（MCTIC）在 2020—2023 年支持的研究、技术开发和创新项目的优先领域。巴西科技创新和通信部共支持 5 类技术的研发和创新项目：战略技术、高新技术、生产技术、可持续发展技术和生活质量技术。战略技术包括：空间、核、网络空间和公共及边境安全；高新技术包括人工智能、物联网、先进材料、生物技术和纳米技术；生产技术包括工业、农业贸易、通信、基础设施和服务；可持续发展技术包括智慧城市、可再生能源、生物经济、固废处理和回收、污染治理、监测预防和恢复自然、环境灾害和环境保护；生活质量技术包括健康、基本卫生、水安全和辅助技术。

（三）发布《MCTIC 2020—2030 战略规划》

2020 年 5 月，巴西科技创新和通信部建立了"MCTIC2020—2030"门户网站并发布了《MCTIC 2020—2030 战略规划》，确定了巴西科技部 2030 年战略规划的 15 个战略目标和 31 项重要的指标。

《MCTIC 2020—2030 战略规划》是巴西科技部为落实《国家经济社会发展战略（2019—2031）》《国家科技创新战略（2016—2022）》和《联邦政府多年期计划 2020—2023》制定的科技创新领域的中长期规划，确定了到 2030 年的重要战略目标和指标，并在科技部内部指定了落实责任部门。

该文件重申了《联邦政府多年期计划 2020—2023》规定的巴西联邦政府在科技创新领域的战略目标：增强国家的科学能力；促进普遍接入并提高该国通信服务的质量；在满足航天产品和服务需求方面增加国家自主权；促进核技术及其应用的发展；促进创新创业和技术应用，为可持续发展做出贡献。巴西科技部的机构战略目标设定为：促进科学研究，并将科学知识转化为社会财富；促进广电业务的创新转型和融合，提高行业的管理水平；促进可持续发展技术和战略技术的掌握和应用；加强科研体系，确保科研基础设施的维护；扩大创新和创业精神的影响力；促进科学教育、科学传播和普及；促进数字化转型。

三、重点领域的专项计划和部署

（一）COVID-19 领域

1. 成立科技部病毒研究网络

2020 年 2 月，巴西尚未报告 COVID-19 病例，巴西政府即宣布由科技创新和通信部牵头成立了病毒研究网络（MCTIC RedeVirus）。该研究网络由巴西科技创新通信部协调，召集各部委、研究单位和实验室定期讨论，确定研究重点和未来行动的议程。

巴西科技部抗击新冠肺炎疫情的主要包括以下举措：2020 年 3 月，科技部发布应对新冠肺炎行动，投资 1 亿雷亚尔应对巴西新冠肺炎疫情，其中 5000 万雷亚尔用于病毒病理学、治疗、诊断、疫苗、并发症和康复训练等研究，5000 万用于建设大规模测序的国家网络、利用人工智能进行药物选择及智能医疗等。4月，成立科技部虚拟研究网络，开展大流行对巴西健康和经济影响研究；科技部为1.6万家医疗机构提供了互联网接入。5月，巴西创新研究署（FINEP）拨款6亿雷亚尔加强医疗设备生产。拨款分为3类：工业改造基金将支持工厂改组生产抗击疾病所需的物品；医疗器械开发和扩展基金将支撑增加全国重症监护病房使用的医疗器械供应；健康创新基金将资助医疗机构采购中小企业生产的基本设备，同时将部分国家P3实验室升级成P4实验室。9月，科技部投资3500万雷亚尔为13所大学建立现场核酸检测实验室，为巴西每月增加10万次核酸检测能力。截至10月，科技部宣布已在COVID-19相关研究项目中投资4亿雷亚尔。

2.4 支新冠疫苗在巴西开展临床Ⅲ期试验

COVID-19大流行以来，巴西努力寻求诊断、治疗和疫苗的本土研发和国际合作。2020年6月，巴西成为COVID-19大流行的震中，加上巴西有超过100年的疫苗生产和接种经验，使得巴西成为世界疫苗生产者良好的临床Ⅲ期试验基地。尽管俄罗斯已与巴西巴拉那州敲定临床试验协议，但至今未向国家卫生监督局提出申请。巴西只批准了4支新冠疫苗进行临床Ⅲ期试验。

3. 启动卡介苗疫苗对抗新型冠状病毒的国际临床试验

2020年11月，巴西克鲁兹基金会（Fiocruz）国家公共卫生学院（ENSP）宣布，在里约热内卢市开启"巴西Brace Trial"（简称BTB）临床研究项目。BTB项目旨在通过卡介苗（BCG疫苗，可预防肺结核）的使用来降低新冠肺炎病毒对18岁以上特定职业工作人员的影响，其中包括1万名医护人员。该研究是一个全球性项目，由默多克儿童研究所的澳大利亚研究员奈杰尔·柯蒂斯（Nigel Curtis）领导，并得到比尔及梅琳达·盖茨基金会的资助，巴西将与澳大利亚、西班牙、英国和荷兰的研究人员一道开展临床研究。

（二）其他领域

1. 健康领域

巴西联邦政府启动十万人基因组计划，发展精准医学。2020年10月，巴西联邦政府启动了名为"巴西基因组"（Genomas Brasil）的国家基因组和精准医学计划。巴西基因组计划的目标是在未来几年内建立一个收纳10万巴西人完整基因组的国家数据库。该计划将对罕见病、心脏病、癌症和传染性疾病（如新冠肺炎）患者的基因组进行测序。巴西人口结构具有高度混合性，拥有来自非洲人、美洲土著、欧洲人和亚洲人等多个不同种族的遗传特征，因此，绘制巴西人的基因组图谱可在世界范围内促进遗传学知识的发展。

2. 信息通信技术应用

2020 年 1 月，巴西科技部和卫生部组建了"健康 4.0 议事厅"计划，该计划是国家物联网计划四大优先行动之一，2019 年已创建了工业 4.0 议事厅、农业 4.0 议事厅和智慧城市 4.0 议事厅。"健康 4.0 议事厅"将整合健康领域的官产学研力量，组成定期议事决策机制，并建设万物互联的健康生态系统。第一步将建立全国电子病历系统，它将整合 5 种公民数据：初级保健咨询、住院摘要、所用药物、实验室测试和疫苗。数据库预计将在未来五年内完成，投资额为 40 亿～ 60 亿雷亚尔。

2020 年 2 月，"智慧城市 4.0 议事厅"启动"智慧新城市"（CITinova）项目，这是巴西科技部与全球环境基金和联合国环境署联合推动的多边项目，选择巴西利亚和累西腓建立智慧城市试点，通过综合城市规划、创新技术投资、可持续城市平台 3 个优先行动促进巴西城市的可持续发展。该项目将为巴西建立可持续城市创新观察站（OICS）和可持续城市规划（PCS）两个全国范围的智慧城市信息系统。

2020 年 2 月，巴西科技部和巴西卓越软件促进协会（Softex）启动了开放式创新与人工智能计划。该计划投资 1000 万雷亚尔支持农业经济、城市、工业和卫生 4 个优先领域的人工智能研究与开发项目，是巴西政府数字转型战略的重要行动。

2020 年 5 月，科技部发布部门条例，规定了巴西拍卖 700 MHz、2.3 GHz、3.5 GHz 和 26 GHz 无线电频段的准则，这意味着巴西将实施 5G。巴西国家电信局（Anatel）将负责制定有关频段招标的措施和指南。

2020 年 8 月，巴西科技部长庞特斯考察了国家电信研究院的 5G 和 6G 研究项目。2015 年国家电信研究院在科技部的部署下创建了无线电通信参考中心（CRR），开始 5G 研究，开发了国际认可的高速路由器并于 2017 年在巴西利亚进行首次 5G 试点传输。2019 年 12 月，科技部部署了巴西 6G 项目，国家电信研究院与芬兰奥卢大学合作的 6G 旗舰项目处在全球 6G 研究前沿。2020 年正在开发 6G "可见光通信"系统，该系统将在 2030 年左右应用于照明和互联网。

2020 年 10 月，巴西科技部与巴西工业创新研究院（Embrapii）共建全国最大的人工智能创新研发网络。工业创新研究院的 17 家机构组成网络，共享基础设施、技能和人力资源，整合创新链共同开发机器学习、物联网、大数据等多个领域的解决方案。两部门将向研发网络投资 7000 万雷亚尔，其中 2000 万雷亚尔将专用于汽车和农业经济的人工智能开发，并带动商业部门的共同投资，总投资达 4 亿雷亚尔。6 年来，工业创新研究院已支持 136 个公司开发了 145 个使用人工智能的项目，投资总额达 96 亿雷亚尔，其中投资额一半以上（51.4%）来自商业领域。

3.战略领域

为响应《联合国海洋科学促进可持续发展国际十年（2021—2030 年）实施计划》，巴西科技部作为 UNESCO 海洋学委员会的成员，在 2020 年整合全国力量在每个大区组织研讨巴西《国家海洋十年计划（2021—2030）》。巴西科技部称《国家海洋十年计划》将在 2020 年底前推出。

2020 年 10 月，科技部征求《国家太空政策》（PNE）公众意见。该政策提案旨在指导巴西的太空长期愿景，指出巴西国家太空计划的基本原则、准则和目标。一旦获得批准，该政策将有利于提升巴西太空领域研发和培训能力，使该国能够竞争性地参与全球空间活动有关的商品和服务市场。

四、科技管理体制机制方面的重大变化

（一）管理体制变化：巴西拆分科技创新和通信部，组建科技创新部和通信与新闻部

2020 年 6 月，博索纳罗政府颁布成立通信和新闻部的法令，将总统府新闻局及科技创新和通信部有关通信领域的职能划入新部。

通信和新闻部主管新闻传播政策、国家电信政策、国家广播政策、电信广播和邮政服务、公共电视系统、政府宣介工作、舆论研究及政府与媒体关系。下设 4 个秘书处，机构社会传播特别秘书处（负责领导政府的官方宣传和巴西传媒公司）、广播秘书处、电信秘书处和宣传公关秘书处。此外，还管理着巴西电信局、巴西邮政和巴西电信公司等机构。

2020 年 8 月，巴西科技创新部完成了重组，下设部长办公室和 5 个秘书处，分别是执行秘书处、科学传播与促进秘书处、财务与科研项目秘书处、科学研究与培训秘书处、创新创业秘书处。撤销原规划合作项目和控制秘书处、培训和战略行动政策秘书处、应用技术秘书处。科学传播与促进秘书处是新成立的秘书处，负责国家科学普及和传播工作；财务与科研项目秘书处负责国家科技项目和经费的管理；科学研究与培训秘书处下设自然科学司、生命科学与人类与社会发展司；创新创业秘书处下设数字科学技术创新司、应用科学司、创新创业司。原设在规划合作项目和控制秘书处的国际事务与合作司撤销，改设在部长办公室——国际事务特别咨询司（Assessoria Especial de Assuntos Internacionais）。

（二）决策咨询机制变化：重建国家科技理事会

国家科技理事会是国家科技创新体系中的咨议机构，1996 年建立，后废止，2019 年 10 月立法重建，新法于 2020 年实施。

国家科技理事会是总统和内阁成员讨论国家科技与创新政策的机制，由总统担任主席，28 名成员组成，包括科技部长在内的 14 名部长，6 位科技界实体代表及 8 位"科学技术生产者和使用者"代表。章程规定，科技部长为该机制的秘书长，负责至少每半年召集会议讨论国家科技创新重大战略政策和资源。

五、国际合作

2020 年巴西国际科技合作的特点是重视和美国的合作，通过科技合作稳定巴欧关系，继续利用多边舞台谋求科技合作。在对华合作方面，总体上巴西科技界对与中国开展科技创新合作的态度是积极的。

（一）重视巴美科技合作

巴西总统博索纳罗于 2020 年 3 月访问美国，这是他自 2019 年就任巴西总统以来的第四次美国之行。

巴西 – 美国科学技术合作混合委员会第五次会议于 2020 年 3 月 6 日在巴西外交部召开，来自两国 30 多家大学和科研机构的代表参加。

会议期间，两国通过了 2020—2023 年两国科技工作计划。美国费米实验室还分别与圣保罗州研究支持基金会（Fapesp）和坎皮纳斯大学（Unicamp）签署了高能物理科学合作协议和 LNBF 低温系统合作研发协议。

2020 年 11 月，巴西科技创新部与美国史密森尼学会签署了新的科学研究和教育合作协议，落实了巴美在 STEM 教育领域的合作。合作关系将使史密森尼学会与多个科技创新部研究机构开展研究和教育项目。

（二）稳定巴欧科技合作关系

2019 年以来，巴西政府和欧洲在环境政策上争议较大，双方在亚马孙森林大火及其背后的滥砍滥伐问题的争执影响了双边、多边关系。巴西通过与欧盟和主要欧洲国家的对话和科技合作，缓和了巴欧关系。

2020 年 5 月，巴西 – 欧盟（科技）部门对话以线上形式召开，双方商定通过部门机制下的"支持欧盟和巴西科技创新活动结对"项目，两国科研人员合作开展抗击新冠大流行的项目合作。巴西与欧盟确定了 12 个研究项目，其中 6 个与抗击大流行直接相关，其他 6 个与农业、环境和能源等战略领域有关。抗击大流行的研究项目包括在诊断、治疗和疫苗开发方面的合作。

2020 年 10 月，巴西和英国续签了气候研究合作协议。气候科学服务伙伴关系（CSSP）巴西项目于 2016 年启动，巴西国家自然灾害监测警报中心（Cemaden）、国家空间研究院（INPE）、国家亚马孙研究院（INPA）与英国气象局致力于天气、气候和环境的联合研究，并共享气候和自然灾害预防的数据。CSSP 巴西项目的优先领域是对碳循环进行建模并为减排政策提供依据、发展气候模式及气候影响和减少灾害风险。

2020 年 11 月，第 29 届巴西 – 德国科技合作联委会会议召开。巴西强调了与德国在生物多样性、海洋研究和气候监测等领域开展新研究项目的意向，重点合作地区是亚马孙地区。庞特斯强调了巴德合作旗舰项目——亚马孙高塔观测站（ATTO）对亚马孙生态研究保护的作用，他表示巴西在保护亚马孙生物多样性方面需要国际合作。双方计划未来三年在以下 4 个领域优先开展合作：生物经济学，智慧城市和工业 4.0，卫生、生物多样性和气候及海洋研究。

（三）多边舞台谋求合作

1. 深化联合国机制合作

2020 年 9 月，巴西联邦政府宣布加入"全球新冠肺炎疫苗实施计划"（Covax），并将为此拨款 25 亿雷亚尔。联邦政府表示，加入该机制的国家可以确保在获取新冠疫苗方面获益。通过加入该机制，预计巴西可以在 2021 年底前，通过获得新冠疫苗来确保 10% 的人口接种，从而能够为最脆弱人群实现免疫。

2020 年 9 月，巴西科技部长庞特斯访问联合国维也纳机构，并与联合国空间事务厅（UNOOSA）签订了和平利用空间的合作谅解备忘录。双方商定在空间法、空间政策、空间科学技术、空间可持续利用、灾害管理、导航、通讯和能力建设等方面优先合作。

2. 保持金砖科技合作

2020 年，金砖国家在科技抗击新冠肺炎疫情方面发出了自己的声音，并谋求在多边机制下实现诊断、药物和疫苗的合作。

2020 年 11 月，第八届金砖国家科技创新部长级会议以线上方式举行。巴西科技创新部部长庞特斯出席了会议，他强调了科技国际合作在抗击疫情的重要作用并呼吁携手合作应对下一次大流行。

为应对新冠肺炎疫情，2020 年，金砖国家科技和创新框架计划（BRICS STI Framework Programme）在冠状病毒研究领域联合支持金砖五国科学家携手开展科研合作与攻关。巴西科技部出资 500 万雷亚尔、卫生部出资 100 万雷亚尔资助新的诊断技术、疫苗、药物和病毒的基因测序等领域的合作研究。

（巴西货币：雷亚尔。2020 年雷亚尔贬值严重，1 月时，1 雷亚尔 =0.25 美元；12 月时，1 雷亚尔 =0.2 美元）

（执笔人：郭　栋　高昌林）

◎ 智 利

2018 年 12 月 17 日，智利科技、知识与创新部正式成立。皮涅拉总统任命生物学家安德烈斯·库弗和卡罗莱娜·托雷亚尔瓦分别担任部长和副部长。新部以原来负责国家科技创新工作的教育部下属国家科委（CONICYT）为主进行组建。2020 年 1 月 1 日，在 CONICYT 基础上新组建的国家研发局（ANID）全面投入运行，这一里程碑事件成了智利科技、知识与创新部机构设置全部安装到位的重要标志。

一、智利科技创新发展进入新阶段

（一）科技创新体制机制建设取得历史性进展

智利科技、知识与创新部（以下简称科技部）成立后的组建工作依法推进。2019 年 10 月 1 日，科技、知识与创新部宣布正式开始运转。其直属机构 ANID 的组建工作也进展顺利，2019 年底，全面完成了对 CONICYT 资产的重组及对经济部移交资产的整合与兼并工作。

2020 年伊始，ANID 正式挂牌投入运行，替代了有 52 年历史的 CONICYT。ANID 的成功组建，被认为是智利建立全新科技创新体制机制最重要的里程碑之一，预示着国家科技创新发展的一个崭新时代的到来。

ANID 的宗旨是，贯彻执行科技部制定的国家科技创新战略及其方针政策，致力于长期目标，营造良好的科技创新生态，为智利的科技创新发展提供资源支持，促进、鼓励和发展知识、社会、经济各领域的研究，以及技术型和以科技为基础的创新活动。

ANID 下设 5 个司：人力资本司、联合研究司、基础研究司、应用研究司，以及网络、战略和知识司，人员规模达 380 人。

（二）出台首部《国家科技、知识与创新政策（2020—2022）》

该政策文本由科技部编制，历时 1 年，于 2020 年 3 月正式出台。其制定的四大战略目标为：一是建立可靠、现代化和灵活的体制框架，能够协调和预测国家在科技、知识和创新方面的机遇和挑战，使之为国家和人民的福祉及可持续发展服务；二是加强为国家发展和人民生活质量提高而促进科技、知识和创新的政策、方针、行动和手段；三是促进科学证据在国家决策中的运用，促进不同知识领域科学知识和研究的社会化，促进科技、知识和创新的交流、融合和社会占有；四是在建立预测未来机遇和挑战的能力方面取得进展，以便优先考虑和实施能够利用本国特色资源和比较优势的倡议。

相应部署的行动计划中，贯穿了以下 4 条工作主线。

1. 制度建设

促进联系，解决长期以来科技单元之间缺乏交流与合作的问题。大力实现科技管理智能化，加强各行动单元之间的协调和联系。

2. 科技知识创新体系建设

促进研究和技术的开发、转移和应用，促进科技创新、商业创新、社会管理创新和大众创新，促进人才培养、使用和流动，加强基础设施建设，增强地区科技创新能力。

3. 加强科学与社会的联系

从倡议联盟框架视角出发，《国家科技、知识与创新政策（2020—2022）》推出 114 项倡议，以期在其他部委、公共服务机构、各大区政府、私营机构和社会团体等部门或组织之间产生共鸣和反响，进而影响国家和全社会采取有效行动，为促进经济增长，保护环境和国家领土做出贡献。

4. 预测未来

预测国家拥有的发展潜力和可能面临的挑战，策划战略战术并付诸行动。

二、科技在国家战略决策中的支撑作用显著提升

科技部成立两年来，其在国家层面的服务支撑效能日益显现。

（一）为 COP25 议题提供科学证据

2019 年，科技部尚在组建当中，为配合环境部筹备主办 COP25，库弗部长亲自挂帅，组织全国逾 600 名科研人员成立了 COP 科学委员会，撰写并发表有价值的科学报告，累计提出了 188 条科学建议，为智利发起聚焦海洋和南极等关键主题的七大倡议议题提供了翔实有力的科学证据。因 2020 年新冠肺炎疫情席卷全球，COP25 推迟至 2021 年 11 月举办，智利目前仍为缔约方会议主席国。

（二）编制《国家人工智能发展规划》

智利对重大新兴技术的出现十分重视，认为它们将深刻影响人类社会的未来，既有可用性，也具破坏性，人工智能便是其中之一。2019 年 8 月，智利政府宣布由科技部牵头开展《国家人工智能发展规划》编制工作，出台促进人工智能产业发展的国家政策和行动计划。一年多来，科技部向专家和公众广泛征求了意见和建议，并举办了数次线上专题研讨会，规划编制工作现已进入到最后阶段。

《国家科技、知识与创新政策》对人工智能领域进行了重点阐述，确定该领域的国家政策将从有利因素、应用与发展，伦理道德、监管及对社会和经济影响等方面进行部署，相应的行动计划将考虑制订公共部门使用人工智能的"良好操作规范"。

此外，科技部已决定最近两年的硕士和博士奖学金将向人工智能及其相关专业方向倾斜，年资助总额可为 30 亿智利比索（约合 3000 万人民币）。

（三）开展新型冠状病毒研究并筛选疫苗

1. 快速启动 COVID-19 专项

2020 年 4 月底，皮涅拉总统率科技部长库弗在总统府宣布设立 23 亿智利比索（约合 2300 万人民币）"新型冠状病毒（COVID-19）研究专项资金"，用于研究该病毒在智利的流行、变异及其后果的解决方案。

2. 成立"国家疫苗战略科学委员会"

随着疫情在智利的快速蔓延，政府意识到只有疫苗才能把智利从危难中解救出来。然而，智利既没有疫苗的研发能力，也没有疫苗的生产厂家，只能依靠强国大国和国际组织。为此，科技部专门成立了"国家疫苗战略科学委员会"，由这个委员会负责评估和确定最有希望的备选疫苗以在智利开展第Ⅲ期临床试验。通过疫苗研发国际合作，确保及时、公平地获得安全、有效的疫苗，促进本国在临床研究领域的科技发展，获得未来疫苗供应量的先得优势。同时，智利也参加了世界卫生组织发起的"新冠疫苗实施计划"（COVAX）。

智利的疫苗策略灵活而审慎，科学界的权威调研和国际联系发挥了至关重要的作用。通过上述举措，智利保证了既可以尽早获得疫苗，又可以有充足的预购额度。

3.最新成立"大流行基因组监测领导小组"

2020 年 12 月 22 日，由科技部领衔的"大流行基因组监测领导小组"正式成立，旨在应对当前全球出现多种新型冠状病毒变异的严峻挑战，密切监测病毒在智利境内的变异情况。

（四）在南极事务中发挥重要作用

智利是目前世界上对南极部分领土提出主权要求的 7 个国家之一，其宣示的领土与阿根廷和英国宣示的领土有重叠。尽管《南极条约》规定"冻结一切对南极的领土要求，并禁止新的领土要求"，但《南极条约》将于 2048 年到期，并且近些年世界各主要国家对赴南极活动的兴趣与日俱增，因此智利作为重要的利益攸关国，对南极及其相关事务一刻都没有放松。

2020 年 8 月，皮涅拉总统率外交部长、科技部长及国防部副部长正式公布了新的《智利南极法规》（Ley21.255）。该法规重申了智利对其指定的部分南极领土的主权，强调了智利在南极事务中的权力，严格了对从智利进入南极的人员、物资和活动内容的审核、审查和审批的程序，加强了对南极地区科研活动、资源利用和环境保护工作等的管理。

科技部是智利南极理事会成员单位之一，参与起草了新颁布的《智利南极法规》。

（五）参与"国家卫星系统"计划

智利目前在轨运行的唯一一颗观测卫星是发射于 2011 年底的 FASat-Charlie 卫星，该卫星设计使用寿命为 5 年，现已超期服役。2020 年 10 月，皮涅拉总统宣布启动新的"国家卫星系统"（SNSAT）计划，在 10 年内实现满足国家太空观测需求的能力。作为第一步，该计划将首先发射一颗新的、功能和性能更强的卫星以替代 FASat-Charlie 卫星，然后再向国外定制一颗以及本国自行研发生产一颗高分辨率卫星，这 3 颗卫星组成智利的"国家卫星系统"。该系统还将包括建造在首都圣地亚哥和南部蓬塔阿雷纳斯的两座地面控制站，以及位于北部安托法加斯塔的一座移动地面控制站。在此基础上，智利将再制造或订购 7 颗微小卫星。这 10 颗卫星将使智利成为世界太空俱乐部的一员，极大地促进智利国防和民用科技的发展，为其国防安全、科学、经济、防灾减灾、搜寻和救援、自然资源保护、气候监测、自然和环境保护等目标任务提供全方位的服务。

SNSAT 由智利国防部牵头，智利空军、科技部、交通与电信部全程参与。

（六）共同发起"绿色氢能"计划

2010 年，智利政府推动在世界日照最强烈的北部阿塔卡马地区实施了 2 个风能项目和 1 个太阳能项目。这 3 个项目均取得了成功，使智利的可再生能源在电网中所占的比例达到了 23%。为了复制这一成功模式，更为了抓住"绿色氢能"这一历史性发展机遇，2020 年 10 月，智利国有资产部和生产力促进委员会（CORFO）签署了一份协议，利用在阿塔卡马地区的 120 平方公里土地，实施"绿色氢能"计划。据估算，最高年产量可达 1.6 亿吨。2020 年 11 月，皮涅拉总统在"智利 2020：'绿色氢能'峰会"开幕式上宣布智利将实施《国家"绿色氢能"战略》，强调氢能源将使智利能够在全国范围内实现平衡发展，同时促进人力资本增长，并为科技进步和经济复苏提供动力。

该战略设定的目标政府投入 5000 万美元启动资金并吸引国内外投资和技术，于 2025 年建成 5 GW 可再生能源电力，开始氢气及其衍生物的工业化生产，年产量 20 万吨，创拉美第一；2030 年建成 25 GW 可再生能源电力，实现绿氢及其衍生物产值 25 亿美元，价格低于每公斤 1.5 美元，成为世界三大氢气出口国之一。

（七）组建"可持续农业公共政策科学委员会"

2020 年 12 月，由科技部牵头组建的"可持续农业公共政策科学委员会"宣布成立。该委员会将重点围绕水和土壤、森林资源、水果种植、畜牧业、新兴技术与地方经济五个战略领域，把科学证据与公共和私营部门发展可持续农业的需求联系起来，推动现代化的创新技术以保护环境，同时通过实现绿色农业生产方式，以减少农业生产对环境产生的巨大影响。

三、科技防疫战疫行动大事记

（一）迅速提高检测能力

检测能力不足是疫情暴发后智利遇到的第一个问题。为此，科技部投入 15 亿比索（约合 1500 万人民币），在不到一个月的时间里，把大学和千禧研究机构的 21 个生物学实验室改装成了 PCR 检测实验室，使智利迅速地具备了每天处理 12000 份样本的能力。在公共和私立医院等的共同努力下，智利迄今已达到了日处理 5 万份以上样本的能力。目前，智利已累计对 600 多万份样本进行了检测，达到了每百万人口逾 30 万次的检测水平，位居拉美榜首。

（二）建立疫情数据库

为使政府、机构和民众及时了解智利新冠肺炎疫情的发展情况，并支持临床和流行病学研究，科技部组织流行病学、统计学和数据科学等领域的专家，用卫生部收集到的数据建立了一个疫情数据库。该数据库汇集了患者流动情况、卫生系统资源情况、社区疫情、地区疫情、全国疫情，以及医院容量到检测能力、传染动力等方面共 72 项指标的数据，专家们把这些数据制作成信息翔实、设计精美的二维、三维图表和"疫情地图"，在政府网站发布和展示实时疫情信息。该疫情数据库得到了世界卫生组织和泛美卫生组织的高度评价。

（三）发起"COVID-19 创新挑战赛"以实现防护物资国产化

2020 年 3 月，科技部和生产力促进委员会（CORFO）共同发起总金额为 8 亿智利比索（约合 800 万人民币）的"COVID-19 创新挑战赛"计划，向社会广泛征集医用物资的研发生产项目。一个月后，主办方从 300 多份项目申报书遴选出 13 个项目，并立即支持实施试生产，相关产品将交由医疗机构试用并反馈意见。2020 年 11 月，其中 7 个项目各获得了第二轮 6000 万智利比索（约合 60 万人民币）的资金扶持，目标是使其产能扩大到每月 3 万套的数量规模。据智利公共卫生研究所（ISP）等机构测试，这些国产的防护产品可重复使用，一些产品的表面喷镀有铜或锌的纳米颗粒，具有特别的杀灭表面病毒的效果。

（四）集全国之力研发呼吸机

在疫情蔓延初期，呼吸机严重不足的问题在智利开始显现。为此，智利著名机构"社会实验室"（Socialab）发起了"为智利而呼吸"（Un Respiro para Chile）的活动，旨在实现自主研发生产医用呼吸机。该活动得到制造业商会及其所属企业、科研学术机构和军队相关单位的积极参与，以及 SiEmpre 基金会、科技部、CORFO 等民间和官方机构的大力支持。2020 年 4 月，由重症医学、安全、工程和生产领域专家组成的委员会在收到 35 份项目申请后，根据智利重症医学会（SOCHIMI）等机构制订的性能指标进行了紧急评审，确定了 5 个成熟度相对较高、可行性相对较强的设计制造方案予以重点支持。2020 年 7 月，其中 2 种医用呼吸机模型通过了鉴定和验收；8 月，另外 3 套呼吸机样机也通过了专家评审，进入到临床试验阶段。在社会各界和政府的共同努力下，智利妥善地解决了呼吸机不足的问题，保持了有 160 台以上富余呼吸机的水平。

四、科技创新与社会经济发展有关评价

（一）世界知识产权组织：智利全球创新指数排名居第 54 位

世界知识产权组织（WIPO）和康奈尔大学等机构联合发布《2020 年全球创新指数报告》（GII 2020）报告显示，在全球参与排名的 131 个经济体中，智利居第 54 位；在 49 个高收入经济体中，智利位列第 40；在 18 个拉美和加勒比国家中，智利处于领先地位。

（二）世界经济论坛：智利全球复苏表现拉美第一

2020 年 12 月，世界经济论坛（WEF）发布《2020 年全球竞争力报告》特别版本。由于新冠肺炎疫情，2020 年 WEF 暂停全球竞争力指数排名，特别针对各国在疫情危机中的复苏表现进行评价。报告指出，智利具有稳定的宏观经济环境、开放的市场和最适合雇主需求的高等教育体系，加上该国在制度和数字化基础设施建设，以及加快能源转型升级等方面的关键竞争力，强化了其应对疫情危机和经济转型的能力。因而是拉美最有能力从疫情造成的危机中恢复的经济体。与此同时，智利需要努力破解制约其开创后疫情时代"明天市场"的两大不利因素，即缺乏鼓励和扩大对研究、创新和发明的耐心投资，以及公 – 私合作领域拓展缓慢等。

五、科技统计数据

2020 年 5 月，智利科技部发布了最新《国家科技统计数据》报告。报告显示，2018 年智利全国研发经费总量达 6685.51 智利亿比索（约合 10.44 亿美元），占 GDP 比重为 0.35%，其中政府投入约占 48%，企业投入约占 30%，高等学校投入约占 15%，国外机构投入约占 5%，私营非营利机构投入约占 2%；全国研究人员全时当量 9205 人年，占比劳动人口的 1.01%。

报告指出，2018 年智利基础研究经费为 2212.57 亿智利比索，应用研究经费为 2369.99 亿智利比索，试验发展经费为 1565.42 亿智利比索，占全国研发经费比重分别为 33.1%、35.45% 和 23.42%。分析表明，政府是基础研究领域和应用研究领域研发经费的主要来源，投入占比分别为 57% 和 48%；高等学校是这两个领域活动最主要的执行部门，实施率分别为 71% 和 41%。智利全国研发经费流向高等学校的比例约为 47.36%，大大高于 OECD 国家的平均值 17%。总体而言，智利企业研发活动不够活跃，全国研发经费的使用比例仅为 33.6%，未及 OECD

国家平均值（71%）的一半。企业相对重视试验发展活动，居该领域投入和执行主导地位，占比分别为 55% 和 67%。

报告强调，在智利的研发体系中，女性研究人员的比例在 38% ～ 39%。尽管她们当中博士学历比例为 50%，但成功获得研究资助的比例不到 30%。此外，女性担任研发中心要职的比例仅为 20% 左右。性别差距和不平等现象造成女性研究人员流失。

报告认为，智利地区科技发展不平衡现象非常严重，统筹推进地方科技创新的任务相当艰巨。从 2018 年各大区研发支出统计数据可以看到，首都大区集中了 58.8% 全国研发经费，排在第 2 位的比奥比奥大区占比 8.7%，排在第 3 位的瓦尔帕来索大区占比 7.9%，排在第 4 位的湖大区占比 3.6%，而剩下的 12 个大区占比都在 2.6% 以下甚至更低。

（执笔人：李晓贤）

⊙ 欧　　盟

　　2020 年，国际形势复杂多变，新冠肺炎疫情肆虐全球。欧盟新一届机构完成头年首秀。在大力抗击疫情的同时，欧盟着力推进"绿色"和"数字"双转型，强调战略自主，追求"技术主权"。欧盟全力推动科技创新应对新冠肺炎疫情，在核心关键技术和产业加大布局。第八期研发框架计划顺利收官，第九期研发框架计划确定 955 亿欧元预算，希望加大科技创新投入，促进欧盟科技进步，为经济社会发展提供支撑。

一、科技创新实力和科技资源总量情况

　　欧盟人口占全球人口的 7%，科研投入占全球科研投入的 20%，高质量科技论文发表数量占全球高质量科技论文发表数量的 1/3。根据世界知识产权全球创新指数最新排名，2020 年排名居前 10 位的国家中欧盟成员国占据 5 席。

（一）科技创新实力全球优势趋向缩小

　　根据 2020 年 6 月欧盟发布的《2020 年欧洲创新记分牌》，以欧盟科技创新实力 100 为基准，全球主要经济体科技创新排名为：韩国（134）、加拿大（122）、澳大利亚（111）、日本（102）、欧盟（100）、美国（96）、中国（92）、巴西（62）、俄罗斯（46）、南非（35）、印度（28）。在全球范围内，欧盟已第二次超过美国。自 2012 年以来，欧盟与韩国、澳大利亚和日本科技创新实力差距有所增加，比美国、中国、巴西、俄罗斯和南非的领先优势则有所减少。

（二）科研经费和人才投入增加，但分布不均

　　欧洲统计局最新数据显示，2019 年欧盟 27 个成员国研发支出超过 3060 亿欧元，研发强度（研发经费占当年 GDP 比重）为 2.19%，同比增长 0.01 个百分

点。低于韩国（4.64%，2019年）、日本（3.28%，2018年）、美国（2.82%，2018年），与中国（2.23%，2019年）基本相当。欧盟成员国研发强度分布不均现象明显。仅6个国家超过欧盟平均水平，为瑞典（3.39%）、奥地利（3.19%）、德国（3.17%）、丹麦（2.9%）、比利时（2.89%）和芬兰（2.79%）。8个国家研发强度低于1%，包括保加利亚（0.84%）、斯洛伐克（0.83%）、爱尔兰（0.78%）、拉脱维亚（0.64%）、塞浦路斯（0.63%）、马耳他（0.61%）、罗马尼亚（0.48%）等国。

企业仍是欧盟研发活动主体，且投入增长迅速。2019年欧盟27个成员国总研发投入的66%来自企业，较2016年的56.6%增长近10%。《2020年度欧盟产业研发投入记分牌》报告显示，2019—2020年全球2500家研发投入最多的公司中，欧盟有421家公司上榜，总投入1889亿欧元，占全球产业总研发的20.9%。欧盟公司的研发投入同比增加5.6%，但远低于中国（21%）和美国（10.8%）的增长率。

2019年，欧盟27个成员国研发人员全时当量为291.2万人，同比增加7.3万人，增幅2.5%。其中私营部门研发人员173.24万人（59.49%）、公共部门研发人员35.64万人（12.23%）、高等教育领域80.35万人（27.59%）。欧盟研发人员在成员国的分布也不平衡，仅德国（73.30万人）、法国（46.37万人）、意大利（35.53万人）、西班牙（21.68万人）五国就占60.7%。研发人员最少国家包括马耳他（0.16万人）、塞浦路斯（0.18万人）、卢森堡（0.58万人）、爱沙尼亚（0.64万人）。

（三）专利增长趋缓，论文产出略降

2019年欧盟27国向欧洲专利局（EPO）递交专利申请共66 459件，比上年仅增长278件，增幅0.4%，其中德国26 805件、法国10 163件、荷兰6954件位居前三。

根据美国国家科学基金会2019年12月发布的《出版物产出：美国趋势和国际比较》报告数据，2018年全球科学与工程论文总计发表260万篇，其中欧盟（含英国）发表62万篇，同比减少1万篇，占比24.84%。欧盟论文重点研究领域有：健康科学/生物/生物医学科学（39.1%）、工程学（14.43%）、计算机与信息科学（9.60%）。2008—2018年欧盟论文发表年增长率1.64%，低于全球3.83%的平均增长水平。

二、"地平线欧洲"即将开新局

欧盟研发框架计划是欧盟层面的政府科技创新计划，自1984年启动以来，在促进欧盟甚至全球科技创新中发挥了重要作用。2020年是欧盟第八期框架计

划"地平线 2020"（2014—2020）的收官之年，2021 年欧盟正式启动第九期框架计划"地平线欧洲"（2021—2027）。

（一）"地平线 2020"顺利完成

"地平线 2020"自 2014 年启动以来，共分 3 期执行，第一期 2014—2016 年；第二期 2017—2018 年；第三期 2019—2020 年（此期预算分配如表 1 所示）。

2020 年，"地平线 2020"预算投入 90.69 亿欧元，较上年增长 7.41 亿欧元。其中科学卓越支柱投入约 37.81 亿欧元，较上年增长 6.42 亿欧元；工业领先支柱投入约 16.11 亿欧元，较上年增长 0.39 亿欧元；社会挑战支柱投入约 27.80 亿欧元，较上年增长 0.26 亿欧元。"地平线 2020"2020 年投入占 7 年 770 亿总预算的 11.77%。从三大支柱板块横向比较看，2020 年欧盟主要增加了科学卓越支柱投入（表 3-5）。

表 3-5　2019—2020 年"地平线 2020"预算支出

单位：亿欧元

H2020 预算	2019 年	2020 年
科学卓越支柱		
① 欧洲研究理事会（ERC）	19.702	21.797
② "玛丽·居里"计划（MSCA）	9.356	10.37
③ 未来新兴技术	2.335	5.65
④ 欧洲研究基础设施（包括 e- 基础设施）		
工业领先支柱		
① 信息和通信技术	8.78	8.75
② 纳米技术、先进材料、生物技术及生产	5.434	5.565
③ 空间	1.21	1.44
④ 中小企业创新	0.304	0.359
社会挑战支柱		
① 健康、人口社会变化和福利	6.715	6.65
② 食物安全、可持续农业和林业、海洋、内陆水研究、生物经济	4.59	3.81
③ 安全、清洁、高效能源	5.927	6.428
④ 智慧、绿色、综合交通	2.847	3.095
⑤ 气候行动、环境、资源效率、原材料	3.7	3.52
⑥ 世界变化中的欧洲——包容、创新、自省的社会	1.439	1.58
⑦ 安全社会	2.324	2.718

续表

H2020 预算	2019 年	2020 年
其他		
① 欧洲创新理事会（试点）	6.523	7.01
② 传递卓越，扩大参与	1.47	1.26
③ 与社会同在的科学，为了社会的科学	0.625	0.692
④ 欧洲原子能机构（EURATOM）	–	–
总计：	83.281	90.694
	173.975	

（二）"地平线欧洲"即将启动

2020 年 12 月，"地平线欧洲"历时 3 年终于在最后时刻艰难定型。最终预算 955 亿欧元，是全球规模最大的科技创新计划。承袭"地平线 2020"三大支柱构架，新"三大支柱"最终确定为"卓越科学"（侧重基础研究）、"全球挑战和欧洲产业竞争力"（侧重应用研究）、"创新型欧洲"（侧重产业化），及加强欧洲研究区建设（表 3–6）。

表 3–6　"地平经欧洲"三大版图

支柱 1： "卓越科学"	支柱 2： "全球挑战和欧洲产业竞争力"	支柱 3： "创新型欧洲"
① 欧洲研究理事会（ERC）	④ 专项（clusters）：健康；文化、创意和包容性社会；社会公民安全；数字、工业和空间；气候、能源和流动性；食物、生物经济、自然资源、农业和环境	⑥ 欧洲创新理事会 (EIC)
② "玛丽·居里"计划（MSCA）		⑦ 欧洲创新生态体系 (ecosystems)
③ 基础设施	⑤ 联合研究中心	⑧ 欧洲创新与技术研究院 (EIT)
扩大参与和加强欧洲研究区（ERA）		
扩大参与和推广卓越	改革加强欧洲研究和创新体系	

"卓越科学"支柱旨在提升欧盟全球科学竞争力，通过欧洲研究理事会（ERC）资助由顶尖研究人员驱动的前沿研究项目；通过"玛丽·居里"计划支持有经验的研究人员、博士培训网络，研究人员交流和吸引更多年轻从事研究工作；并投资世界一流科研基础设施。

　　"全球挑战和欧洲产业竞争力"支柱支持应对社会挑战和通过集群加强技术和产业能力的研究。该支柱设立5个欧盟重大任务以解决面临的最大挑战。该支柱还包括支持欧盟联合研究中心（JRC）活动，为欧盟及成员国决策提供独立科学证据和技术支持。

　　"创新型欧洲"支柱旨在通过新成立的欧洲创新理事会（EIC）使欧洲成为全球市场驱动创新的领先者。通过欧洲创新生态体系建设规划欧洲整体创新，通过欧洲创新与技术研究所推动欧洲教育、研究和创新三者集成。

　　"扩大参与和加强欧洲研究区（ERA）"旨在支持欧盟成员国发挥国家科技创新最大潜力，推动建立研究人员、科学知识和技术流通自由的欧洲研究区。

　　欧盟希望通过"地平线欧洲"在以下四大方面发力。一是最大限度发挥科技创新对欧盟重点战略的影响力和贡献力，包括经济复苏、绿色和数字双转型、应对全球挑战和提高民众日常生活水平。二是通过欧洲创新理事会（EIC）和欧洲创新与技术研究院（EIT）促进欧盟产业竞争力和创新实力，特别是支持市场驱动型创新。三是通过加大对高技能人才和前沿研究投资，增强欧盟卓越科学。四是提高全欧研究人员实现卓越机会，促进参与和合作，促进性别平衡。与以往框架计划相比，"地平线欧洲"具有以下新特点。

　　（1）加强培育颠覆性技术，强调科研成果产业化。通过新设立的欧洲创新理事会，采取"一站式"服务形式，支持实验室最具前途的概念到市场应用；扶持最具创新的初创企业和中小企业，催生新市场技术，推动企业做大做强。

　　（2）建立重大科研任务管理机制，加强目标导向性。加强公众参与力度，就公众高度关注和受影响的社会重大挑战共同采取针对性解决方案。在气候变化、癌症、海洋、智能城市和土壤治理等五大领域开展以任务使命为导向的研究。通过组建重大科研任务专家委员会负责重大科研任务的设计和管理工作。

　　（3）加强项目参与机构合理化，提高资助分配效率。缩小单一项目参与机构数量，进一步提高资助聚焦性。同时鼓励更多公私伙伴关系积极申报。

　　（4）拓展联系国范围，进一步加强国际合作。拓展计划联系国（非欧盟国家）范围，对具有科技创新良好实力的非欧盟国家，加大计划开放度。

　　（5）倡导开放科学政策，加强数据开放。强制性出版物公开访问，确保科研数据公开访问，推动使用欧洲公开科学云。

　　（6）激励科技创新实力较弱成员国参与，减少欧盟内部差距。采取多种措施，综合施策推动科技创新实力较弱的欧盟成员国积极参与计划，同时建立卓越中心提升上述国家科技创新实力，促进成员国协作网络建设，平衡欧盟成员国内部科技创新差距。

　　（7）加强与欧盟其他计划和政策协调，提升科技创新全局影响力。采取"组合拳"，推出一揽子可操作性解决方案，推动"地平线欧洲"与欧盟其他科技创新相关计划和政策更加协调，如欧盟投资基金（InvestEU）、伊拉斯谟计划（Erasmus+）、数字欧洲计划、欧洲结构和投资基金等。推动计划在成员国和区域层面加快"下沉"，加快科技创新成果应用。

（8）松绑减负，降低项目承担人和计划管理人员负担。加强相关规则确定性，减少条条框框，为项目承担人和计划管理人员松绑减负，减轻管理负担。

三、科技创新体系调整适应整体战略发展

（一）"欧洲研究区"重启新征程

欧盟 2000 年提出建设"欧洲研究区"，旨在解决欧盟科技创新体系碎片化问题，加强欧盟科技创新集中统筹能力，提升欧盟协调成员国科技创新资源力量。2020 年欧盟重新强调建设"欧洲研究区"的重要性，发布"为科研和创新的新欧洲研究区"通信文件，综合分析欧盟科技创新面临的新挑战，提出欧洲研究区新战略目标，并拟定相关路线图及实施行动计划。ERC 的四大未来战略目标如下。

（1）优先投资和改革。"欧洲研究区"建设旨在加速绿色和数字转型，增强欧盟竞争力，加快疫后复苏速度，提高经济恢复韧性。欧洲研究区建设应简化欧盟及其成员国科技创新体系内部关系。继续坚持欧洲研究区科技创新投入的"卓越"原则，即拥有最佳概念的最优秀科研人员获得资金支持。

（2）优化实现"卓越"路径。加快推广欧洲成员国最佳科技创新体系实践经验，实现欧盟各成员国科技创新体系更"卓越"、更强健。以地平线欧洲框架计划措施为范例，鼓励和支持各成员国加强科技创新体系建设。

（3）加快科研创新成果市场转化。科技创新政策应以提升经济和社会韧性和竞争力为目标。改善企业科研创新投入环境，应用推广新技术，提升科研创新成果市场和社会转化率，确保欧盟在全球科技竞赛中的领导地位。

（4）加强科研人员流动性和知识、技术自由流动。通过深化成员国层面科技创新政策整合与协调，加速科学知识和创新自由流动步伐，提升科技创新体系效率和效能。欧洲研究区将继续推动框架条件和包容性建设，助力培育研究人员实现卓越科学所需技能，同时无缝对接欧盟各相关领域，包括教育、培训、劳动力市场等。

（二）欧洲创新理事会（EIC）即将全面启动

2017 年试点的欧洲创新理事会（EIC）是欧盟致力培育颠覆性技术，加快欧洲原始创新成果市场化、产业化，支持初创企业和中小企业技术创新的新设机构。在 2019—2020 年试点的最后两年间，一是对颠覆性技术广泛投资，并成立

实体机构进行股权投资；二是成立咨询委员会，主要职责是向欧盟提供该机构试点期间建议和 2021 年正式成立后在"地平线欧洲"下的发展指导；三是推出项目经理制，加强项目监管和指导。

（三）《首席科学顾问组更新议事规则》

2020 年 9 月，欧盟发布新版《首席科学顾问组议事规则》，对顾问组成员构成、会议组织、会议日程和决策、建议生成机制等进行了补充、更新和细化。主要变化如下。

① 职责和任务进一步强调独立性、专业性和目标。要求其提供的科学建议不得重复现有机构提供的建议，建议必须具有独立性。② 成员资格与任命强调高端性、广泛性和程序性。延退原有成员任期从两年半到三年，且专家组始终需保持满员状态。增加研究与创新委员征询专家组候选人意见环节，发挥专家组在补选成员中的作用。③ 进一步加强会议组织各环节的规范性。顾问组每年应至少召开 4 次会议，最多 5 次会议。④ 当有紧急政策建议需求时，可临时召开会议。会议流程有严格规定。⑤ 政策建议从选题到形成全过程进一步标准化和流程化。欧盟对以顾问组形成政策建议机制和程序进行了明文规定。包括："自上而下"和"自下而上"双向确定政策建议主题、确定具体解决问题、广泛收集科学证据、草拟科学建议报告和形成并发布科学建议报告 5 个环节的具体要求。

四、"绿色"和"数字"双转型战略和科技创新应对疫情同步推进

双转型战略是新一届欧盟机构面向未来的最高核心战略，2020 年，欧盟一方面通过科技创新积极抗疫；一方面坚定推动双转型战略按计划开展。

（一）"绿色协议"首年推出系列组合举措

2019 年 12 月欧盟提出到 2050 年全球范围内率先实现"碳中和"的"绿色协议"（Green Deal）目标，并同期发布近期行动路线图后，2020 年作为绿色新政开局之年，按照既定计划，推出一系列举措。

（1）推出欧洲绿色交易投资计划和公平转型机制。拟在未来 10 年内，募集公私部门超过 1 万亿欧元的可持续投入；推出激励措施，鼓励公私部门投入等；通过公平转型机制（JTM）在 2021—2027 年预算期向受绿色转型影响最重地区募集 1000 亿欧元，以减低转型带来的社会经济冲击。

（2）发布《欧洲气象法》草案。2020 年 3 月发布《欧洲气象法》草案，旨

在从法律层面确保实现"碳中和"目标。具体途径包括：为减少温室气体排放提出 2030 年新目标；到 2021 年 6 月，评估并在必要时建议修订所有相关政策，以实现 2030 年的额外减排量；从 2023 年 9 月开始，此后每 5 年评估欧盟和各成员国采取的措施是否与气候中性目标和 2030—2050 年行动路线保持一致。

（3）出台《欧洲新工业战略》。为实现绿色转型目标，并提高竞争力和战略自主，该战略采取全面措施实现能源密集型产业的现代化和碳中和。支持可持续、智慧交通产业；提高能源效率，加强针对碳泄漏手段，确保以有竞争力的价格提供充足和持续的低碳能源。

（4）出台《欧盟生物多样性 2030 战略》。该战略旨在保护自然，逆转生态系统退化，阻止生物多样性损失。其主要目标是 2030 年前，欧洲至少 30% 的陆地和海洋建成保护区、阻止并逆转授粉者减少现象、种植 30 亿棵树、每年为生物多样性提供 200 亿欧元的资金支持。

（5）发布《欧盟能源系统集成和氢战略》。在能源系统集成方面，建立以能源效率为核心的更"循环"能源系统，更有效利用本地能源，加大工业废热等再利用度；交通、供热等终端用户行业直接提供电能，取代化石能；难以实现直接提供电能行业，则推广可再生氢、可持续性生物燃料等清洁燃料。在氢利用方面，2020—2024 年，欧盟境内安装至少 6 GW 的可再生氢电解槽，生产 100 万 t 可再生氢。2025—2030 年，相关目标分别至 40 GW 和 1000 万 t，氢成为欧盟综合能源系统的有机组成部分。2030—2050 年，可再生氢技术逐渐成熟，并在所有难脱碳领域大规模部署。

（二）开启"数字 10 年"新征程

自 2020 年起的 10 年，被称为欧盟"数字 10 年"。新一届欧盟机构上台后，进一步加快数字化欧洲建设和实现欧盟数字单一市场的雄心。

（1）推出数字转型未来战略。2020 年 2 月，发布《塑造欧洲数字未来》战略文件。提出欧盟数字转型理念、战略和行动。未来 5 年将重点关注研发"以人为本"的技术，在人工智能、网络、超级计算和量子计算、量子通信和区块链领域建立和部署尖端的联合数字能力；发展公平且有竞争力的数字经济，实施《欧洲数据战略》，使欧洲成为"数据敏捷经济"（Data-agile Economy）的全球领导者，提出产业战略一揽子计划，以促进向清洁、循环、数字和具有全球竞争力的欧盟产业的转化；通过数字化塑造开放、民主和可持续的社会，利用技术帮助欧洲在 2050 年前实现气候稳定，建立欧洲健康数据空间，以促进有针对性的研究、诊断和治疗；制定"全球数字合作战略"，发布关于外国补贴措施的白皮书和标准化战略，部署符合欧洲法规的互操作技术等。在"地平线欧洲"内，欧盟拟向"数字、产业和空间"集群计划投资 150 亿欧元。

（2）发布《欧洲数据战略》。该战略提出欧盟未来 5 年实现数字经济所需的政策措施和投资策略。在尊重欧洲核心价值观基础上，通过建立跨部门治理框架、加强数据基础设施投资、提升个体数据权利和技能、打造公共欧洲数据空间等措施。

（3）建立健全数据治理法律法规框架。2020 年 11 月发布《数据治理法》提案。该法将促进跨部门和成员国间数据共享，为社会创造新财富、增强公民和企业对数据的管控和信任，并为大型技术平台的数据处理实践提供欧洲方案。12 月，发布《数字服务法》和《数字市场法》两份草案，为数字服务制定系统性监管措施。《数字服务法》围绕在线内容审核、算法透明度、数据访问等增加互联网平台的责任义务，对违规行为的罚款可达企业年营收的 6%。《数字市场法》聚焦反垄断和公平竞争，将大型数字平台界定为"数字守门人"，实施更严格的竞争规则。

（4）发布《欧盟数字十年网络安全战略》。2020 年 12 月发布《欧盟数字十年的网络安全战略》，包含法规、投资和政策工具方面的相关建议，旨在应对欧盟行动的 3 个领域：①韧性、技术主权和领导力；②建立预防、制止和应对的行动能力；③推进全球开放的网络空间。对内成立一个专门的网络安全部门，与成员国的网络安全中心协调，构建一个整体的安全防护框架；对外加强对网络空间国际规范和标准的领导。

（三）科技创新积极应对新冠肺炎疫情

多年来，欧盟投入大量资金就公共突发事件开展研究，并建立了紧急研究资助机制。欧盟将科技创新作为应对新冠肺炎疫情，推动复苏的重要组成部分。疫情发生后，欧盟投入 10 亿欧元的科研经费应对新冠肺炎疫情。主要措施有如下。

1. 启动系列紧急应对新冠科研项目

2020 年 1 月，通过"地平线 2020"发布紧急项目征集通知，3 月欧盟实际立项 18 个研究项目，总计拨款 4825 万欧元。5 月中旬，欧盟再次启动项目征集程序，追加拨款 1.22 亿欧元，聚焦解决亟须关键科技创新难题。2020 年 3 月初，欧盟通过"创新药物计划"，启动"抗击新型冠状病毒传染的治疗和诊断研发"的紧急项目征集，聚焦应对新型冠状病毒药物、诊疗方法及测试工具，其投资 8 个项目共 1.17 亿欧元。

2. 制定应对新冠肺炎疫情科研创新行动短期协调计划

该计划是欧盟及其成员国按照"欧洲研究区"目标和形式，在疫情当下协调、共享和共同加强科研创新应对疫情的关键举措。该计划有十大优先行动，包括协调科研创新经费、扩大和支持大规模临床试验、为开发创新且快速应对疫情的方法提供新的资金、为其他资金投入应对疫情科研创新行动计划创造机会、建立一站式应对疫情资金投入平台、使用科研基础设施、组织泛欧黑客马拉松活动，动员创新人才和公民社会力量等。

3. 加强对创新企业扶持力度

在疫苗研发方面，2020 年 6 月和 7 月，欧洲投资银行分别与德国疫苗研发企业 BioNTech 和 CureVac 签署 1 亿欧元和 7500 万欧元的融资和贷款协议，用于两家公司疫苗研发和大规模生产及生产设施建设。2020 年 6 月，欧盟通过欧洲创新理事会（EIC）加速试点计划，向旨在应对新冠肺炎疫情研发相关项目的 36 家企业提供 1.66 亿欧元支持，向为欧洲经济复苏计划做出贡献的 36 家创新公司提供 1.48 亿欧元支持，二者共投资 3.14 亿欧元。

4. 提出欧盟疫苗战略

2020 年 6 月，欧盟提出加速新冠疫苗的研发、生产和部署的欧洲战略。目的是支持在未来 12 ～ 18 个月内加快安全有效的新冠疫苗的研发和可及性的努力。该战略目标是确保疫苗质量、安全性和有效性。

5. 建立应对疫情科研数据共享平台

2020 年 4 月，欧盟与合作伙伴，共同启动欧洲应对疫情科研数据共享平台，快速收集和共享用于应对疫情的科研数据。为研究人员提供开放、可信赖、可扩展的科研数据资源。

6. 发起全球新冠认捐等活动加强全球合作

2020 年 5 月，欧盟牵头组织、在 20 国集团（G20）支持下，开展全球在线认捐活动，旨在筹集 75 亿欧元以促进疫苗的开发、测试、治疗和全球供应。截至 2020 年底，共募集资金 159 亿欧元，其中欧盟及其成员国、欧洲投资银行共认捐 119 亿欧元。2020 年 8 月，欧盟加入"新冠肺炎疫苗实施计划"（COVAX），截至 2020 年底，欧盟与成员国已向 COVAX 注资超过 8.5 亿欧元，欧盟已成为 COVAX 最大出资方。

7. 修改法规加快疫苗和药物研发

2020 年 7 月通过新法规，临时取消相关临床试验规定，以加快安全新冠肺炎疫苗研发、授权和供应。临时取消部分涉及转基因规定。因某些在研新冠肺炎疫苗和药物属于转基因技术，受欧盟转基因指令约束，且各欧盟成员国评估就涉转基因药品临床试验环境风险评估要求差异巨大，故临时取消相关规定以加快疫苗和药物研发。12 月 21 日，欧洲药管理局建议授予辉瑞 –BioNTech 疫苗在欧盟有条件销售许可，随后欧盟委员会批准。

五、加快核心关键技术和产业布局和发展

2020 年以来，在倡导战略自主和"技术主权"的背景下，欧盟核心关键技术和产业紧密围绕"绿色"和"数字"转型战略，支撑双转型战略发展。新冠肺炎疫情暴发后，相关核心关键技术创新积极服务应对新冠肺炎疫情，同时加强相关产业自主、引导产业链回归，扩大供应链多元化。

（一）拟投入 148 亿欧元推进"空间计划"，规范空间计划安全框架

2020 年 12 月，欧盟理事会和欧洲议会谈判代表达成政治协议，同意在 2021—2027 年预算框架中投入 148 亿欧元支持欧盟"空间计划"，以保持和提升欧盟在太空领域的领导地位。欧盟将简化和梳理现有的空间政策法律框架，提供足够空间预算，并规范空间计划的安全框架。

（二）制定高性能计算共同计划新规则，密集采购超级计算机中心

欧盟制定高性能计算共同计划（EuroHPC JU）新规则，为 2021—2033 年拟定 80 亿欧元新预算，远超当前预算，以支撑从大数据分析和人工智能到云技术和网络安全在内的数字转型战略。2020 年，欧盟连续采购捷克、卢森堡、斯洛文尼亚、意大利及芬兰超级计算机，并计划于 2020 年年底前再采购保加利亚、西班牙和葡萄牙超级计算机。

（三）加快电池产业布局实现相关产品生产自主

欧盟在瑞典建立欧洲本土首个生产锂电池的超级大厂。计划初始阶段每年生产 16 GW·h 容量的锂电池，未来扩能到 40 GW·h。用于汽车、电网存储及工业和便携式应用。目前，欧洲各地正新建约 15 个电池工厂。欧盟 2020 年电池产业投资 250 亿欧元，计划 2024 年成为仅次于中国的全球第二大锂电池生产地，2025 年实现电池自主。修订《欧盟电池指令》，对进入欧盟市场的所有电池提出强制性要求，其在全生命周期中都应更可持续、高性能和安全。

（四）3D 打印技术增长迅速，专利申请量全球领先

欧洲专利局发布《专利和增材制造：3D 打印技术趋势》报告，该报告数

据显示，2010—2018 年，欧洲国家 3D 打印技术专利向该局的申请量占全球的
47.5%，美国占全球的 34.8%，日本占全球的 9.2%，中国占全球的 0.27%，其他国
家和地区占全球的 8.6%。在欧洲，德国占所有专利申请量的 19.1%，其次是西班
牙、比利时、英国、瑞士和荷兰。欧洲专利局称，欧洲 3D 打印技术呈指数级增
长，从 2015—2018 年专利数量平均每年增长 36%。卫生医疗、能源和运输领域
是专利申请量最高的 3 个行业。其他领域，如工业工具、电子、建筑和消费品及
食品领域，增长迅速。

（五）制定人工智能战略规划，激励创新和加强监管并举

欧盟发布《人工智能白皮书：通往卓越和信任的欧洲路径》，该白皮书实质
是欧盟规划未来人工智能发展的战略部署。白皮书重点强调三大支柱性要素建
设。①为人工智能构建必要的伦理和法律框架；②加大研发投入，激励公私部门
广泛采用人工智能技术；③全方位加强人工智能人才培养，提高相关技能，为人
工智能带来的社会经济变革做好应变。

（六）欧洲量子通信基础设施有进展，制定量子战略研究议程

截至 2020 年 12 月共有 25 个欧盟成员国及相关国家加入"欧洲量子通信
基础设施"计划。该计划于 2019 年 6 月由欧盟和欧洲航天局牵头推出，拟在未
来 10 年开发泛欧量子通信基础设施。该计划将连接全欧盟所有关键公共通信资
产，使敏感信息传输和储存更加安全，以保护欧盟核心数字资产和金融交易，保
障国家和跨境关键信息基础设施，推动战略自主。发布《量子战略研究议程》，
进一步明确了"欧盟量子技术旗舰计划"在量子技术研究、创新和开发中可实现
的目标，并设定了该计划中量子通信、量子模拟、量子传感和测量技术在未来 3
年、6 年及 10 年分阶段可实现目标。

（七）修订法规和成立股权基金，加快区块链及科技金融创新发展

欧盟发布首个加密资产新立法草案——《加密资产市场法规》（MiCA），允
许以加密资产形式在金融工具中开展交易和结算，并打破现有法规障碍，允许相
关监管机构和企业采用区块链技术测试金融创新解决方案。欧盟投资基金（EIF）
注资 1 亿欧元成立欧盟人工智能/区块链投资基金，主要通过股权投资形式，增
强创新型和高风险的人工智能和区块链公司融资渠道，支持人工智能和区块链技
术研发和新市场培育。

（八）更新原材料清单制度并组建原材料联盟，为"技术主权"和产业战略提供保障

欧盟在对 66 种材料进行关键性评估后，发布欧盟第四批关键原材料清单。该清单包括 30 种材料，与 2017 年第三批的 27 种材料相比，增加 3 种。欧盟推出"关键原材料十大行动计划"。该计划首项即是建立欧洲原材料联盟（ERMA）。该联盟旨在确保获得欧盟工业生态系统的关键和战略原材料、先进材料及加工技术。联盟成立后聚焦最紧迫战略需求，即提高欧盟稀土和永磁体价值链自主权和供应多元化。

六、坚持科技创新开放，服务欧盟核心利益

欧盟长期坚持科技创新开放合作，以实现三大目标：① 获取国际科技创新优质资源；② 应对共同社会挑战；③ 支撑欧盟外交及发展政策目标。特别是在抗击疫情中，欧盟积极倡导国际科技创新合作共同应对新冠肺炎疫情。在 2021 年启动的"地平线欧洲"框架计划中将进一步扩大国际科技合作范围。

（一）拟通过"地平线欧洲"有条件扩大国际合作范围和程度

欧盟通过即将启动的"地平线欧洲"框架计划，以项目合作方式，接纳全球最新知识和优秀人才，更有效地应对全球社会挑战，在新兴市场创造商业机会，让科技外交服务欧盟对外政策。欧盟对外合作对象有成员国、联系国和第三国。其中联系国是欧盟除成员国外，框架计划合作最为紧密的合作伙伴，包括瑞士、挪威、以色列等 16 个国家。欧盟希望在"地平线欧洲"中扩大联系国数量，扩大计划合作密切伙伴范围。

（二）强调共同价值观，推动"技术主权"

为实现战略自主，新一届欧盟机构着重强调"技术主权"。特别是疫情暴发后，欧盟希望发展部署自身关键创新能力，减少对全球其他地区关键技术依赖。欧盟"技术自主"不是排斥国际合作，而是希望通过加强与其具有共同价值观、认同欧盟规则和标准的国家加强科技创新合作。欧盟在《塑造欧洲的数字未来》文件中明确指出，欧洲的技术主权的出发点，是确保欧盟的数据基础设施、网络和通信的完整性和韧性。欧盟将对愿意遵守欧盟规则并符合欧盟标准的人继续保持开放。

（执笔人：肖　轶）

⊙ 英　国

　　英国是欧洲新冠肺炎疫情最为严重的国家之一，但其强大的科研实力使得英国的科技抗疫表现突出，疫苗研发、建模预测、药物筛选、人体挑战模型、快速检测等领域均有世界领先的成果。此外，提出"绿色产业革命十点计划"，积极筹办 COP26 大会，制定科研路线图，脱欧协议达成后的过渡期等也成为英国 2020 年度科技创新工作的重要内容，继续彰显其科技创新强国的领先地位。

一、科研实力依然强劲

（一）科技创新整体实力雄厚，继续保持全球科技强国地位

　　据 2020 年世界知识产权组织（WIPO）发布的《2020 年全球创新指数报告》（GII 2020），英国全球创新指数排名较 2019 年前进 1 位，升至全球第 4 位。英国基础研究实力继续得到全球认可，2020 年新增诺贝尔奖得主 2 人，获诺贝尔奖总人数达到 135 人，仅次于美国。科睿唯安(Clarivate Analytics)2020 年度全球"高被引科学家"榜单中，英国排在第 3 位，仅次于美国、中国，显示其高水平科学家人数占优，具有强大科技影响力。

　　英国在信息和通信技术（Information and Communication Technologies）、知识创造（Knowledge Creation）领域的产出排名居第 1 位，在大学研究实力、知识创造和论文发表、人文及金融类研究、投资等市场相关领域研究、信息通信和 ICT 使用、政府线上治理和公开、环境保护等领域的创新能力全球领先。在创意产业、全球品牌、文化和服务出口等方面领域有较大领先优势。2019 年，英国的创新型经济提供了 530 万工作岗位，占英国工作岗位的 15.7%。据 WIPO 报告，英国的创新投入产出排名中，投入排名居第 6 位，产出排名居第 3 位，反映出英国有较高的研发效率。

（二）持续加大研发投入，设定较高研发投入目标

英国国家统计局（ONS）统计数据表明 2018 年英国 R&D 投入 371 亿英镑，较 2017 的 348 亿英镑继续增加，占 GDP 的 1.71%。其中，公共资金投入约 100 亿英镑，占 GDP 的 0.45%，企业研发资金投入约占 GDP 的 0.94%。

总体看，英国的研发投入占 GDP 的比例并不高，低于欧盟的平均水平（2.4%）。但英国政府已承诺到 2024 年，公共资金的研发投入要提高到 220 亿英镑，2027 年研发投入强度达到 2.4%，长期目标是达到 3%。

据英国财政大臣苏纳克 2020 年 11 月底公布的英国 2020 年度财政支出评估报告（Spending Review），英国在新冠肺炎疫情对经济造成严重打击的情况下，将继续加大研发投入。2021—2022 财政年度的公共资金研发投入将增加到 150 亿英镑，其中商业、能源与产业战略部（BEIS）的研发预算达到 111 亿英镑，英国国家科研与创新署（UKRI）的经费将在今后 3 年内每年增加 4 亿英镑。

二、出台重要战略规划，依靠科技创新应对疫情造成的经济下滑

英国在积极应对气候变化的同时，推动绿色产业革命以期实现新冠肺炎疫情背景下的经济转型发展。英国一直是应对全球气候变化的积极倡导者和先行者。英国在 G7 国家中减排力度最大，最早提出到 2050 年实现碳中和，最早提出到 2030 年不再生产和销售燃油汽车。英国清洁能源比例已占其能源供应量的绝大比例。

（一）实施《绿色产业革命十点计划》，以绿色转型促经济发展

为实现减排目标，加快培育绿色产业，英国首相于 2020 年 11 月公布《英国绿色产业革命十点计划》。该计划覆盖清洁能源、绿色交通、自然环境保护、创新等多个领域，期望在实现 2050 年净零排放目标的同时，创造 25 万个高技能绿色就业岗位。该计划将投入超过 120 亿英镑的公共资金，并吸引 3 倍以上的私营部门投资。

围绕绿色转型发展，英国 2020 年的另一项重要工作是积极承办联合国气候变化大会 COP26。2020 年英国格拉斯哥争取到了 COP26 的主办权，后因全球疫情暴发，会议推迟到 2021 年 11 月举行。围绕 COP26 的召开，一年来英国举办了多场线上线下活动，如举办线上全球气候变化雄心峰会、举办 COP 历任主席线下交流会，不断呼吁各国尽可能按高目标承诺"国家自主贡献"（Nationally Determined Contributions，NDCs）目标等。

（二）制定《科研路线图》，抗疫背景下全方位规划部署科技创新工作

2020 年 7 月 1 日，英国政府公布《英国科研路线图》（UK Research and Development Roadmap）。该路线图的主要内容包括：①增加研发投入，解决最紧迫问题；②确保研究带来世界一流的经济和社会效益；③支持企业家和初创企业，增加资本流入企业研发以提升经济实力；④吸引、保留和发展有才能的多样化人才和团队；⑤更多地考虑区位因素，确保英国的研发体系为区域经济社会发展做出最大贡献；⑥对基础设施和机构提供长期灵活投资，使英国能够发展和保持尖端的研究、开发和创新基础设施，包括那些能够充分发挥其作用的灵活而有弹性的机构；⑦加强与新兴国家的研发伙伴关系，也要成为世界领先国家的首选合作伙伴；⑧确保科研和创新能够系统性地回应社会需要和期望。

（三）政府实施创新纾困计划，支持企业依靠科技创新应对新冠肺炎疫情困难

2020 年 4 月，英国财政大臣苏纳克宣布政府实施 12.5 亿英镑的一揽子支持计划，设立英国"可持续创新基金"（UK's Sustainable Innovation Fund，SIF），保护企业渡过难关，推动英国创新型企业发展。这笔资金有针对性地帮助英国最活跃的创新型企业在疫情危机中获得保护，以便他们能够继续开发创新的新产品并帮助推动英国经济的增长。其中包括：5 亿英镑的"未来基金"，旨在确保英国高增长公司获得在危机期间继续需要的投资；7.5 亿英镑的针对中小企业创新的专项资金，支持将用于大多数研发密集型的中小型企业，通过英国创新署（Innovate UK）的赠款和贷款计划进行支持。

三、"科技抗疫"成为英国科技创新的重点领域

英国的"科技抗疫"表现突出，疫苗、建模、药物筛选和治疗、临床试验、人体挑战模型、推动国际合作等方面均取得世界领先成果，确定了英国在应对突发疫情方面的国际领导地位，也实现了英国应对未来大流行病的长期布局。

（一）积极开展研发部署，启动若干重点研发项目和基础设施建设

（1）英国研究与创新署（UKRI）与英国卫生部联合部署了两批重点项目。第一批 27 项共 2500 万英镑，第二批 52 项共 4600 万英镑。

（2）UKRI 滚动支持项目，第一批 202 个项目共 7700 万英镑，第二批 139 个项目共 6000 万英镑。

（3）英国政府 2020 年 4 月承诺投入 2.5 亿英镑用于疫苗研发。资助牛津大学新冠疫苗（腺病毒）团队 2000 万英镑，资助帝国理工新冠疫苗（mRNA）团队 2250 万英镑。

（4）政府 2020 年 5 月宣布对位于哈维尔高科技园（Harwell Science and Innovation Campus，卢瑟福国家实验室所在地）的疫苗制造和创新中心（VMIC）增加投资 1.31 亿英镑，确保其提前一年建成。疫苗工作组（Vaccine Task force，VTF）支持在英国的 Harwell（牛津附近，腺病毒疫苗生产基地）、中部地区 Braintree（细胞和基因生产创新基地）、苏格兰的 Livingston（爱丁堡附近，灭活疫苗生产基地）布局建设 3 个疫苗生产基地，既在空间上布局，也在技术路线上布局。通过"工艺创新中心"计划（Centre of Process Innovation，CPI）支持建设 mRNA 疫苗生产平台。

（二）科研抗疫成果丰富，显示其强大研发实力和影响力

（1）建模预测。帝国理工最早在 2020 年 2 月份即开始新冠肺炎疫情的流行病学预测，早期仅预测中国疫情，后发展为预测英国及全球疫情，目前其流行病学模型预测报告已发出 40 余份。剑桥大学、伦敦卫生与热带医学院等也都有较强的模型研究团队和成果。

（2）治疗与大型临床试验。组织开展了全球最大的"康复"临床试验（Recovery），开展了社区传播监测试验（React），开展了针对新冠肺炎疫情的全基因组测序研究。

（3）疫苗研发。英国政府专门成立了疫苗工作组（Vaccine Task Force，VTF）推进新冠疫苗工作，包括快速推进英国研发和生产新冠疫苗，体现英国在新冠疫苗研发生产上的国际影响力，并建立英国疫苗研发和生产的长期战略能力。

（4）人体挑战模型。英国政府已正式批准投入 3360 万英镑开展人体挑战试验研究，由此英国将成为全球首个开展新型冠状病毒人体挑战模型试验的国家。此研究在科研伦理方面引发较大争议。

（5）呼吸机和快速检测等。为应对呼吸机不足的困难，英国政府启动了"呼吸机挑战计划"，加速呼吸机的研发和生产，吸引了约 5000 个企业参与相关研发，迅速提升了英国本土生产能力，至 2020 年 7 月底收到了约 14 000 台呼吸机。在快速检测方面，英国研发团队开发的 Oxsed RaVid Direct 检测技术可在 15 ～ 30 分钟内现场获得较准确检测结果，适宜在社区、机场等开展大规模检测。

（6）推动新冠科研国际合作，提升影响力。英国通过牛顿基金等渠道，与南非、加拿大、瑞典等共同出资支持 COVID-19 非洲快速项目，支持了 17 个非洲国家的 80 个新冠项目，总资金约 475 万美元。出资 500 万英镑和维康基金会

（Wellcome Trust）合作，资助 13 个新冠国际合作项目。

向 WHO、CEPI、GAVI、COVAX 等国际组织和机制投入数亿英镑，推动全球抗疫和新冠疫苗研发合作。英国还牵头组织了全球疫苗峰会等活动，推动疫苗公平获取和合作。

2020 年 9 月和 12 月，UKRI 与全球挑战研究基金（GCRF）和牛顿基金联合投入 1450 万英镑资助 40 个新冠肺炎疫情国际合作研究项目，帮助发展中国家提高应对新冠肺炎疫情的能力，减轻新冠肺炎疫情对这些国家的社会、经济和健康的短期和长期影响。

四、科技治理不断完善，注重资源整合和跨学科交叉，启动设立高风险收益研究机制

（一）UKRI 逐渐步入正轨，加强统筹的作用日益显现

若干重大项目及跨学科跨研究理事会的项目由 UKRI 发布项目指南并评审立项，体现了立项工作的综合性与统筹性。原有的 7 个研究理事会和创新署（Innovate UK）的各自网站归并至 UKRI 的统一网站，信息管理系统也在逐步整合统一。在项目管理上，试点启动新的项目申报系统。进一步整合原有的 7 个研究理事会用的 Je-S 系统和英国创新署使用的创新资助服务系统，使大学和企业可以在一个平台上申报项目。2020 年 UKRI 提出在 2～3 年内逐步转为使用一个新系统 UKRI 资助服务（UKRI Funding Service）。

（二）筹划设立高风险高回报长时限项目新资助机制

英国政府考虑仿照美国高级研究计划局（ARPA），成立英国高级研究计划局（BARPA）。约翰逊首相表示，可以通过最近成立的伞形机构 UKRI 来实现为 BARPA 设定的目标，"我们必须在 UKRI 内设立一个额外的理事会，以行使更大程度的自治权来开展这类项目"。英国财政大臣在 2020 年底的财政支持评估报告中承诺将在五年内投入 8 亿英镑支持新兴的和高风险的科学技术研究。

成立 BARPA 的一个重要原因是脱欧。英国在脱欧后必须设立替代性的资金渠道，以弥补面临的风险。但是，这个新的资助机制是否一定设立在 UKRI 之内还没有定论。

此外，BARPA 面临的另一个挑战是政府愿意拿出多少资金来做这项工作。ARPA 和其他类似的机构在美国取得成功的原因之一是因为它在政府内部有客户，如国防部、能源部等。对于英国而言，URKI 的其他资助机制已经涵盖了 BARPA 的领域，如新能源汽车电池方面的挑战等。另一个显著的区别是，美国

ARPA 的预算约为每年 35 亿美元，而英国的 BARPA 预算目前仅数亿英镑。

（三）瞄准国家科技创新的战略性需求，提出"登月计划"（Moonshots）构想

英国政府科技委员会（Council for Science and Technology）于 2020 年 7 月提出实施英国"登月计划"的若干遴选机制，并向首相提交了建议，明确了"登月型"计划的定义和设立原则、实施要点，为启动"登月型"计划做准备。登月计划项目是指能体现英国科技强国地位的重大科技项目。这些项目的遴选机制包括：能激活英国的学术界、产业界和社会，能解决重大的社会或经济问题，是真正的科学突破，有明确的前进路线和进度预期，能体现英国的领先优势，能带来巨大利益。虽然由于疫情原因，"登月计划"尚未明确有哪些项目入选，但预计这将是约翰逊政府着手科技创新领域部署的重大举措。

五、重点领域科技创新深入推进

（一）生物医药领域

2020 年 9 月英国卫生部发布《英国基因组战略：医疗保健的未来》，提出未来 10 年英国基因组学发展规划。该战略的目的是利用基因组学为患者提供个性化治疗，预测弱势群体患慢性病的风险并实现早期干预。

（二）AI 领域

积极推动 AI 在医疗健康领域应用，卫生部 2019 年宣布投资 2.5 亿英镑设立 NHSAI 实验室计划，加快 AI 技术在医疗卫生服务体系的应用。2020 年明确并推进具体方案，包括：①3 年内投入 1.4 亿英镑设立医学 AI 专项，推动 AI 技术在 NHS 系统的测试和试用，2020 年 9 月公布了首批项目，总资金 5000 万英镑；②设立 AI 实验室特殊部队（skunk Works），建立一个由数据科学家、工程师和策展人员组成的多学科团队，对 AI 在医疗领域应用的创新想法进行概念验证；③发展 AI 监管生态，与监管部门合作，共同创建监管建议和批准服务，并加强对使用 AI 服务的售后监督和指导；④ AI 在成像领域的应用，支持成像技术的开发，从用于安全收集和共享数据的机制到验证 AI 成像软件，2020 年 4 月设立国家 COVID-19 胸部成像数据库，支持对 COVID-19 的研究。

加强 AI 领域国际合作。2020 年 6 月，英国作为创始成员国之一加入全球 AI 合作组织（GPAI）。2020 年 9 月，英国和美国签署 AI 研究与开发合作宣言，存进两国合作，并对 AI 规划优先事项提出建议。

（三）航空航天领域

英国积极推动空间科学探索和空间产业发展，政府寄望把握商业航天机会。英国政府仍一如既往地积极推进空间科学探索和空间产业发展，拓展本土发射能力。

积极资助开展空间科学研究，探索外太空。科学技术设施研究理事会资助240多万英镑制作发布银河系至今最精确3D地图，涵盖18亿颗恒星的数据。

继续加强与欧空局的合作，强化对地观测研究。英国航天局于2019年11月同意每年与欧空局共同投资3.74亿英镑，开展国际太空合作项目，其中2亿英镑投资于地球观测任务。

充分发挥空间科学研究和仪器开发的优势，在国际重大探索任务中占据重要位置。2020年政府投资1亿英镑，在哈维尔国家卫星测试中心建设新的航天器测试设施。英国航天局为欧空局的太阳轨道飞行器任务上10个科学仪器中的4个提供了资金。

继续提升本土发射能力，大力支持发展商业航天生态。启动《空间产业监管2020》立法，为商业航天在英国发展提供有利法律环境。继续拨款以发展太空港基础设施，主要支持苏格兰的萨瑟兰德（Sutherland）太空枢纽、康沃尔太空港等发射基地，重点提供商业航天发射服务。出资5亿英镑竞购总部位于伦敦的破产重组的OneWeb公司股权，努力推动将英国置于新商业航天时代的最前沿；OneWeb经过重组后，正加快完成其第一代星座的开发，在2020年12月发射另一批34颗卫星，从而使其在轨卫星达到110颗卫星；公司有望在2022年扩展到提供全球服务。

在地方建设空间产业集群，培育空间产业生态。英国哈维尔已经确立了英国航天中心的地位，英国政府积极推动在其他地方复制哈维尔经验。支持在各地建设新的空间中心，2020年提出在包括苏格兰、威尔士、爱尔兰、康沃尔等7个地区发展空间产业。英国航天局设立国家空间创新计划（NSIP），这是英国首个致力于支持空间产业创新发展的基金。2020年资助1500万英镑，支持21个中小企业空间创新项目。2020年莱斯特空间产业园开园，该空间产业园是英国国家空间中心的所在地，将建设一批共享的研发设施和商业/工业办公空间。

（四）大数据领域

2020年9月，英国政府发布了《国家数据战略》，指出当前许多问题阻碍了英国数据的最佳利用，而4个相互关联的支柱因素将促进数据高效使用，包括：数据基础、数据技能、数据可用性和数据责任。该战略明确了五大优先任务行动来通过数据更有效解决一些关键挑战，包括释放整个经济中的数据价值，确保促增长和可信赖的数据机制，变革政府数据使用以提高效率和改善公共服务，确保数据所依赖的基础架构的安全性和弹性，倡导国际数据流动。

（五）现代农业领域

在欧盟共同农业政策（脱欧前）和 2020 年英国新颁布农业法的指导下，已形成以《英国农业科技战略》为核心的农业科技创新体系。

（1）颁布新农业法。2018 年 9 月英国环境、食品和乡村事务部（Defra）制定新农业法案，经过议会两院多次审议修正，2020 年 11 月《农业法 2020》经英国皇室批准正式生效。

（2）发布可持续农业发展路线图。2020 年 11 月，Defra 发布《可持续农业发展路线图：2021—2024 年农业转型计划》，是英国实现更好、更公平的可持续发展农业系统计划路线图，是 50 年来对农业和土地管理的最重大变革。

（3）继续推动农业科技战略落实。一是英国农业科技领导委员会统筹农业科技发展，整合政府、学术界和产业界有效资源，为农民和农业企业提供强有力的支持；二是继续推进农业科技孵化器（Agri-tech Catalyst）；三是继续支持国家农业创新中心建设；四是持续投资农业技术开发和应用。

（4）启动农业、食品和饮料行业的"反弹"计划应对新冠肺炎疫情冲击。2020 年 6 月，国际贸易部（DIT）和 Defra 联合宣布新战略干预措施，帮助英国农业、食品和饮料行业的企业扩大在海外的贸易活动，为从农场到餐桌的整个食品供应链中的生产商制造商和农业技术公司提供支持。

（六）清洁能源领域

英国致力于成为绿色技术的全球领导者。英国政府于 2020 年 11 月发布《绿色工业革命十点计划》，宣布投入超过 50 亿英镑支持绿色复苏计划。

（七）环保领域

2020 年初，英国承诺将通过全球共同努力，为气候变化提供基于自然的解决方案，到 2050 年实现该国净零排放目标。政府投入 2250 万英镑支持建设 5 个跨学科循环经济技术研究中心，以促进纺织品、电子产品、金属、建筑和化学品的回收。

（八）量子技术领域

2020 年，英国国家量子技术计划（NQTP）进入第二阶段，在第一阶段的基础上根据全球及英国量子技术进展修订议程，通过工业战略挑战基金（ISCF）实现量子技术的商业化。英国政府目前重点支持 4 个量子中心，量子增强成像中心、量子计算和模拟中心、量子传感和计量中心和量子通信中心。

2020 年，英国量子技术项目获得政府 7000 万英镑的资助，超过 80 家企业与 30 所大学和研究机构合作，共同领导 38 个新项目，以推动量子技术向市场上的变革性产品发展。

（九）核聚变能开发与核安全领域

英国在核聚变研究、小型核反应堆研究上有较强实力。2020 年 12 月，BEIS 向全国招标将建设核聚变电厂原型堆。预计原型堆 2040 年建成，将成为全球首个核聚变能发电厂。在小核反应堆方面，UKRI 宣布投入 2.15 亿英镑开展小核反应堆的研发。

在核安全监管领域，英国于 2020 年 7 月发布核与辐射安全框架审查报告。2019 年 10 月，国际安全专家团队根据国际原子能机构（IAEA）安全标准评估英国的核与辐射安全监管框架对英国进行了综合监管评审服务（IRRS）同行评审。这是自 2006 年 IRRS 计划启动以来，对英国进行的第四次 IRRS 任务，也是首次针对核安全和辐射的全面审查。

六、国际合作仍以西方传统盟友为主，但出现了经费压缩等颓势

英国一直自诩为推动全球化的旗手，积极推动国际科技合作并努力发挥其领导作用。

（一）与传统的美西方合作无障碍，积极稳住传统合作伙伴

继续推进参与欧盟地平线计划的谈判，努力维持与欧盟的紧密科技合作伙伴关系。与美国、印度、日本等达成多项科技合作协议，维护良好合作关系。2020 年 11 月，UKRI 与美国商务部国家标准与技术研究院（NIST）达成合作协议，共同推动两国科研成果产业化，促进双方成果转化管理部门的人员交流。2020 年 12 月，与印度签署合作协议，建立虚拟的疫苗中心（Vaccine Hub），推进印度血清研究所与牛津大学的合作，由血清研究所生产牛津大学研发的腺病毒载体新冠疫苗。继续加强与英联邦国家合作。2020 年 7 月，牵头发出英联邦 54 个成员国共同应对新冠肺炎疫情的倡议，得到各成员国的积极响应。

（二）积极开拓与包括发展中国家在内的多边合作关系，以科研实力拓展其国际影响力

2020 年，UKRI 公布 141 个新国际合作研发项目，涉及非洲、东南亚国家等

全球合作伙伴。全球挑战研究基金（GCRF）投入 1.47 亿英镑支持开展国际科技合作，充分体现英国在科研合作上的全球视野和全球影响力。

2020 年 12 月 UKRI 宣布，英国作为平方公里阵列（SKA）全球总部所在地，已批准建立 SKA 天文台（SKAO）公约，SKAO 可以正式成立。

虽然受美国影响，但英国依然看重与中国的合作，政府间合作机制和若干合作平台及项目稳步推进，科研人员之间的交流合作特别是抗击新冠肺炎疫情的科研合作，以及环保、新能源等领域的合作继续深入，两国科技合作态势未出现重大波折。

（三）启动《国家安全投资法》修订议程，加强政府调查和干预可能威胁国家安全的并购、收购和其他类型交易

将在 BEIS 内部设立"投资安全部"，专门审查敏感领域（如人工智能、民用核能、自主机器人、数据基础构架、量子技术、工程生物学、卫星和空间技术、政府关键供应商）的并购、收购和其他类型交易，以确保英国的国家安全。2020 年明确修订出台《国家安全投资法》，明确对以下领域的投资并购等进行安全审查：民用核能、通信、数据基础架构、国防、能源、运输、人工智能、自主机器人、计算硬件、密码认证、先进材料、量子技术、工程生物学、政府的关键供应商、紧急服务的关键供应商、军事或两用技术、卫星和空间技术等。

（四）强调所谓学术自由和学术安全，防范国外对大学学术活动的影响和干预

启动"可信研究"行动（Trusted Research Campaign），由英国国家基础设施保护中心和政府通信总部下属的国家网络安全中心开展，并在其网站公开发布了《学者可信研究指南》（以下简称《指南》）。《指南》在介绍如何保护学术研究的同时，重点提出如何防止研究数据或成果被敌对国家组织和机构滥用。《指南》中明确，敌对国家是指民主和道德价值观不同于英国且其战略意图与英国敌对的国家。

研究安全仍是重要关注。2020 年 10 月，英国大学协会（Universities UK）发布了《国际化中的风险管理》报告，专门提出在国际化合作过程中要保护自身机构的声誉、价值、研究人员和研究安全。另外，非英国籍研究生选择敏感专业（一般为科学、技术、工程和数学学科，STEM）必须取得"学术技术批准计划"（ATAS）证书。

七、积极打造人才吸引和培养的全球最优之地

2020 年 7 月，发布的《科研路线图》提出英国要"吸引、保留和发展有才能且多样化的人才和团队"，并出台了一系列"激励和培养人才队伍"的措施。在该路线图中，吸引和保留国际优秀人才的举措成为亮点，在首相府设立人才办公室，把人才工作提高到前所未有的高度。

2020 年 2 月，取消 Tier 1 特殊人才签证后，英国政府引进了全球人才签证（Global Talent Visa），为科学、数字技术、艺术和文化领域有才华和有前途的个人提供到英国相关领域发展的机会。还将进一步扩展全球人才签证的资格标准，允许全球的高技能科学家和研究人员无须工作合同即可来英。

2020 年 12 月，英国新的移民法正式生效。由技能员工签证（Skilled Worker route）取代原有的 Tier2 工作签证，不再向低技术工种发放工作签证。对毕业生签证流程做了进一步完善，从 2021 年夏季开始，在英国获得博士学位的国际学生毕业后可在英国生活工作 3 年。相关流程将进一步被简化和加快。

英国政府将对全国不同职业阶段人才的总体招聘情况进行审核评估，确保为未来技能需求提供最强大的支持，同时确保英国人才招聘覆盖面和吸引力在世界领先，足够吸引最有才华、潜力、热情和创造力的人才。当前，英国的人才政策有以下特点。

一是政府在人才路线政策、目标举措、资源整合分配等方面起着主导作用。在人才项目及计划的设立和实施过程中，政府资助的公立机构起着主导作用，主要包括 UKRI、其主要下属机构（包括七大研究理事会、创新英国、研究英格兰）及各高校和公立研究机构。英国科研领域遵循"霍尔丹法则"，即研究经费支出有关的决定，应由研究者而非政府人员决定。2019—2020 年度，UKRI 提供了 3.56 亿英镑支持国际研究创新协作、5.41 亿英镑作为研究经费来培训下一代的早期职业高级研究人员，支持超过 27 000 个学生奖学金和 1500 个研究奖学金，同时为研究和创新创造最佳环境，并使公众参与科学活动。该年度共为 3942 个组织和 54 006 位个人提供了支持。

二是市场既是人才工作的推动者也是受益者。在人才培养过程中，高等教育机构与企业合作融合度较高，在科技成果转化、社会服务等方面紧密结合，校企合作、产学研用深度融合。例如，人工智能技能和人才培养一揽子计划得到高达 1 亿多英镑的政府资金支持，包括在英国大学增加 200 个人工智能硕士名额，在 16 个专业的 UKRI 人工智能中心提供 1000 个博士生培训机会，与艾伦·图灵研究所合作设立图灵人工智能加速奖学金（Turing AI Acceleration Fellowships，迄今已为 20 位英国顶级 AI 创新者得到该资金支持推动其开创性研究）。英政府此举获得了包括阿斯利康、谷歌、罗尔斯·罗伊斯等在内的 300 多个行业合作伙伴的

资金支持。

三是科研文化和环境建设是培养和吸引人才的重要举措。更重要的不是需要"火眼金睛"去发现特定的人才，而是需要塑造最适合、最能激发潜力的环境来发挥吸引人才的作用。在《英国科研路线图》中专门论述了改善研究文化的重要性。平等性、多样性和包容性（EDI）是英国研究文化的重要方面。在英国卓越研究评估机制（REF）中，对于每个学科，所有类型的研究和所有形式的研究成果均应在公平、平等的基础上给予评估，确保评估系统和流程公正、高效且没有偏见，消除差距以确保用人体系尽可能做到任人唯才。尊重科学、鼓励创新、奖励卓越也是英国科研文化的一部分。在英国科技发展创新过程中形成了多层次、多领域科研奖励体系。总体来讲，英国科研奖励的设置、评审及办法由政府支持的公立机构主导，代表性机构包括皇家学会、皇家工程院等。同时，鉴于科技创新对经济增长的重要推动作用，行业领域也设有众多科技奖项，如行业学会、弹射中心等机构。同时，对青年人才的奖励和鼓励也是英国政府着眼长远、推动科技创新可持续发展的重要手段。

四是吸引国际优秀人才日益成为英国关注重点。脱欧和新冠肺炎疫情为英国的科研创新带来了负面影响。英国对于国际高端人才的吸引力已下降。同时，专家担心新冠肺炎疫情给科学带来的破坏性影响会持续数十年，英国正在冒着失去一代科学家的风险。为了应对脱欧和新冠肺炎疫情带来的挑战，除了以上提到的研究文化和项目的完善外，英国政府还在不断修改移民和人才政策，加大吸引全球人才的力度。

（执笔人：谈　戈　蒋苏南　王　静　谢会萍　黄　河　孔江涛　谈俊尧）

◎ 法　　国

　　2020 年，一场突如其来并席卷全球的新冠肺炎疫情，给全球政治、经济和社会等带来重大影响。作为西方发达国家的法国不仅未能幸免，更成为欧洲和全球新冠肺炎疫情重灾区。经济急速下行、失业人数激增、家庭收入普降等蕴藏重大社会危机，财政赤字上升加大未来经济与社会发展压力。法国政府被迫延缓包括退休制度在内的重大经济与社会改革。新冠肺炎疫情一方面暴露了法国科技创新长期的积弊；另一方面也激发了法国社会面对危机痛定思痛，从战略上谋划，在部署中行动，推动科技创新在社会生产中发挥重大作用。

一、研发投入产出情况

　　据法国高教、研究与创新部初步调查统计，2018 年法国国内研发支出为 518 亿欧元，比 2017 年增加 1.7%，企业国内研发支出增长 1.8%，公共部门增长 1.3%；国内研发支出占 GDP 比重为 2.2%，与 2017 年持平。预计 2019 年国内研发支出增加 1.3%，达到 532 亿欧元，增长率略低于 GDP 的增长，占 GDP 的比例将从 2.2% 降至 2.19%。截至 2019 年底，法国研发从业人员为 45.3 万人（全时当量），其中 62% 在企业、38% 在公共部门，当年研究岗位同比增加 2.4%。产业研发人员增加 2.0%，而企业的研究岗位增加 3.9%。公共部门 2018 年研发人员总数增加 0.2%，其中研发支撑人员数量在减少，而研究人员数量有所增加。2018 年，法国科学论文数占全球 2.8%，排名居世界第 6 位、影响力排名居世界第 8 位，均低于欧洲的英国、德国和意大利；国际合作研究论文占 62%，低于英国（64%），高于德国（58%）。美国、英国和德国是法国主要合作国，与美国的合作论文占比超过 25%。法国还是意大利、西班牙、瑞士、加拿大、荷兰特别是比利时的重要合作国。中国成为法国重要的合作伙伴，两国合作论文在法国国际合作论文中占 9.4%。学科发展在保持基本平衡的基础上，数学、基础生物学、医学和宇宙科学相对较强，工程科学、化学、应用生物学相对较弱。

2018 年，法国在欧洲专利局的申请量排名居全球第 4 位，占比为 6.2%，且这一比例在 2008—2018 年保持基本稳定。法国在欧洲专利局的国际合作专利申请占比为 17%，高于德国。专利申请主要集中于交通运输、机械、有机精细化学和化学工程等领域。

2020 年，法国在世界知识产权组织（WIPO）发布的《全球竞争力指数报告》排名居第 12 位，比 2019 年提升 4 位，在 49 个高收入国家中排名居第 12 位，在 39 个欧洲国家中排名居第 8 位，落后于英国、德国。创新产出稳步提高，从 2018 年的 16 位上升到 2019 年的第 14 位，再到 2020 年的第 12 位，但创新投入过去三年均停滞不前，仅居第 16 位。研发支出占 GDP 比例居全球第 12 位，其中在企业研发投入、高技术制造业及企业研发人才方面提升较为明显。创新质量保持第 9 位，其中科学出版物质量排名居全球第 5 位，大学质量排名居全球第 11 位。

二、科技创新在应对新冠肺炎疫情中的作为与暴露的主要问题

（一）迅速启动相关科研

法国新冠肺炎疫情蔓延早期，法国高等教育、研究与创新部即在国家层面动员了国家健康与医学研究院、巴斯德研究所等国家知名研究机构开展攻关，利用跨机构 REACTing 合作网络强化国内协调，深度参与欧盟专项计划，力争在病毒诊断、临床治疗、流行病研究等方面率先突破。

法国高等教育、研究与创新部在 REACTing 合作网络的配合下，于 2020 年 3 月宣布选择和支持 20 个新型冠状病毒优先研究项目，遍及病毒诊断、药物筛查与临床治疗、流行病学研究、与之相关的人文与社会科学等多个研究方向。稍后又设立了总额 5000 万欧元的应急基金，以支持新冠肺炎方面更多研究项目。

法国国家科研署（ANR）在流行病学和转化医学研究、疾病的病理生理学、医疗机构中的感染预防和控制措施、伦理问题四大优先领域启动新冠肺炎病毒应急研究项目，随后又启动"研究行动"新冠肺炎专项研究。在应急项目的征集、评审与资助中，ANR 灵活应变，在坚持严格评审的基础上，简化申报手续、缩短评审资助周期，仅用时不到 36 天完成全部程序。"研究行动"专项打破常规，保持了长达 6 个月的开放式申请，进行分期评审，以满足应对新冠肺炎疫情不断出现的科研需求。两类项目总资助经费 2400 万欧元。

（二）科技有效支撑抗疫决策

应对新冠肺炎疫情重大公共卫生危机，必须依靠科学决策。为此，法国政府在疫情扩大和蔓延时先后成立了新型冠状病毒科学委员会（Conseil Scientifique）和新型冠状病毒分析研究专业委员会（CARE），为政府在疫情发展态势研判、防疫政策制定、重大措施的出台等重大决策方面提供意见与建议咨询。

科学委员会于 2020 年 3 月成立，职责是为政府对流行病管理有关战略问题的思考提供科学支持。在出现公共卫生危机的情况下，针对与公共卫生政策有关的特定问题，如"禁足"措施的预期效果、感染筛查策略等提供意见和建议。委员会由 11 名国际公认的专家组成，其意见与建议对社会完全公开。

CARE 也成立于 2020 年 3 月，由卫生部长和高教、研究与创新部长共同领导，应政府要求对有关事项做出快速、专业的科学反应，为政府提供决策建议。其主要职责包括向卫生部长和高等教育、研究与创新部长提出应对公共卫生危机或走出危机过程有关科学、治疗、技术方面的短期建议；跟踪国内和国际动态，向政府有关部长通报应对流行病的各方面情况；向有关部长提出调动研究和创新能力抗击疫情的意见或建议，所关注的重要领域是诊断与测试、新疗法的试验、未来疫苗的研发途径、数字和人工智能的作用等。CARE 由国际知名、专业互补的 12 名研究人员和医生组成，其中两名代表也是科学委员会成员，以确保两委员会间的沟通与协调。

（三）应对疫情暴露的突出问题

总体看来，法国应对疫情反应迟缓、手段有限、成效不佳，在新冠肺炎的病毒检测、治疗药物到疫苗开发等各方面鲜有建树，与其在此领域享有的国际声誉不相符，尤为引人关注的是新冠疫苗开发出现的窘境。法国是现代疫苗重要的诞生地之一，曾为人类抗击狂犬病毒、炭疽杆菌等重大传染疾病的防控做出突出的历史性贡献，现拥有巴斯德研究所、赛诺菲制药集团等多家享誉全球的生物医药研发与生产的科研机构和企业，但自疫情暴发以来，巴斯德研究所和赛诺菲制药集团共部署研发 3 种疫苗，但现有建树远远落后于中、美、英、德、俄等国。

法国应对疫情时落入心有余而力不足的尴尬境地本质上是科技创新体系长期积弊的集中暴露。纵观法国科技创新体系长期积弊主要表现在以下几个方面。

一是研发投入不足，长期欠账。近十年来，相对其他在科研与创新领域大量投入和快速发展的国家，法国科研创新的国际地位有所削弱。据 OECD 统计，2017 年法国 R&D 支出占 GDP 的 2.21%，低于 OECD 国家 2.37% 的平均值，与里斯本战略 2020 预期 3% 的目标相距甚远。研发投入占 GDP 的比例实际上在下降，主要原因是公共研发投入长期低水平徘徊，仅达到 OECD 国家的平均水平。法国公共研究预算 2010 年为 114.2 亿欧元，2016 年仅为 115.2 欧元，多年来几乎零增长。同时，法国企业研发投入也相对不足，且更多是投入低技术密集的产业。科研投入不足使科研机构难以稳步实施其既定的科研政策与计划，不少实验室面临科研活动中断的窘境，科研人员也难以静心开展相对长期、稳定的课题研究。面对新冠肺炎疫情，虽然法国科研界及时行动，但政府的专项经费投入规模仅区区数千万欧元，捉襟见肘。

二是缺乏前瞻性有效部署，应对重大挑战力不从心。法国似缺乏有效的科技创新规划与落实措施，在重大战略性领域无法有效动员或集聚科研力量进行重大科技攻关或应对类似新冠肺炎疫情这样的重大挑战。法国曾花两年多的时间于 2015 年完成"国家科研战略——《法国 – 欧洲 2020》（France Europe 2020）"，提出了需要应对的十大社会挑战，但由于缺乏相应的配套投入和有效的实施方案，加之 2017 年政府更替，结果是虎头蛇尾。法国要重现昔日在民用核能、航空航天、高速铁路等若干重大战略性科技领域和产业那样的辉煌已经是积重难返。

三是科研体系缺乏吸引力，人才流失且后继乏人。法国科研人员工资大大低于 OECD 国家水平，过去 10 年来科研固定岗位在减少，新入职青年科研人员工资仅为国家最低工资的 1.3 ～ 1.4 倍；国家科研署竞争性项目的竞争十分残酷，资助率 10% 左右，远低于 30% 的理想指标；青年科研人员职业初期缺乏研究资源；博士生数量下降，及精英大学的博士毕业生选择科研职业意愿不强，导致后备力量不足和整体水平下移；高素质人才的国际流出大于流入。

四是科研与产业结合不紧，创新体系效率低下。法国拥有像国家科研中心、巴黎综合理工学院等不少世界一流公立科研机构和知名大学，然而法国的科学卓越与其对经济和社会发展的贡献并不相符。法国是一些科技领域的引领者，但其市场和就业机会及相应的财富却是在其他国家得以实现。十多年来，历届政府都对此有充分认识并出台相应政策，对促进公共科研与产业的合作、提高法国的竞争力发挥了一定作用，但建设一个有利于科研成果转移与产业化的高效创新体系任重道远。

三、多年期科研规划尘埃落定，为未来十年谋篇布局

法国政府于 2019 年 2 月启动多年期（2021—2030）科研规划法案的制定，2020 年是法案制定和审议通过的关键之年。因新冠肺炎疫情而引起对科技创新在更深层次的反思，该法案吸引了法国社会更多的眼光和得到更大的支持并得以

顺利通过，并从 2021 年 1 月颁布实施。多年期科研规划明确了未来 10 年法国科研愿景，承诺给予科研更多的时间、更多的资源和更高的地位，目标是促进公共科研，应对未来几十年在诸如生态转型、健康、数字社会领域的主要科学挑战，保持法国科学大国地位。

（一）首个多年期规划法案

法国制定和通过多年期科研规划法案尚属首次，目标指向针对科技创新体系长期存在的结构性和根本性问题，承诺的公共科研投入规模前所未有，提高科研人员待遇的力度也是战后最大的一次。与"国家科研战略""白皮书"等以往的战略或政策不同的是，该规划法案不只是提出愿景，也提供了实现愿景的手段和立法保障，改变了数十年来有承诺但未能兑现、有战略而未能落实的局面，且能够不受政治变局和机构调整的影响，具有可持续、可实现的特点。

（二）四大目标与相应措施

法案聚焦四大目标，即更好地投资公共科研以应对知识前沿面临的重大科学挑战、恢复科研职业的吸引力、减轻科研人员负担和恢复科学在社会中的地位。

1. 大规模增加政府的科研投入

未来 10 年将增加科研投入 250 亿欧元，2030 年科研预算将比 2020 年增加 20%。其中从 2021 年起，国家科研署预算每年增加 1.49 亿欧元，到 2027 年将累计增加 10 亿欧元。此外，经济"振兴计划"还将在多年期科研规划法案的基础上，未来两年为国家科研署增加 4 亿欧元投入。两项相叠加，2021 年国家科研署的预算将大幅增加 4.44 亿欧元，达到 11.9 亿欧元，面上项目资助率也将提高到 23%。到 2027 年，国家科研署年度预算将达到 15 亿欧元，面上项目资助率可望达到 30%，以保证优秀项目能够得到资助，使科研人员有更多时间专注于科研。

为保持竞争性经费与基础性经费的平衡，使大学和研究机构有条件制定和实施其科研政策，2021 年实验室经常性预算将增加 10%，到 2023 年增加 25%。此外，国家科研署项目也将逐步提高间接经费比例，到 2027 年达到 40%。这一制度设计将使大学和研究机构在 2021 年获得 4.5 亿欧元的额外经费以补充其基础性经费。

2. 恢复科研的吸引力

一是未来七年投入 25 亿欧元，即每年新增 9200 万欧元用于改善科研人员待遇，提高科研职业的吸引力。政策将惠及所有大学与科研机构所有科研相关人员，包括科研人员、工程师、技术员及行政保障人员。从 2021 年起，科研人员入职工资将不低于法国最低工资的 2 倍并提供平均 1 万欧元的启动经费，使科研人员从职业生涯初期就能够在法国看到与国外同样的职业发展前景。

二是加强博士生培养与就业，增强科研后备力量。为应对过去 20 年博士学位的吸引力下降的境况，拟通过两种措施来改善和保障博士生的培养与就业，一种是逐步增加 20% 的博士合同数量，并从 2021 年起增加博士合同的最低薪酬，到 2027 年增长 30%，即每月总收入达到 2300 欧元，目的是为所有学科博士生提供资助和良好的论文指导，直到论文答辩；另一种是设立博士后合同，以便年轻博士毕业生开始其在公立研究机构或企业长久的科研职业生涯。

三是设立青年教授职位，激励优秀青年科研人才。允许研究机构和大学在经由国内外专家组成的科学委员会遴选基础上设立青年教授职位。这一新的职业发展渠道可吸引一些通过现有渠道找不到合适岗位的优秀青年人才进入科研生涯。在对其工作进行科学评估后，这些青年教授将有可能在 6 年内成为大学教授或研究主管，但不影响现有科研人员的晋升。

四是充实技术支持人员，保障实验室技术能力。未来十年，将在大学和科研机构增加近 5200 个长期工作岗位，且不受技术支持人员与学生人数比的影响。建立无固定期限的科学任务合同制，以便为参与研究项目的工程师与技术人员提供更高的工作保障，因为研究项目有时比他们的工作合同期更长，而工作合同往往是固定期限的。

3. 减轻科研人员负担

针对科研人员面临的各种行政与法律约束，启动一个简化工程，以减少官僚主义向现代化管理过渡，让"科研人员回归科研"，使他们从烦琐和复杂的项目申报与评审材料及行政报表中解放出来。支持国家科研署成为唯一的项目招标机构，统筹时间安排，简化项目申请，统一协调规划。

4. 恢复科学的社会地位

加强科学与社会的互动和科研人员与公民及社会的联系，通过开放科学、数据共享和培训来传播科学知识和科学文化。同时，加强科研与企业的联系，促进企业创新与成长。法案将国家科研署用于青年人才产研联合培养、联合实验室以及卡诺研究所等的经费增加 1 倍，将企业合同博士论文数增加 50%，促进科研与产业的合作关系。法案还鼓励公共科研机构科研人员创建企业和参与企业发展，促进科研人员在大学、科研机构与企业间的流动。

四、未来投资计划聚焦未来技术与产业，担当"复兴计划"科技创新重任

2020年9月，政府宣布实施"复兴计划"和"未来投资计划第四期"（PIA4）。前者是应对疫情的经济振兴计划，后者是2021—2025年重大投资计划，并在前者的科技创新部分担当重任。

（一）PIA4聚焦未来技术与未来产业

未来投资计划（PIA）于2010年正式开始实施，其目的是通过加强在优先领域的投入与创新，提高劳动生产率和法国企业的竞争力，促进就业和经济增长。PIA4总预算为200亿欧元，是第二期和第三期的两倍，将大规模投资基于法国卓越科研的新技术与新兴产业，创造就业和附加值，凸显了支持创新比以往任何时候都更加居于国家投资政策的核心。与前三期相比，PIA4具有高度聚焦和快速响应的特点，国家将在计划实施过程中确定优先投资战略，聚焦未来技术和未来产业，并适时对其进行调整，以应对新出现的重大挑战。

PIA4主要资助方式为：战略和优先投资，即以"自上而下"方式为应对经济和社会转型所面临的挑战提供专项资金，着眼战略性市场，聚焦未来技术，以及绿色和数字技术、医学研究和健康产业、明天的城市、适应气候变化又或是数字化教育等领域；继续以"结构性资金"方式、以提高效率为目的支持高等教育、研究和创新生态系统建设；资助创新企业，为高风险研发项目提供资金并促进科研和产业的协同。

（二）PIA4助力"复兴计划"科技创新

为期两年、总投入1000亿欧元的"复兴计划"是法国应对后疫情时代、面向未来十年的经济、社会与生态重建路线图，目的是"投资未来，建设明天的法国"。计划聚焦于生态转型、竞争力、社会和国家凝聚力，旨在恢复经济、创造就业、加快生态转型、抢占未来产业、为未来经济持续增长提供动力。

为实现"复兴计划"生态转型、竞争力、社会和国家凝集力三大领域的目标，PIA4未来两年将在"复兴计划"框架下投入110亿欧元。

1. 创新和绿色技术开发

投入34亿欧元支持"绿色"技术开发或"绿色"产业发展，如低碳能源（尤其是氢能）、循环经济、生物产品和工业生物技术、城市对健康和气候风险的抵御能力、可持续食品及农业设备。

2. 重点和优先投资战略

投入 26 亿欧元，从整体（包括法律标准、融资、税收、科研、培训等）着力，聚焦优先领域与产业及优先市场或技术，根据创新的成熟度（从概念到有效性论证再到市场化）提供相应支持。领域涉及数字（人工智能、云、网络安全、量子技术）、健康（创新疗法的生物生产、抗击新生传染病、数字健康）、文化和创意产业及数字时代的教育。此外，5 亿欧元用于股权投资，以支持创新型企业融资市场的建立和成长。

3. 高等教育、研究和创新生态系统建设

投入 25.5 亿欧元，增加对高校、研究机构和技术转让机构的支持，增强其国际影响力、支持重大社会转型示范园区的开发及创新成果的商业化（专利、许可、初创企业、产品试验）。PIA4 支持利用现行的有效机制和平台，如科学卓越项目（包括优秀实验室项目等）、优先研究计划、大学医院联合体项目、技术研究所、能源转型研究所、促进技术转让协会等，使法国成为研究人员和企业家在欧洲最具吸引力的国家。

4. 创新型企业

动员 19.5 亿欧元用于创新型企业，支持针对初创企业和中小企业的创新竞赛及企业的高风险研发项目。

五、捍卫科技与工业主权，部署和发展战略新兴产业

经历了疫情早期产业链断裂、医疗物资缺乏"刺痛"及其暴露出的国家安全、健康等重大关键产业布局问题，法国积极推动重大关键领域产业链的本土化和多样化，如卫生健康、工业原料产品及农产品食品领域关键物资生产的回迁，并加强对重大技术产业的保护，同时将以疫情为契机，优先投资最具前景的领域，部署和发展未来战略新型产业，保障科技主权，促进经济转型升级和创造未来的经济增长和就业。

（一）捍卫科技与工业主权，加强科技产业保护

"主权"是法国政府一直以来的公开主张，涉及国家层面和欧洲层面，以及不同领域，包括科技主权、工业主权等，其核心是保持法国和欧洲的独立性、减少对外依赖，维持法国和欧洲在全球的影响。新冠肺炎疫情加剧了法国政府和社

会对于主权削弱或丧失的"危机感"和"恐惧感"。政府为应对疫情而出台的"汽车产业振兴计划"、"技术型企业支持计划"、"航空产业支持计划"、经济"复兴计划"及相关举措均上升到捍卫科技与产业主权的战略高度，同时扩大了纳入重点保护的战略产业的范围，加强相关战略产业领域的研发与创新，力图在本土实现科技创新的附加值并形成未来产业，实现产业链的本土化或多样化。例如，"技术型企业支持计划"将强化对未来技术和关键市场的战略自主，保护关系到国家未来主权的技术新型中小企业免遭他国并购或收购，保障处于国际一流水平、有能力加强法国主权的新技术龙头企业的发展；"航空产业支持计划"由政府与空客、赛峰、达索、泰雷兹等 4 家行业巨头出资成立援助基金，帮助航空产业链上的中小微企业渡过难关，防止他们被外国资本收购，以保障航空产业链的安全；"复兴计划"将投入 37 亿欧元用于数字领域初创企业的发展和技术主权的开发。

（二）实施绿色氢能战略

为促进生态转型，实现法国成为欧洲第一大去碳经济体，"复兴计划"将投入 300 亿欧元，聚焦建筑节能改造、交通与农业转型及新能源，其中包括实施"绿色氢能战略"。未来两年"复兴计划"将投入 20 亿欧元用于发展绿色氢能，措施包括支持法国企业的项目研发，以鼓励提出解决有关氢能问题的法国方案；通过项目招标和奖励措施建立电解水制氢的支持机制；设立欧洲共同利益重要计划（IPCEI）以支持氢能的工业化与示范。到 2030 年，法国将投入 72 亿欧元用于氢技术研发、绿色氢产业发展和创造就业，目标是到 2030 年：建设 6.5 GW 的可再生电解槽；绿色氢年产量达到 60 万吨；减排超过 600 万吨二氧化碳；创造 5 万～ 15 万个直接或间接就业岗位。

绿色氢能战略聚焦三大优先发展方向。在工业方面，倡导"绿色氢能"。促进电解行业兴起。建设大型制氢工厂、提升产能；利用科技创新优势，在工业生产流程中，推广绿色氢替代灰色氢，最终实现工业脱碳并创造就业岗位。在经济方面，提升绿色氢能的竞争力。采取设置差价补贴政策、平衡可再生能源和核能的份额及严格执行碳税等方式与措施。在产业方面，打造氢能产业"新旗舰"一方面复制"空客模式"，再度联合德国共同寻求降低电解制氢成本的工业方法；另一方面发展绿色氢能交通，尤其是包括长途汽车、特殊用途车辆和长途公路货运在内的重型车辆及零排放"氢能飞机"等。

（三）发展清洁能源汽车产业

2020 年 5 月，法国总统马克龙宣布针对汽车这一战略性支柱产业启动"汽车产业振兴计划"，投入 80 亿欧元。该计划基于产业独立性与竞争力及生态转型的战略考量，旨在保护产业主权、向清洁能源汽车过渡、保持清洁能源汽车产业竞争力。

（1）提升汽车消费需求，促进绿色出行。政府提供补助，提振汽车消费和更新换代，鼓励购买新车，特别是清洁能源汽车，淘汰旧的汽车和柴油车。完善电动汽车发展生态，提前于2021年达到建造10万个充电桩的目标。

（2）回迁汽车产业，使法国成为欧洲最大的电动、混动汽车生产国。政府以绿色技术为导向，引导和要求汽车生产企业将具有高附加值生产回迁法国。

（3）加强创新，保持产业竞争力。加大对电动汽车研制和生产的支持，促进生产线的现代化、数字化和机器人化。

（四）研发未来飞机

为拯救遭受重创的航空产业，政府于2020年6月发布150亿欧元规模的"更加绿色、更具竞争力的航空产业支持计划"，除救助企业和帮助中小企业技术升级外，还拟投入巨大资源用于未来低碳飞机在法国的研发和生产，其中未来3年投入15亿欧元支持该领域的研发与创新（2020年为3亿欧元），目标是通过开发颠覆性技术、继续减少油耗、实施电气化及转向使用氢燃料等碳中和燃料，使法国成为清洁飞机技术的最先进国家之一，巩固法国和欧洲在国际航空领域的领先地位，同时促进全球飞机的去碳化，在应对气候变化方面发挥主导作用。这一行动比原计划提前了10～15年。

法国政府要求航空产业在2035年完成交付零排放飞机机型。研发主要在两个领域同时进行：一是为飞机"瘦身"；二是研发氢能发动机。为研发氢能发动机，法国成立了首个航空航天混合研究小组。2020年9月，空客集团发布2035年零排放氢能飞机路线图，并推出三款氢能概念机型，计划2035年投入生产，致力成为全球第一家氢动力飞机制造商。

（五）保障和升级农食产业

农业是法国的战略性支柱产业，"复兴计划"在农食领域提出了三大目标：重建粮食主权；加快农业生态转型，让国人都能获得健康、可持续和本土化食品；使农业、林业适应气候变化。

为此，一是针对疫情中暴露的食品供应问题以重获法国粮食主权，投入3.64亿欧元，主要用于植物蛋白计划（以大幅减少进口用于育种的蛋白质）、向公众宣传农食专业知识的200个农食专业培训课程等及实现屠宰场和农场现代化；二是投入5.46亿欧元，加快农业生态转型，为法国民众提供健康、可持续和本土化食品；三是投入3亿欧元，用于应对干旱、冰雹、霜冻及二氧化碳排放等，使农业和森林适应气候变化。

六、批准"多年期能源规划",兑现国际承诺和促进能源结构多样化

多年期(2021—2023年,2024—2028年)能源规划于2020年4月获批。这是法国为兑现《巴黎气候协定》框架下减少温室气体排放承诺,即2050年实现"碳中和"而制定的未来十年行动计划,旨在使能源结构多样化,确保能源供应安全和产业竞争力。

多年期规划从减少能源消耗和促进能源多样化两大方面制定目标和相应举措。在减少能源消耗方面,将重点减少建筑、运输、工业、农业等部门的能耗,从而达到2050年总量减半的目标。具体措施包括开发和使用低能耗技术、改变能源消费行为,如到2040年停止销售燃油车、提高建筑物能效、利用价格杠杆降低燃煤消费、扩大和加强节能证书制度等。在促进能源多样化方面,一是促进无碳能源发展,进一步发展太阳能、风能、水力、地热、生物质能等可再生能源,到2028年可再生能源装机容量比2017年增加1倍,从2028年起,将可再生热能的产量提高40%~60%,生物燃气2028年占天然气消费比提高至6%~8%,到2023年通过6个项目招标来增加海上风电生产能力,提高对氢能的财政支持;二是降低核电比例,增加电力供应安全,到2035年将核电占电力的份额从目前的71%降至50%以下,关闭14座核反应堆,其中到2028年关闭4~6座(包括2020年已关闭的费森海姆的2座);三是减少石油、煤炭、天然气等化石燃料的使用,到2022年底关闭最后4个煤电厂,到2025年完全淘汰民宅燃煤供热及燃煤集中供热,到2030年停止使用工业燃煤(钢铁业除外)。

七、国际科技创新合作

2020年法国对外科技创新合作继续秉持欧洲合作为先、国际双多边合作并举原则,总体上因疫情而受到较大影响,但不乏可圈可点之处。

(一)全球合作共同抗疫

法国参加了欧盟资助的RECOVER(快速欧洲COVID-19紧急响应)项目,与多国合作开展了包括流行病学研究、临床研究和社会科学研究在内的多项合作。参加了具有广谱抗病毒药物的Fight-nCoV(建立动物病毒感染模型)、I-MOVE-COVID-19项目(欧洲预防和控制COVID-19大流行多学科研究项目)和CoNVAT项目(Combating 2019-nCoV:用于POC全球诊断和监视的高级纳米生物传感平台)的研究。

欧洲最大的医学研究机构、法国国家健康与医学研究院（INSERM）作为牵头单位参加欧盟于 2020 年 8 月组建的 CARE 欧盟新冠加速研发联盟，提出一项有关新冠肺炎治疗创新药研发的倡议。成员来自比利时、中国、丹麦、法国、德国、荷兰、波兰、西班牙、瑞士、英国、美国等国 37 家公立和私营的研究所。

（二）参与全球科技治理，发挥大国影响与引领作用

法国总统马克龙参加了 2020 年 9 月 30 日举行的联合国生物多样性峰会并表态，法国将动员一切力量维护生物多样性，宣布于 2021 年 1 月举办新一届"一个星球"峰会，并呼吁国际社会共同打击环境犯罪，邀请各国参加法国和哥斯达黎加联合组建的自然保护倡议，目标是到 2030 年全球土地和海洋受保护面积从当前的 10% 增加到 30%。

由法国和加拿大政府首脑 2018 年发起和倡议的全球人工智能合作伙伴（PMIA）组织于 2020 年 6 月正式成立，目的是鼓励基于人权、包容性和多样性及创新和经济增长的负责任的 AI 研发。15 个创始成员除法国、加拿大外，还包括德国、澳大利亚、美国、韩国、意大利、日本、印度、新加坡、墨西哥、新西兰、英国、斯洛文尼亚和欧盟。12 月 4 日，在第一届 PMIA 高峰会议在蒙特利尔举行之际，接纳了荷兰、西班牙、波兰和巴西 4 个新成员。PMIA 秘书处设在位于巴黎的 OECD 总部，通过与 OECD 的合作使 PMIA 的工作与 OECD 在 AI 公共政策的国际领导作用相互协调，从而确保负责任地使用 AI 政策具有更加坚实的数据基础。

法兰西学院与全球 13 家科学院就"基础科学"、"数字健康"和"全球昆虫种群的衰退"三大领域联合发布宣言，向各国政府建言献策。"基础科学"宣言指出，基础科学的发展对于人类社会有着至关重要的影响，宣言呼吁制定相关政策，恢复并保障向基础研究投入公共资金，通过加强在科学、技术、工程与数学方面的教育促进能力建设，推动全球科技合作与交流，加强科技成果的公开。"数字健康"宣言呼吁加强跨学科、行业和国家间的合作，并建议重点关注网络安全与个人隐私、设备间的互通性、获取可靠的数据与信息、安全虚拟数据存储库、综合分析与预测模型及公众理解和伦理道德等问题。"全球昆虫种群的衰退"宣言强调，全球昆虫种群在多样性与数量上显著下降，呼吁应积极应对这一全球挑战，并提出若干建议。

法国生物多样性研究基金会（FRB）在其创始机构和法国政府的支持下通过 Cesab 平台于 2020 年 10 月 12 日发布研究项目征集指南，通过支持创新性项目促进有关生物多样性及其保护和可持续发展的知识开发。Cesab 平台将世界各地科研人员汇聚在法国实验室科研领军人物麾下，汇集所有科研人员研究数据，对其进行汇总和分析和得出集体结论，从而更好地了解所发生生物多样性侵蚀现象并

提供适当的科学应对方案建议。

（三）法德人工智能研发合作实质性向前推进

法德两国教研部长签署"关于法德 AI 研究与创新网络的共同意向声明"，确定了两国 AI 研究与创新网络之间的合作。这是 2019 年初法德签署包含 AI 合作在内的"埃克斯拉沙贝尔（Aix-la-Chapelle）合作条约"、同年 10 月签署 AI 研究与创新网络路线图以来，两国在 AI 领域合作的最新进展。声明旨在进一步加强两国在 AI 领域的合作，并强调与欧洲 AI 战略和目标保持一致。根据声明，两国将致力于营造共同的 AI 生态，以开展新的合作项目和协调相关科研工作。

（执笔人：鲁荣凯　孙玉明）

葡 萄 牙

2020 年葡萄牙政局形势平稳，但经济社会发展受到新冠肺炎疫情的严重冲击。根据葡萄牙议会审议通过的政府 2021 年度国家预算案，预计 2020 年葡萄牙财政赤字率将达 7.3%，国内生产总值下滑 8.5%，公共债务在国内生产总值占比为 134.8%，失业率将达 8.7%。

在葡萄牙应对新冠肺炎疫情的过程中，科技创新发挥了不可替代的作用。

葡萄牙政府表示，将借助欧盟资金支持，在保障后疫情时代国内经济复苏基础上，优先推进能源、气候和经济数字化转型工作，加快推进本国卫生、教育和职业发展事业，更积极参与到欧洲"再工业化"进程中。

一、科技创新领域重大事件

1. 联合国政府间气候变化专门委员会科学家会议

1 月 27 日，联合国政府间气候变化专门委员会科学家会议在葡萄牙阿尔加维大学召开。葡萄牙方代表海洋部长桑托斯表示，葡萄牙致力于在应对气候变化这一全球性挑战中发挥重要作用，是少数将应对气候变化作为一项主要执政目标并承诺在 2050 年前实现碳中和的国家之一。

2. "跨学科探索，全球应对疫情"在线国际会议

5 月 26 日，国际伊比利亚纳米技术实验室组织召开主题为"跨学科探索，全球应对疫情"的在线国际会议，葡萄牙科技和高教部长埃托尔与西班牙科技部长杜克等出席会议。埃托尔部长表示，抗击疫情必须依靠全球合作，欧盟近 20 年来对科技创新的投入不见增长，但疫情告诉我们此类投入非常有价值。

3. "科学与认知 40 年：企业提高能力应对新挑战"会议

7 月 13 日，葡萄牙科技和高教部长埃托尔在参加"科学与认知 40 年：企业提高能力应对新挑战"会议闭幕式时表示，此次疫情造成葡萄牙失业人数高达10 万，而葡萄牙接下来面临的巨大挑战是如何能提高成年人的技能，贯彻"终生培训"理念，创造更多工作岗位，促进经济多元化，全力转型为创新型国家。

4. 第六届"高级别产业－科学－政府对话"

10 月 5 日，作为"大西洋峰会"的重要组成部分，第六届"高级别产业－科学－政府对话"在线举行。峰会参会方开展了主题为"创新促进海洋可持续发展和蓝色经济"的会议，重点讨论了以创新手段发展大西洋、建立包容性海洋经济、以蓝色经济促进后疫情时代的经济恢复、大西洋研究中心的基础设施共享及空间和海洋领域能力建设等。

5. 2020 年科学大会

11 月 3—4 日，2020 年科学大会召开，大会主题是"促进应对全球科学议程的挑战"。参会人员就如何促进形成更具抗灾能力、更数字化、更绿色、更社会和更全球化的葡萄牙和欧洲展开讨论。德索萨总统、科斯塔总理和欧盟委员会团结和改革委员费雷拉以视频形式参加了会议。

6. 全球网络峰会线上会议

12 月 2—4 日，全球网络峰会在葡萄牙首都里斯本以线上形式举办，来自168 个国家和地区的约 10 万名创业者、企业家和政界人士注册参加，超过 1100名演讲嘉宾就营销与媒体、开发人员和数据、生活方式等六大主题分享了见解。

二、科技创新领域出台的重大战略

1.《数字转型行动规划》

3 月 5 日，葡萄牙部长理事会通过了《数字转型行动规划》。该规划从国家、企业和个人 3 个方面提出推进数字转型的行动纲要，旨在为葡萄牙实现数字转型提供必要条件，督促葡萄牙摒弃低成本和密集型劳动产业，提升在高精尖知识型产业的竞争力，真正将经济社会数字转型作为战略挑战。

2. "后疫情时代的技能－未来竞争力"计划

5 月 12 日，葡萄牙科技和高教部与高等教育总局共同发布"后疫情时代的

技能 - 未来竞争力"计划。该计划引导高教机构和公私企业与经合组织深入合作，在教育、学习、工作和研究等领域进行务实调整来更好地适应后疫情时代要求。该计划主要包括 3 个重要内容：一是研究确定疫情对高等教育、科技机构、公共私营劳动力市场带来的制约因素、挑战和机遇；二是预测后疫情时代高等教育机构在社会经济变革中扮演的角色，评估高等教育体系如何影响社会；三是在职能和组织形式等多个层面进行创新，提高高等教育机构能力，创新解决方案，形成高级培训、研究和创新的联合体。

3.《国家氢能战略》

7 月 30 日，葡萄牙政府发布《国家氢能战略》。根据该战略，葡萄牙将在锡尼什地区打造氢能基地，建设一个专注于氢能技术合作的国家实验室。葡萄牙有意将氢逐步纳入现有能源体系，推动国家能源转型，预计在 2030 年前将天然气管网的氢气占比提升至 10%，成为第一个大规模利用氢能的欧洲国家。葡萄牙预计将为氢能战略投入 70 亿～ 90 亿欧元，将减少进口 3.8 亿～ 7.4 亿欧元的天然气，直接或间接创造 8500 ～ 12 000 个工作岗位。

4.《2020—2030 复苏方案战略规划》

9 月 15 日，葡萄牙政府发布《2020—2030 复苏方案战略规划》。该规划确定了未来葡萄牙经济社会的十大战略重点领域：关键基础设施网络，人口素质培育、数字转型、数字基础设施和科技，卫生与未来，社会保障，再工业化，工业转型，能源转型和经济电气化，国土融合和农林业，新型城市交通，文化、服务、旅游和贸易业。葡萄牙政府将继续推进将葡萄牙转型为"欧洲工厂"的投资计划，同时为葡萄牙加强基础研究、促进技术转让和发展高科技公司创造条件。

5.《葡萄牙 2030 战略》

10 月 29 日，葡萄牙政府发布《葡萄牙 2030 战略》。该战略旨在为葡萄牙制定经济社会发展公共政策及使用本国和欧盟的资金提供框架性参考，分为促进人口平衡、增强包容性、减少不平等，数字化、创新和人才培养，气候转型及资源可持续性和国家外部竞争力及内部团结等四大部分。

三、主要科技指标

1.国家科技预算

根据《国家科技潜力调查 2020》的数据，2019 年葡萄牙研发经费投入增加了 2.18 亿欧元，达 29.87 亿欧元，占国内生产总值 1.41%，其中企业研发经费投入 15.69 亿欧元，占研发经费总投入的 53%，比 2018 年增长了 10%。

葡萄牙政府 2021 年度国家预算案显示，2021 年研发经费投入预算为 29.85 亿欧元。葡萄牙的目标是到 2030 年实现研发经费投入占国内生产总值的 3%。

2. 国家科技人力资源

2019 年，葡萄牙登记在册的研究人员 50 431 名，比 2018 年增加 2779 名，其中高等教育机构 29 027 名，占 58%；企业 19 283 名，占 38%。

3. 创新指数

欧盟委员会发布的《2020 欧洲创新记分牌》显示，从 2012—2019 年，葡萄牙创新能力显著提升，特别是中小企业创新能力的评分在 2018 年和 2019 年连续两年为欧盟最高。记分牌按惯例将欧盟国家分为领先创新国家、创新强国、中等创新国和一般创新国等四类，葡萄牙首次跻身"创新强国"行列。

4. 葡萄牙竞争力报告

瑞士洛桑国际管理发展学院最新公布的《2020 年世界竞争力年报》显示，葡萄牙全球竞争力排名居第 37 位，较 2019 年上升了 2 位。2018 年葡萄牙曾跃至第 33 位，是自 2004 年以来的最高名次。

四、重点领域发展动态

1. 航天

2020 年 9 月，葡萄牙航天局发布了《〈葡萄牙空间战略 2030〉当前实施状况与未来指南》，对葡萄牙参与欧洲框架内的空间技术发展项目、空间项目基础设施、"大西洋互动"政府间创新合作倡议等进展进行了总结，并计划进一步完善"大西洋互动"倡议，推进大西洋国际研究中心建设，建立"大西洋微小卫星星座"，推广运营下游数字平台，并将太空服务打造成葡萄牙促进经济增长的重要抓手。目前葡萄牙在太空经济直接公共投入为 5 亿欧元，葡萄牙科技基金会投入 2.5 亿欧元，欧洲太空局投入 2.5 亿欧元，至 2030 年葡萄牙将在太空经济方面投入 25 亿欧元，创造 1000 个就业岗位，争取实现太空经济每年产值达到 5 亿欧元。

2.5G 技术

葡萄牙国家通信管理局希望在 3 年内实现 5G 信号覆盖其 75% 的人口，到

2025 年覆盖 90%。葡萄牙政府组建了 5G 网络安全风险评估工作组，国家通信管理局启动了 700 MHz 频率迁移工作，发布了招标规范，计划于 2021 年 1 月结束竞标，2021 年第一季度发放有关经营许可。但是包括 Altice Portugal、NOS 和沃达丰在内的多个电信运营商认为该 5G 招标规范不符合行业发展需求，有多项规定违宪，并表示在必要情况下将诉诸法律。

3. 中医药

中医药在葡萄牙的发展稳步向前推进。葡萄牙专家参加了中方组织的"2019 冠状病毒病实验动物模型国际视频研讨会""四川省中医药管理局新冠肺炎疫情防控媒体科普座谈会"和"2020 年度中葡植物药企业线上交流会"，均表示获益良多。葡中中小企业商会与科英布拉大学签署合作协议，将共同开展中医药领域的研究合作和推广。

4. 应对新冠肺炎疫情的新技术

葡萄牙科技工作者开发了多款实用产品，在抗击疫情的过程中，起到了重要的支撑作用，如抗新冠肺炎病毒喷雾、"雅典娜"呼吸机、高性能可重复使用的口罩、基于天然物的提高药物水溶度的混合生物体聚合物和葡萄牙"远离新冠"手机应用程序等。同时，葡萄牙的科技工作者还在从事研制新冠肺炎灭活疫苗和新型纳米疫苗的前期阶段，并在开发针对新型冠状病毒的治疗性抗体。

（执笔人：王 磊）

◎ 爱 尔 兰

在政府换届、新冠肺炎疫情冲击等背景下，2020年爱尔兰科技工作重点放在应对新冠肺炎疫情、消除疫情对科技发展的负面影响等方面。据世界知识产权组织等发布的《2020年全球创新指数报告》(GII 2020)，爱尔兰创新实力位居全球第15位。

一、新政府调整设立科技创新管理部门

爱尔兰在2020年2月举行全国大选，6月成立由共和党、统一党和绿党组成的联合政府。新政府将原商业、企业和创新部的创新和研发管理职能，及原教育和技能部的技能培训和高等教育管理职能等重组，成立继续和高等教育及研究、创新和科学部（以下简称高教创新部），由上届政府卫生部长西蒙·哈里斯任部长。新部的主要职责是负责高等教育、继续教育与创新领域政策制定、资金管理和行业治理，监督这些领域内国家和公共机构的运营，推动教育和科技创新对爱尔兰社会和经济发展发挥支撑和激励作用，确保政府投资和政策的公平和可及性。执政三党发布的施政方针重申要继续致力于在研究和创新领域处于全球领先地位，使爱尔兰成为有吸引力的学术研究和人才基地、在颠覆性创新领域引领技术革命、成为基础研究的中心；提出研究要关注不断变化的社会，满足产业对创新的需求。新部门的成立有利于更好地整合大学科技资源，组织大学科研力量为企业创新活动服务，同时呼应大选前研究人员和高校对增加科技和教育投入的强烈呼吁。

二、政府应急启动新冠肺炎疫情科研计划

2020年年初新冠肺炎疫情发生后，爱尔兰相关科技部门反应迅速。早在

2020 年 1 月，科学基金会（SFI）就会同一批国际研究机构、科研资助机构及社会科技组织等共同发出分享新型冠状病毒相关研究成果和数据的倡议。3 月，政府首席科学顾问、科学基金会总干事马克·弗格森（Mark Ferguson）教授发表声明，宣示爱尔兰科技界将与社会各界共同抗击疫情，同时宣布了将采取的主要行动。科学基金会制订了汇聚信息、梳理问题、资助研究、搭建网络、强化协同等 5 点应对疫情的工作计划。科学基金会、投资发展署（IDA）、贸易与科技局（EI）、健康研究署（HRB）、研究理事会（IRC）联合启动抗疫应急科技计划，并于 4 月 29 日、6 月 9 日、9 月 24 日和 12 月 13 日公布了四批 117 个科技抗疫应急项目，资助总额为 2200 万欧元。此外，科学基金会专项拨款 480 万欧元支持圣三一大学开展新冠肺炎免疫学研究；健康研究署拨款 240 万欧元参与世卫组织新冠药物试验。

三、高校和企业积极开展新冠科研和创新活动

2020 年 4 月中旬，爱尔兰知识转移中心（Knowledge Transfer Ireland）联合各大学和技术学院宣布爱尔兰高校知识产权开放，免费许可企业和科技人员在疫情期间用于新型冠状病毒的诊断、预防、遏制、治疗等技术和产品开发。爱尔兰科学家发表了多项研究成果，如高温高湿显著降低病毒传播、新冠患者死亡与血液凝块间存在重要联系、高血压患者冠状病毒死亡风险增加 50%、补充维生素 D 对因疫情居家的老人至关重要、关节炎药物托珠单抗用于治疗重症新冠肺炎等。爱尔兰科技企业抓住机遇开发创新产品。位于沃特福德的软件开发公司 Nearform 开发的新冠密切接触者追踪应用程序（COVID Tracker APP）正式上线 48 小时下载量超过 100 万，成为 Linux 基金会公共卫生计划（Linux Foundation Public Health，LFPH）向国际推荐的两款开源新冠追踪软件之一。除爱尔兰外，该软件还在英国苏格兰、北爱尔兰、直布罗陀、泽西岛、美国纽约、新泽西、特拉华等多个州推广使用，并与欧洲多国密接追踪系统互通，成为爱尔兰在疫情期间有一定国际影响力的产品。疫苗研究方面，制药服务企业 Open Orphan 开发了世界上首个挑战研究模型以测试新冠疫苗功效，已同英国政府和美国疫苗开发企业 Codagenix 公司签订了合作协议。制药研究企业 APC 公司与澳大利亚企业 Vaxine 合作开发的候选疫苗进入临床试验。

四、政府采取措施缓解疫情对科技活动的冲击

新冠肺炎疫情给爱尔兰科技活动带来了研究项目停滞（特别是需要使用实验室的研究活动）、高校科研机构横向科研资金大幅减少、初创企业融资困难等冲

击。针对"居家令"等限制措施对科研活动的影响，科学基金会、健康研究署、研究理事会第一时间采取措施，对政府科研计划新项目申请、现有项目执行周期、预算使用等提出了务实的调整措施。疫情对科研活动最大的影响在于研究人员的稳定性。据爱尔兰大学协会（IUA）和理工类高教协会（THEA）等机构分析，爱尔兰高校中约有 4500 位研究人员是依据科研项目资金招聘的 1～3 年合同制员工，其中一半项目原计划于 2020 年结束。考虑到新冠肺炎疫情对企业效益的影响，这半数合同制研究人员难以按常规转到新的项目继续其专业研究工作，面临失业的风险。爱尔兰政府关注到这个问题，在 2020 年 7 月推出 50 亿欧元的经济刺激计划，安排 6 亿欧元用于高校科研和教学活动。其中，4800 万欧元用于恢复中断的科研活动（包括合同制研究人员和研究类学生），120 万欧元用于启动新的研究。针对受疫情影响初创企业筹资困难的情况，爱尔兰贸易与科技局 9 月宣布增加 1000 万欧元用于种子基金。

五、高科技产业成为恢复经济的关键

受疫情影响，爱尔兰第一季度 GDP 下降 2.1%，二季度 GDP 下降 6.1%，上半年进入经济衰退期。但三季度 GDP 强劲反弹，环比增长 11.1%，同比增长 8.1%，为单季历史最高增幅。根据欧盟预测，2020 年欧元区经济将收缩 7.8%，而爱尔兰经济可能小幅下降 2.25%，好于大多数欧元区国家。爱尔兰经济与社会研究所（ESRI）12 月中旬甚至预测爱尔兰经济 2020 年将增长 3.4%。据分析，爱尔兰经济受疫情影响相对缓和，主要是由于高科技产业（特别是制药和计算机服务业）出口表现强劲。医疗健康产品占爱尔兰出口商品总额的 60% 左右，计算机服务占服务业出口总值的一半。疫情下这两大行业不但没有停工停产，反而全力投入。例如，生产呼吸机等产品的美敦力在爱尔兰的工厂将产能和员工增加了 1 倍。爱尔兰是欧盟药用品和药物第二大净出口国，也是全球第五大医疗设备出口中心，医药和医疗器械产品前三季度出口增长 18%。根据经合组织（OECD）研究报告，爱尔兰疫情相关产品出口排名居世界第 5 位，仅次于德国、美国、瑞士和中国。

六、发布成长路线图加快培育科技初创企业

爱尔兰十分重视科技企业的培育。贸易与科技局主要通过为爱尔兰本土企业在不同的发展阶段提供不同形式的支持来推动企业开发国际市场和提高科技创新能力。贸易与科技局设有高潜力初创企业投资基金，从 1994 年开始联合社会资本投资入股科技企业，2018 年的投资额达到 7200 万欧元。在基金的扶持下，许

多初创企业快速成长或被跨国公司收购。根据美国数据和研究公司 PitchBook 发布的报告，爱尔兰贸易与科技局 2019 年投资了 200 家初创企业，成为全球第二、欧洲最活跃的投资者。在总结多年经验的基础上，2020 年 2 月贸易与科技局发布了《高成长性初创企业培育路线图》(The Formula for Start–Up Success–Road Map for High Potential Start–Ups，简称《路线图》)，提出了 4 个关键目标和 14 个关键行动。4 个目标包括为具有雄心和多元化的创业者建立强大的扶持渠道、支持创业者在有前景的行业和市场快速扩展业务、改善创业环境、形成有效协作团队服务初创企业。《路线图》提出了通过新的孵化模式、新的投资支持、市场信息提供、推荐行业顾问和创业导师、创业者能力培训等手段帮助创业企业走向成功。

七、展望

新冠肺炎疫苗的逐步推出为后疫情时代经济、科技和社会恢复常态提供了可能。今后爱尔兰面临英国脱欧、经济复苏等挑战，科技创新管理、科技发展规划、科技创新政策将进一步调整、确立。

（一）新科技创新管理部门职能到位并明确政策

2020 年 6 月新政府成立高教创新部后，新老部门人员和职能交接有序开展。12 月新部门启动公众咨询，征求社会各界对主管工作的意见建议，希望民众重点就两个问题提出咨询意见：一是政府政策如何满足和完善继续教育、高等教育、研究、创新和科学领域的需求；二是重点需要解决哪些挑战，目前的工作战略是否足以应对这些挑战。高教创新部将在公众咨询的基础上起草部门《2021—2023 年战略声明》，阐明未来三年工作方针及指导原则，确定部门未来三年总体行动计划。

（二）出台新的科技创新发展规划

爱尔兰政府研究、科学和创新规划《创新 2020》和科学基金会规划《Agenda2020》均以 2020 年为完成年份。政府早已启动规划执行情况的评估，启动新规划咨询、数据收集和分析，2021 年有望出台全国科技创新 2025 规划和科学基金会新的工作规划，其中在加大科技创新投入、整合科技创新资源、培养和吸引创新人才、提高企业创新能力等方面有望提出新的对策。

（三）绿色发展和数字创新将成为经济复苏重点方向

爱尔兰将绿色发展和数字技术作为经济复苏的主要方向，势必进一步加大在这两个领域的研发和创新投入。在绿色新政方面，新政府承诺，2021—2030年，平均每年将整体温室气体排放量减少7%，十年间总排放量减少一半以上，到2050年实现碳中和。爱尔兰政府已据此向议会提出气候行动法案。鉴于爱尔兰在碳减排进度上在欧盟内相对滞后，可以预见政府将在可再生能源、循环经济、新能源汽车等领域大幅增加投入。爱尔兰在数字技术领域拥有优势，是有国际竞争力的数字技术中心。目前爱尔兰已加入欧盟计划，将支持在本国内建设2～3个欧洲数字创新中心。

（执笔人：洪积庆）

◎比利时

　　比利时是欧盟及经合组织（OECD）核心成员国，首都布鲁塞尔是欧盟和北约等多个重要国际组织所在地，有"欧洲首都"之称。比利时国家虽小，却拥有较强的科研实力，是欧洲科技创新强国之一。联邦及各大区政府都高度重视科技发展，是与中国开展科技交流与创新合作的"关键小国"。2020年新冠肺炎疫情对比利时经济和社会造成了严重冲击，科技发展也受到一定影响，但相关领域仍取得了重要进展，特别是在微电子和生物医药等方面，进一步巩固了其在创新链、产业链和价值链中的优势地位。

一、2020年比利时科技发展基本情况

　　自2019年5月联邦大选以来，比利时议会主要政党分歧严重，组阁谈判长期陷入政治僵局。2020年10月，亚历山大·德克罗出任首相，新一届内阁宣誓就职。

　　比利时科技政策相对持续稳定，近年来一直将增加科研经费、突出重点研究领域、强化基础研究、增强科研与工业界的联系和加强国际合作作为其科技政策核心，并通过多项税收优惠政策引导私营企业加强研发投入。根据《欧洲创新记分牌2020》，比利时在27个欧盟成员国中排名居第6位，属于强势创新国家。在《2020年全球创新指数报告》（GII 2020）排名中，比利时居第22位，较2019年上升1位。各分项评比中，教育排名居第2位，人力资源排名居第6位，研发支出排名居第10位，集群式发展排名居第17位。

　　根据英国教育组织QS发布的《2021年世界大学排名》，荷语鲁汶大学（84）、根特大学（135）、法语鲁汶大学（189）、荷语布鲁塞尔自由大学（200）、安特卫普大学（238）和法语布鲁塞尔自由大学（250）等6所高校进入全球大学排名前300。荷语鲁汶大学还连续4次蝉联路透社年度欧洲最具创新力大学第1名，展现了其强大的科研和教育实力。

二、比利时科技管理体制及新一届政府科技人事、政策变化

自 1993 年实行联邦制以来，除空间科学、核能研究、极地考察、医疗卫生等归口联邦政府管理以外，其他科技管理权限均下放至首都布鲁塞尔、弗拉芒和瓦隆三大行政区，由各行政区政府独立进行科技决策和规划。

联邦层面，内阁是比利时最高科技决策层，负责制定联邦政府科技政策。由主管科技事务的国务秘书把控科技政策总体方向。联邦科技政策办公室（BELSPO）具体行使协调和规划职能，负责制定和实施联邦科研项目计划（基础研究、可持续发展、空间技术等领域），并推动开展国际合作。其下属 10 个联邦科研机构，包括皇家航空航天研究院、皇家气象研究院、皇家天文台、皇家自然科学研究所、皇家艺术与历史博物馆、皇家文化遗产研究所、国家档案馆等。同时，联邦政府其他机构，如环境卫生、能源、军事等部门也都掌管一定的科研经费，并下辖专门的联邦科研机构，包括公共健康科学研究院、核能研究中心、皇家军事研究院等。

大区层面，瓦隆 – 布鲁塞尔国际关系署（WBI）和弗拉芒经济、科学及创新署（EWI）是相关大区的科技主管部门，分别负责制定各自的科技政策，并推动开展国际合作。此外，法语区基础研究基金会 (FNRS) 和弗兰德研究基金会 (FWO) 也是重要的科研创新活动参与者，不仅从各大区政府获得拨款，同时也接受社会捐赠，向相关大学、科研单位及个人提供科研经费，支持开展基础性研究。

在 2020 年组阁的新一届联邦政府中，托马斯·戴尔米纳担任科技政策及战略投资国务秘书。在新一届联邦政府发布的未来五年施政纲领中，涉及科技领域的主要内容包括将可持续发展作为优先事项之一，以欧洲绿色协议为目标，优先支持可再生能源、低能耗建筑、清洁技术、绿色交通发展。持续降低化石能源投资，逐步淘汰核电，并就核废料的长期处置进行研究。

2019 年，组阁成功的瓦隆 – 布鲁塞尔大区政府则主要强调数字化的重要性，主张构建数字产业的企业生态系统；继续致力于发展航天工业，加强与联邦空间机构合作，加强基础设施项目建设，对初创企业加大资金支持；提高国际和地区间的科研合作水平，开展知识产权保护，保证数字安全。

弗拉芒大区同样强调对数字化的重视，将发展创新和数字化转型作为其政策的优先事项；将 5G 网络建设作为当务之急，并增加对人工智能、网络安全、移动数据等领域技术发展的支持力度；关注数字安全，并将根据国际发展趋势，制定有关数据汇总、开放和交换的标准。

三、2020 年比利时科技研发投入及科技计划执行情况

根据比利时联邦科技政策办公室 (BELSPO) 及欧洲统计局统计数据，比利时是科研经费支持力度最高的欧盟国家之一，其科研经费占 GDP 的比例由 2007 年的 1.84% 逐年上升，2019 年已达到 2.89%，总额超过 32 亿欧元 (2018 年为 29 亿欧元)，接近 3% 的欧盟目标。

目前比利时正在执行的科技计划包括卓越科学基础研究计划、交叉学科网络研究行动计划、科学促进可持续发展研究计划、数字计划等。

卓越科学基础研究计划 (EOS2.0) 由法语区基础研究基金会 (FNRS) 和弗兰德研究基金会 (FWO) 共同发起，旨在促进比利时荷语区和法语区研究人员之间的联合研究，同时也向国外研究机构开放支持。EOS 计划每 4 年征集一次研究项目，新一期拟于 2021 年春季开始实施，总预算 1.2 亿欧元，选定生命科学、精准科学和社会科学三大领域，每个项目最高可获得 100 万欧元 / 年的经费支持。

交叉学科网络研究行动计划 (Brain-be 2.0) 的执行期为 2018—2023 年，设有气候变化及地球科学，文化、历史与科学遗产，社会挑战三大任务，面向比利时所有大学、公共科研机构开放，支持进行为期 2 ～ 4 年的跨学科研究项目。2020 年度，该计划下选定宜居性、移民问题、向碳中和社会过渡、气候变化下的博物馆馆藏管理等 9 个优先主题，每个项目的支持额度为 70 万～ 150 万欧元。

科学促进可持续发展研究计划（SSD）选定 8 个可持续发展的优先领域开展研究，包括能源、交通运输、农业食品、健康与环境、气候变化、生物多样性、海陆空综合生态系统及横向研究，总预算 6540 万欧元。

数字计划（DIGIT-04）支持对比利时联邦博物馆、图书馆、科研机构、档案馆的文字资料、照片及音视频进行数字化处理，确保相关档案的长期保存，执行期为 2019—2024 年，总预算 3700 万欧元。

除上述计划之外，还有旨在整合微生物遗传资源的微生物收集计划(BCCM)，旨在建立生物多样性平台、鼓励开展跨学科研究的生物多样性计划及支持相关地区科考的南极科学研究计划和北海研究计划等。

四、比利时国际科技合作情况

加强国际科技合作是比利时基本国策之一。比利时广泛深度参与欧盟研发框架计划（"地平线欧洲"计划）、尤里卡（Eureka）计划、欧洲科技合作计划（COST）、全球环境与安全监测计划（GMES）等项目，以及伽利略计划、核聚变

计划和太空计划等重大科研活动，与欧洲国家保持紧密的科技合作关系。据统计，比利时在欧盟研发中的参与度在 27 成员国中排名居第 7 位，主要合作国为德国、西班牙、法国、意大利和英国，参与项目涉及航空航天、信息技术、生物医学、生物农业、新材料、气候变化等多个领域。

此外，比利时与中国、越南、印度和南非等非欧盟成员国家签署了政府间双边科技合作协定。其中，与中国、巴西等签署有核能科技合作协议。

五、比利时科技优势领域及重要科研机构

比利时科技优势领域包括微电子、生物医药、航空航天、核能、新材料等，并在这些领域拥有一批先进的战略研究中心。这些科研机构也是相关产业集群的中心，有力地发挥了科技资源的引领带动作用，形成了产学研紧密结合的创新链。

（一）信息技术领域

比利时在微电子研究领域处于世界先进水平，其代表机构就是微电子研究中心（IMEC）。该中心目前拥有 2400 多名研发人员，年预算超过 5 亿欧元，是全球最大、最先进的纳米电子与数字技术领域研究与创新中心，主要研究领域集中在半导体工艺模块、集成电路设计、无线通信技术、新材料、生物电子等方面。其技术领先业界 3～10 年的技术需要，为全球半导体产业技术开发、成果转化、人才培养做出了重要贡献。

（二）生物医药领域

比利时生物医药技术资源聚集，研发成果水平高，其中最具代表性的就是弗拉芒大区生物技术研究所（VIB）。该研究所与根特大学、荷语鲁汶大学、安特卫普大学、布鲁塞尔自由大学、哈塞尔特大学及 IMEC 等 6 家高校及科研院所分别合作成立了研究中心，共汇集 81 个研究团队和来自 75 个国家的 1700 多名科学家，在细胞生物学、肿瘤生物学、基因表达、神经退行性疾病等多个领域进行了大量创新性的基础研究，目前已成功孵化 20 余家生物技术初创企业。

（三）节能环保领域

比利时高度重视清洁能源技术和可持续发展领域的不断创新，弗拉芒大区工业技术研究院（VITO）是欧洲这一领域的领军机构。该院主要从事可持续化学、能源、健康、新材料和土地资源利用等 5 个方面的技术研发工作，为政府制定未来政策提供咨询服务，也为不同规模的企业提供高质量解决方案。

（四）先进制造领域

比利时弗兰德机电一体化技术中心（FMTC）是其制造业战略研究中心。该中心主要面对汽车产业和制造业，在智能机电系统、设计工作优化、运动部件开发、机器人柔性装配等领域有较强的科研实力。

（五）核能应用领域

比利时在核电技术领域有着悠久的历史和深厚的技术积累，曾成功完成全球第一座压水反应堆的退役去污，同时有着非常先进的核废物处置技术和混合燃料（MOX）生产技术，代表单位是其核能研究中心（SCK-CEN）。该中心建于1952年，拥有世界最大的黏土层核废料处理地下实验室，在核反应堆、核安全、核辐射保护、放射性废物处理等方面具有较高的科研水平。

（六）航天航空领域

航天航空领域是比利时政府较为重视的传统领域，也是其对欧科技合作的重点。作为第六大协作国，比利时深入参与欧空局多项重大项目，并与美国、俄罗斯、日本等多国开展深空探测合作。该领域的重要科研机构包括皇家天文台（KSB）、空间航空研究所（BIRA）、列日大学太空中心（CSL）等。

六、2020年比利时重点领域科技发展动态

（一）涉疫相关科研进展

新冠肺炎疫情暴发后，法语区基础研究基金会（FNRS）和弗兰德研究基金会（FWO）先后开展新冠相关项目征集，总预算达800万欧元，多家科研机构及跨国药企结合已有或在研技术，在疫苗、快速检测及抗病毒药物研发等方向全力推进科研攻关，取得了多方面的积极进展。

鲁汶大学里加研究中心（KU Leuven Rega Institute）成功研发新型冠状病毒候选疫苗，预计2021年春季启动临床试验。

疫苗研发与生产总部位于比利时的葛兰素史克（GSK）与法国赛诺菲（Sanofi）联手开展重组蛋白新冠疫苗研发，已于9月启动Ⅰ/Ⅱ期临床试验，并和欧盟达成总额3亿剂的预购协议，预期2021年下半年上市。同时，GSK还为全球合作伙伴，包括四川三叶草、重庆智飞、厦门万泰等3家中国企业提供AS03疫苗佐剂技术，助力新型冠状病毒疫苗研发。

比利时生物科技公司：Univercells打破传统疫苗生产技术瓶颈，大幅压缩疫

苗生产线的建设时间与建设成本。目前已与美国防部及意大利、德国、印度等多国医药企业签订合作协议，并获得了比利时联邦政府、盖茨基金会和国际投资机构的大力支持。

根特大学和弗拉芒大区生物技术研究所（VIB）在新型冠状病毒纳米抗体药物研发中，成功孵化生物科技公司 ExeVir Bio，首轮融资获得比利时联邦政府等2270万欧元资金支持。相关药物已在体外试验和仓鼠实验中展现出良好前景，正在与德国合作开展灵长类动物实验，以确定有效剂量，计划2021年初启动临床试验。

比利时安特卫普大学与布鲁塞尔自由大学合作建设欧盟首个可控人类感染实验室（CHIM），可将疫苗研发过程缩短1.0～1.5年。该项目以公私合作方式开展，由比利时联邦政府及流行病防范创新联盟、盖茨基金会等机构共同出资4000万欧元建设。目前，实验室建设招标已启动，预计2022年初完成建设并投入使用。此外，此次疫情中，比利时还涌现了一批小而巧的快创新技术，包括新鲁汶大学 Open Hub 实验室在10天内研发完成简易呼吸机并测试成功，迅速实现量产并交付医院使用；列日大学医院与高新材料及特种化学品公司索尔维工程师共同研发呼吸器气体分流器，3D打印公司 Materialize NV 开发呼吸机通风阀和氧气面罩，大幅提升了医院呼吸机的处理能力；列日大学短期内成功研发新型病毒提取试剂，并实现量产。这些技术不仅有效缓解了高峰期医疗资源紧缺的窘境，也反映了比利时强大的科研创新活力和长期积累的深厚基础。

（二）微电子领域研究进展

2020年，比利时在微电子前沿领域继续深入开展基础研究与技术研发，在芯片先进制程工艺、硅光技术、6G、物联网及数字健康等方面取得了一系列突破性进展，进一步巩固了其在微电子产业链、创新链、价值链中的优势地位。

1.芯片先进制程工艺

IMEC 与荷兰光刻机厂商 ASML 紧密合作开发新一代高数值孔径 (NAEUV) 光刻工艺，并在其园区里设立了专门的"IMEC-ASML 实验室"。IMEC 在2020年国际互连技术大会上，宣布金属钌 (Ru) 有望成为2纳米级芯片的关键材料。

2.硅光技术

在国际固态电路会议 (ISSCC 2020) 上，IMEC 展示了基于硅锗双极－互补金属氧化物半导体 (SiGe BiCMOS) 工艺的高速硅模拟时间交织器，有望成为未来数据中心中高速光收发器的关键组件。

IMEC 与英国硅光电子芯片设计和制造商 CST Global 合作，成功将 CST

Global InP100 平台的磷化铟（InP）分布式反馈 (DFB) 激光器集成到 IMEC 硅光平台（iSiPP）中。有望将硅光技术加速扩展到成本敏感的应用领域，包括光学互连、传感、计算等方面。

3.6G 技术

在 2020 年 IMEC 技术论坛（ITF）论坛上，IMEC 宣布启动一项名为 "Advanced RF" 的前沿性研究计划，旨在为 6G 技术研发制定路线图。重点探索的课题之一是开发高能效、高性价比的 Ⅲ – Ⅴ /CMOS 混合堆叠芯片，以实现 100 GHz 以上的高带宽通信。该项目受欧盟 "地平线 2020" 计划的支持。

4. 物联网

IMEC 成功研发世界上第一款基于神经网络的雷达信号处理芯片。特别适用于创建更加低功耗、高智能的防碰撞系统，如无人机雷达。

IMEC 开发新一代高精度、低功耗超宽带（UWB）技术，为物联网、机器人、安全门禁系统、AR/VR 游戏等各种领域中的微定位应用铺平了道路。

IMEC 联合先进的特殊工艺半导体晶圆代工厂格芯研发一款新型人工智能芯片，可将深度神经网络计算用于物联网边缘设备。

5. 数字健康

IMEC 与美国电子芯片开发商罗斯威尔（Roswell）合作研发全球首款商用电子生物传感器芯片。IMEC 目前已经完成概念验证工作，正专注于最终工艺开发，最初的产品预计在 2021 年实现量产上市。

在欧盟 "地平线 2020" 计划的支持下，IMEC 和根特大学合作启动早期心血管疾病诊断和监测项目 InSiDeo。其原型机已经在法国和荷兰多家医院启动临床可行性研究。

IMEC 于国际固态电路会议（ISSCC 2020）上展示了用于智能可插入药丸的首款毫米级无线收发器，可测量肠道健康等健康参数并将数据实时传输到体外。

6. 光优

IMEC 参与欧洲 HighLite 新型硅光模块的项目研发。该项目受欧盟 "地平线 2020" 计划支持，共有 9 家欧洲研究机构和 8 家企业共同参与，以大幅提高欧盟光优制造业的竞争力。

（三）航天航空领域研究进展

2020 年，比利时继续深度参与欧洲航天航空科技合作，主要情况如下。

1. 星上自主项目（PROBA）系列卫星

星上自主项目（PROBA）是欧空局在"通用支持技术计划"（GSTP）项目下开发的一系列微卫星，均由比利时设计建造。

2. 欧洲太阳探索计划（Solar Orbiter）

欧空局主导的欧洲太阳探索计划（Solar Orbiter），2020 年成功发射太阳轨道探测器。比利时皇家天文台和列日大学空间中心为探测器合作研发了极端紫外线成像仪（EUI）装置。

3. 火星生命探测计划（ExoMars）

火星生命探测计划（ExoMars）是欧空局与俄罗斯联邦航天局的合作项目，已于 2016 年向火星发射一颗痕量气体分析卫星（TGO），其上搭载了比利时航空航天研究所（IASB）设计的 NOMAD 光谱仪。火星登陆器（ExoMars 2020）计划将于 2021 年登陆火星，上面将搭载由比利时皇家天文台主持设计的雷达传感器（LaRa）。

4. 欧几里得（Euclid）空间卫星项目

比利时 Spacebel 公司为欧几里得（Euclid）空间卫星项目开发了卫星控制系统和数据管理软件，并提供地理空间信息支持服务。Euclid 空间卫星项目是欧空局主导的项目，主要任务是研究宇宙暗能量的性质和宇宙的几何形状等重要问题，目前该卫星计划于 2022 年完成发射。

（执笔人：姜　杨　郭晓林）

◎ 挪　　威

2020 年，挪威政府落实《研究与高等教育长期计划 2019—2028》，持续加大科技研发投入，巩固研究与创新的优势领域，科技发展水平进一步提升。新冠肺炎疫情使挪威社会经济遭受自第二次世界大战以来的最大冲击，失业率居历史高位，挪威政府预计 2020 年登记失业率将达 4.9%，预计 2020 年经济下降 3.1%。挪威政府将研究与创新作为摆脱新冠肺炎疫情危机的重要手段，产业数字化和经济绿色转型取得实质进展。

一、科技创新概况及实力

（一）全社会研发投入持续增长

据挪威研究理事会 2020 年 10 月发布的《2020 年科技发展指标》，2018 年挪威全社会研发投入 730 亿挪威克朗（1 美元约合 8.8 挪威克朗），相比 2017 年增加 36 亿挪威克朗，实现小幅增长。

2018 年全社会研发投入占 GDP 比重约 2.06%，相比 2017 年的 2.09%，略有下降。据 2020 年 10 月底挪威北欧创新、研究与教育研究所（NIFU）公布的挪威科技发展最新数据，初步统计显示 2019 年挪威全社会研发投入 788 亿挪威克朗，比 2018 年增长接近 60 亿挪威克朗，扣除通货膨胀实际增长约 5%，研发投入约占 GDP 的 2.22%，创历史新高，挪威的研发经费投入强度已连续 4 年超过 2%。

从经费来源看，公共研发投入在挪威全部研发经费的占比最大，其增速超过了企业投入。2018 年，挪威公共研发投入为 348 亿挪威克朗，占比为 48%，较 2017 年增长 2 个百分点。企业投入占比为 39%，与 2017 年占比基本持平，仍与大部分 OECD 国家的情况有很大不同，这主要源于挪威的产业结构特点。挪威人均 GDP 很高，油气等资源型产业占比较大。民间基金及研究机构自筹资金等占比约 5%，国外资金占比约为 8%，其中约 1.5% 来自于欧盟。在挪威政府公共投入中，通过科研项目管理专业机构挪威研究理事会拨付的资金为 80 亿挪威克朗，在全部研发经费投入中的比例约为 11%。

从经费投向来看，企业、高校、科研机构的占比分别为 45%、35%、20%，与上一年度大体持平。近几年来，挪威企业界的研发支出不断增长，但 2018 年趋于平缓，总额近 327 亿挪威克朗（约 256 亿挪威克朗为企业自身投入，约占其研发支出的 78%），其中约 180 亿挪威克朗投向了服务业（63 亿挪威克朗投向了 ICT 服务业），挪威企业在服务业的研发支出在近 10 年里增长超过 1 倍。2018年，挪威企业研发支出的近一半用于能源、环境、气候、农业、渔业、海洋和医疗保健，总额近 153 亿挪威克朗，其中石油领域的投入最多为 38 亿挪威克朗，医疗保健在企业研发支出中排在第 2 位，约 22 亿挪威克朗。2018 年，挪威高校的研发总支出为 252 亿挪威克朗，其中 100 亿挪威克朗用来从事基础研究，占挪威全部基础研究支出的比例为 80%。2018 年，挪威研究机构的研发支出 148 亿挪威克朗，其中 107 亿挪威克朗来自政府公共研发投入约 37 亿来自于挪威研究理事会，约占 72%。2018 年，挪威研究机构针对基础研究、应用研究和技术开发领域的支出占比分别为 14%、67% 和 19%。2018 年，挪威最大的研发机构挪威工业技术研究院（SINTEF）的研发支出为 42 亿挪威克朗，其中超过一半的资金来自于企业或国外。挪威生物经济研究所等农林水产领域研究机构的研发支出约 17 亿挪威克朗。

（二）科技人力资源稳步增长

挪威《2020 年科技发展指标》显示，2018 年挪威约 8.7 万人参与研发活动，相比 2017 年增加近 2000 人，科研专业人员近 6 万人，占比 69%。2018 年，挪威研发人员全时当量近 4.7 万人年，其中企业占近 45%，高校占约 35%，研究机构占 20%。长期以来，挪威企业界的研发人数持续大幅增长，但 2018 年增长趋缓，挪威企业中科研人员密集的行业为油气开发和医药。在挪威研究机构中具有博士学位的人员占比近 40%，科研人员质量最高。从区域看，2018 年挪威首都奥斯陆市从事研发的人员数量近 1.4 万，为挪威研发人员密集区域。

（三）科技论文产出保持稳定

2019 年挪威研究人员发表国际论文 16 800 篇，相比去年增加近 5%，挪威论文数量占世界当年论文总量比例保持稳定，同为 0.65%，世界排名居第 29 位。同期，瑞典发表的论文超过 32 000 篇，丹麦 22 000 篇，而挪威的论文数超过芬兰约 1700 篇。按每千人国际论文发表量统计，挪威 2019 年的指标为 3.17，排在瑞士、丹麦、瑞典之后居世界第 4 位。在挪威科研论文中，地球科学和生物学领域论文具有领先优势，这与挪威石油大国的发展相匹配。挪威研究人员在 2019 年发表 700 多篇有关气候变化的文章，占世界该领域论文总数的 1.56%，排在全球第 16 位，远超挪威论文的全球总体占比 0.65%。医学是挪威发表论文最多的领域，强度亦保持在世界平均水平。

（四）国家创新能力国际排名总体稳定

在《欧洲创新记分牌 2020》排名中，挪威居第 9 位，属于"强大创新者"，但相比 2019 年下降 1 位。在评价指标中，挪威的国际联合论文、公私联合论文、中小型企业创新等方面得分很高，但在知识产权（专利、设计和商标申请）、就业影响（公司的快速成长）和中高技术产品出口等方面得分较弱。

根据世界知识产权组织发布的《2020 年全球创新指数报告》（GII 2020），挪威在全球排名中位居第 20 位，在欧洲排名中位居第 12 位，均比 2019 年下降 1 位，专家分析其原因为挪威的产业结构与其他欧洲国家不尽相同，挪威油气产业对 GDP 的贡献很大，对创新力评估产生影响的挪威公司相对较少，这些都会反映到创新指数中。该报告分析指出挪威的科研基础设施评价居首位，挪威的创新效能与其发展水平大体相当。

二、科技创新领域的规划和举措

（一）提出更具雄心的减排目标

2020 年 2 月，挪威政府宣布了《巴黎协定》框架下的强化气候目标，提出相对 1990 年的排放水平，到 2030 年减排至少 50%，或至 55%。根据《巴黎协定》，所有参与国必须每 5 年报告一次更新的气候目标，挪威是第 1 个向联合国提交强化减排目标的西方国家。挪威政府视该决定为面向绿色转型迈出的重要一步。挪威政府将寻求通过与欧盟的气候合作来实现这一颇具雄心的目标。

（二）发布国家人工智能战略

2020 年 1 月，挪威政府发布了人工智能战略。该战略为挪威的人工智能的发展制订了框架、目标、措施和倡议，计划借助友好的数字化法规、良好的语言资源、快速而坚固的通信网络及足够的计算能力，推动挪威的人工智能基础设施达到世界一流水平。

该战略提出开发和利用人工智能、利用人工智能提高创新能力及开发负责任和可信赖的人工智能等目标，并提出了出了 12 项主要措施和人工智能开发遵循的 7 个道德准则。其主要措施包括：在挪威具有明显优势的健康、海洋、能源、交通及公共管理领域加大人工智能的投资；鉴于人工智能将在欧盟"地平线2020"研究与创新框架计划中占据主导地位，挪威考虑从 2021 年开始参与"数字欧洲计划（DEP）"；挪威政府将考虑设计产业政策工具，支持企业界利用人工智能进行价值创造，尤其在挪威具有优势的油气、海洋和健康等领域；鼓励公共部门积极探索人工智能的潜力；面对人工智能的开发和应用可能带来的挑战，人工智能的开发和应用将基于道德准则，尊重隐私和数据保护，实现良好的网络安全等。

（三）发布首个国家氢战略

2020 年 6 月，挪威石油和能源部与气候和环境部联合发布了挪威的氢战略，为挪威推动氢相关技术的发展奠定方向，提出了绿色转型过程中有关氢的强制性重要承诺，通过促进和支持技术开发及商业化，提高挪威有关氢的试点和示范项目数量。该战略的实施与挪威政府正在推行的雄心勃勃的气候与环境政策相适应。

挪威推动氢成为低排放或零排放的能源载体，该战略将低排放氢和零排放氢称为"清洁氢"，其技术途径包括绿氢和蓝氢，一是利用可再生能源电解水，二是结合碳捕捉与封存（CCS）技术利用天然气制氢。

在挪威，基于氢的解决方案的开发和使用在推动减排的同时，还将促进价值创造。该战略梳理了挪威发展氢产业的基础和优势。

（1）挪威在整个氢价值链上已积累多年经验，具有生产和使用清洁氢能源的理想条件。挪威诸多企业和研究机构已经在为相关行业生产、分销、储存和使用氢提供设备和服务。

（2）挪威具有丰富的天然气资源，且在增加可再生能源产量方面也具有潜力。

（3）利用天然气制氢需要捕获和储存二氧化碳，挪威大陆架有可能成为二氧化碳的储存地。

（4）挪威通过石油产业发展，从天然气处理到大型工业项目，都积累了丰富经验。

（5）挪威在海洋产业大部分价值链中都积累了具有竞争力的知识和技术。

该战略的主要措施包括以下几项。

（1）政府将通过现有的政策工具，继续支持必要的技术开发。并将根据进展适时调整政策工具。

（2）政府将结合《2030 年气候目标计划》，评估推进挪威氢能开发和使用的政策工具。

（3）政府将继续通过相关计划支持氢技术的研究、开发和示范，重点面向科学价值高、具有商业开发潜力的项目。

三、挪威在重点科技领域的科技发展动态及趋势

2020 年挪威继续深入推进产业绿色转型和数字化转型，保持在医疗和卫生领域资金和人才投入力度，推动了科研产出和研发水平的持续上升，取得了积极进展。

（一）全规模碳捕集与封存（CCS）项目正式立项启动

2021 年 9 月 21 日挪威政府宣布启动全规模碳捕集与封存（CCS）项目——"Longship"，项目投资预计为 171 亿挪威克朗，10 年期运营的总成本约为 80 亿挪威克朗，该项目的总投资为 251 亿挪威克朗，其中挪威政府承诺投资 168 亿挪威克朗，其余投入将来自于企业界等其他途径。2021 年政府投资为 27 亿挪威克朗，其永久碳存储预计将从 2024 年开始。该项目被誉为挪威产业界最大的气候项目，将推动实现政府雄心勃勃的减排目标。国际能源署于 2020 年 9 月发布 CCS 报告称，CO_2 管理是实现国际气候目标管理的绝对必要措施。

挪威政府在 CCS 领域的重大投资将与研究与创新齐头并进，挪威的 CCS 研究、开发与示范计划 CLIMIT 将发挥重要作用，为"Longship"项目的实施提供技术支撑。同时，挪威将通过该项目展示全规模 CCS 项目的价值链，借助 CCS 基础设施投资为挪威和欧洲其他国家提供服务。挪威在海底储存 CO_2 方面已经具有数十年的经验，挪威政府表示将会加大与欧洲乃至国际社会的合作。

（二）油气产业的数字化转型加速

挪威国家石油公司已经在油气开发的数字化领域取得突破。其数字化 Johan Sverdrup 油田已于 2019 年 10 月投产，该油田堪称"巨型油田"，最高日产量达 66 万桶，占挪威石油产量的 25%。该油田广泛采用"数字孪生技术"，超过 35 万个文档通过基于数据驱动的协同平台管理实现了数字化管理，简化了工作流程，实现了油田的数字化维护，已成为该公司的数字化旗舰项目，采收率将达到 70% 以上，减少工时达 50%，数字技术在第一年就为公司提高收益 20 亿挪威克朗。

（三）产业绿色转型迈出实质性步伐

2020 年挪威海工业界利用海上油气专业经验转型发展海上风电，取得明显进展。2020 年 11 月初宣布新的气候战略，利用可再生能源和 CCS 投资确保到

2050 年实现碳中和，计划 2026 年的可再生能源产能达到 4G ～ 6 GW，海上浮动风电是主要抓手，其 Hywind Tampen 项目很快会在北海启动，预计 2022 年投入运营；2020 年 10 月世界著名海工装备企业挪威 Aker 集团宣布进军海上风电；挪威著名造船企业 UIstien 开始加大风电运维船的研发和生产；挪威海上油气工程承包商 Ocean Installer 成立专门的海上风电业务部门。

挪威在海运业在开发和实施低排放和零排放解决方案方面居世界领先地位，已处于绿色转型的起跑线上。挪威政府将航运业的绿色重组作为政府的重点工作，针对不同类型船舶的零排放和低排放要求制定了时间表，渡轮从 2023 年开始，水产养殖业从 2024 年开始，快艇从 2025 年开始。2020 年 5 月挪威 Glomfjord Hydrogen 公司与国际合作伙伴签署合作意向书，在 Glomfjord 工业园区建立完整的氢生产和液化价值链，计划在 2024 年为 Vestfjorden 区域的新型渡轮提供燃料。

（四）迅速启动应对新冠肺炎疫情的科研项目

2020 年挪威研究理事会得到了挪威政府及挪威特隆莫恩基金会和癌症协会等民间基金会的支持，投入 1.3 亿挪威克朗，资助 30 个项目，开展新型冠状病毒研究和控制新冠肺炎疫情等方面问题的研究。2020 年，挪威科技大学与圣奥拉夫医院合作，开发出高灵敏度"磁珠法"新型冠状病毒检测试剂，实现规模化生产，在挪威和英国申请了专利。挪威卑尔根生物制药公司 BerGenBio 开发的治疗肺癌新药 Bemcentinib，在临床前试验中发现可能对早期新冠治疗有效，亦进行了临床试验。

（五）更加关注全球公共卫生

多年来，挪威政府在国际发展合作中一直将全球卫生放在首位。流行病防范创新联盟（CEPI）的总部就设在挪威奥斯陆，挪威政府承诺在 2017—2025 年向 CEPI 提供 16 亿挪威克朗。新冠肺炎疫情暴发后，挪威政府积极争取全球平等获得疫苗、药品和测试的机会，加大对 CEPI 的资金支持力度，再次承诺在 2021—2030 年，针对新冠疫苗的研发向 CEPI 提供专项资助 20 亿挪威克朗。挪威积极参加"抗击新冠肺炎工具加速器（ACT-Accelerator）"国际计划，挪威承诺向 ACT-Accelerator 资助总计约 5 亿美元，约占其 GDP 的 0.12%，并与南非共同担任 ACT-Accelerator 计划促进委员会的联合主席。

四、政府推动科研机构的整合及管理机构间的协同

（一）鼓励和推动研究机构整合，实现强强联合

2020 年 2 月挪威教育和研究部发布《综合的研究机构政策战略》，推动更多的研究机构合并，特别是研究机构的跨界整合，以提高其综合竞争力和实力。在过去的 10 年中，挪威的研究机构进行了多次重组和整合，研究机构数量减少，体量变大。2009 年，挪威建立研究机构基本费用资助制度时，资助对象包括 48 个研究所，到 2020 年 1 月已经整合为 37 个。

目前，挪威大气研究所、挪威能源研究所、挪威水研究所、挪威岩土工程研究所等 4 家科研机构正在探讨整合事宜，该 4 个研究所多年来一直致力于应对气候、能源、环境和基础设施等领域的社会挑战，这些研究机构的负责人认为当前社会面临跨学科重大挑战，需要新的解决方案。其整合方式包括跨学科合作乃至完全合并等多种选择，各方将在 2021 年 7 月前决定最终方案。如果这 4 家机构合并，将会成为仅次于挪威工业技术研究院（SINTEF）的挪威第二大研究集团，员工总数达 1500 余名，产值超过 24 亿挪威克朗。

（二）实现科研管理机构间的协作，加强协同管理

2020 年 2 月，挪威教育和研究部与挪威贸工部共同宣布，将由挪威研究理事会和挪威创新署协同负责挪威参与欧盟"地平线 2020"研究与创新框架计划的事宜，两家机构在未来几年将加强合作，并按照"地平线 2020"的 3 个支柱进行了管理责任分工。"卓越研究"支柱的参与将由挪威研究理事会负责；"全球挑战及欧洲产业竞争力"支柱的参与将由研究理事会牵头，挪威创新署参与；"创新欧洲"支柱的参与将由挪威创新署牵头，挪威研究理事会参与。

五、国际科技创新合作

挪威政府高度重视与欧盟的科技创新合作，支持参与全球最大的研究与创新计划"地平线 2020"。挪威政府表示将继续与世界上重要的知识型国家合作。

挪威研究的国际化合作水平较高，其国际合著论文数量逐年攀升。据挪威研究理事会发布的《2020 年科技发展指标》，2019 年挪威的国际联合发表论文数量占比为 52%，而 2011 年该比例为 40%。据统计，2019 年挪威科研人员与来自美国、英国、瑞典、德国、丹麦、意大利、荷兰、法国等国的科研人员合著论文数量排在前列。

在与欧盟的合作方面，挪威将参与欧盟研究与创新框架计划作为实现挪威研

究国际化的最重要措施。据挪威《2020 年科技发展指标》，挪威参与欧盟 "地平线 2020" 计划的项目超过了 1500 个，获得的经费资助超过 130 亿挪威克朗。截止到 2020 年 5 月，挪威从欧盟 "地平线 2020" 计划获得的资金达到了该计划总经费的 2.26%。挪威在粮食、海洋、生物经济、气候、资源、环境等领域的参与度较高，这也与挪威科研的优势领域相匹配。

在与中国的合作方面，根据中国国家自然科学基金委员会（NSFC）与挪威研究理事会签署的合作协议及后续达成的共识，2020 年双方在 "农业和水产的食品安全及可持续性" 领域共同资助合作研究项目。经过公开征集、双方专家评审并经双方机构协商，决定支持 6 个项目，双方各自投入约 2000 万元人民币。中挪政府间科技创新合作和民间科技合作稳步发展。

其他合作框架下的国际合作还包括挪威政府通过实施《全景战略》，与巴西、印度、中国、俄罗斯、日本、南非的高等教育与研究合作取得了良好成果，并将在 2021—2027 年期间继续执行《全景战略》。根据针对《全景战略》的评估报告，与相关国家的合作数量在 2012—2018 年间增加了 52%。

（执笔人：杜鹤亭）

芬　　兰

受全球新冠肺炎疫情大流行影响，2020年芬兰经济出现衰退。芬兰政府积极应对新冠肺炎疫情危机，通过加大科技创新支持力度，扶持创新企业、发展新兴产业等方式，以创新引领发展，推动经济走出困境。

一、经济受疫情影响出现衰退

据芬兰统计局数据，2019年芬兰国内生产总值（GDP）为2460亿欧元，比上年增长1.1%。人均GDP为4.36万欧元。受新冠肺炎疫情影响，2020年芬兰经济遭受较大冲击。2020年第一、第二季度经济同比缩水1.1%和4.9%，2020年8月，工业总产值同比下降3.3%，前9个月进出口贸易总额同比下降13.3%。据芬兰财政部预测，2020芬兰经济全年将萎缩4.5%，赤字占GDP的7%。新冠肺炎疫情加剧了公共财政危机。

二、研发助力企业度过寒冬

（一）政府研发经费投入大幅增加

为应对疫情，政府2020年先后7次追加财政预算，追加总额近500亿欧元。芬兰企业多为技术密集型，政府在增加福利补贴、减少税收的同时，积极加大政府研发投入，助力企业渡过难关。

2020年芬兰政府研发投入初步统计为31.83亿欧元，占GDP比重的0.83%，比上年增长11.74亿欧元，增幅高达58.46%。增长主要来自于芬兰国家商务促进局（Business Finland）向企业拨付的研发资助。

（二）全社会研发支出稳步增长

据芬兰统计局最新数据，2019年芬兰全社会研发支出总额为67.15亿欧元，比上年增长2.77亿欧元，增长率4.3%，研发投入强度为2.79%，较上年略有增长。高校、企业和政府研发支出增长率分别为5.0%、4.0%和2.6%。企业继续发挥研发主力军作用。按照研发活动执行单位性质，企业、高校和政府研发支出份额分别为66%、25%和9%。按照研发支出的资金来源，本国企业投入53%、政府投入31%、高校投入1%、国际资金投入15%。

据预测，2020年芬兰全社会研发支出将实现1.15亿欧元的增长，达到68亿欧元，占GDP比重的2.94%，较2019年有大幅提高。

（三）研发人员持续增加

芬兰研发人员数量自2016年开始逐年增长。2019年，全国共有研发人员7.62万（其中全时人员为5.15万人年），比上年增加2300人，增幅3%。研发人员中一半来自企业，1/5拥有博士研究生学位，2/3拥有学士学位。

三、创新能力持续保持引领地位

据瑞士洛桑管理学院《2020年全球竞争力报告》，芬兰竞争力全球排名居第13位，较上年提升两位。

据世界知识产权组织《2020年全球创新指数报告》（GII 2020），芬兰处于创新引领者地位，创新能力居全球第7位，较2019年下降1位。在7项支柱指标中有6项评分高于高收入国家平均水平，即国家制度、人力资本和研究、基础设施、商业成熟度、知识及技术产出和创意产出。另外，法律法规、商业环境、处理破产问题难易度、电子参与度、知识产权收入相对贸易额比重、手机应用程序产出相对GDP比重等单项指标排名居全球第3位。

据欧盟发布的《欧洲创新记分牌2020》，芬兰创新表现在欧盟国家排名居第2位。芬兰在终身学习、创新型中小企业合作、政企协作、国际科技合作、企业研发支出、买家成熟度、基础教育、创业教育和培训等指标表现优异。

四、出台政策支撑科技创新

（一）国家研发与创新路线图

2020年4月，芬兰政府发布《国家研发与创新路线图》，旨在改善创新环境，提高国际竞争力和影响力，为应对各项挑战提供解决方案，并为未来十年可持续增长铺平道路。路线图确定了 3 个战略方向：竞争力、新型伙伴关系模式和创新的政府部门。主要措施是：①加强研发创新，在加大政府投入同时，积极鼓励全社会研发投入，为企业提供良好研发投资环境，到 2030 年实现研发投入强度由目前 2.79% 提高到 4% 的政府目标；②提高人才竞争力，进一步提高国民教育水平，将义务教育年龄提高至 18 岁，到 2030 年实现全国 25 ～ 34 岁青年受高等教育比例提高至 50%；大力推进国民创新意识和创新技能普及，积极改善创新人才环境，鼓励研发人员跨界流动，注重引进国际人才，进一步提高芬兰对国际创新人才吸引力；③构建政产学研和金融机构间新型伙伴关系模式，加强政府协调，加大政府对创新生态及新型科研基础设施投入，加强政府采购对创新的支持和协调作用，提高全社会对研发资金合理利用的协调性和有效性，积极有效利用欧盟等国际资金，将芬兰建成具有国际竞争力的创新中心和 10 亿欧元级产业生态；④芬兰国家商务促进局将改革现有研发资助模式，鼓励企业长期研发投入，政府研发资助工具将更多向中小企业倾斜，提高中小企业研发积极性和参与度，提高科技成果转化率；⑤提高研发创新开放性，在保障安全及保护隐私的前提下，提高科研数据和成果的可用性及利用率，以增强创新对全社会的影响力；⑥加强研发创新国际合作，大力支持企业参与国际研发和商业合作，鼓励参与欧盟等国际科研计划，获取更多国际研发投入；⑦改革现有政府机构，加强各部门协同创新，创新政策和法规的制定、评估和调整将更加注重前瞻性、可持续发展，以及对产业和商业模式的提升。

（二）发布《2020—2030 年国家科研基础设施战略》

2020 年 1 月，芬兰政府发布《芬兰 2020—2030 年国家科研基础设施战略》，旨在构建高水平科研基础设施和服务，提高科研质量、竞争力和创新能力，以增强芬兰科研、教育和创新体系的国际竞争力。根据战略，政府将推出系列科研基础设施资助项目，支持未来十年科研基础设施建设。该战略确定了 6 个优先方向，即责任与可持续发展、长远眼光与活力、所有权与专有技术、数字平台与数据、开放与协作、广泛而多维度的影响。

2020 年 9 月，芬兰政府推出《芬兰 2020—2030 年国家研发基础设施战略实施方案》，制定了战略实施路线图，明确科研基础设施的产权归属，规范资金使用原则和标准，以保证资金对科研设施的促进作用。同时，政府还将制作 4 本"最佳实践"出版物，以指导和促进政府与各利益相关方的合作；将建立有关中长期科研基础设施资金和需求知识库，研究相关合作模式及激励机制，提出动态的技术性解决方案，为政府决策提供支撑；同时，将根据政府财政要求，研究探索国家科研基础设施投资的长期可持续发展模式。

（三）启动"2035 低碳路线图计划"

为实现 2035 年碳中和目标，芬兰政府于 2019 年底启动"2035 低碳路线图计划"，提出气候和能源政策方案，制定减排措施，明确所需研发资金，协调各部门利用芬兰技术和解决方案促进出口，提高国际竞争力。政府确定能源、化学、林业和工程技术等行业为温室气体排放关键产业，食品、纺织、建筑、交通等行业为相关产业。2020 年 6 月，政府完成了 13 个产业低碳路线图的编制并发布报告指出，综合现有产业和技术条件评估，确认 2035 年碳中和目标可实现，但需全社会共同努力并进一步完善投资环境。该路线图将被纳入政府国际增长计划。同时，还将继续对各产业进行评估并加强全社会协调合作。

五、科技创新支撑疫情应对

为应对新冠肺炎疫情，芬政府追加的 500 亿欧元财政拨款有力保障了经济社会稳定。其中，芬兰国家商务促进局拨款 8 亿欧元作为特别创新资金支持企业创新；芬兰科学院紧急投入 2000 万欧元设立新冠研究专项，在新冠预防、药物和疫苗研发等领域资助 50 多个项目。同时，政府采取了前所未有的灵活政策应对疫情。芬兰科学院允许前期拨付的各项研究经费自愿转做新冠研究。芬兰国家商务促进局对创新研发贷款还款期限和方式做出灵活调整。在各项措施推动下，芬兰两只疫苗研发取得进展，其中一只进入人体试验阶段。另有多家公司开发的基于大数据和云计算的新型冠状病毒检测分析系统在本国抗疫中发挥积极作用并销往巴西、美国、西班牙等国。

芬兰科研基础设施在抗击疫情中发挥了巨大作用。芬兰 CSC 计算中心高性能计算机强大计算力支撑了新型冠状病毒在空气气溶胶中传播路径的动态模拟和传播机制研究，使芬兰科学家在较早时间验证了病毒传播途径及口罩对病毒传播的防护作用，支撑了政府决策。

芬兰政府还积极参与抗疫国际合作研究，与北欧五国和爱沙尼亚共同出资设立新冠研究基金并承担了其中多个项目。作为欧洲分子生物学实验室（EMBL）成员，芬兰分子医学研究所联合各国在新型冠状病毒易感性和严重性的遗传决定因素等项目研究中取得突破。

六、新兴产业引领经济复苏

（一）数字经济产业蓬勃发展

基于良好的信息通信产业环境和技术储备，芬兰政府提出大力发展数字经济。在《芬兰国家研发与创新路线图》《芬兰 2020—2030 国家科研基础设施战略》中，均提到了数字经济的重要性及发展数字经济的必要性。芬兰政府将积极参与数字领域科研基础设施建设及供需协调，加大投入力度，改善科研创新环境，助力经济发展。

1. 发布数字基础设施战略

芬兰政府发布《芬兰数字基础设施战略 2025》，制定 2025 年国家网络基础设施发展目标及具体措施，提出大力发展 5G 和光纤通信设施建设，具体包括开放 5G 频谱、简化网络建设审批、支持研究与创新、促进市场化发展等。

2. 量子及超级计算机领域取得突破

芬兰政府认识到量子技术将彻底改变诸多工业领域格局，并将产生巨大商业和研究机会。芬兰国家技术研究中心（VTT）、阿尔托大学等科研机构在量子技术研究和相关领域（如超导电路和超低温技术、微电子学和光子学）拥有顶尖专业团队并取得技术突破。芬政府提出成为欧洲量子技术引领者的雄心构想。2020年初，政府投入 2000 万欧元启动量子计算机研发项目，宣称将开发芬兰第一台量子计算机。该项目执行单位 IQM 公司宣布已完成 7100 万欧元的融资。中国企业腾讯公司参与了该项投资。

2020 年 10 月，芬兰宣布将联合比利时等欧洲十国启动由欧洲高性能计算联合体（EuroHPC JU）投资 1.445 亿欧元的 LUMI（Large Unified Modern Infrastructure）超级计算机项目。该超级计算机将在芬兰建造，预计将于 2021 年投入运营，其运算速度预计将超越目前全球最快的超级计算机。

芬兰良好的数字经济产业投资环境引来国际投资关注。2020 年 9 月，谷歌公司宣布在芬兰追加投资 12 亿欧元建立其在芬第六家数据中心。此举对芬兰数字经济的持续发展提供了设施保障。

（二）创新项目引领新兴产业布局

芬兰政府注重创新政策和资金对新兴产业的引领作用。负责创新的芬兰国家商务促进局常年支持各领域创新活动，为企业、高校和研发机构提供资助并构建合作平台，助力新兴产业发展。2020 年芬兰国家商务促进局资助的重点产业发展计划如下。

1. 人工智能计划（AI Business）

该计划旨在通过加强人工智能研究、全民人工智能知识培训、建立数字化公共基础设施，构建具有全球影响力的产学研和投资生态系统。该计划将于 2018—2022 年投入 2 亿欧元。

2. 芬兰电池计划（Batteries from Finland）

芬兰蕴藏着丰富的钴、镍、锂和石墨等锂离子电池生产所需矿藏，在采矿、精炼、电池相关技术及电池回收利用等领域拥有大量技术储备。芬兰电池计划将利用资源和技术优势，开创一个价值数百万欧元的创新和商业生态，成为欧洲领先的电池技术和服务提供商。

3. 生物和循环经济计划（Bio and Circular Finland）

芬兰以生物基专业知识和创新解决方案闻名全球。政府提出将生物和循环经济作为一种新的发展路径。该计划通过支持相关新技术研发创新，开发具有竞争力的生物和循环经济解决方案及生态系统，挖掘市场潜力，推动出口，应对环境挑战。该计划为期 4 年，总投入 3 亿欧元。

4. 数字信任计划（Digital Trust Finland）

该计划旨在研发数字安全和信任技术，推动基于数字信任的商业模式和解决方案产业化，吸引国外投资并促进生态系统发展，以带动企业国际化。该计划将于 2019—2023 年投入 1 亿欧元。

5. 教育科技平台经济计划（EdTech Platform Economy Campaign）

该计划旨在促进与各领域相关的教育技术、软件和数据解决方案的开发及市场准入，构建个性化及远程教育平台，为数字经济发展提供解决方案。

6. 新空间经济计划（New Space Economy）

芬兰地处北极，在空间观测、空间电子技术领域有较强技术储备和地域优势，曾先后参与欧空局 20 多颗卫星零部件制造，并培育了相当一批具有实力的空间技术企业。2020 年发射升空的欧空局遥感卫星搭载了芬兰制造小型光谱成像仪，极大推进了大气观测卫星小型化。

芬兰新空间经济计划受到欧空局商业孵化中心支持，目标是到 2022 年在芬兰新培育空间技术企业 50 家，行业出口翻番，年产值达 6 亿欧元。

7. 个性化健康计划（Personalized Health Finland）

芬兰拥有全球领先的个人医疗电子档案系统和数据，在医疗健康领域拥有大量专有技术。个性化健康计划旨在利用芬兰现有数据和健康产业生态，创建新型医疗健康平台，围绕个性化医疗支持生命科学、制药、诊断和数据分析以及生物库等领域研究创新，催生新业态，促进经济增长。

8. 智慧能源计划（Smart Energy Finland）

芬兰在可再生能源、智能网络、电力电子和自动化领域拥有丰富的专业知识。能源技术在芬兰出口中占很大比重。智慧能源计划旨在加强能源产业与数字化、物联网、人工智能和能源互联网等新技术融合，开发智慧能源系统及示范平台，支持在能效、可再生能源、能源存储、智能电网和能源转型等领域研发创新，催生新业态，为企业拓展国际业务提供支持。该计划将于 2017—2021 年投入 1 亿欧元。

9. 智慧生活（Smart Life Finland）

该计划旨在通过数字化、平台经济和技术示范等手段，推广触手可及的个人实时和智能健康解决方案，促进医疗卫生和社会福利产业发展。该计划将于 2019—2022 年投入 0.8 亿～ 1.0 亿欧元。

该计划有两个重点领域，一是构建幸福健康的生活环境，发展与智能家居、营养、数据利用、人工智能及虚拟现实相关的解决方案和服务；二是医疗卫生转型，发展医疗护理相关的全程解决方案和服务，如虚拟医院、远程监控、诊断及家庭护理等。

10. 智能交通计划（Smart Mobility Finland）

芬兰正处于向智能交通转型阶段，以共享交通为特点的出行服务创新有望催生诸多商业模式。该计划旨在通过大数据、无缝交通链和减排技术研发，构建试点平台，吸引国际参与，受益相关企业。

该计划有 3 个主题，即基于大数据及数据共享的颠覆性交通系统、全球领先的无缝物流和人员交通解决方案及无化石燃料交通系统。该计划将于 2018—2022 年投入 5000 万欧元，同时还有望得到欧盟资金支持。

11. 可持续制造计划（Sustainable Manufacturing Finland）

制造业约占芬兰出口产值一半，GDP 的 30%，经济地位举足轻重。可持续制造计划旨在推动机床、光电子及工业数字转型等领域的研发创新，提高生产率，创新商业模式，寻求应对气候变化挑战解决方案，以巩固芬兰在该领域的出口地位。

（执笔人：杨志军）

◉ 丹　麦

2020 年受 COVID-19 危机严重影响，丹麦经济委员会预测丹麦经济将萎缩 3.6%，但 COVID-19 危机也对丹麦的科技创新，特别是医药、人工智能、绿色能源等领域的创新起到了很大程度的加速推动作用。得益于丹麦社会长期以来对科技创新的重视，多年来社会研发投入强度保持在 3% 以上，在创新指数、社会数字化等方面继续保持国际先进水平，即使在 COVID-19 危机情况下，丹麦也取得了可观的科技创新成果。

一、主要科技指标

（一）科技投入与人才情况

根据丹麦统计局数据，2020 年丹麦研发经费总投入占 GDP 的比例为 3%，其中公共部门投入占 1.1%，私营部门投入占 1.9%。

丹麦从事研发活动的人员有超过 8 万人（包括研究员、技术辅助及管理人员），公共部门研发人员集中在高校及医院等。丹麦每百万人口中获得博士学位人员比例在 OECD 国家中排名居第 7 位。

2020 年全球人才竞争力指数（GTCI）显示，丹麦全球人才竞争力排名居第 5 位，排名与 2019 年相同。瑞士洛桑国际管理发展学院（IMD）发布的最新世界人才排名报告显示，丹麦连续 5 年排名居世界第 2 位。丹麦实施启明星计划、国际博士后计划、尼尔斯玻尔教授计划等多种人才计划，配合国际研究人员减税政策、提高研究人员社会福利、大学研究职位实行国际公开招聘等优惠政策吸引国际人才，此外，丹麦高水平的公共教育投资和高质量的生活也是吸引海外高技能专业人士的有利因素。

（二）创新指数

丹麦连续多年在《欧洲创新积记分牌》上位居前列。2020 年，丹麦名列《2020 欧洲创新记分牌》第 3 位。丹麦在公共研发支出、私营部门研发支出、PCT 专利和注册商标、博士毕业生、终身学习及产学研合作论文等方面也领先欧洲平均水平，使得丹麦一直保持在欧洲创新国家的第一梯队。丹麦统计局每年对企业的创新情况进行调查，并计算创新型企业数量在企业总数中所占的比例，结果显示有 44% 的丹麦企业为创新型企业（表 3-7）。

表 3-7　丹麦创新型企业数量在企业总数中的占比

创新分类	2015 年	2016 年
产品创新企业	21.5%	21.9%
流程创新企业	19.7%	20.8%
产品和（或）流程创新企业	30.0%	30.8%
组织创新企业	27.5%	28.2%
市场创新企业	28.2%	27.7%
总计	44.0%	44.1%

数据来源：丹麦统计局，2020。

二、新出台的主要科技政策及科技措施

1. 启动实施绿色研究战略

2020 年 9 月，丹麦高等教育与科学部发布和启动实施了首个绿色研究战略，为加强绿色研究、技术和创新投资设定了方向，通过加强与企业界合作，为丹麦和全球提供未来的绿色解决方案。"战略"确定了丹麦 4 个最具潜力的优先研究领域和任务，分别是①二氧化碳捕获、储存或使用；②运输和工业用绿色燃料（Power-to-X）；③气候、环境友好型农业和粮食生产；④减少和回收塑料废物。丹麦政府计划从 2021 年的研究储备金预算中为这 4 项任务提供 75 亿丹麦克朗的经费支持，同时政府建议在未来几年中为绿色研究提供总计 23 亿丹麦克朗的资金。四项任务通过与企业建立绿色伙伴关系来完成，通过伙伴关系，将官产学研聚集在一起，使技术推广应用，在减少温室气体排放的同时，加强丹麦企业界的绿色领导地位。

"战略"还提出一些有助于加强丹麦在绿色领域的研究和创新能力的具体措施：①实施绿色研究计划；②建立绿色伙伴关系；③加强丹麦创新基金会对绿色研究的聚焦；④更好地协调绿色研究；⑤促进大学与企业之间更好的合作框架；⑥加强丹麦参与国际合作；⑦开展绿色研究的监测和影响评估；⑧创建和支持国家气候研究中心；⑨开展绿色教育等。

2. 启动实施全球气候行动长期战略

2019 年，丹麦政府提出了国家气候目标：2030 年温室气体排放量较 1990 年减少 70%，2050 年实现碳中和。2020 年 9 月，丹麦政府启动首个气候行动长期战略，旨在加快丹麦的绿色转型，为建立"绿色和可持续发展的世界"贡献力量，使丹麦成为全球绿色发展的驱动力。"战略"作为实现国家气候目标的具体举措，为丹麦应对气候变化国际合作制定了 5 个方向的行动措施：①提振全球气候雄心；②减少全球温室气体的排放；③提高气候变化的适应能力与韧性；④扭转全球资金流向从黑色向绿色转变；⑤与产业界加强绿色合作。

"战略"还提出将强化与中国、日本、韩国、印度尼西亚、墨西哥原有的绿色战略伙伴关系，建立与印度、南非的新绿色战略伙伴关系，在丹麦驻巴西、埃及、埃塞俄比亚、意大利、英国使馆增设气候前哨站，为欧盟和世界贸易组织贸易政策的绿色化而努力，在绿色转型和创新研究中发挥领导作用，积极推动国际气候谈判。

3. 丹麦创新基金会确定 2020—2025 战略工作重点

丹麦创新基金会 2020—2025 年 4 项战略工作重点：合作与伙伴关系、国际化、人才发展及资金的高效率和高效能。具体举措包括：①建立包含研究和创新系统所有利益相关方代表组成的咨询委员会；②修订基金会的计划工具，重点支持战略方向的研究和能力建设；③重视重大资助项目和创建更大的合作伙伴；④增强对多样性的关注，必须使所有人才和专业团队发挥作用；⑤增加基金会在区域 / 地方的业务；⑥增加大学的参与度；⑦对基金会内设机构进行重组，适应新的战略重点工作领域。这些领域将构成基金会未来 5 年的工作框架。通过新战略，创新基金会希望整合创新系统，并实现丹麦的巨大创新潜力。

4. 启动实施"终身教授"人才计划

2020 年 11 月，丹麦国家研究基金会（DNRF）启动实施了"终身教授"（DNRF Chair grant）人才计划。该计划总体目标是加强和丰富丹麦的研究人才队伍，鼓励丹麦的大学招募来自海外的杰出科研人员，其中包括希望回国的丹麦科研人员，具体措施是为丹麦的大学招聘潜在的或新聘的终身教授提供启动科研经费支持。学科领域包括人文、生命科学、自然科学、社会科学和技术科学。计划的实施期限为 2020—2024 年，平均每年预算约为 4000 万丹麦克朗，总计 2 亿丹麦克朗，预计每年支持 3 位申请人。每个项目的平均经费为 500 万～ 1000 万丹麦克朗，最多可达到 2000 万丹麦克朗。资助经费可用于开展科研活动的启动费用，但不包括申请者的工资，其工资由大学提供。

5. 启动实施 "先锋中心计划" 国家重大基础研究计划

"先锋中心计划"（Pioneer Center initiative）是丹麦高等教育和科学部发起的一项国家重大基础研究计划。该计划采取公私合作伙伴的创新方式，由丹麦高等教育和科学部、国家研究基金会、丹麦知名企业基金会及大学共同资助。先锋中心计划的目标是吸引来自世界各地最优秀的科学家，在丹麦建立 2 ～ 3 个世界一流的研究中心，开展重大基础研究，为社会重大挑战提供变革性的解决方案。先锋中心指导委员会目前选择了两个主题领域：人工智能、气候 / 能源，或二者相结合。

高等教育和科学部和丹麦国家研究基金会为该计划总计投入公共资金约 4 亿丹麦克朗，其他私人基金会则总计捐款高达 6 亿丹麦克朗。每个主题领域的先锋中心资助额度在 2 亿～ 5 亿丹麦克朗，资助期 13 年。丹麦国家研究基金会将代表所有基金会负责该计划的日常具体管理工作。

6. 实施研发加计扣除优惠政策至 2022 年

作为应对新冠肺炎疫情经济刺激措施的一部分，2020 年 6 月，丹麦将原计划实施的研发费用扣除额从 103%（2020 年）和 105%（2021 年）全部增加到 130%（两年），增加后的加计扣除额每个集团最高不超过 5000 万丹麦克朗。丹麦政府与议会达成一项新的税收协议，决定将 130% 的研发扣除额政策延长至 2022 年底。

7. 为涉新冠肺炎病毒研发项目立项开启应急快速通道

新冠肺炎疫情发生后，丹麦高等教育与科学部、丹麦创新基金会、丹麦独立研究基金会、嘉士伯基金会等公共或私营基金会支持在新型冠状病毒的诊断、治疗和预防的研究项目上投入大量资金，并启动一系列应急研发计划，采用简化评审流程、缩短审批时间等手段加快项目立项速度，在创纪录的时间内快速处理和批准了大量项目，推动了研究和创新解决方案。

8. 确定新的产业创新集群计划

2020 年 1 月，丹麦高等教育和科学部确定了新的产业创新集群计划，从 2021—2024 年，创新集群将在研究人员和企业之间建立合作关系，从而将更多的创新带入社会。新的产业创新集群计划包括 14 个知识和商业集群。新的产业创新集群将进一步促进丹麦优势产业（如环境、能源、海事和生命科学等）中企业和知识机构之间的链接平台，以推动创新和知识协作。新的产业集群依托单位形式多样，有行业协会、信贷公司或与大学合作机构及国家认可的技术服务机构等。新确定的 14 家产业创新集群平台如下：①丹麦环境技术；②丹麦能源；③丹麦生活方式与设计；④丹麦数字引领；⑤丹麦建筑；⑥丹麦食品与生物产业；⑦丹麦海事与物流创新；⑧丹麦生命科学；⑨丹麦先进生产；⑩哥本哈根金融科技；⑪丹麦机器人（欧登塞）与无人机；⑫丹麦数字视觉；⑬丹麦国防、空间和安全萌芽；⑭丹麦声学产业。

9. 启动"国家数字技术研究中心"

丹麦国家数字技术研究中心（DIREC）由丹麦创新基金会提供经费资助，由丹麦 7 所大学及亚历山德拉研究所采取联盟形式与合作伙伴关系进行运作，旨在进一步增强丹麦在数字技术领域的研究和教育能力。未来 5 年中，该中心将扩大其在丹麦大学进行数字技术研究和教育的能力，并帮助满足企业和公共部门对 IT 高级专家和人才的需求，中心会加强与企业和公共部门合作，开发最新数字技术产品，从而提高丹麦的竞争力。

10. 发布 2020 年国家重大解决方案计划预算与指南

国家重大解决方案计划是丹麦创新基金会针对战略领域投资的大型研究和创新项目计划，将为全社会创造新的解决方案、新技术、新知识及新价值。2020 年丹麦国家重大解决方案计划资助的战略重点领域是：①"绿色转型的研究和创新解决方案"，资助总额约为 7 亿丹麦克朗；②"更好的健康和临床研究"，资助总额约 1.1 亿丹麦克朗；③"新技术机遇"，资助总额约 1.3 亿丹麦克朗。

三、国际科技创新合作

丹麦积极实施全球化战略，非常重视科研、教育和创新领域的国际合作。自 2006 年以来，丹麦在中国上海、德国慕尼黑、印度新德里、韩国首尔、巴西圣保罗、以色列特拉维夫、美国硅谷和波士顿等全球创新热点地区都设立了丹麦创新中心，创新中心主要任务是推动双边在科研、创新、教育、人才、商业等领域的合作。丹麦和中国、日本、美国、巴西、印度、以色列等国家还签订了双边科技合作协定，丹麦创新基金会定期投入大量资金支持与这些国家的双边科技研发项目。

丹麦的国际科技创新合作经费主要来自高等教育与科学部及其下属基金会的国际合作预算、外交部的援外经费等。以丹麦创新基金会为例，每年的国际合作计划经费占基金会总预算的 10% 以上，主要用于资助与相关国家的双边联合研究计划项目。

欧盟及其成员国是丹麦开展国际科技合作的重点对象。丹麦积极参加欧盟"地平线 2020"计划，并确定了在 2014—2020 年欧盟"地平线"计划内从欧盟获得该计划预算 2.5% 的目标，该目标已于 2018 年实现。为了更好地获取欧盟的合作项目，丹麦高等教育与研究部于 2018 年还启动实施了一项新的行动计划，帮助丹麦研究机构和企业了解和获取欧盟的研究和创新框架计划信息。

丹麦是欧洲分子生物学实验室（EMBL）成员国，EMBL 是世界和欧洲领先的生命科学研究机构，由德国海德堡的一个主要实验室和欧洲的一些专业分站组成。丹麦研究人员可以使用 EMBL 运营的设施、数据库和专用工具，重点在制药和生物技术行业开展研究。丹麦为 EMBL 每年提供 1450 万丹麦克朗的资金，占成员国资助总额的 1.7%。

2020 年是丹麦与中国建交 70 周年。受疫情影响，两国间人员互访中断，但仍通过其他形式保持了良好的沟通交流，两国科技创新合作进一步加强：双方的联合工作方案（2021—2024 年）科技创新合作领域内容完成更新，增加了自然基金委与丹麦独立研究基金会开展青年科学家交流合作等内容。此外，根据中国科技部与丹麦创新基金会签署的联合研究与创新合作备忘录（2019—2020 年），完成了 2020 年中丹联合研究计划"智慧能源与存储、智慧城市与交通"两个优先领域的项目征集与评审，并敲定了新一轮联合研究计划"碳捕集利用与封存、交通燃料替代、环境与气候友好农业及纺织与塑料废物循环利用"4 个优先领域。

（执笔人：李　严）

德　国

2020 年是德国新一届联邦政府落实于 2018 年发布的新一轮高技术战略《高技术战略 2025》（HTS2025）的第二年，面对新冠大流行背景下激烈复杂的全球竞争，德国政府加快落实新战略，继续实施并启动了一系列倡议和计划。

一、科技创新整体情况

（一）创新排名

依据欧盟委员会 2020 年 6 月发布的《欧洲创新记分牌 2020》（EIS），针对欧盟各成员国及区域的科研与创新表现评估得出的综合创新指数（SII），德国的创新能力被列入四类中的第二类，即强劲创新型国家，SII 低于处于第一类的丹麦、芬兰、荷兰、瑞典、卢森堡 5 个国家。在中小企业创新领域，德国在创新对销售的影响方面较为领先（仅次于芬兰）。在企业投资创新领域，德国在欧盟保持领先。

根据世界知识产权组织发布的《2020 年全球创新指数报告》（GII 2020），德国保持上年记录，仍排在第 9 位。德国是研发支出最高的国家之一。德国创新生态系统中的互动水平非常高，该国在大学 / 产业合作方面排名居第 8 位，在集群发展方面排名居第 3 位。根据 GII 数据，全球 100 个领先科技集群中有 10 个位于德国，科隆（第 19 位）和慕尼黑（第 23 位）跻身前 25 名。GII 2020 将德国产业创新水平和质量评为卓越。德国被认为是专利的世界领导者，在 PCT 专利、高科技制造、设计、信息通信技术和组织模型创建及国家 / 地区代码顶级域名中居前十位。在新的 GII 指标"全球品牌价值"中，德国排在第 11 位，拥有全球 5000 个领先品牌中的 149 个。据 GII 称，德国仍然有改进的空间，如在创建企业和创新商业模式方面。

德国专利商标局（DPMA）2020 年 11 月数据显示，2019 年 DPMA 共受理发明专利申请 67 437 件，较上年略有减少（–0.7%）。其中，来自德国的占 69.1%（46 634 件），较上年增长 0.5%。该年度共有 18 255 件专利获得授权，较上年增加 11.5%。从技术领域看，发明专利申请量位列前五的为交通运输、电气设备电能、机械配件、测量技术和发动机（马达、泵和涡轮）；从企业申请数量来看，Robert Bosch GmbH（博世集团，4202 件）和 Schaeffler Technologies GmbH & Co. KG（舍弗勒技术有限公司，2385 件）依旧是发明专利申请领域最为活跃的企业。

（二）研发投入及产出

德国研发投入近年来持续增长，研发领域从业人员数量也创历史新高。依据 2020 年 9 月德国联邦教研部公布的数据，2018 年德国全社会研发投入约 1050 亿欧元，其中超过 2/3 来自工业界，达 720 亿欧元（汽车工业研发投入 270 亿欧元），比上年增加了近 5%。研发投入占国内生产总值的（GDP）的 3.13%，继续向 2025 年 3.5% 的目标靠近，也是少数实现"欧盟战略 2020"确定的 3% 目标的欧盟国家之一。从国际比较来看，德国全社会研发总投入占欧盟（含英国）的 31%，欧盟 10 家最具创新力企业中有 6 家源自德国。在专利申请方面，德国每百万人口平均专利申请数为 398 项，是美国的两倍。德国研究密集型商品占全球贸易份额的 11.5%，居欧洲之首，比美国多 7%，比日本多 6% 左右。在全球"自然指数"国家排名中，德国以 9131 的文章数量和 4685.12 的文章份额排在第 3 位，位于美国、中国之后。德国学术论文的引用率也在逐年提高，优秀率在国际比较中的排位得以持续提升。2018 年德国研发领域全职从业人员数量为 70.8 万人，较上年约增 3%。大量的研发投入确保了德国创新力的持续增长。

德国联邦政府研发投入从 2009 年的 120 亿欧元增加到 2020 年的 203 亿欧元（预算）。其中德国联邦教研部是支配科研经费的主体。从 2020 年研发经费预算执行部门看，德国联邦教研部支配联邦层面 56% 的研发经费，与上年（55.4%）基本持平。德国经济部和国防部分别约占 23% 和 8‰ 农业部、财政部、交通部、卫生部、环境部及内务部等分摊总预算中的 27.4 亿欧元。

2020 年德国联邦政府研发经费预算分布在 21 个领域中，其中健康研究和卫生经济领域最多，约为 25.6 亿欧元，约占总经费的 22.4%。各领域支出比例大多与 2019 年基本持平，总量多有增加。同期经费连续增长最多的领域有创新框架条件与其他跨领域活动（同比增长 38.15%）、信息与通信技术（同比增长 27.29%）及纳米技术与材料技术（同比增长 18.36%）。从经费投入的绝对数来看，健康研究与健康经济、基础研究大科学装置及气候、环境、可持续三大领域在 2018—2020 年一直居前三位。

二、综合性科技创新战略和规划

（一）发布《国家生物经济战略》，确保生物经济研究在全球领先地位

2020 年 1 月 15 日，由德国联邦教研部和农业部两部委主导提出的《国家生物经济战略》在联邦政府内阁正式通过。2020—2024 年在生物经济领域的预算将达到 36 亿欧元，德国联邦教研部每年相关研究经费单独支出不少于 3000 万欧元。德国国家生物经济战略将生物（有机）技术定性为德国可持续经济发展的动力，也是未来可持续的潜能。生物经济包括不同的领域和体系，利用生物资源包括动物、植物和微生物制造生产资料，目标是尽可能建立以生物为基础的生产、服务和产品，其理论前提是基于全球的挑战以及气候的变迁，人口的膨胀迫切需要生产与消费的创新技术。

生物经济战略的主要目标包括：①生物技术战略要求生物经济分清具体的、分行业的技术目标任务，以及全国生物经济目标，定义明确，具有可测、切实和可操作的时间表和任务；②生物技术应用的指标不限于生物经济的贡献，如发展的可持续性，德国也在生物技术的研究尤其是专利技术、促进科学研究方面有突出的作为，另外，生物技术的市场转化也是重要的目标，包括创造就业岗位、增加国民经济收入等；③提高生物基础的经济在整个国民经济的比重，制订到 2025 年的达标指数，生物技术战略要与替代化石资源的经济生产原料比重进行同步规划；④加强高分子遗传研究，制订战略，德国在创新疾病诊断和治疗国际竞争力方面不能落后；⑤制订具体财政预算，吸引社会资金来支持生物经济，以让该战略落地。

1 月 16 日，德国联邦教研部将 2020 科学年主题确定为生物经济年。2020 科学年由联邦教研部和科学对话倡议（WiD）共同举办，旨在向广大公众传达有关基于生物的技术及其相关概念的最新研究，以实现更可持续的经济发展。

（二）发布《国家氢能战略》，推动"绿氢"技术发展

《国家氢能战略》旨在确保德国在"绿氢"作为未来能源载体方面发挥全球领导作用。2020 年 6 月 10 日，德国联邦内阁审议通过该战略，计划总投入 90 亿欧元促进氢的生产和应用，其中 70 亿欧元用于支持国内氢技术（其中 7 亿欧元将由 BMBF 资助"绿氢"的研究和创新），20 亿欧元用于建立国际氢能伙伴关系，同时宣布成立国家氢能委员会以确保战略实施。

《国家氢能战略》主要由五部分构成：一是氢的潜力和机遇；二是战略目标和抱负；三是氢的现状、行动领域和未来市场；四是战略实施和管理；五是行动

计划。其中第五部分列出 38 项具体措施，涵盖氢的生产制造，在交通、工业、基础设施领域的应用，研发创新，欧盟层面需要采取的行动，国际氢市场和外贸伙伴关系等方面。到 2030 年，德国将建设供应容量高达 5 GW 的氢能生产设施（包括必要的海上和陆上能源发电）。如果条件允许，将在 2035 年之前再增加 5 GW 产能，最迟到 2040 年实现。在研究、教育和创新方面，德国致力于为从生产、储存、运输和分销申请的整个氢链的关键技术和新方法提供研究资金，希望在氢和其他"能源储存 – 电转 X"（Power-to-X）技术方面起到先锋作用，目标是更快地将实验室创新转化为工业规模的应用。德国开展全球氢能布局研究，2020 年已与摩洛哥签署协议共同建设非洲第一家基于太阳能发电的绿氢工厂。

（三）发布"可持续发展研究"战略，应对气候变化

2020 年 11 月 24 日，德国联邦教研部发布了新的"可持续发展研究"（FONA）战略，实施在气候保护和多个可持续发展领域的研究资助，未来 5 年在这些领域的资助金额将比过去 5 年翻一番，达到 40 亿欧元。为进一步提高 FONA 研究的效率，资助将更加流向特定目标，其中包括 3 个大的战略目标——如何限制气候变暖，遏制气候变化的影响，保护地球资源及改善每个人的生活。在目标下包含了实施领域与行动方案，其中 25 个行动方案是主要杠杆，包括具体的实施步骤和阶段目标。战略特别关注了跨学科和系统性方法，同时将实践对象引入到众多项目中，以确保研究的实践导向。

（四）实施"面向未来的集群"计划，促进区域创新合作

2020 年德国联邦教研部推出"面向未来的集群"，促成大学、研究机构、企业、社会和其他有关方面齐心协力形成有效的创新网络集群并进行最佳的合作。首轮确定的 16 个候选集群分别来自于东西部的 10 个联邦州，涉及无线信息技术、增材制造、自动驾驶、智能健康、基因编辑、量子微电子等未来技术，最终选定的集群可在三年内每年获得 500 万欧元资金。联邦政府积极推行产业集群政策，区域创新网络以各种方式增强了德国在全球创新领域中的领先地位，并可持续地改善了生活质量。未来的创新集群将成为新一代的区域创新网络，它通过创新和更大的参与范围、富于挑战性的商业模式或开创性的创新解决方案，将地区的科研能力和知识与创造力通过新的合作形式更好地结合在一起。

（五）克服疫情挑战实施有史以来最大北极科考，深入开展北极气候研究

"国际北极气候研究多学科漂流观测计划"（MOSAiC）由德国阿尔弗雷德魏格纳极地研究所（AWI）发起，以德国"极星"号破冰船为主要平台。"MOSAiC"

计划是国际上迄今学科和支撑能力最为齐全的漂流冰站计划，学科涵盖海洋物理、大气物理、大气化学、海冰、海洋生态和海洋生物地球化学等，是以增加北极快速变化的新认识为导向的综合性航次。该计划希望通过获取一周年的北极地区观测数据加深理解北极中央海域大气 – 海冰 – 海洋 – 生态系统间的耦合过程，提高北极天气预报、海冰预报和气候预测的能力。该计划共分为 5 个航段，共有来自 19 个国家超过 600 名科学家和工程师参与其中。尽管遭受新冠肺炎疫情，但德国还是克服人员和物资交换上的困难，成功继续远航。

三、重点领域的专项计划与部署

（一）健康研究领域

在新冠疫苗研发方面，联邦政府实施了一项总计 7.5 亿欧元的新冠疫苗生产和开发特别计划，其中 5 亿欧元用于扩大德国疫苗测试研究能力，2.5 亿欧元用于提高疫苗产能。德国三家疫苗公司 BioNTech（资助 3.75 亿欧元）、CureVac（资助 2.52 亿欧元）和 IDT Biologika（资助 1.14 亿欧元）受到资助。2020 年 12 月，辉瑞 –BioNTech 疫苗成为全球首款获批新冠疫苗。在国际层面，德国是国际疫苗倡议流行病预防创新联盟（CEPI）的创始成员，2017—2021 年共提供 9000 万欧元资金。在大流行之后，德国在 2020 年提供了 1.4 亿欧元的额外资金，用于在 CEPI 框架内促进疫苗开发。此外，德国政府在 2020 年 5 月 4 日举行的欧盟委员会全球捐助者会议上为 CEPI 认捐了更多资金。

2020 年 3 月初，德国联邦教研部启动了以开发抗新冠药物并更好地了解病毒为目的的资助项目，为此提供了 4500 万欧元。为了加强德国大学医院的研究活动，提供 1.5 亿欧元的额外资金，用于建立研究网络。目的是建立新冠研究国家工作队，并建立中央基础设施，如与患者有关的数据库。在机构资助领域，联邦教研部多年来一直为德国传染病研究中心（DZIF）和德国肺病研究中心（DZL）提供支持。

（二）量子领域

德国联邦教研部提出了一项有关支持量子计算领域发展的新举措，将继续重点资助这些领域的发展，扩大量子计算领域的资助资金投入，在未来几年内为此额外增加 3 亿欧元。量子技术在德国和欧洲拥有出色的研究环境，因此拥有技术开放式研发和同时获得必要信息技术的最佳先决条件。总体而言，德国的量子技术（尤其是量子传感器技术和量子通信）处于非常有利的地位，为此，必须在量子技术领域进行深入研究。德国的研究机构如弗劳恩霍夫学会、高校及经济界已经开始致力于这一未来领域。根据后疫情经济刺激方案，德国将投入 20 亿欧元来推动量子技术的发展，将建造至少两台量子计算机。第一台德国量子计算机将于 2021 年建成。

（三）微电子领域

2020 年 11 月 11 日，德国联邦政府通过《研究和创新框架计划 2021—2024：微电子·可信赖与可持续·为了德国和欧洲》，拟在四年内投入 4 亿欧元资助微电子研究。该计划侧重对于研发目标和应用方向的规划及实施建议，旨在为德国和欧洲独立自主、可持续地实现数字化创造条件，特别是为自动化电路和系统设计、用于人工智能的特殊处理器或用于雷达传感器的高频电子设备及未来无线电通信提供技术保障，支持诸如神经形态芯片等新型电子产品研发。框架计划对微电子在人工智能、高性能计算、通信技术、智能健康、自动驾驶、工业 4.0、能源转型等 7 个方面应用进行了布局，提出应从加强学界和经济界的合作（成果转化）、推动基础研究向应用研究的转变（强调颠覆性创新）、支持网络安全领域微电子技术发展、加强对科研后备、初创企业及中小企业的培养和扶持力度、促进相关主体对话以明确新的研究和创新主题、注重国家和欧盟层面政策的协调衔接等角度落实计划目标。在该计划的支持下，极紫外（EUV）光刻技术——世界最先进的芯片制造技术获得长足发展，现已独家投入批量生产，此外，开发出更高效率的电流转换芯片，进一步推动了电动出行和能源转型。

（四）交通工具和交通技术领域。

2020 年 7 月 8 日，德国联邦教研部公布 4 个新的电池研发能力集群，将再投资 1 亿欧元用于大学和校外研究机构的电池研究。4 个新的电池能力集群是：智能电池生产、回收 / 绿色电池、电池使用方案、分析 / 质量保证。4 个新能力集群与已经在运行的电芯组生产、固态电池和电池材料 3 个能力集群开展跨部门合作。

德国联邦教研部电池总计划"电池研究工厂"为 3 个模块进行整合——材料、电池单元和过程及电池制造。电池单元和过程研究生产是德国电池总计划"电池研究工厂"重要组成部分，设在德国明斯特，计划于 2022 年中开始运营，该研究计划通过弗劳恩霍夫协会资助实施，目的是验证新的生产技术，从而加速将新电池概念和生产过程实际转化，此外，其他公司可以利用该实验项目设备测试其电池概念是否适合批量生产，德国联邦教研部斥资约 5 亿欧元支持这一计划。

（五）基础科学领域

德国一直重视基础研究，在生物、物理、化学等自然科学领域以人工智能研究方面不断取得新的突破。2020 年，德国马普学会赖因哈德·根策尔和埃马纽埃尔·卡彭蒂耶两位教授分别摘得诺贝尔物理奖和化学奖。

德国对基础科学研究的投入在新冠疫苗研发领域也结出了硕果。作为德国最大的研究资助机构——德国研究联合会（DFG）直接为阻止新冠大流行研究做出了贡献。在疫情暴发之前，就资助了约20个关于冠状病毒及病毒的传染性和遗传多样性的研究项目，其中包括德国首个开发出新型冠状病毒检测方法的病毒学家克里斯蒂安·德罗斯顿的研究项目。新冠肺炎疫情暴发后，DFG于2020年3月底启动了大规模的流行病和大流行跨学科研究招标。6月，DFG还成立了一个跨学科研究委员会，由来自各专业领域的18名成员组成，旨在进一步加强基础研究在这一领域的作用，跟进大流行研究招标并确定进一步的研究领域。全球首个获批的由德国BioNTech公司与美国制药公司辉瑞共同开发的新冠疫苗，其mRNA疫苗平台是基于2006—2008年在DFG资助的合作研究中心子项目中进行的初步研究。

四、科技管理体制机制方面的动态与趋势

（一）成立"网络安全创新署"

2020年8月11日，德国"网络安全创新署"正式成立，其最重要的职责是负责网络安全和关键技术的颠覆性创新。该机构与德国联邦教研部和经济部共同成立的"跨越式创新署"分工协作，"跨越式创新署"侧重于社会、科学和经济方面的突破性创新，而"网络安全创新署"则专门关注内部和外部安全的创新研究。二者相应的创新任务在技术和创新成熟度方面可以相互补充。其他部委的创新机构，特别是联邦内政部和联邦教研部的下属机构，与网络安全创新署一起形成了一个生态系统，用于识别、促进和发展有前途的想法和创新理念。为了避免双重资助，该署定期与包括跨越式创新署在内的联邦机构、经济和科学部门的未来合作伙伴进行协调。

"跨越式创新署"在2019年正式成立，自我定位为孵化器，成立后10年内每年可获得联邦政府1亿欧元的资助。该机构成立后一直与国家和欧洲各部委和机构保持密切联系，以推广其模式。除生态和能源外，它还聚焦数字化领域，其大背景是欧洲在数字主权领域的努力。一年来其资助主题涵盖欧盟云基础设施、经济的风力涡轮机、节约资源的AI硬件、节能的计算机芯片。迄今为止，在5个公开宣布的项目中，最引人注目的是一种微泡，它有望在全球范围内减少水环境中的微塑料。

（二）德国科学联席会议决策聚焦前沿科技发展

2020 年 11 月 13 日，德国科学联席会议做出数项旨在推动前沿科技发展的决策。人工智能方面，科学联席会议共推出两项联邦和州的资助计划：一是通过了对人工智能能力中心联合资助的行政协议；二是批准了"高校教育的人工智能"联邦和州两级资助协议。两级协议期为 4 年，大学可单独申请（最高 200 万欧元）或联合其他大学申请（最高 500 万欧元），两级政府总资助额度约为 1.33 亿欧元，由联邦和地方按 9∶1 比例分摊。在能力中心联合资助协议中，德国联邦政府将与参与的巴符州、巴伐利亚州、柏林市、北威州和萨克森州共同对 5 个以大学为重点的人工智能中心开展长期、机构性的资助。联邦政府单方面每年的总拨款在最高 5000 万欧元（每个中心可分得 750 万～ 1250 万欧元不等）。在高速计算方面，德国联邦和州政府首次决定对 8 个高校的计算中心进行联合资助，被视为国家协调高性能计算中心网络的重要里程碑。联合资助总金额达到每年 6250 万欧元，资助期长达 10 年，此后可能还会继续资助。

（三）开展创新体系评估

2020 年 2 月，德国研究和创新专家委员会（EFI）向联邦政府递交了第 13 个研究、创新和技术能力年度评估报告——《2020 研究、创新和技术能力评估报告》。该评估报告聚焦三大核心议题，分别为：德国东部地区的创新（德国统一 30 年后分析）、数字安全、德国与中国的科技交流。

（四）支持企业创新

出台研发的税收优惠政策。2020 年，德国《研究津贴法》生效。从 2020 年 1 月 1 日起，所有公司将有机会根据研发人员的支出（资助率应为研发人员成本的 25%）和委托研究支出的 60% 为研发项目申请研究补贴。6 月，政府出台后疫情经济刺激方案，在研发税收补贴方面做出调整：计算基础上限从原定 200 万欧元上调至 400 万欧元，调整后每家企业每年可获最高补贴额从 50 万欧元相应提高到 100 万欧元，生效期回溯至 2020 年 1 月 1 日并持续至 2025 年 12 月 31 日。

9 月 7 日，德国联邦经济和能源部（BMWi）发布新的中小企业数字化投资补助计划"Digital Jetzt"。该计划将持续至 2023 年底，资金总额为 2.03 亿欧元，2020 年底前可拨付 4000 万欧元，面向含手工业和自由职业在内所有行业的中小企业。资助范围包括企业对数字化软硬件设备、员工数字化能力培训等。

（五）加强国家层面政府数字服务

德国成立联邦所有的国有有限责任公司 DigitalService4Germany。该公司将向德国联邦政府各部门提供收费的软件开发服务，如 APP 开发。政府数字服务来自 Tech4Germany 和 Work4Germany 资助计划，其主管负责人是德国总理府部长。该措施将提升德国国家层面的数字化行动的能力。该公司将获得德国联邦政府高达数百万欧元的启动资金。按照计划，该公司最迟在运营 4 年后通过其软件产品的收入来实现收支平衡。

（六）正式实施《专业人才移民法》

2020 年 3 月德国正式实施《专业人才移民法》。该法案草案在 2018 年 11 月完成起草工作，于 2019 年 6 月提交国会进行投票表决通过。德国不仅向高等学历人才开放就业市场，技术专才也将有机会移民，即不仅包括受过大学教育的人才，也包括受过正规职业技术培训的人才。该法案的实施也将为科研或技术创新领域提供更多外来人才。

五、国际科技创新合作及政策动向

（一）与中国的合作

联邦教研部强调中方是"平视对话"的合作伙伴，即双方要"平视对话"才能较好地体验对方的视觉世界和感受，才能设身处地地从对方的视角来了解、理解诉求。德国将中国定位为全球最重要的科学和创新国家之一。中德两国的研究人员一起可以找到应对全球挑战的创新解决方案，并为未来的繁荣奠定基础。德方认为，其中的合作重点应是环境和可持续性研究或生命科学。

德方视角的合作重点：德国联邦教研部将中德合作的重点定位在基础研究领域的共同利益及解决全球健康和生态挑战。既定的合作领域是环境技术、海洋研究、生命科学和（职业）教育领域。新的合作领域，如气候研究领域正在不断发展。德方对华合作目标强调"互利共赢"，目的是在平等的基础上进行合作，以实现均衡的互利。

德国联邦教研部的《中国战略》为与中国在教育、研究与创新领域的合作提供了一个连贯而系统的框架。在正视中国科研投入及创新能力迅猛发展且在科技、研究及经济领域在全球范围内给德国造成竞争压力的前提下继续与中国合作，合作框架是"科技合作协定"（WTZ），合作的重点领域是气候与环境研究、生命科学、电动汽车、数字经济（工业 4.0）及高校与职业教育。针对教研部《中国战略》到期后不再延长的问题，《德国研究和创新专家委员会 2020 评估报告》提出，应在与欧洲其他国家的协调下就德中科学合作框架条件和前景保持持续深入交流。专家委员会建议，教研部《中国战略》到期及德中创新平台（DCPI）

结束后，应尽快为下一步合作创造适当合作形式。但目前教研部尚未做出回应。

为了在平等的基础上成为政治和经济伙伴及德方所定位的"竞争对手"，德国认为需要加强其"中国能力"。德方在选择合适的中方合作伙伴及启动、起草合作协议经常面临困难，包括缺乏语言和法律知识及文化差异。教研部在2017—2022年在"拓展德国高校中国能力的创新计划"框架下对11个项目予以资助，旨在提高与中国科学和经济交流的能力，从而扩大、巩固两国科学和商业领域的合作。其目标是建立关于中国科学、研究和创新前景及中国总体政治和社会发展的最新知识基础。此外，还包括联邦教研部于2018年发起的，旨在以中国为中心的亚太研究领域的知识库建设。

从德方视角来看，对华合作的挑战还体现在军民两用方面。德方认为中国政府支持民用与军用研究相互结合；而德国与军事有关的研究受到众多法规的限制，可用于军事目的的商品和技术也要有着严格的出口管制。德国联邦政府和科学组织正在努力提高德国科研人员对两用问题的认识，目的是防止军民两用相关知识在国际科学合作中流向国外。

（二）与欧盟国家的合作

在欧盟方面，研究与创新框架计划"地平线2020"是欧洲研究区的主要实施工具。德国作为欧洲最大的科研国家，积极推进欧洲研究区各领域建设，总体发展水平处于前列。

在人工智能领域，德法两国在2020年4月签署合作意向书，内容主要为联合资助，如共同的资助措施、科研人员交流计划和共同举办活动（研讨会或暑期学校等）。1月发布联合资助声明，资助双边高水平的AI研究合作，成果共享。双边资助措施在德国由德国航空航天研究中心（DLR）项目管理机构负责，在法国由法国国家科研署（ANR）管理。

2020年德国召开第二届国家欧洲研究区大会，发布德国国家欧洲研究区资助计划。10月20日欧盟各国负责研究领域的部长在波恩开会，讨论欧洲研究区问题，与会者签署并公布了加强研究自由的波恩声明。作为欧盟理事会轮值主席国，德国强调研究自由作为欧洲研究区的价值基础。"在诸如防止气候变化和控制当下大流行的情况下，我们需要依靠科学"，但目前"包括欧洲在内全世界范围内科学自由受到各种形式的威胁"。

（执笔人：陈　楠）

◎ 瑞　　士

　　2020年瑞士经历了两次新冠肺炎疫情暴发。据瑞士联邦经济事务秘书处统计预测，2020年瑞士经济将萎缩3.8%，全年失业率在3.2%左右。在科研创新领域，2020年瑞士处于《2017—2020年教育科研创新计划》的收尾之年，但防疫抗疫成为"主旋律"，"科技抗疫"措施频出，"国家新冠肺炎特别工作小组"的成立，两个新冠研究计划的出台，共3000万瑞郎的政府研发投入，使瑞士的科研工作打上了"疫情标签"。尽管受疫情影响，但在一些领域，如国家研究重点计划（NFS）、开放获取战略、数字化转型、国际合作等方面瑞士联邦政府均有新的部署和举措。

一、全社会和联邦政府科研投入

　　2020年7月瑞士联邦统计局公布了2017年全国研发投入和2019年联邦政府科研投入相关数据。

　　2017年瑞士全国研发投入为226亿瑞郎，占国内生产总值的比率为3.4%，低于韩国和以色列，位居世界第三。研发投入的三大主体企业、大学和非营利私人组织分别占比69%、28%和2%。瑞士共有12.5万科技人员，其中36%为女性。瑞士研发国际化程度高，2017年瑞士企业在境外研发投入为153亿瑞郎，与其在瑞士境内研发投入相当（156亿瑞郎）。化工医药和金属机械是瑞士企业研发最集中的行业，研发经费占企业总体投入的39%和14%。

　　2019年瑞士联邦政府在科研领域投入了26亿瑞郎，与上一统计年2017年相比增加了2.79亿瑞郎（+12%）。其中13亿瑞郎投向瑞士大学和国家科研基金会，8.5亿瑞郎则流向国外，主要支持国际组织各项计划，其中欧洲研究框架计划5.62亿瑞郎，欧洲空间组织1.83亿瑞郎，欧洲核子研究中心4700万瑞郎。

二、创新能力继续全球领先

在世界知识产权组织公布的《2020 年全球创新指数报告》（GII 2020）排行榜中，瑞士继续位居第一，已连续 10 年雄踞榜首。在创新指数七大指标中（制度、人力资本和研究、基础设施、市场成熟度、商业成熟度、知识和技术产出、创意产出），瑞士在"知识和技术产出"方面排名居全球第 1 位，"创意产出"和"商业成熟度"方面排名居全球第 2 位，"基础设施"方面排名居全球第 3 位，"人力资本和研究"和"市场成熟度"方面排名居全球第 6 位，"制度"方面排名居全球第 13 位。在全球创新指数总共 80 个评价指标中，瑞士有 19 个指标位居全球前三。

三、防疫抗疫聚焦科研

随着疫情在瑞士的暴发和蔓延，防疫抗疫成为 2020 年瑞士政府最紧迫的任务，出台了一系列的措施，其中科研发挥着重要作用，通过成立"国家新冠肺炎特别工作小组"，推出两个新冠研究计划，瑞士将科研力量全面投向防疫抗疫的主战场。

1. "国家新冠肺炎特别工作小组"

2020 年 3 月瑞士联邦政府宣布成立"国家新冠肺炎特别工作小组"。工作小组的主要任务包括向联邦和州决策者提供有关新冠肺炎的科学咨询、确定抗击新冠肺炎的科研主题和采取措施加速推出防疫抗疫的产品和服务。在 2020 年瑞士防疫抗疫过程中，特别工作小组发挥了良好的中枢作用，成为联邦政府科学防疫抗疫的核心力量。

2. 新型冠状病毒特别研究计划

2020 年 3 月，瑞士国家科研基金会启动了新型冠状病毒特别研究计划，投入 1000 万瑞郎用于开展新型冠状病毒及新冠肺炎的诊断与治疗研究。项目的平均期限为两年，每个项目金额不超过 30 万瑞郎。经评审，共有 36 个项目获得批准，其中生物医学项目 22 个，社会科学与人文项目 10 个，数学、信息技术、自然科学和工程技术（MINT）学科项目 4 个。这是瑞士国家科研基金会有史以来首个特别科研计划，也是反应时间最快的科研计划，计划推出过程是对传统流程的创新过程。

3. 第 78 个国家研究计划

为加强生物医学和临床研究，全面了解新型冠状病毒，开发有效的诊断和治疗手段。瑞士政府于 2020 年 4 月启动了第 78 个国家研究计划（NRP）——"新型冠状病毒国家研究计划"，计划期限为 24 个月，经费总预算为 2000 万瑞郎。该计划强调"开放合作"，旨在利用现有的国家研究能力，进一步扩大机构间的合作，主推大型旗舰项目，以便尽快取得成果，为瑞士防疫抗疫提供解决方案，并在国际上与世界卫生组织和欧盟加强合作和协调。该计划研究领域包括新型冠状病毒的生物学、免疫学和免疫病理学研究，流行病学的新方法及预防感染的新策略，新冠肺炎的临床特征和临床管理及新冠肺炎的诊断和治疗等。经评审，共有 28 个项目得到资助，其中 23 个来自于生物医学、临床研究、流行病学领域，1 个项目来自于 MINT 学科领域，4 个来自于人文社会科学领域。

四、布局国家新的研究重点

2020 年 8 月，瑞士国家研究重点计划（NFS）第 5 批国家研究重点正式启动，此批包括了耐药性研究、可靠的自动化、语言的演变、微生物群落、SPIN、Suchcat 6 个研究重点。在 2020—2023 年的第一阶段，联邦政府计划为此投入约 1 亿瑞郎，国家研究重点的最长期限为 12 年。

瑞士国家研究重点计划是瑞士最重要的科研计划之一，主要面向科技、经济、社会的战略发展，重点支持大学和科研机构，通过基础设施建设、加强学科间的横向交流和合作支持科研领军团队，打造最高水平的科研和创新中心。根据规划，国家研究重点计划的每个研究重点都落户于一所大学或研究机构，并由其牵头组织高水平科研网络，研究重点的资金除来自联邦外也吸收第三方资金。自 2001 年以来，瑞士已经建立了 36 个国家研究重点。

五、"数字化转型"进入攻坚阶段

2020 年 5 月，以"数字化转型"为主题的第 77 个国家研究计划（NRP）正式进入项目实施阶段。通过筛选和评审，共有 37 个项目得到了批准，投入经费共 2100 万瑞郎，计划期限为 5 年。该研究计划的主要目的是研究数字化给社会和经济带来的机遇和风险。其 3 个模块为：教育、学习和数字变革，研究数字化对教育、终身学习及教育机构的影响；道德、守信与治理，研究在对数字基础设施及数字服务信任方面，道德、组织、法律和技术领域所面临的挑战；数字经济与劳动力市场，研究数字化和经济、劳动力市场间的相互作用和影响，探讨新的数字市场、组织形式和业务模型及其对工作岗位、工作组织和内容的影响，进一步研究在此背景下的瑞士区域发展，以发现机会和风险。

瑞士国家研究计划起始于 1975 年，其使命是以国际卓越为导向促进新知识生产，解决瑞士重大社会经济发展问题。

六、开放获取战略取得突破

瑞士 2015 年开始起动"开放获取（Open Access）"工作，2017 年提出了"国家开放获取战略"和具体行动计划，全面布局"开放获取"在瑞士的实施，目标是 2024 年实现政府资助的所有出版物网络免费获取。为此，瑞士制定了诸如建立和完善治理结构、出台大学"开放获取"建议、建立国家监测体系、开展宣传、参与研究评价改革、与主要出版社谈判、基础设施共享、探索两次出版权的可能性和参与国际倡议和基础设施等一系列措施。

作为一项重要措施，自 2018 年以来，瑞士图书馆联盟和大学一直在与三大科学出版商 Elsevier、Springer Nature 和 Wiley 进行谈判。2020 年谈判取得了重大突破，与 Elsevier 和 Springer Nature 签订的新合同不仅规范了出版物的获取（"阅读"），而且还包括在 4000 多种期刊中免费出版的内容，这一突破使瑞士研究人员出版文章变得简单和自由，被认为是瑞士实现全面"开放获取"的里程碑。此次与 Springer Nature 的合同将持续到 2022 年底，与 Elsevier 的合同则到 2023 年底，此后瑞士将迈出下一步，争取仅提供新出版物的补偿来与出版商达成完全"开放获取"协议。

在"开放获取"战略框架下，2020 年瑞士政府、国家科研基金会、大学和联邦理工大学联合体正在制定"开放研究数据战略"，预计于 2021 年正式实施，届时整个学术界都将参与其中。作为瑞士最大的科研资助机构，瑞士国家科研基金会早在 2017 年 10 月就发布了有关"开放研究数据"的政策声明并实施两项相关措施：其一，每个项目资金申请者必须提供数据管理计划，描述研究人员如何管理、保护和发布项目数据；其二，可以申请最高金额为 1 万瑞郎的费用用于数据准备和支付数据库费用，但相关数据库必须符合 FAIR 原则，即数据必须可追溯、可访问、可兼容和可重用。

七、进一步加强国际合作

1. 瑞士与欧盟的合作

欧盟不仅是瑞士重要的经济伙伴，也是重要的科研和创新伙伴，为了保持和增强瑞士全方位参与欧盟的科研和创新，瑞士政府一直致力于清除合作障碍，并不断向欧盟发出积极信号。欧盟下一代科研和创新框架计划"地平线欧洲"于 2021 年启动，为此瑞士政府正在进行相关准备。2020 年 5 月，瑞士政府向议会提交了参与欧盟科研计划的经费申请，申请总额为 61.54 亿瑞郎，其中包括瑞士参与"地平线欧洲""数字欧洲计划""ITER 计划"所需要的"贡献资金"，总计 54.23 亿瑞郎，另外，还准备了谈判应急资金 6.14 亿瑞郎。此外，瑞士计划投入 1.17 亿瑞郎用于配套措施，如宣传咨询、项目申请准备、在欧盟委员会中促进瑞士利益及参与欧洲高性能计算机共同行动（EuroHPC）等。

瑞士与欧盟科研合作的道路并不平坦，深受其他因素干扰，如瑞士移民政策的影响，2014 年 2 月瑞士进行全民公投，通过了"限制欧盟国家向瑞士大规模移民"提案，使瑞欧科研关系一度紧张，瑞士几乎被取消了参与欧盟各项科研计划的资格，其中包括"地平线 2020"，直到 2017 年瑞士在移民问题上妥协才得以恢复。受新冠肺炎疫情影响，瑞士国内出于对工作岗位的担忧，限制移民的呼声再起。2020 年 9 月，瑞士再次就限制大规模移民提案举行公投，公投结果 61.71% 反对，提案没有通过，这意味着瑞欧科研合作的最大障碍暂时消除

2. 瑞士与发展中国家的合作

与发展中国家的合作近年来越来越受到瑞士政府的重视，2020 年虽受疫情影响，交流和合作减少，但与南非、越南等国的合作得到保持和增强。

为了加强与发展中国家的合作，瑞士国家科研基金会于 2019 年启动了"SPIRIT 计划"，支持由 2～4 个国家的优秀研究团队提交的研究项目，主题选择不限，每个项目可以申请 5 万～50 万瑞郎的资金，为期 2～4 年。在此框架下，2020 年 9 月，共有 8 个项目得到批准，来自泰国、加纳、多哥、摩洛哥、伊朗、巴勒斯坦和瑞士的 21 个研究小组得到资助。项目涉及的领域广泛，既包括细胞蛋白研究、可持续城市发展、能源模型开发，也包括阿拉伯地区女权主义历史研究等人文课题。

2020 年 8 月瑞士与南非举行了两国科研部长视频会议，讨论了双边科研教育合作并见证两国科研基金会签署了"牵头机构"（Lead Agency）协议，协议的签署将简化两国研究人员间的合作。南非成为与瑞士签署该协议的第一个非欧国家。瑞士与南非的科技合作协议签署于 2007 年，至今双方共资助了 37 个合作项目。约 100 名南非研究人员和艺术家获得了瑞士政府卓越奖学金。

2020 年 10 月瑞士国家科研基金会与越南国家科学和技术发展基金会（NAFOSTED）的合作项目征集启动，瑞方共提供 250 万瑞郎资金，计划资助 10 个合作项目。

（执笔人：江晓渭）

◎ 意 大 利

　　2020 年意大利科技发展稳中有进，科技投入和产出均呈增长趋势，创新排名继续上升。虽受新冠肺炎疫情严重影响，但科技管理机构改革、科技发展战略与规划有序推进，原教育、大学与科研部被拆分，大学与科研部独立运行，启动制定《2021—2027 年国家研究计划》，发布《国家能源与气候综合计划》和《意大利人工智能战略》。科技为应对新冠肺炎疫情发挥重要支撑作用，实施了多个新冠研发计划和项目，政府制定的《国家复苏和振兴计划》将数字化转型和绿色发展作为疫情后经济复苏的优先事项，重视发挥科技在重振经济中的重要作用。意大利在天文物理、生命健康、地球环境、能源、材料等领域取得一批原创性重大科技成果，并启动建设欧洲最强大的超级计算机。意大利稳步开展国际科技合作，当前的重点领域包括空间科技、环境与可持续发展、科学数据共享等。

一、科技创新的整体实力情况

（一）创新排名

　　据世界知识产权组织发布的《2020 年全球创新指数报告》（GII 2020）显示，意大利在全球排名第 28 位，比 2019 年上升 1 位。据欧盟委员会发布的《2020 年欧洲创新记分牌》数据，意大利属于中等创新国家，位列欧盟第 18 位，与 2019 年位次一致。在创新主体方面，意大利的中小企业创新表现突出，在企业内部（in-house）创新、设计应用创新、产品和流程创新方面具有较强优势。

（二）研发投入情况

　　意大利统计局和欧盟统计局 2020 年发布的最新数据显示，2018 年意大利全国研发（R&D）投入为 252 亿欧元，较 2017 年增长约 6%。按来源分，企业投入占 63.1%、政府占 12.5%、高校占 22.8%、私营非营利机构占 1.6%。按类型分，基础研究支出占 21.7%、应用研究占 40.7%、试验开发占 37.6%。

根据世界银行统计数据，2018 年意大利 R&D 投入占 GDP 的比重约为 1.40%，比上年的 1.38% 略有增长。

根据经合组织（OECD）最新统计数据，2018 年意大利研发人员数量为52.90 万，比 2017 年增长 9.6%；按全时当量（FTE）计为 34.57 万人年，比 2017年增长 8.8%。从来源看，企业和高校研发人员当量占主要部分，2018 年分别占总数的 63.3% 和 23.5%。

（三）论文和专利产出情况

根据 Web of Science 数据库统计，2019 年意大利发表科技论文 67.2 万篇，比2018 年略有减少。发表论文总量略高于 G20 国家平均水平，论文的引用和影响较高，国际合作水平高，国际合作论文约占总论文量的 55%。分领域看，医学、生命科学、数学与物理学、艺术与设计学科具有较强优势。

根据欧盟知识产权局（EPO）2020 年统计数据，2016—2019 年意大利申请和授权的欧盟专利数量持续增长。2019 年意大利申请欧盟专利数量为 4456 件，比 2018 年增长 1.2%；2019 年意大利专利授权量 3713 件，比 2018 年增长 7.7%。申请量和授权量排在前三位的行业分别是机械工程、化学和仪器。

根据世界知识产权组织（WIPO）2020 年的统计数据，意大利 2018 年专利、商标和工业设计申请数量分别为 32 286、1 085 090 和 361 977 件，比 2017 年分别增长 2.8%、17.9% 和 9.7%。2019 年申请国际专利（PCT 体系）3388 件，比2018 年增长 1.7%。

二、管理改革与综合性科技战略和规划

（一）管理机构改革

2020 年 1 月，意大利将教育、大学与科研部拆分成教育部和大学与科研部，任命盖伊塔诺·曼弗雷迪（Gaetano Manfredi）为大学与科研部部长。2020 年因疫情原因，机构改革进展迟缓，目前新的大学与科研部架构还未确定，仍按原来的 3 个司运行：高校规划、协调与财务司，高校学生、发展和国际化司，科研协调、促进与推广司。

（二）研究制定《2021—2027 年国家研究计划（征求意见稿）》

2020 年 9 月，意大利大学与科研部发布《2021—2027 年国家研究计划（征

求意见稿）》（简称《计划》）。目标是集中国家优势资源，应对气候变化和自然灾害等国家面临的挑战和全球性挑战。通过加强基础研究、应用研究，鼓励技术和社会创新等方面的政策及实施知识转移和技术转化的专门行动，促进环境、经济、文化和社会可持续发展。大学与科研部首次采取中央和地方政府共同参与的方式，通过团结协作和资源共享，以减少《计划》的碎片化及重复性，提高国家资源的使用效率。

《计划》的内容框架包括 8 个部分：意大利科研和创新基本情况；在国家和大区主管部门、不同社会群体之间的协调，与欧洲科研与高等教育相关的新领域及新任务；以巩固科研体系优势、克服劣势为目标而确定的优先事项；科研与创新的主要领域及其相关主题领域；各部门协调配合的国家计划；以研究和创新行动为导向、目标现实可行且可衡量的主要任务及协调政策；融资工具；管理与监督体系。

《计划》确定了 8 个优先事项：促进高等教育和研究的国际化，培养能够参与国际项目的新一代研究者，并吸引国际人才；充分利用国家科研系统的独特优势、创新技能并探索新的发展路径；继续巩固基础研究；保障人才在转型发展和创新中的核心地位；支持科研系统的外延性和包容性增长；确保国家、欧洲和国际研究的协调；探索未来：迈向新的研究视野；促进科研和生产系统之间知识与技能的转化。

（三）《国家复苏和振兴计划》关注数字化转型和绿色发展

2020 年 9 月，意大利议会通过《国家复苏和振兴计划》，提出有效应对新冠肺炎疫情并积极恢复生产、提振经济、促进社会发展等各项举措，其中绿色发展和数字化转型是两个优先事项。主要目标是将研发投入强度从当前的 1.4% 至少提高至欧盟平均水平 2.1%；增强国家对自然灾害、气候变化、流行病危机和地缘政治风险的安全防范和抵御能力；改善社会福祉、公平性和环境可持续性。

相关措施：①在数字化转型方面：扩大互联网的覆盖率并提高网速、完善通过互联网接入数字化公共服务的渠道。提高政府公共行政、教育、医疗卫生、税务的数字化水平，发展国家数字化基础设施和服务（数据中心和云服务），促进对电信、交通和航空航天等战略性部门的投资，提升智能化水平。通过数字化创新提高生产系统效率。完善国家光纤网络，建设 5G 网络等数字基础设施。通过建立知识和技术转移网络，促进中小企业的发展。加强对企业数字化进程的金融支持。②在绿色发展方面：通过增加可再生能源的比重、提高能源效率实现能源部门的"脱碳"。严格控制运输部门的碳排放，实施城市空气质量改善和城市造林计划。提高公共和私人建筑物、农业生产设施、工厂车间和医疗设施的能源效率。加强对自然资源的审慎管理，促进循环经济及提高对气候变化的适应力，鼓励生物经济和循环经济，促进企业向可持续生产模式转变等。③在科技支撑方面：实施支持青年科研人员的行动计划，加强研究基础设施建设以应对国家发展的战略挑战。打造高校、科研机构、公共和私立实验室、企业、服务部门良性互动的"创新生态系统"。积极参与"符合欧洲共同利益的重点项目（IPCEI）"，加强在网联和自动驾驶汽车、智能健康、低碳产业、工业物联网和信息安全等领域的研发合作。

三、重点领域的专项计划与部署

（一）应对新冠肺炎疫情专项计划

（1）大学与科研部启动应对疫情的紧急研发项目。意大利大学与科研部于2020年5月发布《应对新冠肺炎疫情的特别研发项目征集》，通过国家综合研究专项基金（SIFR）资助2190万欧元。该计划提出三方面的任务：一是紧急情况应对，在疫情蔓延阶段提出有关解决方案；二是对各方面活动和流程的重组与管理，将疫情控制在安全范围的解决方案；三是风险预防，控制未来可能再次出现疫情的解决方案。提交的项目应属于SIFR分类中的生命科学、物理与工程、社会与人文科学3个范畴之一。

项目分2个阶段实施：第一阶段，研究机构提交实施周期不超过6个月的研究计划书，单个项目的申请资助金额在2万～8万欧元，旨在开发易于实施的前期"原型结果"。大学与科研部对计划书进行评估并择优立项。本阶段的总预算为1000万欧元。第二阶段，项目单位根据第一阶段的研究进展提交执行期不超过6个月的第二阶段项目计划书，单个项目在该阶段的资助额度在5万～15万欧元，项目结束后须提交"最终结果"及产品或效果的演示。大学与科研部再次对计划书进行评估并择优立项。本阶段的总预算为1100万欧元。在每一阶段，评估通过后拨付80%的经费，正式批准立项时拨付90%的经费，项目完成后再拨付其余10%。

（2）三部门联合发布科技应对疫情的计划。意大利经济发展部、大学与科研部、技术创新与数字化署于2020年3月共同发起"意大利创新：技术、科研与创新应对新冠肺炎紧急情况"的计划，邀请企业、大学、公共或私立研究机构、协会、联合会、基金会等参加。该计划提出了3个重点方向：一是通过创新和产业转型，增加医用外科口罩等个人防护设备，以及呼吸机等复杂医疗器械或配件的生产；二是开发创新的新冠肺炎快速诊断盒或技术，在符合可靠性标准的情况下，实现方便、快捷诊断；三是开发疫情监控技术，在遵守当前法律规定的前提下，加强对人员流动的监控，阻断疫情传播。该计划的实施为有效应对疫情提供了重要科技支撑。

（二）发布《国家能源与气候综合计划》

2020 年 1 月，意大利经济发展部、环境部、交通部三部门联合发布《国家能源与气候综合计划》，核心目标是到 2030 年，总能源消耗量中可再生能源占比达到 30%，其中电力部门可再生能源的占比达到 55.0%；提高能源使用效率，到2030 年最终能源消费量比目前下降 12 百万吨油当量（Mtoe）；保障能源供应安全，增加能源来源的多样性，减少对进口能源的依存度，通过技术进步增加国家能源系统的弹性和韧性；缩小与其他欧洲国家的能源价格差；发展可持续公共交通和开发生态友好燃料；2025 年淘汰燃煤发电。

政策措施包括：①拓展可再生能源在发电、制冷制热和交通领域的来源，如在大型水力发电厂实施创新工程，增加水力发电量，简化对风能和水力发电厂建设的审批流程，设立担保基金来支持区域供热网络的发展等。②提高能源使用效率，包括启用能效基金，并预留节能贷款担保准备金，通过增值税和房产税减免促进可再生能源电力并网，公共建筑物的能源设施改造，加强和简化工业生产领域"白色证书"制度。③加强研究与创新，增加用于可再生能源技术研发的公共资源，从当前的 2.22 亿欧元到 2021 年提高到 4.44 亿欧元。开发有关能源转型发展的关键产品和技术，包括高效光伏器件和设备，热能、电力和油气资源储运系统，提高电网安全性和韧性的关键技术，大功率充电基础设施研发，回收工业生产余热的热泵研制，开发海上特别是复杂海况的可再生能源，促进可再生能源和传统能源整合的电力网络架构，通过对配电软件和硬件设备的改造，建设智能电网等。

（三）发布《意大利人工智能战略》

2020 年 7 月，意大利经济发展部发布《意大利人工智能战略》（简称《战略》）。《战略》提出重点加强人工智能在物联网、制造业和机器人，服务、卫生和金融，运输、农产品和能源，航空、航天和国防，公共管理，文化、创造力和数字人文六大领域的应用。

此外，打造国家人工智能生态系统也是战略核的重要内容，并提出了包括促进技术开发与技术转移、建设人工智能"生产线"、人工智能与社会生态系统融合发展等三方面举措，具体包括：鼓励基础研究和应用基础研究，让意大利人工智能领域研发人员数量增长 20%；建立覆盖大型研究基础设施、研究院所、能力中心、理工大学、数字创新枢纽（DIH）及其他基础设施的人工智能网络；通过支持中小企业和创新型初创企业来推动人工智能产业发展；扩大国家在智能系统、机器人、自动化、微电子等的品牌效应；开发嵌入式人工智能的解决方案、边缘系统、物联网设备，以便用于云服务和数据存储；为人工智能应用程序提供进入生产系统的机会，发展万物互联的"物联网模式"；采用人工智能应对社会挑战，在安全、公共管理、健康和医疗、数字人文、教育、娱乐等各个方面，提高人们的生活质量。加强人工智能在能源与环境的可持续性和社会包容性发展方面的应用。

四、重点领域的科研发展动态

（一）启动建设欧洲最强大的超级计算机

2020年10月，意大利在博洛尼亚的CINECA超算中心启动建设LEONARDO超级计算机，该超级计算机运行速度超过248Petaflops（每秒千万亿次），2021年建成后将成为欧洲运算速度最快、世界前五的超级计算机。建设总投入2.4亿欧元，其中欧盟资助1.2亿欧元，意大利国家和大区政府投入1.2亿欧元。LEONARDO建成后在运算速度、数据处理、高性能数据分析、人工智能与机器学习、模型开发等方面有最佳性能，应用领域包括：天体物理、气候变化模拟、天气预报、自然灾害和流行病预测与应对、机器人与新材料、新药研制、能源和农业开发等。该超级计算机的建设是意大利通往高性能计算机路线图的一部分，目标是打造领先的基础设施和创新的生态系统，以支持意大利和欧盟应对数字化转型的挑战。

（二）成立首个致力于技术转移的基金会

2020年8月，意大利经济发展部签署法令，批准成立意大利第一个致力于技术转移的基金会——ENEA技术基金会，11月该基金会正式开始运作。该基金会根据意大利《复兴法令》而设立，目的是促进研发及技术转移领域的投资和计划，以支持在意大利的企业，特别是创新型初创企业和中小企业。基金会将管理5亿欧元启动经费，可以参与并投资初创企业和创新型中小企业、大学附属公司和研发中心，促进和支持中小企业的创新和技术转移过程，以创建高水平优质中小企业。意大利经济发展部表示，ENEA技术基金会是一个非常重要的项目，利于意大利工业未来的中心主题技术转移。

ENEA技术基金会在创新系统的基础上，支持相关研究中心、中小企业和初创公司的创新发展。通过在技术转移系统不断建立新的参与者，促进产业和研究界变得更加敏锐、强大。

五、国际科技合作政策及动向

（一）科技外交工作部署与表彰

2020 年 11 月，外交部联合大学与科研部、技术创新与数字化署召开科技外交工作会，意大利外长迪马约介绍计划将意大利驻外科技专员人数增加约 30%，从目前的 29 人增加到 37 人，重点增加空间科技领域的专员，将加强与欧盟和美国的协调与研发合作。会上还颁发了 2020 年度"意大利双边科技合作奖"，以表彰他们在推动意大利科技文化传播和双边科技合作所做的杰出贡献。

（二）近期重点科技合作领域与动向

（1）空间科学技术。意大利拥有航天领域产品和服务全产业链供应能力，空间外交是意大利优先方向之一。2020 年 9 月，意大利与美国、澳大利亚、加拿大、日本、卢森堡、阿联酋、英国 8 国签署"Artemis 协定"，旨在共同开发外太空资源，首要目标是 2024 年人类重返月球，后续目标包括对火星等天体的深度探测。意大利空间局是美国国家航空航天局（NASA）在欧洲最重要的合作伙伴之一，意大利也是参与 NASA 项目最多的西方国家。2020 年 8 月，意大利与阿根廷共同发射了地球观测卫星"SAOCOM 1B"，以提升两国的应急观测和管理能力；9 月，意大利与以色列共同发射"DIDO 3"科学卫星，以开展微重力环境下的生物和药理试验。

（2）环境与可持续发展。意大利外交部于 2020 年 9 月 22 日至 10 月 8 日在意大利境内及全球使领馆举办"可持续发展节"，组织了上百场线下和线上活动，宣传意大利对落实联合国 2030 年可持续发展议程及 17 项发展目标的理念、主张和承诺，凝聚全球关于经济、社会和环境可持续发展的共识，该活动得到联合国的支持和认可。据意大利环境部长介绍，面向欧盟 2050 年气候与减排目标，意大利将加强环境与可持续发展国际合作，重点合作国家和地区为：地中海国家、美国和中国。地中海国家是意大利优先合作区域，意大利长期以来谋求成为地中海国家的领导者，主导了"地中海地区研究与创新合作伙伴关系（PRIMA）"和"蓝色地中海（Blue Med）"两个重大国际合作项目。意大利发射的地中海盆地小卫星群（COSMO-SkyMed），与地中海沿岸国家开展对地观测，在国土安全、应对灾害、环境监测方面取得很好的效果。

（3）科学数据开放共享。2020 年 12 月，意大利米兰比可卡大学病理学教授、欧洲生物银行基础设施意大利节点负责人玛丽亚露莎·拉维特拉诺（Marialuisa Lavitrano）当选为"欧洲开放科学云（EOSC）"三名负责人之一，任期 3 年，意大利因此将共同引领欧洲科学数据开放共享。EOSC 是由欧盟发起的促进研究基础设施、科学数据和高级服务开放共享的国际非营利组织。面对气候变化、传染病大流行、抗击癌症和阿尔茨海默病、能源和粮食安全等全球性挑战，EOSC 致力于推动更广泛、更透明、更高效、更及时和跨越国界的研究数据开放共享，为科研人员、创新者、企业和公民提供涉及各个学科领域的数据共享平台，目前包括 142 个成员、21 个国家授权的组织和 49 个观察员。欧盟委员会将在下一个"欧洲地平线"研究与创新七年框架计划中，确定实现开放科学云的战略议程，并投入科研经费，协调其实现。

（三）广泛开展基础与应用基础研究合作

意大利对外科技合作由外交部统筹，其确定的基础与应用基础研究合作的主要国家和领域如下。

（1）中国：天体物理（量子技术和暗物质研究）；生物医学技术和生物能源技术；人工智能；新材料（石墨烯等）；环境与城市循环经济；健康领域包括个性化医疗、基因组学和慢性病领域；现代农业与精准农业；海洋技术等。

（2）美国：健康与生命科学，包括癌症精准医疗及相关生物技术、积极应对老龄化的创新技术（机器人技术等）；物理与天文；抵御自然灾害；与制造和先进材料有关的信息通信技术；航天科技；信息安全；量子网络；智慧城市。

（3）日本：农业和食品科学；基础科学（化学、物理和数学）；生物技术与健康；能源与环境；信息通信技术，包括机器人和汽车领域；纳米技术和先进材料；空间科学；文化遗产保护技术。

（4）韩国：生物医学（①老龄化：神经科学和神经康复，②药理学：创新药物）；农业食品和生物技术；信息通信技术，包括机器人和汽车领域；纳米科学与先进材料；能源与环境；海洋科学；交叉学科（将科技应用于文化遗产保护）；基础科学。

（5）俄罗斯：空间科技；生命科学；能源与环境；天文物理、物理与应用物理；化学；数学；地球科学。

（6）印度：先进制造与材料；航空航天；清洁技术（可再生能源、水、环境）；物联网（智能出行、智能城市、智能制造、精准农业等）；健康，特别是个性化医疗和大数据；文化遗产技术。

（7）以色列：医药、生物技术、公共卫生和医院组织；农业和食品科学；环境、水处理；新能源、石油替代品和自然资源开发；信息技术、数据通信、软件和网络安全；太空和地球观测。

（执笔人：马宗文　孙成永）

◎ 奥 地 利

一、奥地利科研投入情况

《奥地利研究与技术报告2020》对2019年度发布的科研投入预测数据（128亿欧元）进行了调整，2019年奥地利科研投入达126.9亿欧元，科研投入强度3.18%，比2018年的3.14%略有提升，已连续6年保持在欧盟科研投入强度目标值3%之上。2019年科研投入中，奥地利联邦政府投入31.2亿欧元，占总体投入的24.6%；奥地利联邦州政府投入5.5亿欧元，占4.3%；奥地利本土企业科研投入达60.4亿欧元，占总体投入的47.6%，低于2018年（48%）和2017年（49%）的投入值；外资科研投入达20.2亿欧元，占总体投入的15.9%；奥地利的科研投入退税政策实际发生7.58亿欧元，占总体投入的6%；其他公益性融资投入占1.6%。

二、奥地利专利申请情况

根据奥地利专利局2019年度报告，奥地利申报发明专利共2724项，获批1577项；从专利专业领域分布看，机械制造占41%，电机工程占14%，测量、控制技术和光学占12%，化学占11%，其他技术领域占22%；从申报单位看，AVL LIST公司申报量排名居第1位（169项）；按科研单位分类维也纳技术大学申报量居第1位（28项）。

三、奥地利科研水平在国际比较中的情况

根据世界知识产权组织（WIPO）发布的《2020年全球创新指数报告》（GII 2020）显示，奥地利总体排名居第19位，在全球50个高收入经济体中排在第

20 位，在欧洲 39 个经济体中排在第 11 位。奥地利创新投入次级指数居全球第 18 位，创新产出次级指数居第 23 位。创新投入次级指数的五大支柱中，人力资本和研究优势明显（第 7 位），制度、基础设施（第 15 位）和商业成熟度（第 17 位）表现较好，而市场成熟度相对滞后（第 48 位）等；创新产出次级指数的二大支柱知识和技术产出和创意产出分别位居第 19 和第 22 位，相对于强劲的创新投入，其在回报产出方面略显逊色。

在欧盟国家科研投入强度的比较中，奥地利排名居第 2 位，仅次于瑞典。奥地利和瑞典、德国、丹麦的科研投入强度都保持在欧盟预期目标的 3% 以上。

在论文引用率和专利的比较中，奥地利处于世界前列，但尚未能跻身创新领导者国家行列。

在数字化领域，根据欧盟委员会发布的《2019 年数字经济与社会指数（DESI）》，奥地利在欧盟成员国中排名居第 13 位，属于中等水平。在国际比较中，奥地利在公民数字化能力、中小企业跨境电商、信息通信技术应用等方面表现良好。在电子政务领域，根据 2019 年欧盟委员会电子政务排行榜，奥地利排在马耳他和爱沙尼亚之后，居第 3 位；在宽带速度、大数据和云服务应用领域尚有潜力。

奥地利在"地平线 2020"获得的资助经费达 14.6 亿欧元，项目申报成功率达 18.2%，超出 15.7% 的平均值，在欧盟国家中居第 2 位，排在比利时之后。资助领域主要集中在社会挑战（5.645 亿欧元）和产业领导（4.659 亿欧元）。获得资助的主体为 500 多家企业、大学和大学以外的科研机构。大学获得资助经费达 5.18 亿欧元，资助领域主要为卓越科学和社会挑战；大学以外的科研机构获得资助经费达 3.581 亿欧元，资助领域为社会挑战。

四、新冠肺炎疫情下的奥地利科研工作

研发快速检测试剂。奥地利 Procomcure Biotech 生物技术公司从基因技术、分子生物学、生物信息学等多个方面研发快速诊断新型冠状病毒的方法，破解新型冠状病毒的遗传信息，依靠获取新型冠状病毒遗传信息当中 3 个独一无二的特征（相当于人类的指纹信息），以此做出快速诊断。

加强科研投入支持抗疫。奥联邦数字与经济部（BMDW）和奥联邦气候环保能源交通创新技术部（BMK）共同出资 2600 万欧元实施"Corona Emergency Call"新型冠状病毒科研资助计划，支持有冠状病毒研究基础和经验或产品的奥地利企业加强研发。第一阶段征集共有 24 个项目入选，涉及疫苗、治疗药剂与用品、诊断工具、感染预防与控制四大类研发项目。

人工智能大数据助力科研抗疫。奥地利 VRVis 虚拟现实可视计算技术研究

中心是国际一流的可视计算技术应用研究领域科研开发机构。VRVis 中心开发的 Dexhelpp 项目，针对新冠肺炎疫情进行数据分析和场景模拟，为奥地利政府采取措施遏制新型冠状病毒提供了有力支撑。Dexhelpp 通过结合决策分析、数据安全、数据管理、统计、数学建模、模拟和可视化分析，开发了支持医疗系统分析、规划和控制的新方法。对公共卫生和决策分析建模，在数据安全性、数据管理、统计方法、数学建模和模拟及可视分析等领域中结合各种方法进行研究，对疾病在人群中的传播进行分析和建模，研究治疗途径及基于计算机模型研究对医疗保健系统变化的影响。

开展多边科研合作抗疫。一是参加欧盟发起"创新药物倡议"（IMI）行动。"创新药物倡议"资助新型冠状病毒研究经费达 7200 万欧元，共收到 144 个项目申请，其中 120 个符合 IMI 的基本标准，均经独立专家评估，奥地利参与了其中一个项目。二是参与欧盟资助的新型冠状病毒国际合作研究项目"Solnatide"，旨在加速其研发药物 Solnatide 用于治疗新冠肺炎重症患者的研究进程。三是参与欧盟应对新型冠状病毒研究项目"CoronaDX"，旨在开发 3 种新型冠状病毒快速检测工具，实现快速、有效且易于操作的新型冠状病毒现场诊断。四是在奥地利、德国和丹麦开展药物临床研究。五是参与世卫组织和法国临床药物试验项目"Discovery"的附加试验，对 7 个国家的 3200 名患者测试 3 种可能的特效药物。

展望 2021 年，奥地利将加大新能源环保领域资金投入，以期创造更多绿色就业岗位，稳定经济发展，提升绿色国际竞争力，应对疫情和气候危机带来的负面影响。

（执笔人：雷风云　李　刚　张一妍）

◉ 塞 尔 维 亚

2020 年塞尔维亚举行议会大选，前进党继续执政，为塞尔维亚科技的发展提供了稳定的政治基础。新政府将延续《塞尔维亚 2025 计划》的国家发展战略，科技发展的优先重点是抗击新冠肺炎疫情、推进国家数字化和人工智能。政府的目标是建立知识型社会，到 2025 年宽带互联网覆盖塞尔维亚所有家庭。为实现这一目标，政府通过并实施了《科学和研究法》《科学基金法》《智能专业化战略》《人工智能发展战略》等，科技预算也逐年得到增加。2016—2020 年，塞尔维亚的 GDP 增长了 14.8%，科研投入增加了 46.2%，未来 4 年对科研的资助计划为8400 万欧元。新建科技园和创新中心陆续建成，国家创新体系建设卓有成效。欧洲疫情迭起，受阻于国际陆路、航空交通的禁令，科技抗疫成为塞尔维亚政府和科技界 2020 年最突出的工作，政府在借助国际科技合作和挖掘本国科技力量开展新冠肺炎疫情防控和防治方面做了大量工作。

一、整体科技实力

加入欧盟是塞尔维亚的战略重点和最重要的任务之一。作为欧盟候选国，塞尔维亚的科技发展指数与欧盟要求还有很大差距，国家科技实力受人才和科技投入所限，仍需不断努力。

1.研发投入和产出

塞尔维亚对研发的投资远远低于欧盟《里斯本条约》规定的标准，较显著的问题是私营部门对研发投资的参与度很低。2020 年塞尔维亚教育、科学和技术发展部（以下简称教科部）的全部资金预算为 2267 亿第纳尔，其中用于科学和技术 202.95 亿第纳尔，政府内阁创新办 10.5 亿第纳尔，"创新基金" 12.6 亿第纳尔，"科学基金" 10 亿第纳尔。2019 年，塞尔维亚共有科研机构 337 个，论文发

表 10 389 篇，较往年增长幅度显著（表 3–8 ～表 3–11）。

表 3–8　2017—2019 年塞尔维亚 R&D 投入情况

年份	总投入 /亿第纳尔	政府投入 /亿第纳尔	R&D 占 GDP比率	政府投入占比	高等院校占比	企业投入占比
2017	4 15.31	179.00	0.40%	57.3%	26.3 %	4.0%
2018	466.16	187.55	0.37 %	58.1%	27.3%	3.4%
2019	480.74	218.56	0.40 %	58.7 %	26.9%	3.4%

数据来源：塞尔维亚国家统计局。

表 3–9　2017—2019 年塞尔维亚科技人力资源

年份	从业人员 / 人	全职研发人员 / 人	研究机构数 / 个	大学毕业 / 人
2017		22 782	280	45 406
2018	972 178	22 971	279	45 221
2019	991 118	22 972	337	42 499

数据来源：塞尔维亚国家统计局。

表 3–10　2016—2018 年塞尔维亚科技产出情况

年份	出版物数 / 部	塞本国出版物数 / 部	专利申请数 / 件	出售专利数 / 件
2016	23 812	5569	63	38
2017	26 559	6433	58	66
2018	28 959	7223	109	76

数据来源：塞尔维亚国家统计局。

表 3–11　2017—2019 年塞尔维亚经济发展指标

年份	GDP/ 百万美元	人均 GDP/ 美元	GDP/ 百万欧元	人均 GDP/ 欧元	年增长率
2017	44 227	6299	39183	5581	2.0%
2018	50 545	7239	42856	6138	4.4%
2019	51 396	7381	45911	6593	4.2%

数据来源：塞尔维亚国家统计局 2020 年统计手册。

2. 科学基金

科学基金是塞尔维亚国家资助科研项目的专门机构。2020 年塞尔维亚修订了《科学基金法》，使科学基金更加重视产业与科研之间的紧密结合。2020 年，科学基金发起了 4 次科研项目的公开征集，共发放约 900 万欧元，超过 1300 名年轻研究人员和博士生参与了科研项目，政府对博士生的奖学金额度也增加了 1 倍。

2020 年 5 月，科学基金宣布聘请专家收集新型冠状病毒有关的科学信息和进行产品测试，并设立"抗击新冠科研专项"，由世界银行提供贷款 200 万欧元，支持对新型冠状病毒的研究。至 6 月初，共有 1194 名研究人员递交了 128 个抗击新型冠状病毒专项申请。

为实施人工智能战略，2020 年 7 月，科学基金批准了为 12 项人工智能项目的拨款。

2020 年 10 月，塞尔维亚教科部授权科学基金实施"IDEA 计划"，该计划是科学基金迄今最大的科研项目征集计划，总预算为 2400 万欧元。为具有优秀科学设想、其结果可能会对未来社会产生重大影响的科研项目提供资助。

二、创新体系建设

2020 年是塞尔维亚国家创新体系建设大发展的一年，基础设施进一步得到完善，科技创新活动在抗击新冠肺炎疫情中受到激励，"创新基金"为创新项目提供了有力的财政支持。2020 年，政府推出了对创新型经济支持的措施，如通过制定法规向科技公司提供税收优惠，雇用年轻人和投资创业者享有减税措施，投资者在对创新企业的投资中可获得 30% 的税收抵免，年轻人创办公司可享有 12 个月的免税优惠。政府高度重视创新精神培育，特别是青年企业家和初创企业的发展，政府的目标是到 2025 年塞尔维亚拥有 700 家初创企业。

1. 创新基础设施已形成规模

2020 年，塞尔维亚政府在各地创新基础设施建设上投入了近 1 亿欧元。依照政府创新办"支持开办区域创新创业中心计划"，目前已陆续建成了 4 个科技园区（贝尔格莱德、诺维萨德、尼什和查查克）、10 个创新创业中心（乌日策、查查克、皮洛特、兹雷尼亚宁、瓦列沃、上米拉诺瓦茨、克鲁舍瓦茨、苏博蒂察、旧帕佐瓦、普里波耶）。诺维萨德技术科学学院、尼什电子学院、克拉古耶瓦茨数据中心、克拉古耶瓦茨生物工程中心、弗尔沙茨绿色数字中心、机器人和人工智能教育中心也已落成。另外，3 个机器人中心（贝尔格莱德、诺维萨德和特雷斯塔尼克）和阿里列、斯维拉伊纳茨、克拉古耶瓦茨和祖宾波托克 4 个区域创新创业中心正在建设中，克拉古耶瓦茨科技园 2021 年将动工修建。全国科技园区网络格局基本形成。

2. 加快创新和创业计划

塞尔维亚议会于 2020 年 2 月批准了塞尔维亚与国际复兴开发银行签署一笔4300 万欧元的贷款,资助政府设立的"加快创新和创业计划"(SAIGE),以提高塞尔维亚科研的卓越性,为创新企业提供融资渠道和提高竞争力。

塞尔维亚目前大约有 300 多家初创公司,塞尔维亚的目标是五年内至少有700 家初创公司,创新公司可享受 30% 的税收抵扣,知识产权收入所得税可减少15%。

2020 年塞尔维亚经济部也向成立不超过两年的小微初创公司提供了 1.5 亿第纳尔的资助。2020 年有 20 亿第纳尔用于中小企业购买设备,8.5 亿第纳尔用于激励创业精神。

3. 创新基金加大力度

塞尔维亚政府的目标是将经济从以投资为基础的增长转变为以创新和附加值为基础的增长,投资创新领域有助于实现经济的增长目标。塞尔维亚政府已经连续 3 年增加创新基金预算,2020 年的财政拨款达到了破纪录的 900 万欧元。

创新基金 2020 年 6 月设立了一个"早期开发和联合投资创新"专项,用于资助塞尔维亚年轻人所开办公司的创新活动,如团队研发、设备购置和经济生产。全部拨款金额为 30 万欧元,单个项目最高资助金额为 8 万欧元。

2020 年 9 月,为鼓励公司提高创新产品在市场上的竞争力,创新基金为中小微公司提供价值达 80 万第纳尔的代金券,代金券最多可资助相当于全部业务总成本的 60%。

在抗疫斗争中,创新基金批准了资助中小型企业的 12 个抗击新冠肺炎项目,总金额为 5300 万第纳尔,每个项目的支持额度最高为 600 万第纳尔,包括已开发的原型产品、技术和相关服务,特别是那些有针对性、快速而具有战略意义的解决方案。例如,第一台塞尔维亚呼吸机等,激励科技界对抗疫的快速反应。

4. 抗疫"亦是英雄"倡议

塞尔维亚政府创新办 2020 年 4 月提出了"亦是英雄"倡议,号召全国的工程师们参与到提供抗疫创新技术解决方案的行动中,3 个月内共收到 200 多个创新方案的申请。塞尔维亚政府为该倡议的创新项目提供了 410 万欧元的资金,特别支持对软件和应用程序的开发,包括在疫情危机时期提高国家行政管理效率的软件、自动发放出行许可证、与隔离公民的联系、电子商务平台,以及新型口罩、护面罩和消毒通道等。

塞尔维亚青年创客们也通过该倡议发起了黑客马拉松"塞尔维亚摘冠"行动，为一线医务人员提供各种抗击新冠解决方案。创客团队邀请软硬件工程师和医疗专业人员参与了呼吸头盔、全套无创呼吸器、消毒门、房间消毒器、建模（CAD）和第一手医疗专业知识软件的开发和应用。

5. 培养创新企业家"成功学校"项目

在政府创新办的支持下，塞尔维亚 STARTIT 中心启动了一项旨在培养创新企业家的名为"成功学校"的项目，在 7 个城市的 STARTIT 中心，为年轻人量身定制创业计划和培训指导。例如，培养 IT 企业家精神，向 IT 创新者、企业家和未来的专业人员提供创业的基本知识、设想实现、公司创建和商业化经验和建议，通过访谈、视频、博客、研讨会和听取成功企业家的励志演讲等，分享实际案例遇到的挑战和解决方法。

6. 制定循环经济路线图

在联合国开发计划署（UNDP）"塞尔维亚可持续发展循环经济平台"项目的支持下，塞尔维亚环境保护部编写了"循环经济路线图"文件，目标是发起决策者与行业、科技界和民间社会代表之间的对话，鼓励行业创新，通过循环商业模式增加生产商机，同时在保护环境的前提下，创造新的就业机会和改善经商环境。欧盟国家，如斯洛文尼亚、芬兰、荷兰、西班牙、法国等国都制定了此类路线图文件。塞尔维亚是西巴尔干地区第一个制定循环经济路线图的国家。

三、科技创新战略和规划

1. 启动 2030 年教育和科学发展规划

2020 年是塞尔维亚 2016—2020 年教育科技发展规划执行期的最后一年。面向未来，特别是配合《塞尔维亚 2025 计划》国家发展战略，从 2020 年初开始，塞尔维亚教科部就开始着手制定面向 2030 年的未来十年《教育科学发展规划》和为期五年的《行动计划》。这项规划还获得了欧盟委员会的认可。

2.《2020—2024 年国家数字技能发展战略》

为加快全体国民和国家经济步入数字社会进程，2020 年 2 月，塞尔维亚政府通过了由贸易旅游电信部提交的《2020—2024 年国家数字技能发展战略》。该战略的总体目标是提高包括青年、老人、女性和社会弱势群体在内的全体公民的数字知识和技能，使人们能够在所有领域使用信息通信技术，政府能够监测信息和通信技术在各个领域的发展，并满足经济和劳动力市场的需求，使数字技术成为实现社会平等而不是经济两极分化的一种手段。

为消除城乡和男女之间的数字鸿沟，塞尔维亚贸易旅游和电信部还专门实施了旨在提高农村妇女数字技能和电子商务能力的"有效点击"项目，总投资1950万第纳尔。

新型冠状病毒的大流行改变了人们开展业务和交流的方式，促使塞尔维亚电信和数字化进一步发展，为引入 5G 网络的竞争准备，塞尔维亚政府 2021 年给信息化办公室的资金将比 2020 年多 50%，计划到 2025 年最新一代宽带互联网将覆盖塞尔维亚每个家庭。

四、重点领域的专项计划和部署

1.《人工智能发展战略 2020—2022 行动计划》

塞尔维亚政府在完成《2020—2025 塞尔维亚共和国人工智能发展战略》后，2020 年 6 月，又通过了《塞尔维亚共和国人工智能发展战略 2020—2022 行动计划》。到 2025 年，政府将拨款 9000 万欧元用于人工智能的开发，该计划的实施将先从科研项目规划和在公共管理中使用人工智能软件开始。

2.《2020—2022 年电子政务发展计划》

为了推进数字化建设和公共管理改革，塞尔维亚政府于 2020 年 6 月通过了《2020—2022 年电子政务发展计划》及"行动计划"。该计划指明了塞尔维亚电子政务发展的道路，计划在未来两年内为市民和国家经济提供 300 项更快、更高效和简单便利的新电子政务服务，帮助塞尔维亚实现数字化的飞跃，致力于在电子政务发展方面的区域领导地位。塞尔维亚政府认为数字化和创新是应对新冠肺炎疫情挑战的最大机会和力量，也是打击腐败的最有效方法。

3. 启动农村地区宽带通信基础设施建设项目

为推进"数字塞尔维亚"基础设施的建设，经过两年的可行性研究和规划，塞尔维亚电信部在 2020 年 6 月宣布启动农村地区建设宽带通信基础设施项目。该项目将从欧洲复兴开发银行贷款 21.29 亿第纳尔，公开招募运营商，共同建设宽带基础设施。为弥合城乡数字鸿沟，塞尔维亚政府将通过该项目为农村地区 90 万户定居家庭接入新一代高速互联网，使互联网访问速度达到 100 Mbps。

4.绿色议程和环境保护计划

塞尔维亚政府致力于参加欧盟主导的《绿色议程》并与西巴尔干国家在2020年11月签署了《绿色议程宣言》。塞尔维亚寄望通过欧盟国际基金的支持，根据其经济实况实施《绿色议程》中的5项承诺，并实现3个主要目标：在所有主要城市建立污水处理厂、固体废物处理系统和应对空气污染和改善民众生活质量。塞尔维亚将努力提高可再生能源在电力和热能生产中的份额，计划在未来15年投资100亿欧元建造320座垃圾处理厂，其中一半为废水处理厂。

2020年6月，塞尔维亚通过了《2020—2024年包装废物减少计划》。这个五年计划为包装和包装废物的收集、再利用和回收利用制定了国家目标，2020年用于这些目的的资金为26亿第纳尔。

五、科技管理方面的人才管理措施

1.硕士"创意产业4.0"

为落实"数字塞尔维亚倡议"和培养产业与前沿技术紧密融合的未来人才，2020年9月，塞尔维亚教科部为硕士培养增设了新的跨学科课程"创意产业4.0"。13个国立院校、300多名国内外教师和75家公司参加了"创意产业4.0"计划，培育塞尔维亚国内视频游戏产业所需的人才。

2.第一份薪水计划

为帮助青年就业和促进经济发展，塞尔维亚政府实施了"我的第一份薪水"计划（My First Salary）。财政拨款20亿第纳尔，为10 000名拥有高中或大学学历但年龄不到30岁的年轻人提供首份工作，包括为期9个月的专业培训，培训费用由国家承担。拥有高中文凭的人每月可获得20 000第纳尔，拥有大学学位的人每月可获得24 000第纳尔。该计划是政府在疫情下刺激经济发展和保障青年人留在塞尔维亚的重要措施。

六、国际科技合作

加入欧盟是塞尔维亚的战略选择。因此，在科技合作领域，塞尔维亚优先重视与欧盟的合作，俄罗斯和中国也是其重要伙伴。2020年"华盛顿协议"签署之后，塞美合作突破了往年的格局，塞尔维亚开启了完全做好同美国合作的准备，美国对塞尔维亚创新投资引人瞩目。

（一）与欧盟的合作

欧盟是塞尔维亚最大和最重要的贸易伙伴，塞尔维亚贸易的 63% 是对欧贸易。2019 年塞欧贸易额达 249 亿欧元，欧盟向塞尔维亚出口 136 亿欧元，塞尔维亚向欧盟出口 113 亿欧元，较 10 年前增长了 250%。在教育和科技领域，欧盟也是塞尔维亚的最大投资者，塞尔维亚是欧盟教育和科研项目的积极参与者。

（二）对俄合作

塞俄有着根深蒂固的传统友谊和良好政治基础，两国签有经济合作战略协议，塞尔维亚是唯一一个同俄罗斯和欧盟均有免关税协定的国家，俄罗斯是塞尔维亚的第二大贸易伙伴。2019 年两国贸易额 35.6 亿美元。2020 年底，塞尔维亚递交了加入欧亚经济联盟自由贸易协定的申请。两国于 2021 年 3 月 5 日在喀山召开了第十八届塞俄贸易、经济和科技联委会，科技创新合作是双方最具实质受惠的方面之一。

（三）对美合作

美国国务院对 165 个海外市场的营商环境的年度报告指出，近年来，塞尔维亚的投资环境持续改善，这些改善基于宏观经济改革、更好的金融稳定性、更佳的财政纪律及促进法律改革的入盟进程，塞尔维亚在世界银行的营商环境排名也上升至第 44 位。吸引外资是塞尔维亚政府的重中之重，美国企业看重塞尔维亚的原因在于其战略地位、良好的教育且成本、低廉的劳动力、较好的英语水平、投资激励措施及与欧盟等关键市场的自贸协定。"华盛顿协议"中，基建和创新成为两国合作的优先选项。

（四）与欧洲其他国家的合作

1. 对挪合作

挪塞双边关系良好，挪威是欧盟之外积极援助塞尔维亚的北约成员国之一，资助的重点是能提升创新和就业的经济领域，如农业、冶金、电信、旅游数字化、电子政务和文化等。

2. 对瑞合作

瑞士是塞尔维亚的主要人道主义捐助国之一，瑞士每年拨款 2000 万欧元，支持塞尔维亚数字化和双重教育战略。2020 年瑞士为塞尔维亚抗疫提供了 60 万瑞士法郎的援助。在创新领域，尼什、诺维萨德和查查克科技园的建设得到了瑞士的支持。

3. 对土合作

土耳其高度重视对塞尔维亚的合作，土耳其在塞尔维亚营商的数量已超过800家，约有1万名员工。双方合作的重点主要集中在基建项目和创新领域。抗疫期间，土耳其政府向塞尔维亚提供了抗疫物资。

（五）与亚洲国家的合作

与亚洲的主要合作国为日本。近20年来，日本通过POSOS项目向塞尔维亚提供了总额超过1450万欧元的援助。2020年11月，日本电产拟对塞尔维亚投资2000亿日元，约合19亿美元，在塞尔维亚兴建电动汽车引擎厂和研发中心。世界著名的日本东洋轮胎因吉亚工厂于2020年12月在塞尔维亚举行奠基仪式。在2020年的抗疫援助中，日本政府向塞尔维亚捐赠了1亿日元，约合82万欧元。日本政府还为塞尔维亚的3家医院提供了22万欧元，支持医院建设。

（六）参加多边科技合作

1. 欧洲五国环境合作项目

奥地利、斯洛文尼亚、克罗地亚、匈牙利和塞尔维亚于2020年7月启动了一个新的生态合作项目"生命线MDD项目"，该项目计划在未来两年半的时间内加强保护和改善穆拉-德拉瓦-多瑙河（Mura-Drava-Danube）生态圈保护区的生态连通性和生物多样性，恢复和更新这些地区的自然河水流动力。

2. 加入国际机构 IPBES

2020年6月5日，塞尔维亚环境保护部宣布加入联合国环境规划署发起的"政府间生物多样性和生态系统服务科学政策平台"（IPBES），成为该国际机构的第137个成员。

3. 国际科研项目 MUHA

贝尔格莱德Jaroslav Cerni水资源开发管理所2020年10月28日宣布，该所参与实施了一项国际框架下的有关对水的各种危害和风险管理的名为"MUHA"的研究项目。此项目将对洪水、干旱、意外污染和地震的风险及其对供水的影响进行联合研究。

（执笔人：史　义）

⊙ 捷　　克

2020 年世界经济增长动能不足，欧洲经济社会发展遭受前所未有的压力。作为欧洲受疫情冲击最严重的国家之一，捷克或将面临严重的经济衰退。据预测捷克全年 GDP 将下降 8%，经济恢复至疫情前水平的时间不早于 2023 年。在新冠肺炎疫情的影响下，捷克研发创新活动受到一定限制，但总体发展较为平稳。

一、科技创新实力稳步上升，研发投入持续增加

（一）国家创新能力排名

捷克创新能力在欧盟国家中继续保持中等水平，在中东欧地区处于领先位置。落实国家《2019—2030 年创新战略》部署，捷克推出了系列创新配套政策和措施，创新环境建设取得一定进展。

据《2020 年欧洲创新记分牌》显示，捷克属于欧盟中等创新国家，创新绩效达到欧盟平均水平的 84.3%，排名居第 16 位，相较 2019 年下滑 2 位。外资高附加值投资、制造业就业份额、高科技产品出口、产品创新、创新型企业就业等方面表现较好。风险投资、学术出版物引用、知识产权、顶级企业研发等方面仍有待改进。

在《2020 年全球创新指数报告》（GII 2020）中，捷克排名居第 24 位，较 2019 年上升 2 位。创新产出（第 17 位）表现优于创新投入（第 28 位），其中外国资助研发表现最好（第 1 位）。

2020 年 9 月发布的《彭博创新指数报告》中，捷克排名第 24 位，较之前上升 1 位。其中工业增加值排名第 7 位，研究人员数量、研发强度等指标也排名靠前，但在高科技产业的集中度（第 42 位）、高等教育（第 38 位）和专利活动（第 31 位）方面表现较差。

（二）科研机构与大学排名

捷克科研机构实力处于欧盟中等水平，拥有捷克科学院、查理大学、捷克理工大学等一批具有一定国际影响力的科研机构和高校。

在《自然指数 2020》排名中，捷克位于全球第 25 位，在欧洲国家中位于第 14 位。世界科研机构排名中，仅有捷克科学院（第 143 位）入选，且上升明显（2019 年为第 172 位），2019 年上榜的查理大学 202 年落选。

在 2020 年《美国新闻与世界报道》（US News & World Report）对全球最佳 1500 所大学的排名中，捷克有 11 所大学入选。其中查理大学全球排名居第 210 位，在欧洲大学中排名居第 89 位，物理、数学、植物学和动物学等学科跻身前 100 所最佳大学。其他入选的大学还有捷克理工大学（全球第 516 位，欧洲第 221 位）、帕拉茨基大学（全球第 519 位，欧洲第 228 位）、马萨里克大学（全球第 555 位，欧洲第 240 位）。

根据《泰晤士高等教育》发布的《2021 年世界大学排名》，捷克学校在经济学、艺术和人文学科等学科上表现不俗，而自然科学方面表现较差。查理大学保持领先，全球排名居第 401～第 500 位，其次是马萨里克大学和帕拉茨基大学（全球排名居第 601～第 800 位）。

（三）研发投入再创历史新高

近年来，捷克研发投入保持持续增长，其中企业研发投入增幅较大。根据捷克统计局最新数据，2019 年捷克研发投入为 1120 亿克朗，占 GDP 比重为 1.94%，达到欧盟国家平均水平，在欧盟国家中排名居第 10 位。

其中，企业研发投入为 647 亿克朗，占比 58%，同比增长 8%。公共经费研发投入中，国内公共经费为 376 亿克朗，占比 33.7%，同比增长 7.1%；国外公共经费为 81 亿克朗，占比 7.2%，同比增长 22.7%。其他研发投入为 12 亿克朗。

企业是捷克创新的主体力量，2019 年 2704 家企业研发支出共计 688 亿克朗，占研发总支出的 61.6%。其中，外资企业占据了主导地位，603 家外资企业中 80% 为大中型企业，在研发支出规模和研发人员数量方面优势明显。研发支出超过 1 亿克朗的 110 家企业中 81 家为外资企业，雇佣研发人员全时当量超过 100 人年的 81 家企业中 54 家为外资企业。

2019 年，捷克研发人员达到 11.71 万人（全时当量近 8 万人年），较 5 年前增加了约 2 万人。研究人员中 3.8 万人（全时当量为 2.06 万人年）服务于政府和公共部门。

高等教育和政府部门中外国研究人员数量增加，最多的是斯洛伐克人，其他主要来自印度、乌克兰、俄罗斯、意大利和德国等。

（四）未来 3 年公共财政研发投入将继续保持高位

虽然经济受到疫情影响，捷克研究、开发与创新理事会（以下简称研发创新理事会）近期批准的未来 3 年公共财政研发预算中，仍确定 2021 年、2022 年和 2023 年预算分别为 380 亿克朗、380 亿克朗和 386 亿克朗。同时，研发创新理事会还决定增加另一项为期 7 年最高 450 亿克朗的研发预算，主要用于资助应对全球挑战的研究，其中最高 30 亿克朗用于卫生保健领域，如解决新冠肺炎疫情问题等。

二、科技创新战略和规划

捷克政府高度重视科技创新工作，为落实 2019 年出台的国家《2019—2030 年创新战略》，正在研究制定配套政策措施，但受新冠肺炎疫情影响，工作进展较慢。2020 年主要战略和规划包括以下几个方面。

（一）发布《国家研发和创新政策 2021+》

2020 年 7 月，捷克政府批准了研发创新理事会与教育、青年和体育部共同制定的《国家研发和创新政策 2021+》。该文件是捷克研发创新总体战略文件，旨在推动捷克在 2030 年发展成充满活力的"创新领导者"。

该政策文件总结了捷克研发创新体系存在的主要问题，包括创新链各节点关联度弱，对研发创新成果的风险投资不足，研发创新管理复杂低效，研发创新相关法律规定不明确，知识产权使用和保护不足，科技人才缺乏，国际研发合作比例低，以及企业与研发机构合作不充分等。

结合国际科技创新发展态势和国家创新发展需求，该文件确定对国家研发创新体系做出重要调整，主要战略目标包括：一是建立高效的国家研发创新资助和战略管理体系；二是营造有利于研究机构创新的环境，激发研究人员创新潜力；三是提高捷克研发创新系统的开放性和吸引力，更好融入欧洲研究体系，以提升捷克研发创新质量；四是强化研发与应用领域合作；五是帮助企业开展研发创新活动，支持企业、研究机构和公共管理部门围绕重点产业开展联合研究。围绕重新调整研发创新优先领域，应对新冠肺炎疫情等紧急威胁，支持社会挑战相关领域的研发计划等任务，文件确定了 28 项具体措施。

（二）着手制定国家复兴计划

欧洲议会与欧盟成员国就"下一代欧盟"复兴计划达成一致，欧盟将成立 7500 亿欧元的基金，重点支持绿色新政、数字转化和危机应对，其中 37% 的资金将投入与绿色转型目标直接相关的领域。

捷克将从基金中获得 87 亿欧元的补贴，目前捷克正在着手制定国家复兴计划，以在 2021 年 4 月底前提交欧盟。在绿色新政方面，捷克将投入 40% 的资金，高于欧盟 37% 的要求。在数字化相关领域，将投入 20% 的资金。

捷克工贸部拟制定的国家复兴计划草案总预算为 2220 亿克朗。其中，约 1180 亿克朗将用于基础设施建设和绿色转型，包括改善运输基础设施和低碳经济等；315 亿克朗用于支持企业应对新冠肺炎疫情；250 亿克朗用于数字化；200 亿克朗用于教育和劳动力市场，150 亿克朗用于人口健康和康复，125 亿克朗用于研发创新。

国家复兴计划中，用于研发创新的预算为 125 亿克朗，其中 75 亿克朗将用于工业应用研究，其他 50 亿克朗用于医学。工业应用研究方面，主要通过捷克技术署和工贸部的 TREND 计划和能力中心计划增加资金支持，推动工业研究和实验开发。医学方面，一部分资金用于加强对肿瘤、心血管疾病及代谢疾病等严重疾病的研究，另一部分用于病毒学研究。

三、重点专项计划和部署

（一）教育、青年和体育部

启动"欧洲领先电子元件与系统（ECSEL）联合技术倡议"设立的 5 个捷克项目。ECSEL 联合技术倡议是欧盟通过"地平线 2020"计划支持建立的 7 个公私合作伙伴计划之一，旨在支持电子元件和智能控制系统、微电子和纳米电子、嵌入式计算机系统或人工智能等领域的研发创新活动。教青体部代表捷克，长期参与 ECSEL 联合技术倡议的活动，每年拨款 300 万欧元资助该计划下的国际项目。2020 年获批的 5 个项目总经费预算为 6500 万克朗。

（二）工业和贸易部

启动第七轮支持创新网络集群计划（Clusters），资助总金 1.8 亿克朗。该计划旨在支持以集群为代表的创新网络的发展，使其成为加强企业与研究机构之间联合研发和创新活动的工具，并促进区域、跨区域和国际等各个层级之间的相互联系，推动基于知识和创新的经济发展。其中主要包括四类项目：①合作研究项目；②建立和发展以应用研究、创新为目的的公开集群中心；③与欧洲研究区建立合作关系，参与跨国优秀集群（着眼于未来挑战和关键技术），协调进入第三国市场；④发展集群组织，如拓展集群，提高管理质量，改善合作、知识共享、营销网络等。

为"创新"计划投入 15 亿克朗，面向中小企业，重点支持企业在产品、生产流程、组织形式和营销等方面创新，提升创新管理水平，加强高技术企业生产力和竞争力。通过企业竞争力创新运营计划（OPEIC）投入 3 亿克朗，重点支持企业生产抗击冠状病毒所需的医疗设备和个人防护设备等。

启动欧洲数字创新中心（EDIH）计划。EDIH 计划作为 2021—2027 年数字欧洲（DEP）计划的子计划，由捷克政府和欧盟共同资助，旨在支持建设欧洲数字创新网络，在各领域广泛应用人工智能技术、高性能计算和网络安全等数字化服务，特别有助于中小型企业数字化。各个 EDIH 将通过共享相关技术，不断提升技术水平、创新服务。目前共有 21 个机构提出申请，主要为初创企业和中小企业，其中人工智能相关机构占比 33%，高性能计算相关机构占比 35%，网络安全相关机构占比 17%。

（三）技术署

在疫情冲击下，捷克中小企业普遍经营困难。工贸部和技术署于 2020 年 4 月启动了捷克崛起、未来之国子计划Ⅲ、技术 COVID-19、概念与验证计划Ⅲ、创新券Ⅳ等一批计划，协助企业渡过难关，资助其进行生产转型、研发创新解决方案等。

捷克崛起计划（Czech Rise UP）于 2020 年 4 月启动，主要面向中小企业，每个项目最多可获得 540 万克朗资助。重点资助三类项目：物资采购、企业转型和开发解决方案。其中，研究机构可申请第三类项目。共申报项目 236 项，其中 64 项获立项，总预算为 1.7 亿克朗。项目主要研发内容包括从样本中提取病毒 RNA 的自动化设备，用于综合救援系统的防护头盔，用于呼吸机的新型氧气发生器，使用虚拟现实技术的 ICU 培训系统原型机，非接触式自动数字对讲机，以及可用于消毒的新型照明设备等。在该计划的支持下，捷克公司 3Dees Industries 生产的 3D 打印口罩、捷克理工大学开发的呼吸机及 InnoCure 公司生产的纳米纤维防护膜等产品广泛地应用在捷克抗疫一线。在此基础上，2020 年 11 月还启动了捷克崛起 2.0 计划，并将单个项目最高可获资助金额提高到 1000 万克朗，继续鼓励研究疫苗、医疗产品和设备，创新性解决方案等。

"未来之国"子计划Ⅲ创新实践计划于 2020 年 4 月启动，单个项目最高可获 2500 万克朗支持。该计划旨在提高企业创新力度，加强学术和商业部门在技术转移领域的合作，重点支持符合工业 4.0 标准和从事新兴领域的中小企业。

概念验证挑战Ⅲ计划资助布拉格之外、成立至少 1 年的中小企业。单个项目最多可获 1000 万克朗资助。重点支持资助中小企业和研究机构之间开展技术转移相关服务，包括从研究机构雇佣高技术人才、申请或进行专利许可、开展可行性研究、支付创新咨询及相关服务的费用等。创新券Ⅳ计划资助布拉格之外的中小企业，帮助其购买专家服务，最高单个项目可获得 100 万克朗资助。

此外，捷克技术署于 2020 年 11 月通过并启动了 EPSILON 计划，征集第三轮电子数据网欧洲纳米医学项目。主要面向研究机构，支持其开展纳米医学相关研究，每个项目最多可获得 75 万欧元资助。申请者需由至少来自 3 个国家的 3 ～ 7 合作伙伴参与，主要参与国包括比利时、捷克、埃及、以色列、波兰、罗马尼亚、土耳其等 16 国。

（四）其他部门

捷克科学基金会因疫情取消了 2020 年 2 月公布的 EXPRO、JUNIORSTAR.标准项目和国际项目征集，全部延后至 2021 年。2020 年 4 月，捷克科学基金会与奥地利科学基金会合作，发布了 SARS–CoV–2 紧急计划项目征集，接受新冠肺炎病毒相关的所有基础研究领域的项目申请，指南截止日期为 2020 年 9 月 30 日。该指南不但面向捷克与奥地利合作的国际团队，也面向与德国、卢森堡、波兰、斯洛文尼亚、瑞士合作的国际团队。

捷克内务部征集第四轮 2015—2022 年捷克安全研究计划项目，面向疫情所暴露出的危机管理和公共卫生问题，支持研发新技术以应对流行病威胁和生物制剂、毒素泄露危机等，未来还将在捷克综合营救系统中集成相关技术成果。共有 69 个项目提出申请，其中 27 个项目获得批准，总资助金额为 2.5 亿克朗。

此外，在生物保护领域，捷克内务部还启动了 IMPAKT 计划（支持战略安全研究），以及捷克加入欧洲生物保护实验室网络后启动的 Collection 项目（支持发展国家病原体收集系统和研究病原体模型等）。这些研究均与建立国家病毒研究所的计划相关。在 IMPAKT 计划中，捷克内务部还与美国或爱尔兰合作伙伴联合资助了"基因测序和生物信息学"和"高度危险病原体的致病性"等项目。

四、重点领域科技进展

（一）人工智能及数字化领域

一是大力发展数字技术，部署 5G 网络建设。在工贸部倡议下创建"5G 联盟"，来自企业、公共机构和学术界的代表共同在 5G 网络建设和发展中，发挥推动创新、协助监管、制定战略和保障安全等作用。工贸部与地方发展部合作，通过"智能城市中的 5G 网络"项目，支持五座城市建设首批应用 5G 技术的"智慧城市"，在不同领域应用 5G 网络和其他新技术，加速地区创新生态系统建设。

二是在抗疫中广泛使用数字技术。在全国超过 300 所学校部署使用 Digital Emergency 4.0 技术的远程教育平台，疫情期间协助学校教学。借助 5G 技术在 26

家诊所部署 online Doctor 24/7 远程医疗平台，可随时在线并在 30 min 内快速响应，协助医生进行在线问诊、开具电子处方或检查申请（如新型冠状病毒检测），评估出现新冠症状的患者的健康状况等。捷克理工大学将研发的机器人 Pipetter 免费借给布拉格的纳布洛夫采医院，以协助正在进行的新型冠状病毒样品测试，大幅提升检测效率，并研发了使用 3D 打印技术的口罩和能快速生产的呼吸机等。

三是捷克大学联合成立网络安全中心，提高国际竞争力。代表捷克网络安全研究领域最高水平的马萨里克大学、捷克理工大学和布尔诺理工大学联合成立网络安全中心，并纳入欧洲数字创新中心网络，集合专有技术和基础设施，共享信息和经验。该中心还将根据新的欧洲法规独立运作，成为网络安全领域的特殊认证机构，对新尖端技术是否符合安全要求进行评估、认证，有望与欧盟大型成员国的认证机构竞争。

四是建设新的超级计算机，加速相关领域研究。由"欧洲高性能计算共同计划"支持，2021 年将在捷克国家超级计算机中心（IT4Innovations）建造名为 EUROI-T4I 的新型超级计算机。该超级计算机建成后将进入欧洲十强超级计算机和全球五十强超级计算机之列。

（二）物理和材料领域

一是参与"地平线 2020"计划支持的 NextBase 国际项目。NextBase 由来自捷克等 8 个国家的 14 个合作伙伴共同承担，目标是推动欧洲光伏电池技术的竞争力。二是金属氨研究取得突破。捷克科学院有机化学与生物化学研究所 Pavel Jungwirth 团队与德国、美国合作，成功解决了长期以来超高真空与液氨等挥发性液体不相容的问题。相关研究成果登上《科学》的首页。三是通过气相沉积法在核燃料棒壳的锆合金表面涂覆坚固又柔韧的多晶金刚石膜。四是成功研制出一种独特的新型微波材料，具有目前已知最低的介电损耗，且可调性高，将大幅降低移动网络的能源消耗，降低手机充电频率。五是开发出一种环境扫描电子显微镜（ESEM）新成像方法，使通过 ESEM 观测敏感的活体细胞样品成为可能。

（三）生物医学领域

一是拟设立国际病毒学研究中心。捷克教青体部向研发创新理事会提议建立国际病毒学研究中心，已得到理事会的支持。二是联合开展新型冠状病毒疫情相关研究。三是胰腺癌研究取得新进展，研发了诊断胰腺癌的新方法，对提高胰腺癌患者存活率有积极意义。四是成立医学研究联盟。捷克临床和实验医学研究所与捷克科学院的有机化学和生物化学研究所、生理学研究所合作成立了 MediAim 联盟，整合彼此互补的研究设备和资源，重点研究肥胖症、糖尿病和心血管疾病等。五是建立全球真菌数据库。捷克科学院微生物研究所根据样品的 DNA 确定真菌物种，对全球各大洲的真菌分布进行了全面定位，编制了独特的全球真菌分布在线地图 Global Fungi。六是开发镥 –177（^{177}Lu）同位素商业化生产技术。捷克科学院有机化学与生物化学研究所开发出可大幅加速和简化 ^{177}Lu 同位素分离的新方法，授权给美国医疗技术公司 SHINE，并成功用于医用无载体 ^{177}Lu 同位素商业生产。

（四）航空航天领域

一是参与欧洲航天局（ESA）太阳轨道探测器部分科学仪器研发生产工作。在教青体部 1.8 亿克朗资金的支持下，捷克科学院天文研究所、大气物理研究所和查理大学数学与物理学院等研究团队，为太阳轨道探测器研发了 4 种科学仪器，许多捷克研究机构和企业也参与了上述仪器的生产制造。

二是捷克太空孵化器继续发展壮大。欧空局商业孵化中心 (ESA BIC) 在捷克布拉格和布尔诺成立 4 年来，共孵化 25 家初创公司，其中 16 家捷克公司，其余 8 家来自斯洛伐克、法国、瑞士、埃及和印度等国家。目前，已有 12 家公司完成孵化。2020 年，ESABIC 又迎来了两家新的初创公司 Varistar 和 VRgineers。

三是由欧空局开发、捷克 SAB 空间技术公司制造的小型航天器任务服务分配器系统，成功协助欧空局织女星（Vega）火箭将 53 颗卫星"拼车发射"送入轨道。该分配器总成本 800 万欧元，由"地平线 2020"计划提供部分资金支持。这也是自捷克 2008 年加入欧空局以来，参与制造的价值最高的航天器组件。

四是捷克最大天文望远镜进行升级改造。捷克科学院的天文研究所恒星系团队与等离子体研究所特殊光学和光电系统研究中心（TOPTEC）合作，对天文研究所安德鲁天文台天文望远镜 PERK 进行重要的现代化改造。

五、科技管理体制机制

（一）通过研发资助修正案，继续推进科技评估

2020 年 2 月捷克总统泽曼签署《捷克政府关于研发资助的修正案》，对科技评估标准进行调整。公共研究机构的评估将不仅取决于科研成果数量，还将考虑研究成果质量。新的评估标准由研发创新理事会制定，将纳入研发创新信息系统。

旧的评估标准完全基于对研究成果进行评估，存在研究资金分配僵化、缺乏对高质量的研究成果的鼓励、资助部门对研究机构长期发展影响不够等问题。新标准中将以评估研究机构的组织运行为基础，考虑专业人士的评价、世界趋势和

对研究机构的评价指标。

于 2017 年开始应用的 M2017+ 评估体系，已从实施阶段（2017—2019 年）过渡到全面评估阶段（2020 年起），今后将每 5 年进行一次全面评估，评估指标包括选定的成果质量、研究绩效、研究的社会关联性、可行性及研究组织的战略政策。

（二）研发创新理事会人员调整

研发创新理事会成员任期 4 年，2020 年由 Marian Hajduch 和 Jiri Holoubek 接替任期已满的 Janu Latovi 和 Jiri Witzany。Marian Hajduch 是捷克帕拉茨基大学分子与转化医学研究所所长。Jiri Holoubek 是捷克电子电气技术协会主席、捷克工业和运输联合会及国家工业 4.0 中心董事会成员。

印度物理学家 Ajay Kumar Sood 被任命为捷克研发创新理事会国际咨询委员会成员。Ajay Kumar Sood 教授是世界著名的印度物理学家，主要研究石墨烯和纳米技术，在印度科学研究所和贾瓦哈拉尔·尼赫鲁高级科学研究中心工作。

（执笔人：张云帆　韩苍穹）

◉ 波　　兰

2020 年，面临新冠肺炎疫情对经济社会发展造成的巨大冲击和科技主管部门和人事的几经变动，波兰科技创新势头不减，科教管理体制改革在争议和波折中持续前行，对外科技合作势头良好。这一年，波兰研发投入力度较往年增幅明显，科技创新在疫情防控和恢复经济社会发展中发挥了重要的支撑作用，并将助推后疫情时代绿色和数字化等转型发展。

一、推进科教管理部门重组，着力完善科技创新生态系统，提升创新能力

（一）科教管理部门重组

2020 年，波兰科教体制改革在联合执政党派的妥协中保持总体前进态势。9月，原科教部和教育部合并，成立了教育与科学部；原发展部和企业技术部合并为发展、劳动和技术部（原科教部下属的国家研发中心被划归至该部），原气候部和环境部也合并成为气候和环境部。综合来看，部门重组不会对波兰科技创新发展的大方向带来根本性影响。

（二）运营完善武卡谢维奇研究网络

被称之为欧洲第三大研究网络的武卡谢维奇研究网络于 2019 年 4 月正式运营。2020 年 1 月，武卡谢维奇研究网络中心设立由政府、科研界及企业代表组成的顾问委员会。顾问委员会的主要任务是为武卡谢维奇研究网络中心的发展活动提供咨询及就中心与工商界的合作方向发表意见。在成立的头几个月内，委员会将支持中心制定其研究活动的目标和方向。11 月，武卡谢维奇研究网络

成立了技术评估中心。该中心的主要任务是开展技术预见，研究实施新技术的优势、风险和后果，为科研机构特别是武卡谢维奇研究网络中的科研院所提供服务。中心专家还将对特定行业或企业进行技术审核、社会和经济影响评估及市场分析。9月，武卡谢维奇研究网络下的波兰技术发展中心 (PORT) 正式成为欧洲创新和技术研究院（EIT）的健康"知识与创新社区（KIC）"网络"EIT Health"的合作伙伴，为武卡谢维奇研究网络与 EIT Health 之间的广泛合作开辟道路。

疫情期间，武卡谢维奇研究网络下的 30 多个研究所积极加入抗击疫情的斗争，与有关研究机构和企业合作实施了大量科研成果商业化项目，涵盖药物、医疗设备和诊断试剂研发等方面。

（三）延揽海外高端科研人才

2020 年 9 月，波兰国家学术交流局 (NAWA) 宣布"波兰人回归"引智计划第三次竞赛结果，共有 13 名来自牛津大学、普林斯顿大学、美国国立卫生研究院等知名海外大学和科研机构的杰出波兰科学家返回波兰工作。"波兰人回归"计划实施以来，截至目前共有约 40 名海外波兰科学家重返波兰。11 月，国家学术交流局宣布"客座教授"项目首次竞赛结果。来自英国、德国和奥地利等国的 5 名杰出科学家将于 2021 年开始接受 2000 万兹罗提的资助，在波兰的大学和科研院所开展为期 36 ~ 48 个月的专门领域的科学研究活动。11 月，波兰科学院最新推出的国际奖学金项目"波兰科学院个人奖学金：创新 & 创造（PASIFIC）"启动大会在线上举行。在 PASIFIC 项目下，来自世界各地的 50 名杰出的科学家将来到波兰，在波兰科学院下属不同研究所和国际分子与细胞生物学研究所进行联合研究。PASIFIC 项目接受欧盟 MSCA COFUND（玛丽居里项目共同资助地区、国家和国际计划）的共同资助。项目参与者每人每月将获得大约 2500 欧元的补助，其家属可以获得额外津贴。每个项目资助额约 9 万欧元。11 月，波兰国家科学中心推出 POLONEZ BIS 项目，计划吸引 120 名国外杰出科学家赴波兰开展科学研究。

（四）继续加大对科技成果转化的资助力度

疫情期间，除政府、波兰国营银行和波兰发展基金会向科技型中小企业和初创企业提供低息或无偿贷款外，原科教部等政府部门主要实施了以下四大计划，助推科研成果商业化。一是在教育和科学系统中引入知识和技术转让评估机制；二是推出"大学生研究小组创造创新"计划；三是实施"创新孵化器 4.0"计划；四是继续推行"中小企业创新券"计划。

二、加大对相关重点领域的规划部署

（一）加快培育数字经济

1. 发布人工智能发展政策

2020 年 9 月，波兰数字化部长理事会委员会（KRMC）通过了"波兰人工智能发展政策（2019—2027）"。该政策从短期（到 2023 年）、中期（到 2027 年）和长期（2027 年之后）3 个不同的时间跨度确定了波兰发展人工智能的目标和行动，旨在帮助波兰有效利用基于人工智能的新技术和解决方案，挖掘经济增长的潜力。

2. 启动新的数字创新中心

2020 年 10 月，弗罗茨瓦夫理工大学等 5 个实体联合成立工业 4.0 新数字创新中心。中心将为企业、研究团队和其他工业部门实体举办专门技术开发培训，并从事咨询支持活动，帮助他们实施最现代的技术解决方案以提高其竞争力，推动波兰经济朝着工业 4.0 的方向发展。

3. 实施 INFOSTRATEG 计划

2020 年 11 月，波兰国家研发中心宣布了将于 2021 年初启动的 INFOSTRATEG 计划首次项目竞赛，项目资助额为 6000 万兹罗提。该计划旨在通过开发基于人工智能和区块链的解决方案来支持与波兰人工智能潜力开发相关项目的实施，激励科学界和经济界就对波兰发展至关重要的问题开展合作。

（二）推动能源向低碳绿色转型

为推动绿色低碳发展和能源革命，波兰政府计划在未来 20 年内建设一个新的、零排放的能源体系，核能与可再生能源是该体系的两大支柱。

在核能发展方面，波兰曾与美国、日本和法国进行谈判，但尚未确定具体合作对象、形式和技术路线。2020 年 2 月，波兰总理莫拉维斯基在访问日本时表示，波兰核电已准备好向日本生产者和投资者敞开大门。同月，法国总统马克龙访问波兰，在首届波兰 - 法国"未来工业"论坛上签署合作宣言。双方将共同为清洁能源努力，共建循环经济，并讨论了包括核电在内的能源合作问题。6 月，作为波兰核电计划中核反应堆和安全分析项目（PHD4GEN）博士生培养的一部分，波兰国家核研究中心组织了国际高温反应堆暑期学校，邀请来自欧洲、美国和亚洲的 31 位专家通过视频方式为核领域青年研究人员授课。10 月，波美签署核能协议，来自民用核能领域的领先美国公司将就波兰核电厂的建设计划进行早期工程和设计。12 月，波兰气候与环境部与美国进出口银行（EXIM）签署合作备忘录，以支持波兰的能源转型，特别是诸如"波兰核能计划"之类的战略项目。

在风能方面，2020 年 9 月波兰在什切青发起签署《海上风能波罗的海宣言》。根据"波兰 2040 年能源与环保政策"，在 20 年内波罗的海将安装 8G～11GW 的海上风电场。11 月，波兰部长会议通过了气候与环境部长提交的关于促进海上风电场发展的法案草案。新法规将及大地促进波罗的海风能资源的利用和海洋经济领域波兰公司的发展。

（三）支持农业科技跨越式发展

2020 年 8 月，原科教部宣布启动"农业科技"（Agrotech）项目竞赛，国家研究与发展中心（NCBR）将从"智能发展"计划下的欧洲基金中为此拨款 1 亿兹罗提。竞赛的主要目的是提高从事机器人化、自动化、数字化或环保食品生产项目的波兰公司的竞争力，增强其应对"农业 4.0"的挑战能力。

三、充分发挥科技优势，全力应对新冠肺炎疫情

新冠肺炎疫情在波兰暴发以来，面临巨大的财政压力和一系列复杂的政治、社会问题。由原科教部、卫生部等牵头，波兰政府先后投入大量人力、物力和财力，在应急药物、检测试剂、疫苗、医疗器械和接触者追踪应用程序等方面开展国内外科研攻关，并取得了诸多突破性成果。综合来看，这些研究呈现出"四化"特点，即研发类别全面化、资金来源多元化、资助方式便捷化、科研合作开放化。值得一提的是，顺应政府"反危机盾牌"一揽子计划，原科教部在科研领域推出多项"战时举措"，如国家研发中心先后实施三轮总预算为 2 亿多兹罗提的"快速通道"项目，用于 COVID-19 治疗方法开发、诊断测试和临床研究等。

此外，为科学应对新冠肺炎疫情，原科教部于年初成立了疫情应对工作组，以处理病毒扩散导致的应急事件；2020 年 3 月成立了以波兰科学基金会主席为首的抗击新型冠状病毒特别咨询专家组，负责其向原科教部报告疫情动态、相关最新研究信息，并提出行动建议；波兰科学院于 6 月成立了由波兰科学院院长领导、8 名专家组成的新冠肺炎疫情跨学科咨询团队，不定期就国内外疫情走势和应对策略发表见解。

四、研发投入和产出及创新表现

根据波兰中央统计局 2020 年 10 月 30 日公布的数据，2019 年波兰研发支出较上年增长了 18.1%，达到 303 亿兹罗提。研发强度从 2018 年的 1.21% 增至 2019 年的 1.32%。

2019 年研发支出最多的部门是企业（190 亿兹罗提，占全国 R&D 支出的 62.8%），较去年增长 12.3%；第二大部门是高等教育（占比 35.6%）；接下来是政府部门（占比 1.3%）和私立非商业机构（占比 0.3%）。2019 年，除政府部门外，所有部门的研发支出均比 2018 年有所增加。其中，支出增长最高的部门是高等教育（与 2018 年相比，支出增加了 32.7%）。

此外，数据显示，研发实体和人员的数量正在不断增加。尽管在研发强度指数方面波兰仍落后于欧盟平均水平，但由于支出的持续高增长率（主要是在企业领域），欧洲和波兰之间的差距正在逐步缩小。

与 2019 年相比，波兰的总体创新绩效并无明显改观。波兰在《2020 年全球创新指数报告》（GII 2020）排名中居第 38 位，相比 2019 年提升 2 位；在《2020 年欧洲创新记分牌》排名中仍居倒数第 4 位，还属中等创新国家。

五、聚焦欧美，重视东亚，不断推进国际科技合作

（一）广泛开展抗疫合作与外交

疫情期间，以欧美为重点，波兰积极与各国开展不同形式和内容的国际科研合作，如参与由奥地利科学基金（FWF）牵头的由六国参与的欧洲跨国新型冠状病毒科研项目，生物技术公司 OncoArendi Therapeutics 与比利时 VIB 研究所就 COVID-19 开展联合研究，加入欧洲分子生物学实验室数据平台建设项目，与新西兰联合开发 COVID-19 疫苗，与美奥两国合作创建新型冠状病毒蛋白质模型验证平台，与微软开展数字化早期诊断技术合作，与日本公司合作推动新型冠状病毒科研成果商业化，以及参与国际新型冠状病毒知识库建设、世卫组织"团结Ⅱ"全球血清学流行病研究、全球新型冠状病毒采样监测工作和全球大规模研究项目——COVID-19 宿主遗传学计划等。

在开展具体项目合作的同时，波兰重视针对欧洲重点国家、地区和美国的疫情科技外交。在欧洲层面，2020 年 4 月，维谢格拉德集团四国外长举行视频会议，发起实施"V4 东部团结计划"，在维谢格拉德基金下提供多达 25 万欧元的资金协助东部伙伴关系国家抗击新冠肺炎疫情；5 月，中欧倡议（CEI）国家政府首脑通过视频会议方式通过了《关于团结合作抗击 COVID-19 的联合声明》，

强调团结和决心是抗击 COVID-19 共同决策的基础；6 月，时任科教部长沃伊切赫·默泽克会见德国萨克森州州长迈克尔·克雷奇默，就疫情期间波德区域间合作及波兰与德国于 2019 年合作建立的跨学科数字系统研究中心"先进系统理解中心"（Center for Advanced Systems Understanding，CASUS）项目合作前景交换意见；同月，波兰与波罗的海三国发表合作应对疫情联合声明。对美方面，2020年 6 月，波兰总统访美，与美国总统特朗普会面，就抗击 COVID-19 疫苗和药物科研合作、深化国防与能源合作、电信系统安全等议题交换意见，并发表联合声明；11 月，在波兰原科教部和美国驻波兰大使馆的支持下，企业发展署赞助发起"波兰 - 美国创新桥在线视频会议"，讨论如何携手应对新冠肺炎疫情等挑战及深化双边创新合作。

（二）突出与三海地区国家在数字经济等领域的合作

2020 年 9 月，中东欧国家信息技术与现代技术部门联合通过《华沙数字宣言》，明确三海（亚得里亚海、黑海和波罗的海）地区国家数字经济领域的重要问题。《华沙数字宣言》是中东欧地区三海倡议集团国家（保加利亚、捷克、拉脱维亚、波兰、罗马尼亚、斯洛伐克、匈牙利等）向各国政府和欧委会提出的数字化领域联合倡议；波兰与波罗的海三国的数字化部联合签署关于加强 5G 和互联自动化移动技术合作的备忘录，通过 2019 年商定的路线图，计划建设连接 4个国家的北部波罗的海沿线 5G 和互联自动化移动走廊。

（三）继续加强与发达国家的科技合作

对美合作方面。2020 年 6 月，波兰发展基金会（PFR）负责人宣布，科技巨头谷歌和微软将在未来几年内向波兰总计投资 30 亿美元，将波兰打造成为中东欧的"数字中心"。6 月，美国剑桥创新中心（CIC）在华沙 Varso Place 启动其在中东欧的第一个创新园区"CIC Warsaw"，为科技型初创企业提供灵活办公空间和联合办公选项。10 月，波兰航天局与美国宇航局举行会谈，主要探讨关于合作建设航天任务飞行器和设备，开展深空探测合作。

对英合作方面。2020 年 1 月，英国驻波兰大使馆和波兰共同发起"英国 -波兰技术挑战赛"。这一新计划将大型公司和科技初创公司联合起来，以支持和促进两国的创新。

对德合作方面。波兰继续支持波德科学基金会、狄俄斯库里 (Dioscuri) 科学卓越中心计划及波德研究项目竞赛。

（执笔人：郭东波　蒋苏东）

◎ 罗马尼亚

一、国情概况

（一）政治形势

延续 2019 年总统选举中自由派得势的趋势，在 2020 年 9 月的地方选举中，执政的右翼国家自由党（PNL）获胜，共赢得 34% 的选票，社民党（PSD）赢得 30%，拯救罗马尼亚联盟－自由团结统一党（USR-PLUS）共赢得 13% 的选票。12 月初的议会选举中反对党 PSD 获得近 30% 的选票，PNL 仅获得 24.7% 的选票，执政一年后下台，其将联合 USR-PLUS 和匈牙利族民主联盟（UDMR）组建新政府。

（二）经济动态

突如其来的新冠肺炎疫情，打破了罗经济近年高歌猛进的增长势头。到 2020 年 9 月，其公共债务已高达 GDP 的 42.9%。据惠誉评级显示，罗信用主权为 "BBB-"，展望为负面级。据标准普尔预计 2020 年该国经济下滑 5.2%，财政赤字率为 9.2%，2021 年经济增长 4%。分析认为疫情严重冲击该国宏观经济平衡，导致金融系统风险大幅上升。

（三）外交关系

2020 年，罗马尼亚"亲美傍欧、美在欧先"的外交方针更为清晰明确，在获得疫苗和疫后复苏等问题上高度依赖欧盟，积极支持欧盟理事会"伙伴关系"的五大政策目标，包括智慧欧洲、绿色欧洲、密切联系的欧洲、社会性欧洲、公民欧洲，预计将从欧盟 2021—2027 年度欧洲伙伴关系计划各类基金中获得 850

亿欧元资助。安全上更加倚重北约和美国，在能源、核电、5G 等领域进一步依傍美国。

二、研究创新系统总体情况

（一）政府科技主管部门更迭频繁

2019 年底上台的国家自由党政府将研究与创新部取消，并入教育部，新成立教育和研究部（MEC，简称教研部）。与原研究与创新部负责科技创新的部门相比，新设立的教研部在科技领域的组织结构基本保持不变，设有科技类部门 3个（国际伙伴关系与全球罗马尼亚人司、研究发展与创新管理总司、研究中介机构总司），常设咨询委员会 4 个（研发创新咨询委员会、科学研究技术发展与创新伦理委员会、技术转让委员会、科学研究委员会）。2020 年底拟议的新政府中研究部门再次分出，拟组建新研究创新和数字化部。

（二）第三期国家研发创新战略编制工作继续推进

2020 年教研部的重点工作是制定《智慧专业化国家战略（SNSI）》《国家研发创新战略（SNCDI）》以及与之配套的具体方案《国家研发创新计划（PNCDI）》。这些战略和规划将同《2019—2024 年欧盟战略议程》《2021—2027 年凝聚力政策》等欧盟文件一起，为罗马尼亚 2021—2027 年的研发创新领域支持和改革政策搭建总体框架。2020 年 8—10 月，教研部就研发创新和智慧专业化战略编制工作进行了公众咨询。据教研部长报给总理府的备忘录，教研部将启动"地平线2020"中的 PSF 机制以评估第二期（2014—2020 年）国家研发战略的执行情况，评估结果于 2021 年公布，并在第三期（2021—2027 年）国家研发战略编制过程中加以吸收。

（三）研发投入和科研人力资源止步不前

研发投入总量攀升，但占比仍不乐观。根据罗马尼亚国家统计局 11 月发布的数据，罗马尼亚 2019 年国家级研发支出达到 50.65 亿列伊（约合 12.32 亿美元）。总额相比 2018 年有所增加，但占 GDP 的比重再次跌至 0.5% 以下。从资金来源看，企业提供的研发资金最多，占总资金的 52.6%；其次是公共资金（含普通公立大学支出），占 34.4%。从用途看，绝大部分（93.2%）是经常性支出，小部分（6.8%）为设备软件等资本性支出。从支出结构看，基础研究支持占总支出的 18.7%，应用研究支出占 63.9%，实验性开发支出占 17.4%。相比 2018 年基础研究和应用研究占比均有所降低，实验性开发支出占比略有上升（增加 1.4%）。从受益面看，75.2% 的政府研发单位和 73.1% 的高等教育部门获得了公共研发资金的资助；受益于国外研发资金的单位主要是商业机构（45.0%）、政府研发机构（37.3%）和高等院校（17.2%）。

罗马尼亚教研部下属 47 个国家研发院所 2020 年度预算达到 4.1786 亿列伊。政府在夏秋两次预算调整时共追加了 4.07 亿列伊的资金给教研部，以支持国家研发计划（PNCDIH1）的前沿研究成果，包括论文、专利、年轻研发团队和实验示范项目（PED）等。但从政府投入的比例看，国家财政对研发领域的拨款从 2015 年占 GDP 的 0.26%，降低到 2018 年和 2019 年的 0.18%，远低于国家研发战略（2014—2020 年）中设定的目标（0.97%）。

人力资源方面，研发活动从业人员达到 43 973 名，女性占比 46.1%。全职从事研发活动的研究人员为 27 168 名，占从业人数的 61.8%，比 2018 年减少 300 名。

（四）国家创新能力建设任重道远

在欧盟发布的基于 27 项指标的创新记分牌中，罗马尼亚与保加利亚位于末尾，属低度创新者（Modest）行列，创新得分低于欧盟平均值的一半。研发实力不足导致对欧盟研发资金的吸纳有限。据初步统计，2014—2020 年罗马尼亚从欧盟预算中获得的研发经费为 2.148 亿欧元，经费额在欧盟国家排名居倒数第 2 位。

虽然整体表现不佳，但在特定领域罗马尼亚还是表现出了一定的实力。根据 Scimago Journal&Country Rank（2019 年）H 指数（度量全球研发质量的指数），罗马尼亚排名居全球第 45 位（东欧国家第 6 位）。在工程、数学、化学和化学工程、医学、物理学和天文学、计算机科学、材料科学、生物化学等领域在全球表现良好。在科睿唯安发布的 2020 年度高被引科学家名单中，罗马尼亚在工程和数学领域共有 3 位科学家入选。从科研产出看，根据 Scimago Journal&Country Rank 的数据，罗马尼亚 2018 年科研产出排名居世界第 43 位。

三、重大科研项目和主要科技领域进展

（一）重大科研项目稳步推进

先进铅冷快堆欧洲示范堆（ALFRED）确定被纳入该国基础研究设施。2019 年该设施已完成可行性分析和经济社会技术影响评价，2020 年度设立的"Pro ALFRED"课题将支持项目总体性基础架构工作的推进，如实验装置概念方案出台、示范堆演示的许可程序准备、保障设施运转的关键问题界定、人力资源保障

和量化运营所需技能等问题的研究。

极端光核物理分部（ELINP）被确立为符合国家利益的设施和特殊目标，并划归教研部直属。整个激光系统首次发射了 10 帕瓦的激光脉冲，相当于太阳功率的 10%，标志着该系统第二阶段基本完成，预计 2021 年初将进入实际运营前的最后实验阶段。为此该机构举办了专题学术研讨会，为物理界讨论验证能量质量转换理论提供平台。目前已有世界多国 70 多个实验室申请使用该机构 10 帕瓦激光平台，该机构声称将根据科研价值分配给世界各国的科学家使用，优先领域为核医学、新材料测试、放射性废物的降解等。此外，启动了伽马射线实验室设备的采购、安装、校准和测试，预计 2023 年建成。该机构还与布加勒斯特默古莱雷科技园合作建设技术转让和创新中心。

泛欧洲基础研究设施河海系统高级研究中心（DANUBIUS-RI）继续推动 Murighiol 国际研究中心、多瑙河三角洲超级站点、DANUBIUS 数据中心等项目建设，并通过 PNCID Ⅲ 发布了基础设施项目文档编制的课题。欧盟基金部拨付 500 万欧元支持该项目第二阶段的工作。

（二）科研体系进一步融入欧洲研究区

在 2020 年 10 月的欧盟研究部长会议上，罗马尼亚签署《波恩宣言》，支持以创造力、连通性和包容性为基础的欧洲研究区（EAR）的新方向，并在研发领域出台措施，继续融入欧洲研究区。在欧洲研究区框架内上一期项目执行期间罗马尼亚共有 269 个研究团队获得了 1.52 亿列伊国家财政和欧盟基金 426 万欧元的支持。罗马年月累计有 72 位科研人员获得欧盟居里夫人（Maria Sklodowska-Curie）计划"卓越证书"称号，346 位科研人员获得该计划各种类型的资助，65 个机构共获得该计划 1200 万欧元的资助。

教研部拨款 1500 万列伊奖励参与欧盟"地平线 2020"项目的优秀机构，同时鼓励科研机构积极参与欧盟科技项目。拨款 3024 万列伊设立专门的支持中心，由光电所（INOE）、高分子所（ICM-Petru Poni）等 11 家专门科研机构牵头，为罗马尼亚科研机构参与申报地平线项目提供技术支持。教研部还与欧洲基金部等部委联合就地平线 2021—2027 研发创新计划中的 14 个欧洲研究伙伴计划（EIP）展开公众咨询，讨论的焦点集中在研发创新作为工业发展的引擎，本国和欧洲各类基金间的协同，政府支持市场资本投资研发创新领域等举措。

在这些资金及政策支持下，罗马尼亚科研机构在多个领域与欧洲同行深入合作并取得进展。航空航天领域，国家航空航天研究所（INCAS）在航空航天领域参与欧空局（ESA）的"未来发射器准备计划（FLPP）"，空间科学研究所（NCAS）参与的欧空局"欧几里得"任务也取得进展。布理工（UPB）参与了欧空局发起的 ESA Lab@ 创新计划。生物经济领域，克莱恩公司在多尔日省的纤维素生物乙醇工厂累计获得地平线计划 2100 万元的资助。食品研究所（INCDBA-IBA）加入欧洲基础设施食物和营养计量项目（METROFOOD-RI）。在数字化、量子研究和环境领域也进一步融入欧盟，加入欧盟 iDEC40 合作伙伴，为欧洲电子元件和系统行业制定和实施数字化战略；实施"全民数字欧洲 -DE4A"项目，提升全社会数字化水平。人工智能研究所为欧盟理事会轮值主席国官网提供了 24 个官方语言之间的机器翻译技术支持。欧盟网络安全能力中心（ECCC）落户布加勒斯特将为罗马尼亚网络安全产业发展带来新的机遇。罗马尼亚量子产业联盟（RoQnet）加入欧洲量子产业联盟，并联合国家物理与核工程研究所等 5 家科研机构承担了该国政府资助的金额 528 万列伊的"开发量子信息和量子技术"项目。与奥地利、保加利亚和丹麦一起加入成立于 2019 年 6 月的欧洲量子通信基础设施（EuroQCI）宣言，与其他 24 国建立在量子技术、网络安全和工业竞争力领域的合作和联系，预计年内将拟定推进量子领域基础设施建设行动计划。罗马尼亚还参与了欧盟环境研究基础设施"气溶胶、云和微量气体"（ACTRIS），加大了对本国科研机构参与欧洲 FAIR（反质子与离子研究装置）的支持力度。

（三）引才引智力度继续加大

2019 年国家研发计划（PNCDI Ⅲ）分配了约 3100 万列伊的资金用于支持 4234 个旨在开发新一代产品的研发项目，其中包括来自海外的研究人员。2020 年该计划正在评估 535 个博士后和 898 个青年研究人员团队的项目申请；通过欧洲区域发展基金支持了有本国科学家参与的 50 个外国科学家领导的能源研究项目，金额达 6097 万列伊。

教研部及高等教育、研发与创新融资执行机构（UEFISCDI）启动"Simion Mehedinti"奖学金计划，向返回罗马尼亚工作的研究人员提供 300 万列伊的资助。政府决定自 2020 年 12 月开始动用结构基金向获得欧盟居里夫人计划"卓越证书"的罗马尼亚科研人员提供资助。

四、科研系统参与疫情研发情况

教研部及 UEFISCDI 于 2020 年 3 月底和 4 月中旬分两批发布了 16 项共计 2500 万列伊的应对疫情的专项课题，研究涉及病毒传播、基因组测序、治疗和检测、流行病学及公共卫生管理、病毒消杀、呼吸机、检测试剂和方法、病毒跟踪手机应用等。至 12 月已有 10 个课题组取得显著进展。教研部还与罗马尼亚生物信息学会（RSBI）联合开发了疫情科研信息门户网（COVID-19 Resource Hub），参加欧洲科学界 OpenAIRE 抗击疫情开放数据平台，以汇总世界各地最新疫情科研信息，服务本国研究人员。

　　国防部的军事医学研发所参加欧盟"地平线 2020"框架下应对新型冠状病毒应急科研项目"I-MOVE-COVID-19",即欧洲新冠肺炎疫情跨学科研究及防控体系建设。该所还开发出新冠肺炎免疫调节剂 OROSTIM-HV,并于 2020 年 12 月上市。Oncogen 癌症研究中心开发鼻喷式疫苗并与英国和印度科学家开展合作。运输研究所开发了一款可释放臭氧的带有 UV-C 灯的场所消杀设备。罗马尼亚国立传染病医院积极组织单克隆抗体、Recovery 等新冠肺炎药物临床实验。

（执笔人：赵亮员）

◎ 希　　腊

一、希腊整体创新指标依然在欧洲中下游徘徊

《欧洲创新记分牌 2020》显示，希腊创新体系绩效评分为 83 分（按欧盟 2012 年均值为 100 分计算），是当年欧盟均值的 77%。虽然数据同比略有上升（2019 年数据分别是 82 分和 75%），但在欧盟中排名倒数第八，比 2019 年下滑一位，整体创新绩效一般，处于欧盟中下游，且短期难以改变。

在 27 个评分指标中，希腊高于欧盟均值（100 分）的主要有以下几项：高等学历人口，121.4 分；企业非研发类创新支出，103.7 分；中小企业创新，146.5 分；中小企业合作创新，264.3 分；创新产品市场化，145.4 分。

分值显著低于欧盟均值的指标（不足 50 分者）主要有：在希腊就读的国际博士生，6.7 分；宽带应用，34.8 分；风险投资，27.6 分；企业研发支出，37.8 分；知识产权，41.9 分；中高技术产品出口，10.1 分。

二、受疫情影响，经济衰退严重，对创新研发影响尚无官方评估

2020 年 10 月初希腊财政部提交议会的报告预计，2020 年希腊经济受疫情影响严重，GDP 将有 8.2% 的负增长，为 1707 亿欧元，失业率达 18.6%。但乐观地预测 2021 年经济将实现 7.5% 的增长，GDP 预计为 1852 亿欧元，其中来自欧盟复苏基金的支持将创造 2% 的增长。

主管科技指标统计的国家文献中心近期发布了一项疫情对青年科研人员影响的调查报告，主要结论有：研究人员对数字基础设施的使用、数字资料的获取及

对设施的管理、服务和可靠性表示满意；防疫规定的限制，特别是封城期间，物资供应、人员流动、现场研究、实验室研究等都受到广泛影响；大量计划中的实验、论文发表、国际国内会议等被取消和推迟，造成科研成果的延迟；一半以上的科研人员表示心理压力明显；多数科研人员表示利用此段时间可更好地开展学习并做下一阶段的科研计划，今后会更多地利用数字化方式开展研究与合作；绝大多数人表示疫情结束后科技将发挥更强大的作用。

目前希腊政府尚未有疫情对创新研发影响的全面评估，甚至 2019 年研发指标的统计报告都尚未正式发布。据了解，2019 年政府科技研发拨款总计为 14.3 亿欧元，比 2018 年增加 3.12 亿欧元，占政府总支出的 1.65%（2018 年为 1.29%），占 GDP 的 0.76%（2018 年为 0.61%），政府对研发投入的力度一直在逐年稳步增长，2019 年增长尤为明显，显示出政府对科技创新的重视。

三、紧急启动应对新型冠状病毒研究国家旗舰计划

依靠科技应对新冠肺炎疫情，是希腊政府的重要选择。2020 年 4 月，希腊政府宣布启动科技抗疫旗舰研究计划——"希腊应对 SARS-COV-2 流行病学研究的旗舰行动：病毒和抗体大规模测试、病毒基因组序列和患者的遗传分析和诊疗"。该研究计划由发展投资部研究与技术总秘书处 GSRT 负责，总投资 250 万欧元，为期两年，重点研究病毒的分子免疫学鉴定和表征、感染的病理生理学、治疗靶标的识别、疫苗的开发及抗病毒药品。6 个国家研究所和 4 所大学组成国家研究团队承担该项目。

四、国家创新战略未做大的调整，绿色发展和数字化将成为未来国家发展战略的主调

"2014—2020 年国家智能专业化研究与创新战略"是希腊目前唯一的创新战略，2020 年度为收官之年。受疫情影响，未来国家创新战略将随着政府整体经济发展战略做进一步调整。如何用好欧盟复苏基金将成为未来国家发展战略的主调。

希腊经济支柱性的产业，如旅游、服务、消费、航运等受疫情影响极大，对欧盟复苏基金依赖严重，经过艰难谈判，希腊最终获得 720 亿欧元的"大礼包"，被总理称为"国家的成功"，并表示政府将提出全面重建、升级国家经济的详细方案，促进就业、推动改革（特别是政府效率提升）、推动数字化和绿色发展。

五、可再生能源领域发展迅猛

希腊在 2019 年底向欧盟提交了《国家能源与气候变化计划》，这是一个战略性计划，围绕国家能源发展和节能减排制定了未来 10 年的规划、目标和技术路线图，有定量的目标、有优先领域、有政策措施，特别是有技术路线，旨在实现面向未来可持续发展的国家能源转型。

新的国家能源和气候计划是希腊政府年内出台的涉及科技创新发展的最重要的国家战略计划，是一项综合性绿色发展计划，将惠及能源及其他多个领域，对希腊未来经济转型发展起到统领作用。与该计划配套，政府计划未来 10 年在可再生能源、天然气和电力运输投入 438 亿欧元，创造 6 万个就业岗位。其中，能源效率和可再生能源将投入 200 亿欧元，配套研究与创新经费为 8 亿欧元。在研究与创新领域列举了 11 个分领域作为重点，主要包括：开发高潜力的创新应用，开发创新节能技术、脱碳技术、智能电网、微型交通运输创新技术、碳收集封存技术、面向循环经济的创新技术和营造良好的创新环境及资金支持机制等。

希腊政府高度重视创新，认为研究与创新是未来经济发展的支柱，也是未来解决能源问题的有效手段，必须营造良好的政策和市场环境来激励创新创业，让研究人员、创业者、投资者有充分信心。到 2030 年，希腊能源领域研发投入强度将在 2017 年基础上翻一番。

在政府有力的推动下，2020 年度希腊在气候变化，特别是可再生能源领域成效明显：2020 年 2 月，发展投资部启动了其旗舰项目——"国家气候变化及其影响网"。该网络组织了希腊最具研究能力的科研机构（大学和研究所），旨在创建统一的国家气候变化数据库，围绕气候变化展开信息汇集与分析研究，提供经济评估和科学决策参考，是气候变化的科学智囊。截至 9 月底，希腊可再生能源（风电、太阳能和水电）发电占比已达 57%，政府宣布 8 年内将全部取代传统发电。国家石油公司获得欧洲复兴开发银行 7500 万欧元资金建造希腊最大的太阳能电站（与德国 Juwi 合作）。国家公共电力公司 PPC 也积极行动，在原褐煤电站所在地建造太阳能电站。希腊宣布，将于 2028 年全面取消褐煤发电。预计未来几年，可再生能源及相关的创新技术应用将获得更长足的发展。美国特斯拉和 Blink Charging（眨眼充电）公司开始布局希腊电动汽车及充电站。特斯拉在雅典设立了建立研发中心（与德谟克利特国家研究中心合作）和首个分公司，并计划将希腊纳入其横跨南欧的"电气化高速公路"项目。眨眼充电已经开始在希腊建立全面的电动汽车充电站网络（城市间每 50 公里一个充电站）。

六、智能数字化领域外资投入屡创新高

吸引外资是本届希腊政府的重要政策，而高科技投资更是为希腊政府所渴望。2020 年最引人瞩目的是美国、德国对希腊智能数字化领域的大规模投资。美国与希腊重新签署了新的双边科技合作协议，美国高科技巨头企业密集加码投资希腊尤为引人关注、重点案例包括：2020 年 5 月，微软收购希腊创新公司 Softmotive，创希腊科技公司的收购最高纪录，据称收购金额超过 1 亿欧元，微软借此将在希腊建立一所机器人流程自动化（又称数字化劳动力）研发中心；8 月，德国电商巨头 Delivery Hero 斥资 3.6 亿欧元收购希腊初创企业 InstaShop，再创希腊初创企业并购最高纪录；微软拟投资 10 亿美元在雅典建造三座大型云端数据存储中心，同时，微软也发起了 GR for GRowth 倡议，以数据中心为依托，利用云服务基础架构投资和数字化技能培训，支持希腊经济发展和向数字化转型。预计该计划将为希腊培训 10 万人，创造就业 1 万人；美国辉瑞在萨洛尼卡创新园设立研发中心，建设一个专注于人工智能和大数据分析的全球枢纽，思科也在萨洛尼卡投资 1000 万～ 1200 万欧元建立一个专注于智慧城市和智慧农业的数字中心；亚马逊网络服务公司在希腊设立亚马逊 Cloud Front 边缘站点。欧盟则宣布对希腊投资 2.23 亿欧元，加强希腊的超高速宽带建设。此外，欧洲航天局将在希腊设立首个太空通信网地面站。这将是欧洲下一代电信服务计划"宽带空间网络——空中光纤"的第一个地面站，项目投资为 1000 万欧元。

（执笔人：赵向东）

俄 罗 斯

2020 年，受全球暴发新冠肺炎疫情、世界经济形势疲软、国际油价走低、贸易战加剧、西方制裁等负面因素影响，俄罗斯经济持续低迷。世界银行预计俄罗斯 2020 年 GDP 增长为 –5%，创 11 年来新低。俄罗斯作为老牌传统科技强国，面对日趋激烈的国际竞争，进一步认识到科技创新对经济、人民生活的牵引作用，在国家整体经济形势不佳的情况下，仍不断加大科技研发投入的强度和力度，以有效应对国际经济科技竞争新格局的战略调整。

一、科技创新整体实力情况

俄罗斯在世界知识产权组织发布的《2020 年全球创新指数报告》（GII 2020）中列第 47 名，较 2019 年下降一名；在中等偏上收入国家中排名第 6，与 2019 年持平，排在中国、马来西亚、保加利亚、泰国、罗马尼亚之后。

与世界主要创新型国家相比，俄罗斯研发投入严重依赖政府拨款，比重近70%，企业研发、外资研发等渠道投入虽略有增幅，但占比仍然较低。2020 年，俄罗斯民用科研联邦预算为 5281.64 亿卢布，较 2019 年增长 26.87%。其中，基础研究联邦预算为 1971.08 亿卢布，较 2019 年增长 10.16%，约占民用科研联邦预算的 37.32%；应用研究联邦预算为 3310.56 亿卢布，较 2019 年增长 39.47%，约占民用科研联邦预算的 62.68%。从民用科研联邦预算占 GDP 比重来看，基本维持在 0.5% 的比例，在 2013 年后呈下降趋势。

从科研产出来看，2019 年俄罗斯工业生产领域创新产品和服务规模达 4.86万亿卢布；工业生产和服务领域技术创新支出达 1.95 万亿卢布；专利申请共计 52 567 项，其中发明专利 35 511 项、实用新型专利 10 136 项、外观设计专利 6920项；专利授予共计 48 251 项，其中发明专利 34 008 项、实用新型专利 8848 项、外观设计专利 5395 项；取得先进生产工艺 1620 项；使用先进生产工艺 262 645 项。

二、综合性科技创新战略和规划

（一）总统科教委员会职能进一步扩大

俄罗斯总统普京于 2020 年 11 月 16 日签署第 712 号总统令，决定修订 2012 年发布的俄总统科教委员会章程。主要对科教委员会职能第一项内容进行了补充，在原有基础上增加了"对需要总统单独决定的联邦科学技术方案提供建议"，而在 2012 年版章程中，委员会职能第一项仅包含"在俄联邦科学和教育优先发展方向、机制运行以及科教领域政策措施执行等方面向总统提出建议"。

（二）科教部组成新一届部务委员会

2020 年年初，俄罗斯成立以米舒斯金总理为领导的新一届政府。1 月 21 日，法利科夫取代科丘科夫成为科学与高等教育部新任部长，随后部内陆续展开了人员调整。7 月 31 日，科教部成立新一届部务委员会，由法利科夫直接领导，标志着科教部构建了新的咨询及决策体系，新的领导班子逐渐进入稳定运行阶段。

（三）俄联邦科技发展战略深入实施

为贯彻落实《俄罗斯联邦科技发展战略》，俄教科部深入组织实施第八期"巨额资助计划"（俄版一流实验室计划），共收到俄罗斯 57 个地区提交的 465 份申请。该计划的目的是在顶尖科学家的指导下，在 2021—2023 年创建世界一流的研究实验室，入围项目的实施期一般为 3 年，单个项目奖金最高 9000 万卢布。实验室的主要任务是取得突破性的科研成果，并在《俄罗斯联邦科技发展战略》框架内解决具体问题，培养高素质科研人员。

（四）俄联邦科技发展规划有序推进

在《俄罗斯联邦科技发展规划（2019—2030）》框架下，俄罗斯科教部发起了联邦重大科学项目竞赛，共 41 个科研机构和大学胜出。最高资助额度将达到 3 亿卢布，项目截至 2023 年。优胜项目涉及数学科学、计算机与信息科学、物理科学与天文学、化学科学与物质科学、地球与环境科学、生物科学、能源、机械与工程、医学、农业科学、社会科学与人文等领域。

（五）国家"科学"计划项目成果丰硕

1. 创建十个世界级科学中心

在国家"科学"计划项目框架内，俄罗斯政府将支持以联合体形式建立世界级科学中心，并在2020—2024年度给予154.6亿卢布的财政资金支持。根据《科研与科学生产协同发展》联邦计划项目计划书的规定，至少要建立9个世界级科学中心。经由俄政府副总理戈利科娃主持的委员会审议，决定设立10个世界级科学中心：光电子学科学中心，先进数字技术科学中心，合理开发液态碳氢化合物资源科学中心，数字生物设计和精准健康医疗科学中心，国家内分泌疾病精准医疗科学中心，巴甫洛夫综合生理学、医学高技术医疗保健和抗压应激技术科学中心，精准医疗科学中心，未来农业技术科学中心，超音速科学中心，多学科人类发展研究中心。上述10个中心2020年共获得24亿卢布拨款。

2. 启动工程中心资助计划

根据2020年8月1日第1156号俄联邦政府令，俄罗斯科教部于10月1日启动了俄联邦工业发展优先领域的工程中心竞赛活动，高校和科研机构可参加，优胜单位将获得俄联邦国家"科学"计划项目的预算经费支持。每个项目最多可获得为期三年、共计3亿卢布的经费支持，经费可用于购买设备和软件、装修场地、员工专业培训、开发其他专业项目、专利服务和运输服务。该措施将支持提供工程技术与咨询服务的高校或科研机构，帮组其建立培养工程领域合格人员的系统，并确保其商业化和研发成果市场化。

3. 大幅度更新科研仪器设备

在俄罗斯联邦国家"科学"计划项目框架下，俄罗斯科教部2020年决定向来自40多个联邦主体的231家科研机构拨款132.8亿卢布，供其更新仪器设备。这些经费用于采购超过2400台仪器设备，其中20%为国产，可帮助相关机构更新约5%的仪器设备。俄罗斯联邦国家"科学"计划的任务之一是要在2024年底前为主要的科研机构更新至少50%的仪器设备。

（六）加速推进科教一体化进程

1. 酝酿推出国家"科学与高校"计划项目

2020年11月18日，俄罗斯科教部副部长奥梅尔丘克宣布，俄计划设立国家"科学与高校"计划项目，该项目已得到普京总统与联邦政府的支持。计划将包括"一体化""研究领导力""人才""基础设施"4个联邦项目，主要目的是保障高等教育和专业继续教育的质量，提升科教领域工作对青年人的吸引力，这些都将助力于俄跻身世界十大科技强国。"科学与高校"计划项目将取代现有的国家"科学"项目，计划2021年1月1日开始实施，为期10年。

2. 提议设立"战略性学术领导力"计划

2020年6月，俄罗斯科教部长法尔科夫提出了一项旨在提高大学竞赛力的战略学术领导力计划，增加对大学的科研经费支持。该计划将把大学分为两类：第一类为研究型大学，将获得额外的基础研究经费；第二类为支持型大学，将获得应用研究经费。作为2012—2020年俄罗斯学术卓越计划"5-100"的替代计划，该计划将分2020—2025年和2025—2030年两个阶段实施，第一阶段将有120所高校入选。此外，根据新的高等教育机构发展计划，2021—2024年将向高校拨款520亿卢布。

（七）国家技术倡议计划稳步实施

2020年9月，俄罗斯科教部长法尔科夫和经济发展部长雷谢尼科夫共同主持召开了国家技术倡议计划制定实施跨部门工作小组会议，确定了中心陀螺仪、神经技术、健康启发、国际技术创新大会共4个拟支持的项目，决定根据项目执行情况分阶段进行拨款。另有艾维尼罗（中枢神经系统疾病治疗药物）、三维海底监测系统共2个项目被提交至专家委员会进行审议。

（八）区域性科技创新平台建设推新

1. 联邦研究中心雄起西北

俄罗斯科学院在西北联邦区的6家研究所已于2020年7月合并成圣彼得堡联邦研究中心，这是俄罗斯首家联邦研究中心，将从事机器人技术、环境安全和农业领域的跨学科研发。该中心包括信息与自动化所、诺夫哥罗德农业研究所、西北粮食问题跨学科研究中心、西北经济与农业研究所、俄罗斯科学院圣彼得堡环境安全科学研究中心和俄罗斯科学院湖泊科学研究所，科研人员超500名，包括3名院士、4名通讯院士。建立该中心旨在解决俄科学界最痛苦的问题——基础科学与应用科学间的鸿沟，中心要打造从研究到中试及技术推广完整的科技链条，而不仅停留在实验室阶段。

2. 创新科技中心落户远东

2020 年 11 月 18 日，俄罗斯总理米舒斯京签署第 1868 号政府令，批准依托远东联邦大学建立创新科技中心"俄罗斯（Руский）"，该中心计划建在拉斯基岛，将包含科研与教育机构、企业及商业场所，资金由经济发展部、财政部、科教部共同承担。该中心将吸引远东、全俄各地乃至全球的优秀科学家和企业家，他们将在该中心创建数字平台、进行先进技术开发与测试、启动试点项目等，主要围绕海洋学、信息通信及生物技术等领域开展研究。

三、重点领域专项计划和部署

（一）医药与生物技术

1. 制定《2030 年前太空医学发展战略》

俄罗斯联邦医学生物署与俄罗斯国家航天集团共同制定了《2030 年前太空医学发展战略》，旨在解决在星际飞行过程中对宇航员进行医学诊断、治疗和康复等一系列问题。在该战略中已列出 17 个研究课题，涉及基因、分子和细胞层级的生命系统生理学、失重条件下的病理特征等方向。

2. 或将出台基因技术领域法律法规

俄罗斯联邦 2019—2027 年基因技术发展计划执行委员会召开工作组会议，由俄罗斯科教部长法尔科夫、俄科学促进协会主席团成员沃隆佐娃、俄总统科教政策办公室副主任涅恰耶娃共同主持。会议讨论了关于基因技术（包括基因组编辑）和生物伦理学领域监管的法律法规，还讨论了在莫斯科国立法律大学的基础上成立"基因组研究和基因技术应用领域的法律和生物伦理学中心"的问题，以及俄罗斯签署《保护人权和人类尊严公约》的问题。

3. 将建立高级生物医学技术中心

俄罗斯科教部长法尔科夫于 2020 年 9 月组织讨论了在汉特－曼西斯克自治区乌格拉建立高级生物医学技术中心的问题。该中心旨在建立产学研创新生态，将建有生物库、分子遗传学研究方法实验室、细胞技术实验室、微流体技术实验室、质谱实验室和生物信息学等实验室，将有 200 多位遗传学家、生物化学家、生物信息学家在此开展前沿科技创新研究工作。该中心已被列入国家生物科技发展计划，将获得库尔恰托夫研究院和科教部的经费支持。

4. 拟建立社会学与心理学科学中心

受新冠肺炎疫情影响，俄罗斯将建立一个紧急状况和灾害社会学与心理学科学中心，并将建立一个冠状病毒疾病动态模型。俄罗斯科学院已向俄罗斯科教部提交了一份与国家原子能公司共同实施"病毒性流行病建模"项目的建议。该中心将为治愈的新冠重症患者提供长期康复治疗，并对疫情期间神经衰弱的医生提供心理援助。

5. 世界首款新型冠状病毒疫苗在俄注册

2020 年 8 月 11 日，俄罗斯总统普京宣布，世界首款新型冠状病毒疫苗在俄罗斯成功注册，其有效性和安全性已得到充分验证。该疫苗由俄"加马列亚"流行病学和微生物学国家研究中心与俄罗斯直接投资基金共同开发，被命名为"卫星 V"，为腺病毒载体疫苗。两剂次接种方案可形成长期免疫力，免疫力最多可维持两年。疫苗将分别在"加马列亚"中心和 Binnopharm 制药公司的两个平台上生产。

（二）信息技术与数字经济

1. 政府为 IT 企业减税降费

2020 年 6 月，俄罗斯总统普京提议调整 IT 企业税收政策，大幅缓解劳动报酬基金的压力，将保险费率从 14% 降至 7.6%，并将 IT 企业所得税从 20% 降至 3%。俄罗斯数字发展、通信和大众传媒部正在联合俄 IT 企业制定一整套企业扶持新措施，拟通过软件销售增值税退税的方式，弥补总统有关 IT 企业税收调整带来的预算收入锐减的部分，这项措施在 2021 年将可带来 425 亿卢布的预算收入。针对特别名录中的本国企业，该部建议通过补贴弥补这些企业的增值税，但外国企业的增值税可能会调整到 16% 以上。

2. 政府要求建设 5G 网络须使用本国设备

俄罗斯电信公司称，俄政府要求使用国产设备建设 5G 网络，此决定将写入《俄罗斯第五代网络建设和发展路线图》。目前，俄政府已与俄国家技术集团和俄电信公司签署三方协议，由上述两家企业负责制定路线图。俄罗斯预计将于 2021 年年底开始在人口超百万的城市建设商用 5G 网络。

3. 俄罗斯央行研究发行数字卢布可行性

2020 年 10 月，俄罗斯央行发布《数字卢布》报告，以征询公众意见，此举意味着其将研究发行数字卢布的可行性，并从经济和技术角度积极探索。如数字卢布得以发行，它将成为俄罗斯除纸币和非现金货币之外的第三种货币形式。

（三）基础研究

1.启动西伯利亚环形光子源（SKIF）建设

2020年10月，俄罗斯政府总理米舒斯京签署命令，授权科教部为大科学装置——西伯利亚环形光子源（SKIF）指定国家订货商。俄科教部选择了俄罗斯科学院西伯利亚分院波列斯科夫催化研究所作为国家订货商。俄罗斯科学院西伯利亚分院核物理研究所被确定为SKIF的唯一先进设备制造商，第一份为期两年总资金36.2亿卢布的国家合同已正式签署。SKIF预计2023年完成建造，2024年投入使用，预计总费用将达371亿卢布。

2.正式启动NICA超导加速器

2020年11月，俄罗斯政府总理米舒斯京在杜布纳联合核子研究所参加了基于超导重离子加速器的离子对撞机（NICA）大科学项目的启动仪式，并亲自启动了NICA综合体的第一级——超导加速器。

（四）生态资源与环保

2020年10月，俄罗斯科学院林业科学理事会已向俄科院、科教部、自然资源部、联邦水文气象和环境监测局提出建议，在俄创建一个统一的温室气体核算系统，以监测全国的气候和自然火灾。该系统不仅覆盖全国的森林，还将覆盖草原、苔原等其他生态系统。

（执笔人：池　骋　郑世民　孙　键）

白俄罗斯

白俄罗斯地理位置优越，工业基础较好，是苏联工业基地之一，机械制造业、冶金加工业、机床、电子、激光技术（光学仪器）较为发达。2020年，卢卡申科第6次连任白俄罗斯总统，在科技创新领域，继续执行并稳步推进近年来出台的《2016—2020年科技优先发展方向》和《2018—2040年科技发展战略》等政策法规和专项计划，并取得一定进展。同时，白俄罗斯高度重视对外科技创新合作，与多个国家建立了双边科技合作机制，中白科技合作也在顺畅快速推进。

一、科技发展整体情况

（一）重大科技发展战略、国家科技发展计划和政策

近年来，白俄罗斯科技工作的重点是在国家整体科技创新体系框架下加快实施国家创新计划，制定和完善符合白俄罗斯国家国情、促进创新发展的政策法规、发展规划和专项计划等。

1.《2016—2020年科技优先发展方向》

2015年，白俄罗斯制定了《2016—2020年白俄罗斯共和国社会经济发展规划纲要》。根据该纲要，白俄罗斯政府制定了《2016—2020年科技优先发展方向》，确定了能源及其高效利用与核能、农业机械化和生产、工业建筑技术和生产、医学及医用技术和制药、化学技术及石化、生物－纳米技术、信息通信及航空航天技术、自然资源合理利用及深加工、国家安全与防御能力及紧急状态防护等共9个领域为优先发展方向。根据新的优先发展方向，白俄罗斯国家科委制定了《2016—2020国家科技计划》，其内容包括《工农业生产一体化》《机械制造及其工艺一体化》《微电子》《工业生物技术》《标准仪器及科学仪表》等专项计划。

2.《2018—2040 年科技发展战略》

2018 年 1 月，白俄罗斯出台《2018—2040 年科技发展战略》，这一战略是根据白俄罗斯共和国总统卢卡申科 2017 年 4 月的指示，在听取相关部门、工作组和部分专家意见的基础上由白俄罗斯国家科学院编写的，旨在促进本国知识经济的发展，其中包括实现经济端到端的数字化。对此，白俄罗斯将大力发展 IT（信息技术）产业，提高新兴工业综合体应对第四次工业革命挑战的能力，并建设高度智能化社会。该战略共分三个阶段实施，其中第一阶段为 2018—2020 年，致力于完成好现有科技工作；第二阶段为 2021—2030 年，致力于完成传统产业的数字现代化，在经济各主要领域形成发展优势；第三阶段为 2031—2040 年，致力于提高各经济目标领域的竞争力，实现社会职能化。

（二）主要科技创新资源

据白俄罗斯国家科学院统计，截至 2018 年年底，白俄罗斯共有各类科研机构 431 个，在编人员总数 25 942 人（包括博士 631 名，副博士 2841 名），从业人员中科研人员有 16 879 人，占从业人员总数的 65.1%，29 岁以下科研人员占科研人员总数的 23.5%。开展技术创新的企业共有 345 家，占企业总数的 20.4%。

二、国际科技创新合作概况

白俄罗斯一贯倡导科技创新，制定了一系列鼓励技术创新的政策，并加大科技研发投入，积极拓展国际科技创新合作。近年来，在加强与独联体国家科技合作的同时，白俄罗斯不断开展与欧盟和亚洲国家的合作，截至 2020 年年底，共有 37 个国家与白俄罗斯建立了双边科技合作委员会机制，其中独联体国家 6 个，欧洲 14 个，美洲 2 个，非洲 4 个，亚洲 11 个，重点合作领域涉及光学、光电子和大型机械制造等。

在中白科技合作方面，近年来在习近平主席和白俄罗斯总统卢卡申科的战略引领和积极推动下，中白相互信任、合作共赢的全面战略伙伴关系保持高位稳定运行，各领域多层次交流与合作官方而深入。在中白政府间合作委员会科技分委会的协调和指导下，双边科技合作稳步发展，各领域务实合作全面推进，地方合作成为两国科技合作新的增长点。2020 年，中白双方召开了科技创新合作会议，启动了中白产业技术联合创新中心建设，举办了中白大学生及青年科学家科技创新竞赛活动和中白青年"一带一路"科技创新论坛，推进了中国科学院和白俄罗斯国家科学院框架下的联合实验室建设。

同时，中白"巨石"工业园继续稳定发展，根据白俄罗斯总统卢卡申科于

2017 年 5 月签署的关于中白"巨石"工业园新版总统令，入园企业享受免征园区不动产税和土地使用税的优惠期由之前的 10 年提高到 50 年，并扩大了招商引资范围，在之前的高端制造、电子信息、生物医药、新材料、机械化工和仓储物流等六大产业基础上新增电信、电子商务、大数据存储与加工、社会文化等行业。相关举措极大地提升了中白"巨石"工业园对企业的吸引力，截至 2020 年 12 月共有 68 家企业入驻，相关企业来自中国、白俄罗斯、俄罗斯、美国、奥地利和以色列等国，中白"巨石"工业园正逐渐发展成为国际合作平台。

（执笔人：张纪山）

☉ 日 本

2020 年是日本第 5 个五年科技基本计划收官之年，日本政府在着手制定第 6
个五年科学技术基本计划的同时，修订《科学技术基本法》。推出《集成创新战
略 2020》，着力推进超智能社会，增强人才实力、推动创新创业、提升研究能力。

一、科技发展概况

（一）全社会科技经费投入

日本总务省统计局发布的《2020 年科学技术研究调查结果》表明 ,2019 年
度（2019 年 4 月至 2020 年 3 月）日本全社会研发经费为 19.5757 万亿日元，较
2019 年增加 0.3%,占 GDP 的 3.5%,连续三年增长，创历史新高。企业研发投入
14.2121 万亿日元，占整体支出的 72.6%;大学等投入 3.7202 万亿日元，占整体支
出的 19%;非营利团体及科研院所投入 1.6435 万亿日元，占整体支出的 8.4%。

（二）政府科技相关预算

2020 年度政府科技预算为 4.38 万亿日元，比 2019 年的 4.24 万亿增长 3.3%,
其中文部科学省占 48.5%,经济产业省占 15.7%,国土交通省占 8.4%,厚生劳动省
占 6.0%,农水省占 4.7%,总务省占 4.2%,环境省占 4.2%,内阁府占 2.9%,防卫省占
2.9%。投入方向主要为建设超智能社会、提高科研实力和培养人才、解决经济社
会问题、促进战略技术研发等方面。

（三）科技人才发展

截至 2020 年 3 月 31 日，日本科技相关从业人员 110.25 万人，比 2019 年度
增加 0.8%。其中，研究人员 88.1 万人，科研事务人员 9.37 万人，辅助人员 6.94

万人，高级技工 5.85 万人。其中女性研究人员为 15.89 万人，占 16.9%，所占比例持续提高。研究人员人均研究经费为 2222 万日元。

（四）知识产权创造

日本专利局 2020 年 7 月发布的专利行政年度报告指出，知识产权战略的重要性日益提高，大学积极开展合作研究和委托研究，专利审查通过率较高，企业知识产权战略正从数量向质量稳步转变。自 2015 年以来，日本专利年申请数量维持在约 31 万件，2019 年下降至 307 969 件。日本专利局受理的 PCT 国际申请数量持续增加，2019 年为 51 652 件（比 2018 年增长 6.2%）。

欧洲专利局开展的数字技术国际动向调查结果显示，为摆脱新冠肺炎疫情扩大导致的全球经济滑坡，数字技术的重要性不断凸显。2018 年日本在人工智能（AI）、第五代（5G）移动通信系统等 IT 尖端技术领域的专利申请数为 6679 项，仅次于美国的 11 927 项，居世界第 2 位。

（五）科技论文发表

根据文部科学省科学技术与学术政策研究所 2020 年 8 月发布的《科学技术指标 2020》，日本论文数量（分数计数法）排名居世界第 4 位，论文引用指标"高知名度论文"数排名居世界第 9 位，两个或两个以上国家的专利申请数量（专利家族数量）居世界第 1 位。与 2019 年和 2018 年的排名保持一致。

（六）国际技术贸易

根据日本总务省《2020 年科学技术研究调查》数据，2019 年度（2019 年 4 月至 2020 年 3 月），日本企业技术出口总额 3.6626 万亿日元，比 2018 年减少 5.4%，其中向海外母公司和子公司的技术出口占比 74.1%，达 2.7140 万亿日元。技术进口总额为 0.5436 万亿日元。2019 年度贸易逆差 3.119 万亿日元。

从国别来看，美国是日本最大的技术贸易国，出口额达 1.3812 万亿日元，占出口总额的 37.7%；进口额 0.394 万亿日元，占进口额的 72.5%。技术出口额第二多的是中国，为 0.4615 万亿日元，占出口总额的 12.6%。

（七）科技创新整体实力

瑞士洛桑国际管理发展学院（IMD）发布的《2020 年世界竞争力年鉴》，2020 年竞争力排名居前五位的国家和地区依次是新加坡、丹麦、瑞士、荷兰和中国香港，日本从第 30 位跌到第 34 位。

世界知识产权组织（WIPO）9 月发布了显示各国和地区技术创新能力的《2020 年全球创新指数》（GII 2020）。日本排在第 16 位，比 2019 年下降 1 位。

二、综合性科技创新战略

（一）制定实施《集成创新战略2020》

日本政府于2020年7月出台《集成创新战略2020》，该战略综合分析新冠肺炎疫情暴发、中美摩擦等国际国内形势变化，结合本国发展实际，新增加了快数字化发展、强化经济安全保障及战略性推动材料相关技术发展等内容，明确了应对新冠肺炎疫情任务的短期目标及实现超智能社会的中长期规划，重点论述了2020年应重点推进的举措。

一是应对新冠肺炎疫情，建立可持续和有弹性的经济社会结构。加强应对公共卫生危机能力。研发诊断治疗技术、疫苗及相关医疗器械；加强国际合作和人才培养等；利用数字化技术进行疫情通报，提高疫情防控效率；支持因疫情停滞的研究活动和产学合作活动，培养具有挑战精神的年轻企业家，支持初创企业等；推动适应社会新常态及数字革命，利用AI、超级计算机、大数据分析促进教育、研究、公共事业、物流等所有领域的数字化转型，利用人文和社会科学知识探索新常态；构建可持续有弹性的经济社会结构，强化经济安全，通过环境创新推动构建低碳社会。

二是推动创新发展，解决国内外难题。完善通信及数据基础设施建设，优化创新创业环境；推进后5G及6G研发；推动智慧城市建设；推动建设"创新基地城市"，培育初创企业；推动政府制度及项目创新等行政体系改革；推动实现数据驱动型社会，建立跨领域数据协作平台；加强战略性标准制定的顶层设计，掌握新兴技术等标准制定话语权。

三是强化基础研究，保持科技强国领先优势。加强人才培养，鼓励和支持科学家尤其是青年科研人员挑战未知，建立更有利于青年科研人员多元化成长的职业发展路径制度；进一步促进人文和社会科学发展，促进"登月型研发计划"等的战略性研发；通过大学改革推动创新创业；推动SiP、Prism等解决社会问题的战略性研发；强化国际科技合作。

此外，战略还明确提出需战略性推进的AI技术、生物技术、量子技术、材料技术等四项基础技术，以及国家经济社会安全、防灾、环境能源、健康医疗、航天、食品及农林水产、海洋等6个重点发展领域。

（二）公布第6个科学技术基本计划要点草案

内阁府综合科学技术创新会议（CSTI）公布了第6期《科学技术基本计划（草案）》。该草案概述新冠肺炎疫情下日本国内外社会形势的变化，回顾了日本的科学技术创新政策发展，提出了重塑日本社会的目标及未来科学技术创新政策的要点。

三、重点领域专项部署

（一）推动实施量子技术创新战略

2020 年 1 月，日本综合创新战略推进会议发布《量子技术创新战略（最终报告）》，提出将量子技术创新战略确定为新的国家中长期战略，产业界、学术界和政府部门应共同推进量子技术创新。

报告明确日本开展量子技术创新的三大基本原则：一是实施量子技术创新战略，将量子技术与传统技术融为一体综合推进，将量子技术创新战略与人工智能战略、生物技术战略相互融合，共同推进；二是提出以量子技术为基础的三大社会愿景，即实现生产革命，实现健康、长寿社会，确保国家和国民安心安全；三是提出实现量子技术创新的 5 个战略，即技术发展战略、国际战略、产业与创新战略、知识产权与国际标准化战略、人才战略。

（二）提出革新性环境创新战略与绿色增长战略

为实现"脱碳化"目标，日本政府设定了以非化石能源技术创新为核心构建零碳电力供给体系、以碳捕集与利用技术创新为支柱构建碳循环再利用体系、以农林水产业零碳技术为着力点构建自然生态平衡体系等五大创新方向。

2020 年 1 月，日本政府颁布《革新性环境技术创新战略》（以下简称《创新战略》）。该战略由技术创新行动计划、研发投资促进计划、共同实现零碳倡议 3 个部分构成，涉及能源、工业、交通、建筑和农林水产业等五大领域，共划分为 16 大类，总计 39 项重点技术，氢能、碳捕集与利用、可再生能源、储能和核能被列入技术创新关键技术，要求注重创新技术应用的经济性，强化技术创新国际合作，实现技术创新和绿色增长双轮驱动。

2020 年 12 月，日本政府推出绿色增长战略，以低碳转型为契机，带动经济持续复苏。该战略涉及能源和运输等 14 个重点领域，明确提出，最迟到 21 世纪 30 年代中期，乘用车新车销售将以电动车取代燃油车。预计 2050 年日本电力需求将增加 30% ~ 50%，将加快发展氢能、风能等清洁能源，同时有限度重启核能发电。

（三）继续推进人工智能战略，实现社会全面智能化

日本政府 2019 年制定并实施《人工智能战略 2019》，在尊重人的尊严、多元包容、可持续"三大理念"的基础上，设定了加强人才培养、提升产业竞争力、建立人工智能技术体系、构建国际化人工智能研究和教育网络系统等四大战略目标。

2020 年，在原本提出的健康与医疗、农业、智慧城市、国土等 5 个优先领

域的基础上增加了制造领域，此举主要为强化 AI 技术开发以提高生产率。

（四）出台生物技术发展新战略

日本政府 2019 年正式出台《生物技术战略 2019》，是继 2002 年推出《生物技术战略大纲》和 2008 年推出《促进生物技术创新根本性强化措施》战略之后，再次推出国家生物技术发展战略，要求今后每年根据需要进行政策调整。

2020 年 6 月，日本政府修订出台《生物技术战略 2020》，强调生物技术应着力应对环保、粮食安全、生活习惯病、医药品需求等社会问题，新增应对新冠肺炎疫情的疫苗、治疗药开发等内容。其确定的重点：一是推进抗击新冠肺炎疫情相关研发；二是促进生物技术数据利用；三是推动形成全球或地区生物共同体；四是持续推进《生物技术战略 2019》制定的基本措施；五是加强顶层设计，规划市场领域路线图，从数量和质量两个方面设定绩效指标进行评估。

（五）制定《农业创新研究战略 2020》

农林水产省在《粮食、农业与农村基本计划》的基础上，以科技跨领域合作、农业新技术研发、农业产业升级为方向，制定了《农业创新研究战略 2020》，提出将智慧农业、环境友好、生物经济三大领域作为农业研发目标，进行跨领域创新研究。

在智慧农业方面，创建智慧农业最新服务平台，推动开展新智慧农业商业模式；利用自动化农业机械远程操作，建立生产、运输、加工、消费、出口的食品价值链等。

在环境保护方面，提高再生能源生产效能，稳定农用能源供给。建立地产地消能源系统，通过农业机械电气化、渔船电气化、燃料电池化等减少温室气体排放；开发降低或吸收温室气体的可视量化系统，开发可存储蓝碳（blue carbon）、生物炭和森林资源利用技术，利用生物质资源，构建低碳型循环社会。

在生物经济方面，将个人基因组数据与食物数据结合，促进美味健康饮食；通过大数据、人工智能模拟育种环境，研发符合国内外需求的育种技术；解析农产品遗传基因，开发功能性生物材料及动物医药品等。

（六）敲定第二期健康及医疗战略计划，优先开展新冠肺炎治疗药物研发

日本政府 2020 年 3 月 27 日召开健康医疗战略本部会议，敲定第二期健康医疗战略及医疗领域研究开发推进计划，把新冠肺炎相关治疗药物、疫苗等研究开发作为最优先课题。

健康医疗战略由两大支柱构成，即医疗领域的研发和新产业国际化发展。研

发方面，将 AMED 的九大领域进行重组整合，同步开展癌症、生活习惯疾病、精神及神经疾病、老年医学及老年痴呆症、顽固性疾病、成长性疾病、传染病等七大疾病的跨领域研究。将延长寿命作为指标，在明确预防、诊断、治疗、预后和生活质量等开发目标基础上促进研发。在研究环境方面，将创建研究中心及临床重点医院，重组国家高级专门医疗研究中心，促进平台设施的开放利用，推动研发成果数据的共享。

新产业发展方面，将积极推动健康服务品质评价、健康食品、运动设施、街区建设、支持创业等，打造以预防和健康为中心的高质量服务，努力将日本先进的医疗服务推向国际，推动亚洲及非洲健康构想和入境医疗的发展。

（七）修订《宇宙基本计划》，组建太空军宇宙作战队

2020 年 6 月，日本内阁会议正式通过新修订的《宇宙基本计划》，为日本未来十年的宇宙政策确定了方向。该计划以军用和民用为两大立足点，面向社会，详细阐述了空间开发事业在安全保障、国土防卫、科学研究产业发展、防灾救灾、资源利用、人才培养、国际合作、国民教育等方面的重要意义和深远影响，以期获得民意支持和资金保障。

据日本共同社报道，"宇宙作战队"正在接受来自美国太空军和美国国家航空航天局（NASA）的帮助，日本防卫省将联合美军、日本宇宙航空研究开发机构（JAXA）共同构筑太空监测体系，还将就培养精通宇宙领域的自卫队官员进行探讨，以实现与美信息共享，确保稳定可靠地利用太空。

（八）推进颠覆性创新重大项目计划

日本政府 2019 年启动新的大型创新研发计划"登月型"研发计划。作为2013 年设立"颠覆性技术创新计划"（ImPACT）的后续计划，"登月型"研发计划对"ImPACT"进行了改善与强化，更加注重促进更多颠覆性创新成果的产出、支持更为大胆的挑战性研发。实施项目将着眼于实现 30 年后社会的开发目标，如开发与人类具有同等能力的机器人，以及在网络虚拟空间里代替人类工作的替身等。

2020 年，日本政府明确提出"登月型"研发计划七大目标：一是将人从身体、大脑、空间和时间的制约中解放出来，开发机器人和由多人远程操作相结合的虚拟替身技术，用于执行大规模复杂任务，并构建必要的基础，同时满足年轻人和老年人的多样化生活方式需求；二是实现疾病的超早期预测和预防；三是研制可自主学习、行动并与人类共生的机器人，开发与人类具有相同或更高身体能力且可与人类共同成长的 AI 机器人；四是在地球环境方面，实现可持续的资源

循环；五是充分利用尚未开发的生物功能，在全球范围开创合理、无浪费的可持续粮食供应产业；六是实现能带动经济、产业和安保飞跃发展的容错型通用量子计算机；七是到2040年，建立能够实现健康人生100年的医疗照护体系。

四、科技管理体制机制方面的重大变化

（一）修订《IT基本法》，组建数字厅

日本政府计划设立数字厅，推进官方与民间的数字化转型，使其成为实现高度便捷社会的推动力。新组建的数字厅将把各省厅的信息系统预算汇总计入并统一管理。为改变系统规格不统一、协同合作不充分的现状，将推行包括地方政府在内的标准化。数字厅还将授权对不遵从总体方针的部门，提出纠正建议。数字厅职员规模将达500人，其中超过100人将是具备较高IT能力和丰富经验的民间人士。

（二）实施新《外汇法》，加强外资管制

日本2020年5月始实施新《外汇法》，加强对外国资本投资日本重要行业的限制。之前，外国投资者持有日本上市企业10%以上股票时，必须事先申报，修订后将这一比例降至1%。如果外国投资者向已经投资的日本企业提出出售重要业务或者选拔董事的建议，也需要事先申报。修订的主要内容是针对外国资本对日本核能、电力、通信等安保领域相关企业的投资加强管制，防止日本的尖端技术和机密信息外流。

（三）修订《科学技术基本法》，更名为《科学技术创新基本法》

2020年3月，日本内阁会议通过了规定日本科学技术政策基本理念和基本框架的《科学技术基本法》修正案。修订后的法案更名为《科学技术与创新基本法》，一是将科学技术范畴从原来的自然科学扩展，追加哲学和法学等人文及社会科学，以促进新价值的创造；二是丰富"创新"内涵，"创新"不仅指开发新的商品和服务，还应包括为解决各类经济社会问题所采取的创造性活动。

另外，新法案还提出了确保和培养研究人员及创造性人才的目标。内阁府内将新设"科学技术与创新推进事务局"，强化跨部门的指挥塔功能。

（四）建立研究活动支援伙伴认定制度

为改善日本的科研环境，文部科学省2019年建立了"研究活动支援伙伴认

定制度"。按一定标准进行遴选，选择一批能为科研活动提供服务的企业，授予其"研究活动支援伙伴"称号，旨在优化本国研究环境、加速日本科技创新与成果应用，帮助科研机构、研究人员选择有效的科研服务供给方。入选企业所提供的产品或服务必须能够改善科研人员的研究环境，为日本的科技发展与创新做出贡献。2020年3月，日本文部科学省发布了首批"研究活动支援伙伴"入选企业名单。获得"研究活动支援伙伴"的企业将享有以下便利：一是通过认证的企业，文部科学省将为其提出合作方案，帮助企业进一步提升产品和服务质量，改善科研人员的研究环境，使企业在科技界获得更高的认可度；二是将有机会与文部科学省开展定期或不定期的交流活动，探讨进一步扩大服务的方式；三是文部科学省将优先选择入选企业开展其他方面的合作。

五、国际科技合作动向

积极开展国际科技合作与交流是日本科技政策之一，强调科技外交一体化，利用全球知识资源，构建国际研究网络。在疫情的影响下，科技合作交流受到较大影响，人员互访大幅减少，但部门及行业间的科技合作仍得以维系。

日本与中国的科技合作主要为：一是根据科技部国际合作司与日本理化学研究所签订的合作备忘录，中日双方本次联合资助项目不限领域。联合资助项目拟支持项目10个，经费支持共计3000万元。二是国家自然科学基金委（以下简称"NSFC"）与日本学术振兴会（以下简称"JSPS"）联合发布《组织间国际（地区）合作研究与交流项目指南》，联合征集合作交流项目和双边学术研讨会。2020年双方共同资助8个合作交流项目（项目执行期限2020年4月至2022年12月）及3个双边学术会议项目。NSFC向每个项目的中方申请人提供20万元的专项经费资助，用于开展国际合作与交流。三是NSFC与JSPS支持两国科学家在"环境可持续修复"领域开展实质性的创新研究与合作。经过公开征集、专家评审及双方机构共同协商，4个项目获得批准，项目执行期限为5年（2020年1月1日至2024年12月31日）。中方资助强度为不超过300万元/项（直接费用），包括研究经费和国际合作交流费用。JSPS向日本科学家提供相应的资助经费。四是在中日韩合作框架下，三国联合在"智慧物联网"领域开展合作。经过公开征集、专家评审和三方机构共同协商，2个项目获得为期5年的共同资助，项目实施时间为2020—2025年。

日本与欧美等国科技合作方面，除了JSPS和JST组织实施基础与应用基础科学领域的合作项目外，在前沿领域、高新技术领域合作方面也有新进展。

2020年6月，日本宇宙航空研究开发机构（JAXA）、美国宇航局（NASA）和欧洲航天局（ESA）合作，联合观测封城期间大气中二氧化氮（NO_2）浓度降低等环境变化，以及汽车生产减少等社会经济活动的变化。

7月，美国宇航局与文部科学省举行视频会议，发表了《太空探索联合声明》（JEDI）。两国将在国际空间站、美国航空宇航局（NASA）的 Artemis 计划、月球表面探测等方面开展合作。

8月，日美举行空间综合对话第七次会议，表示将继续推进双边空间合作，进一步加强日美同盟，与国际社会密切合作，针对持续、安全和稳定地利用太空等议题进行对话。

11月，日本外务省、文科省、日本宇宙航空研究开发机构（JAXA）与法国国家安全保障事务总局、法国国家空间研究中心（CNES）等举行视频会议，为第三届日法全面太空对话会议做准备。此外，日本和欧盟将签署协定共享卫星数据，届时日本企业可登录政府运营的网上数据平台，免费获得和分析日欧的各种卫星图像，推动企业拓展业务。

11月，日本医疗研究开发机构（AMED）与欧洲研究理事会（ERC）签署了"研究交流协议"，促进医学领域的顶尖研究人员的合作，加强医疗保健相关研发。

（执笔人：王　旭）

◉ 韩　国

新冠肺炎疫情大流行导致全球人员交流受阻、经济萎靡，加速单边主义、保护主义抬头，对各国合作交流造成一定影响。韩国依托其科技力量和积极的防控措施，较好控制了国内疫情蔓延，并积极向国际社会分享抗疫经验，支持开展抗疫合作，同时韩国政府面对后疫情时代数字经济、生物技术等发展机遇，进一步调整科技发展战略，加快科技创新，推动产业转型升级，力图将危机转化为发展机遇。

一、韩国科技创新基本情况

（一）综合创新水平

据世界知识产权组织发布的《2020 年全球创新指数报告》（ GII 2020 ），韩国 2020 年综合创新指数稳中有升，首次进入全球前十。环境绩效、科学出版物质量和高技术制造业等指标有所提高，在研发支出、研究人员和 PCT 专利申请方面保持全球前三，首尔在全球创新集群中排名居第 3 位。

（二）总研发投入和产出

据韩国科技信息通信部 2020 年发布的统计数据，2019 年，韩国总研发投入为 89.0471 万亿韩元（约 764 亿美元），居世界第 5 位。研发经费占 GDP 比重为 4.64%，居世界第 2 位。2018 年，韩国研究人员总数达 514 170 名，其中全职研究人员 408 370 名，居世界第 6 位。每万人中研究人员数 79.1 名，居世界首位。2018 年，韩国发表 SCI 收录论文 63 311 篇，占世界发表 SCI 收录论文总数的 3.52%，居第 12 位。2014—2018 年，韩国每篇论文被引用 6.36 次。2018 年被引用前 1% 论文有 200 篇。2018 年与外国合作发表论文 20 185 篇。合作最多的领域是材料学（2317 篇），其次为化学、工程学、临床医学。2018 年，韩国共申请专利 209 992 件，取得授权 119 012 件。其中申请美国专利 33 961 件，居世界第 2 位。

（三）政府研发投入

2020 年韩国政府研发预算达到 24.2 万亿韩元（约合 213 亿美元），较 2019 年增加 18%。其中，基础研究预算约 17.9 亿美元，较 2019 年增加 18.5%。人才培养预算 3.1 亿美元，较 2019 年增加 114.1%。国产材料、配件、装备研发预算约 15.1 亿美元，较 2019 年增加 94.6%。

系统半导体、生物健康、未来汽车三大核心产业研发预算约 15.1 亿美元。建设大数据、人工智能、5G、氢经济四大重点基础设施预算约 5.5 亿美元。生物健康、新能源、未来汽车、智慧城市、无人机、智能工厂、智能农场、科技金融 8 项重点事业预算约 20.6 亿美元。社会、灾难防控领域研发预算约 11.4 亿美元。防治雾霾的研发预算约 15.5 亿美元。改善生活环境的研发预算约合 9.4 亿美元。2020 年，为应对新冠肺炎疫情，政府紧急追加约 1.74 亿美元预算，用于研发新冠疫苗及治疗药物、开发防疫设备及用品、建设研究及生产基础设施等。

二、韩国重点领域科技创新发展战略

（一）强化基础研究，提高创新能力

韩国政府对基础研究的投入稳定增加，将优化科研环境，鼓励科研人员开展创新性研究作为重点改革方向。2020 年重新修订《基础研究振兴及技术开发支援法》和《脑研究促进法》，提出制定 20 年以上的基础研究长期规划；支持科研人员开展基础研究国际合作；加强脑科学领域人才培养，建立完善的奖励机制。发布《国家科研设施设备管理指南》，着力提高科研设备使用效率，建设科研设施设备综合管理系统。制定《基础研究成果推广战略》，根据国家战略需求，强化基础研究项目设计，加强创新主体间合作，着力提高成果推广平台的服务能力。

（二）加快数字化建设

韩国政府提出到 2030 年国家数字竞争力达到世界前三的目标。2020 年韩国政府以应对后疫情时代经济转型为目标，颁布"数字新政"，全面加强大数据、网络、人工智能生态系统建设，构建远程教育、智能医疗、数字服务产业体系，计划到 2025 年，实现各领域数字化转型。韩国政府将研发新一代 AI 半导体列为数字化建设核心课题。2020 年 10 月，颁布《AI 半导体产业发展战略》，提出到

2024 年，开发存算一体式（PIM）储存芯片，到 2029 年开发高运算性能、低电耗的第三代神经形态芯片，2030 年前实现 AI 半导体产品全球市场占有率 20% 的目标。此外，区块链作为确保数字安全的关键技术，也被提上日程。2020 年发布《区块链技术推广战略》，推动区块链技术在网络投票、社会福祉、新能源、金融、不动产交易、邮政、捐赠等领域应用，加强身份管理和隐私保护技术、大规模数据分散管理技术、区块链 + 融合技术等研究。

（三）应对气候变化，发展绿色产业

2020 年，韩国提出到 2050 年实现"碳中和"的承诺。发展绿色产业，推动向低碳经济转型是主要减排举措。2020 年 7 月政府颁布"绿色新政"，计划到 2025 年，投入约 609 亿美元预算，将可再生能源量提升至 42.7 GW；推进 23 万户老旧建筑低碳化改造；普及 113 万辆电动汽车及 20 万辆氢能汽车；建设 25 座智能环保城市等。其中，氢能成为关键投资领域，将投入 170 亿美元，重点发展氢能基础设施、氢燃料汽车及发电项目。

2019 年底，政府发布《未来汽车产业发展战略》，提出到 2022 年将电动和氢燃料汽车国际市场份额提升至 10%，推出 3 级无人驾驶汽车；到 2024 年实现 4 级无人驾驶汽车部分商用；到 2030 年培育 1000 家未来汽车零部件企业，将核心配件国产化率提升至 80%。2020 年产业通商资源部新设"未来汽车产业课"，负责技术研发、基础设施建设、产业融合发展、协调国际机构等工作。

（四）提高关键材料国产化率

为应对后疫情时代全球供应链重组，2020 年 7 月，韩国发布《材料、零部件、设备 2.0 战略》，大幅扩充供应链管理名录，在针对日本制裁制定的国产化产品目录基础上，增加了美、欧、中等国家和地区供应链中的核心产品，总数增至 338 个。产品范围由半导体、显示器、汽车、电子电器、化学等扩展至生物、能源、机器人等新兴产业。政府针对核心产品目录，计划 2020—2022 年，投入约 45.1 亿美元支持产品研发，并提供研究设备、人力等综合支持。

（五）促进生物健康产业发展，完善卫生防疫体系

新冠肺炎疫情为生物技术产业提供了发展机遇。2020 年 6 月，韩国政府制定《应对传染病产业发展方案》，计划成立公共疫苗开发基金、建设"疫苗开发支援中心"及"三级生物实验室"等基础设施、建立临床试验快速审核机制、加快国产医疗器械研发、建立传染病基因及变异数据库、推动国际标准建设等，进一步完善国家传染病防疫体系，培育相关产业。2020 年 11 月发布《促进生物健康产业项目及强化技术力量战略》，计划到 2023 年，通过政策引导三星生物等

36家国内企业投入约91亿美元，加快医药品、医疗器械、大健康等产业发展。政府将大幅提高生物技术研发预算，支持电子、化学材料、能源、生产技术4个领域与生物技术的融合研究；支持运用AI等技术开展生物技术研究，提高研发效率和技术水平。

（六）加快航天技术自主研发，推动航天产业发展

韩国瞄准未来航天产业新兴市场，提出逐步由企业主导开发新一代人造卫星、搭载装置、发射装置，运用AI、大数据技术培育卫星信息服务产业，开展探月工程，开发国产导航系统等目标。为应对新冠肺炎疫情影响，2020年7月，政府制定3年宇宙开发计划（2020—2022年），明确任务目标，保障研发投入。按计划2020年底将发射"新一代中型卫星1号"用于国土资源管理；2021年发射第一枚国产运载火箭"世界号"；2022年发射第一艘探月轨道飞船，并着手开发韩版卫星导航系统。此外，韩国政府于2020年起着手制定太空垃圾管理方案，提出韩版太空环境保护标准。

三、韩国主要领域科技发展现状

（一）应对新冠肺炎疫情

韩国是抗击新冠肺炎疫情取得较好成绩的国家之一，科技提供了有力支撑。疫情暴发初期，韩国迅速研发出快速核酸检测试剂，投入量产，为政府开展大规模检测、区分患者提供保障。韩国基础科学研究院率先查明新型冠状病毒入侵宿主细胞的原理，为开发治疗药物及疫苗提供方向。韩国政府开展应急研究，部署"快速检测试剂""运用AI技术。开发治疗药物""新型冠状病毒危害程度研究""病源研究"4个方向。2020年4月组建跨部门、官民协作机制，制定《新冠肺炎治疗药物及疫苗开发支援对策方案》，整合政产学研力量，加快治疗药物及疫苗研发。截至2020年11月底，共有26项治疗药物和2项疫苗进入临床试验。其中绿十字公司开发的血浆治疗药物"GC5131A"年内有望实现商用；Celltrion公司研发的抗体治疗药物"CT-P59"计划年内申请紧急使用许可。Genexine公司研发的DNA疫苗"GX-19"以及SK生命科学公司研发的合成抗原疫苗正处在1期、2期临床阶段，韩国政府正努力推动疫苗2021年下半年实现商用化。

对外，韩国积极开展国际抗疫合作。文在寅总统在G20峰会、联合国大会等多边场合呼吁加强国际抗疫合作，提议建立公共卫生防疫体系，面向后疫情时期复苏经济，强调加强数字领域合作；先后与中国、美国、瑞典、伊朗、保加利亚等国举行视频会议，分享抗疫经验，并承诺向发展中国家提供诊断试剂、口罩

等防疫物资；积极向国际疫苗研究所（IVI）、流行病防范创新联盟（CEPI）等提供经费支持，推动新冠疫苗及治疗药物研发；支持疫苗公平分配，加入"新冠疫苗全球供应计划（COVAX）"，预购1000万剂疫苗，并主动向COVAX-AMC机制捐款1000万美元，支持发展中国家普及新冠疫苗。

韩国生物制药企业凭借技术实力和大规模生产能力，积极与国际制药企业开展合作，三星生物先后与葛兰素史克、礼来公司签订新冠抗体治疗药物代工合同（CMO）；SK生物分别与阿斯利康、诺瓦瓦斯克等公司签订新冠疫苗定制合同（CDMO）；GL Rapha积极推动生产俄制新冠疫苗。

（二）5G通信技术

韩国是全球最早实现5G商用化的国家。截至2020年4月，韩国三大通信公司共建设5G基站11.5万个；截至10月，5G用户达到998万。技术方面，韩国的5G标准被国际电信联盟采用；KT公司在非独立组网（NAS）基础上引入控制层和用户层分离技术（CUPS），实现了非独立组网（NSA）和独立组网（SA）并行，成功完成网络架设。SK公司开发的5G量子加密技术将用于银行服务。产业应用方面，政府正在开展网络诊断系统2.0、无人驾驶数据处理、汽车通信安全、5G智能工厂等5G+融合项目。2020年7月，三星电子发布了6G白皮书，提出实现T级（Tera bps）数据传输速率，无线网络延迟缩小到微秒级，2025年启动标准制定，2028年实现商用。

（三）人工智能

为加快人工智能技术发展，韩国政府进一步开放公共数据，2017—2019年，共向民间开放数据4650万件（21种），向800个机构提供计算资源。2020年2月，政府正式通过"数据三法（个人信息保护法、信息通信网法、信用信息法）修订案"；4月组建"AI法制改革团"，研究制定AI相关法律法规；扩大"ICT监管沙盒"名录，减少规则限制；继首尔大学之后，韩国科学技术院、成均馆大学等学校先后建立12个AI研究生院，加快人才培养；政府牵头实施多项"AI融合事业"，加快AI技术在生物医疗、农畜业、交通等各领域的应用，其中产学研合作开发的AI家畜健康管理系统正式应用，可实时监控家畜行动，提前检测传染病，减少50%抗生素使用率，提高30%饲养率。

（四）半导体

韩国储存半导体制造水平居世界前列，2020年三星电子的5NM工艺正式量产，已取得美国高通5G调制解调器芯片订单，正积极开展3 nm工艺研发，计划 2021 年试产。SK 海力士也在加快产业布局，2020 年 10 月，完成对英特尔 NAND 闪存及储业务收购，预计 NAND 全球市场占有率将跃升至 20%。2020 年，SK 海力士开发出新一代内存 DDR5，传输速率可达 4800 M ～ 5600 Mbps，是现有 4 代的 1.8 倍，可节约电耗 20%。

政府积极构建系统半导体产业链，2020 年 4 月，首尔大学与三星电子、SK 海力士签署协议，设立"人工智能半导体专业"，每年选拔 80 名学生进行集中培养；9 月，韩国成立"下一代智能半导体事业团"，到 2029 年将投入约 9.1 亿美元，整合政产学研力量，开展新型神经网络处理器（NPU）、新元件、新工艺等研究。目前已根据领域组建 4 个产学研合作联盟，选定 SK 通信、韩国电子通信研究院、汉阳大学等 28 个单位；龙仁和平泽的 AI 半导体创新集群进入建设规划阶段。另外，韩国高纯度氟化氢已减少对日本依赖，据统计 2019 年 7 月至 2020 年 5 月，韩国自日本进口率已下降到 9.5%。

（五）氢能源

政府正加紧氢能源产业布局，2020 年政府"氢经济"预算约 5 亿美元，较 2019 年增长 52.4%。发展氢燃料汽车和基础设施投入达到 4.62 亿美元，目前氢燃料汽车和公共汽车已获购置补贴，政府正制定对建筑和工业车辆的补贴政策，还计划自 2022 年起对氢燃料公交车实行燃料补贴。截至 2020 年 10 月，韩国累计注册氢燃料汽车达 10 041 辆，同比增加 154.1%。为扩大氢能供应，政府拟采取多样化氢能供应组合，加强水分解氢技术研究和国外进口；选定 3 座氢能示范城市，在城市建筑、交通等方面进行氢能应用技术检验；开展氢燃料电池核心技术、商用液化氢成套设备技术、氢运输船技术等研发项目。现代汽车也在加快产品研发，已成功推出 Nexo SUV、氢动力巴士、氢燃料重卡等产品，并宣布 2030 年前将投入约 69 亿美元建设氢燃料电池汽车生产设施，加快技术研发，进一步提高产品性能、降低成本。

韩国氢能发展并非一帆风顺，2019 年 5 月，江陵一个政府研究项目储氢罐爆炸引发居民安全抗议；氢储运成本过高，加氢站运营不具备经济性，虽然政府对新建加氢站提供 50% 补贴，但企业建设运营积极性仍然不高，既定目标进展缓慢。针对氢安全问题，2020 年 2 月，韩国发布了全球首个《促进氢经济和氢安全管理法》，为促进氢工业发展和氢设施安全提供必要的法律支持。

（六）生物技术

为推动生物技术及产业发展，韩国在"国家创新成长战略会议"下设立"完善生物领域规则限制圆桌会议"，选择医疗器械、脑研究资源、基因治疗等 10 个课题，推动制定规则改善方案。2019年，政府针对投入约3.6亿美元，重点开展"生物医疗技术""脑科学原创技术""创新新药"等事业。

在新药开发方面，2017—2019年韩国新药开发技术出口24件，出口额约114.7亿美元。SK生物开发的脑栓治疗药物取得美国FDA新药许可。该公司开发的新药开发平台"Alteogen"以约14.4亿美元价格技术转移至国外。在基因研究方面，开展"精准医疗事业"，开发癌症精准治疗法及建设ICT医院信息系统等；开展"K-DNA事业"，计划自2020年起，10年内建立100万韩国人基因、临床信息等生物大数据；开展基因检测示范项目等。在细胞体研究方面，根据论文及专利指数分析，韩国的干细胞、再生医学技术水平排在全球第8位，在抗癌免疫细胞治疗药物研发方面取得了较大突破，企业开发的肝癌自活性T–淋巴细胞治疗药物已实现商用化，CAR-T、NK等细胞治疗药物正在开发中。

四、国际科技创新合作情况

（一）政策方向

文在寅政府上台后，针对国际形势变化及国家战略发展需求，重新规划了国际科技合作方向。一是通过国际合作强化国家创新力量，鼓励与国外科技机构和专家开展合作；二是开拓国际市场，推动国家科研成果向全球扩散；三是加强科技对国家外交战略支持，通过科技交流改善对朝关系，对中、日加强环境、能源、传染病等共性问题合作，扩大对东盟、印度、欧亚大陆合作，建立"东北亚+责任共同体"，推动与中南美、非洲等国家和地区建立科技及ICT合作关系；四是扩大对国际社会的贡献，积极参与气候变化、超级细菌等国际联合研究，向发展中国家提供科技等援助，推荐国内专家担任OECD、ITU等国际机构重要职务，提高国际话语权。

（二）与主要国家和地区国际合作情况

2020年韩国国际科技合作主要贯穿于抗击疫情这条主线，并针对主要国家及地区科技发展需求，推动合作。

与发达国家合作方面，2020年，与美国召开科技部长视频会及信息通信技术政策论坛，分别就诊断试剂和疫苗研发、运用数据追踪感染源等措施、5G安全、OECDAX智能合作、APEC国家间数据开放等内容开展交流；与加拿大召开科技学术视频大会，共同展望未来社会发展趋势；与英国签署传染病共同研究合作协议；向意大利提供"3频道同时观测宇宙电波收信器"，加强天文领域合作；与法国加强核能技术及核能安全、核废弃物处理等合作；与新西兰加强保健医疗、智能农场等技术合作。

与发展中国家合作方面，主要通过开展 ODA 科技援助项目推动合作。韩国先后在越南建立 KIST 越南分院、设立韩 – 东盟科技合作中心、与俄罗斯建立韩 – 俄创新平台等，提供技术及人员培训，推动高新技术产品和设施设备进入当地市场，推动落实"新北方政策""新南方政策"；过去 5 年内累计向发展中国家提供 ODA 科技援助 568 亿韩元（约 5100 万美元），包括技术援助、政策咨询、人员培训、信息通信环境改善等。2020 年韩国在中南美地区建设的多个"信息中心"在帮助当地应对新冠肺炎疫情中发挥积极作用，如"韩国 – 哥斯达黎加信息中心"与大学开展合作，提供远程教育技术支持等。此外，韩国分别与乌兹别克斯坦、土耳其、哈萨克斯坦等 3 个国家达成卫星出口协议；与阿联酋签署建立基础研究联合研发中心协议。

与国际机构合作方面，过去 5 年间，韩国科技信息通信部累计向 ITU、APT、OECD、UNDP 等 24 个国际机构提供约 5000 万美元经费支持；参与 5G、人工智能等国际标准设计、宣介"韩版新政"等发展战略；参与国际机构高级职务竞聘，2020 年 2 月韩国专家成功竞选 ITER 建设部主任。尽管如此，韩国目前仅向 9 个国际机构派遣 10 名科技专家，在国际机构话语权依然不高。

（执笔人：陈炳硕　张艳枫）

◉ 印度尼西亚

　　印度尼西亚政府提出，到 2030 年成为世界十大经济体，到 2045 年跻身发达国家行列。佐科总统将掌握科学技术、增强国家创新能力及培养人才列入第二任期优先事项。2020 年是研究技术部重组的第一年，印度尼西亚在抗疫科研攻关上取得了重要进展，大力实施国家科研旗舰计划，积极开展国际研究与创新合作。随着研发活动 300% 超级扣税细则的出台及研究捐赠基金的建立，未来印度尼西亚研发投入强度将显著提升。

一、创新指标及投入产出

　　根据世界知识产权组织发布的《2020 年全球创新指数报告》（GII 2020），在全球 131 个经济体中，印度尼西亚居第 85 位，与上一年度持平。在中低收入群体中，首次跻身前十，居第 9 位。东盟十国中，印度尼西亚创新指数居第 7 位。

　　据瑞士洛桑国际管理发展学院发布的《2020 年全球竞争力报告》，印度尼西亚在 63 个国家和地区（经济体）中排在第 40 位，较 2019 年下降 8 位。

　　2019 年，印度尼西亚全社会研发投入（R&D）为 36 万亿印度尼西亚盾（约合 25.7 亿美元），占 GDP 的 0.25%，其中 84% 来自政府预算，仅 8% 来自私有部门。

　　2019 财年，政府安排科技预算支出 35.73 万亿印尼盾（约合 25.5 亿美元），其中，30.8% 用于研发，10.2% 用于人力资源培训，8.8% 用于资本支出，运营支出占比最大为 50.1%。科技预算资金分布在 45 个部委和国立机构，其中，获得预算最多的 5 个部为：农业部、卫生部、公共工程与住房部、工业部和能矿部。经国会第七委员会批准的 2021 财年研究技术部及其 6 个协调科技机构调整后的预算支出为 9.418 万亿印度尼西亚盾。其中，研究技术部 2.787 万亿印尼盾。该委员会批准 2021 财年的研究捐赠基金为 5 万亿印尼盾，与 2020 年持平，为

2019 财年预算的 5 倍，将用于资助国家研究优先领域旗舰项目。

二、印度尼西亚科技发展战略与政策

1. 2020—2024 年国家研究行动计划

为落实《国家研究总体规划 2017—2045》，研究技术与高教部长于 2019 年 10 月发布了《2020—2024 年国家研究行动计划》（PRN，部长令 38/2019）。执行计划预算拨款来自国家收支预算及地方政府收支预算等渠道。

该计划包括 9 个重点领域：粮食和农业、新能源和可再生能源、卫生与医药、交通、国防与安全、工程（包括信息通信技术）、海洋与渔业、人文与社会科学，以及基于跨学科和多领域的科学技术。在研究重点领域下设研究主题 30 个，研究题目 47 个，开发新产品 49 个。

2. 印度尼西亚财政部发布《研发活动 300% 超级抵扣实施条例》

为落实印度尼西亚总统条例《关于企业研发活动最高可享受 300% 的税收减免的规定》（2019 年第 45 号政府条例），2020 年 10 月，印度尼西亚财政部发布《研发活动 300% 超级抵扣实施条例》（第 153.PMK.010/2020 号）。纳税人在 2019 年 6 月 26 日当日或之后进行的特定研发活动，可根据以下条件（单独或合计）获得最高 300% 研发费用的超级抵扣，具体规定包括：实际产生的研发费用在应纳税所得额中按 100% 常规扣除；如在印度尼西亚注册了专利或植物品种保护权（PVT），则加计 50% 扣除；如在印度尼西亚和海外均注册了专利或植物品种保护权，则加计 25% 扣除；如研发活动达到商业化阶段，则按 100% 加计扣除；如研发活动涉及与印度尼西亚政府研发机构和（或）高等教育机构的合作，则加计 25% 扣除。

上述申请必须由公司通过在线单一提交平台（Online Single Submission，OSS）提交，并附研发建议和支持文件，经研究技术部和有关部委审查和批准后，实施加计扣除。

享受加计扣除的 11 个重点领域包括：食品，医药、化妆品和医疗设备，纺织品、皮革、鞋类等，交通工具，电子和远程信息处理，能源，固定资产、部件和辅助材料，农业，金属和非金属矿物，以石油、天然气和煤炭为基础的基本化学品，国防和安全。

3. 2020—2045 年印度尼西亚人工智能战略

2020 年 8 月，印度尼西亚发布了 2020—2045 年印度尼西亚人工智能战略。

该战略明确提出，为应对人工智能创新生态系统面临的挑战，要补齐基础设施和数据、工业研究与创新、道德与政策、人才开发等四大短板，实现人工智能在五大优先领域的应用。该战略还提出实施人工智能加速或速赢计划（Quick-wins）和人工智能路线图，以推动整体战略的实施。

为补齐四大短板拟采取的主要措施如下：制定协调国家人工智能创新生态系统的制度政策；建立数据道德委员会，制定数据共享规则并监督其使用；创建人工智能研发的数据收集及共享政策；制定激励措施，加快产业增长速度；加强法律以应对技术及隐私数据滥用；制定政府优先采购国内产品的政策，增加国产零部件比例。最大化印度尼西亚潜在的人口红利，培养人工智能优秀人才；招募人工智能优先领域开发和应用人才；实施人工智能技术教育计划；培养人工智能领域的工人、研究人员和企业家。建设云计算基础设施网络和印度尼西亚独特的公共数据集；利用印度尼西亚现有优势（基础设施、数据，资金和生态系统），实现国家优先领域目标；开展基于 IP 的网络主权研究；为数据中心所有者建立理事会；创建用于云计算的基础设施集成标准；建立大学计算机实验室；建设国家人工智能超级计算机中心。在工业研究与创新方面，开发大数据、物联网、网络物理系统；机器学习和深度学习，概率模型与推理，人工智能硬件和软件工具，类人人工智能。

人工智能应用的重点分为两类部门，即公共部门和国家领先的工业部门。公共部门的应用指为实现行政体制改革而进行的各种政府服务，如公共服务、卫生、教育和公共交通。全国领先的工业部门的应用包括农业、海洋、能源、公用事业、供应链、金融和零售及国防和安全等领域。人工智能战略包含 5 个主要优先领域，即研究与教育、医疗服务、行政体制改革、粮食安全及智慧城市和出行。

4. 实施国家研究优先领域旗舰计划

2020 年 7 月，印度尼西亚启动国家研究优先领域旗舰计划。305 个入选项目将获得 2428 亿印尼盾（约合 1.2 亿人民币）资助，参与开展协同研究的部门涉及有关部委研发局、非部门政府研发机构、大学和非政府组织等 46 个单位，将产生 45 种创新产品。2020 年，国家研究优先领域旗舰计划包括粮食与农业、新能源与可再生能源、医药卫生、交通、工程产品、国防与安全、海洋及其他跨学科（减灾、发育迟缓、气候变化等）领域等。

三、印度尼西亚科技创新进展

1. 应对新冠肺炎科研攻关概况

2020 年 3 月，印度尼西亚研究技术部成立了 COVID-19 研究创新联盟，并出资 900 亿印尼盾（约合 4500 万人民币）专项科研经费，围绕预防、诊断测试、药物治疗和医疗设备等 4 个方面进行攻关。2020 年 7 月，研究技术部再次出资 273 亿印尼盾，资助 139 个研究项目，其中，预防 30 项，筛查和诊断 15 项，医疗和支持设备 34 项，医学、治疗和多中心临床 19 项，社会人文和公共卫生建模 41 项。联盟在诊断试剂盒、呼吸机、BSL-2 移动实验室、医疗设备、补充剂、草药以及其他疗法、疫苗等方面取得了一系列研发进展。在 2020 年 5 月 20 日国家觉醒日上，联盟推出了 57 种创新产品。在 8 月 10 日举行的技术觉醒日上，创新产品增加到 61 个。

2. 印度尼西亚新冠疫苗研发进展

印度尼西亚政府在同中国及国际社会合作开发疫苗外，其长期战略是独立自主开发新冠疫苗，仍然采用三重螺旋合作模式。目前，印度尼西亚 6 家科研机构、大学正沿着蛋白质重组疫苗、腺病毒疫苗、DNA 和 mRNA 疫苗 3 个技术路线，竞相开发新型冠状病毒疫苗原型（种子）。疫苗后续开发（包括临床试验）和生产，将由国有疫苗企业 Bio Farma 承担。在前期安排 50 亿印尼盾（合 329 989 美元）专项研究资金基础上，研究技术部部长班邦近期表示，政府已在 2021 年安排 2800 亿印尼盾（合 1880 万美元）用于开发国产红白疫苗（以国旗红白色命名）。

艾克曼分子生物研究所（BLM）正引领疫苗研发。2020 年 3 月，印度尼西亚研究技术部决定成立疫苗研究联盟，安排 50 亿印尼盾（合 329 989 美元）专项资金，全力推进疫苗开发。BLM 为疫苗研究联盟牵头单位，成员包括卫生部研发局（Balitbangkes）、Bio Farma 公司和知名大学。第一阶段临床试验将于 2021 年 5 月开始。如果每个阶段进展顺利，预计疫苗将于 2022 年获批上市。班邦部长表示，印度尼西亚政府已在 2021 年安排 2800 亿印尼盾（约合 1880 万美元）用于开发国产疫苗。

3. 印度尼西亚数字经济持续快速发展

2019 年印度尼西亚数字经济价值为 400 亿美元，为 2015 年的 5 倍。迄今，印度尼西亚拥有 2193 家初创公司，包括 1 个十角兽和 4 个独角兽企业，另有 8 家企业有望晋升为独角兽。佐科总统表示，到 2025 年，东盟数字经济预计将达到 2000 亿美元，印度尼西亚将达到 1330 亿美元。

2020 年 11 月，佐科总统在参加第 23 届东盟 – 中国峰会时表示，希望东盟与中国加强数字经济合作。班邦部长表示，实施"2020—2025 年数字转型发展战略"旨在使创意和数字经济成为 2025 年印度尼西亚经济增长的源泉。该战略计划逐步实施，直到 2035 年实现这一目标，即创意经济作为创新型经济的推动力，并在 2045 年实现印度尼西亚作为世界级创意和数字经济的中心之一。

4. 生物燃料研发继续推进

随着印度尼西亚自 2020 年 1 月 1 日起在全国范围内强制使用 B30 生物柴油，政府希望未来进一步减少柴油比例，实施 B40 和 B50 生物柴油计划。佐科总统要求 2020 年开始研制 B40，并于 2021 年开展 B50 研究和测试。

5. 其他领域科研重要突破

红白催化剂、综合工业盐、"黑鹰"无人机和 N219A 两栖飞机已进入国家战略项目。智慧农业、国家遥感数据库、数字服务转型等领域也取得了突破。

四、印度尼西亚国际科技合作情况

印度尼西亚政府支持与潜在国际合作伙伴的研究与创新合作，以弥补印度尼西亚科研投入不足，增加国家创新能力和经济竞争力。政府间合作是印度尼西亚开展国际合作的主要形式。印度尼西亚鼓励双边科研机构（含大学）组成的研究联盟同时申请两国政府资助，这也有利于外国研究人员尽快获得研究许可。印度尼西亚高校研究人员在国际特别是在亚太地区研究中日趋活跃，活跃在科学、技术、工程和数学领域。

（1）与东盟合作。作为东盟最大成员国，多年来，印度尼西亚一直积极参加东盟科技合作项目。2020 年 11 月，印度尼西亚研究技术部在雅加达举办的东盟第四次工业革命研讨会"人工智能在能源效率、网络安全和农业中的应用"中表示，要落实 2019 年东盟 COSTI 巴厘岛会议决定，为制定"东盟创新路线图"和"东盟人工智能联合研究的未来区域概念文件"做准备。

（2）与欧盟合作。2020 年 10 月，研究技术部部长在参加欧盟 2020 印度尼西亚研究日开幕式上表示，愿加强与欧盟的研究与创新合作，称该平台为印度尼西亚与来自欧盟国家的研究人员提供了合作机会。欧盟驻印度尼西亚大使表示，欧盟"地平线 2020"计划中关于 COVID-19 研究创新和应对气候变化危机项目对印度尼西亚全面开放。

（3）与美国合作。印度尼西亚研究技术部支持印度尼西亚 11 所大学与美国麻省理工学院建立了 MIT– 印度尼西亚研究联盟（MIRA）。万隆理工学院为印度尼西亚方研究与创新集群的牵头人，也是研究联盟的秘书处。两国政府对研究联盟给予资助。此前，印度尼西亚与美国国际援助署合作，实施 5 个联合实验室计划，美方为每个实验室提供 400 万美元资助。

（4）与英国科技合作。2020 年 8 月，班邦部长与英国科学、研究与创新部部长续签《科技合作谅解备忘录》，将合作伙伴关系延长至 2025 年。2014—2019 年，印度尼西亚和英国之间的研究与创新合作项目迅速增加，在 22 项研究建议中，总共实施了 15 项研究与创新合作计划。来自两国 100 家研究和高等教育机构的 200 多名研究人员获得了牛顿基金的资助，联合发表论文 2205 篇。英国在印度尼西亚十大最佳国际合作伙伴关系中排名居第 3 位。牛顿基金是印英两国政府间双边合作典范。2020 年 8 月，英国 – 印度尼西亚跨学科科学联盟成立。9 月，班邦表示支持国家电池研究所与英国开展电动汽车电池的研究与创新合作。

（5）与荷兰科技合作。印度尼西亚和荷兰两国之间的研究合作已有近 20 年的历史。2016 年 4 月两国在海牙签署了《高等教育和科学领域合作谅解备忘录》，研究领域包括农业食品、能源、水和环境卫生管理、交通、物流和基础设施和海事等。印度尼西亚研究技术部与荷兰研究理事会共同实施研究联盟计划。荷兰研究理事会最多提供 70 万欧元资助。印度尼西亚研究技术部为每个研究联盟的多个工作包提供资助，每个工作包每年最多资助 4 亿印尼盾（约合 20 万人民币）。此外，印度尼西亚与荷兰政府决定从 2020 年起举行年度研究教育周活动。

（6）与法国科技合作：NUSANTARA（群岛）计划是法国和印度尼西亚政府之间的一项联合计划，旨在鼓励研究与创新方面的合作。该计划由法国欧洲与外交部、高等教育、研究与创新部以及印度尼西亚研究技术部共同管理。2021 年的合作重点领域包括后疫情时代解决方案、食品技术、新能源及可再生能源、健康与医药、海洋科学、信息通信技术、社会科学与人文、先进材料、气候变化与环境保护、评估与预防自然灾害或灾害管理。

（7）与澳大利亚合作。印度尼西亚与澳大利亚的合作总体进展顺利。除农业、林业、替代能源和可再生能源、卫生、渔业和海洋等领域的研究合作外，双方还在能力建设方面开展了良好合作，如授予学位和非学位的奖学金人才培养计划，培训、讲习班和研讨会等。

（8）与巴西合作。班邦部长表示，将与巴西共享生物燃料创新技术。印度尼西亚将借鉴巴西模式，实施棕榈 – 棕榈油（工业植物油） – 生物烃发展战略，并为可持续的优质棕榈 DNA 研究和开发提供支持。同时，还将与巴西开展人力资源、技术开发和未来生物燃料业务模式开发合作。

（9）与土耳其合作。2020 年 7 月，班邦部长与土耳其工业和技术部长举行双边会谈，探讨加强双边研究与创新领域合作。双方同意开展新冠疫苗开发和临床试验合作；航空工业合作（包括 N219 和 R-80 飞机）和卫星技术、卫星发射场合作。

五、印度尼西亚科技体制改革进展及双边合作机会

1. 印度尼西亚总统高度重视研究与创新

2020 年 1 月 30 日，佐科总统在出席刚刚成立的研究技术部 2020 年度协调会议开幕式时强调，国家研究创新署作为研究与创新活动的组织者，必须着重于确定并发展战略研究与创新重点，改善人民福利和解决国家面临的问题，利用全球机遇促进印度尼西亚发展。他特别提出了国家研究创新署的 3 个重点方向：必须加强各领域的国家战略研究议程，为国家和人民增加经济附加值；必须整合各部委及机构的 27.1 万亿印尼盾研究预算资金，使研发活动产生 2 ～ 4 倍的倍增效应，注重研发成果的应用力度；必须整合国家战略创新项目的参与者网络，除各部委和国立机构下属的 329 个研究单元，还要加强私营部门在领先研究中的作用。他还特别强调要利用好超级扣税政策。

2. 2021 年度重点是构建"研究与创新生态系统"

2020 年 11 月，班邦部长在 2020 年度工作会上介绍了 2020—2024 年印度尼西亚基础科学和技术发展目标，并指出 2017—2045 年国家研究总体规划至关重要，需要加强各部委的整合，以提高其实施的效率和效力。2021 年重点工作是"构建研究与创新生态系统"，它包括 4 项重要内容：

（1）建立创新生态系统，通过加强三重螺旋合作鼓励研究成果商业化；

（2）通过国家研究创新署（BRIN）的协调来提高研发支出的质量，进行发明和创新，加强数据收集，为来自政府以外的研发资助提供便利，并为研发提供财政激励措施；

（3）建立研究力量之家，其中包括增加科学技术人力资源的数量和能力、发展和加强战略研发基础设施、加强科技卓越研究中心建设、管理生物财富和知识产权数据及发展国内外研究合作网络。

（4）增加科学技术对经济可持续发展的推动作用。

（执笔人：谢成锁　刘　磊　易凡平）

◎ 马 来 西 亚

　　2020 年，突如其来的新冠肺炎疫情对马来西亚经济和社会发展造成巨大影响。面对疫情挑战，马来西亚采取积极的防控策略，加大科研投入，努力研发抗疫科技产品并取得积极进展；出台系列政策措施，扶持创新型小企业；大力发展 5G 技术和人工智能技术，推动数字经济，实现经济和社会发展的数字化转型，适应疫情防控新常态。2020 年，马来西亚科技创新能力进一步提升，成为东南亚乃至全球中高收入国家中一支重要的科技力量。

一、科技创新能力进一步提升

（一）研发投入与产出概况

　　据马来西亚科技信息中心发布的《2019 年马来西亚全国研发调查报告》，2018 年，马来西亚研发总支出 150.6 亿令吉，比 2016 年下降 26.25 亿令吉，其中 82% 为经常性支出，18% 为资本性支出。企业是研发活动的主力军，企业研发投入自 2014 年以来一直上升，到 2016 年达到最高峰（100.6 亿令吉），2018 年有所下降。高校研究机构的科研支出从 2016 年的 60.4 亿令吉上升到 2018 年的 64.12 亿令吉，而政府研究机构的研发支出从 2016 年的 16.27 亿令吉增长到 2018 年的 20.19 亿令吉，占总研发支出的比例由 9.2% 提高到 13.4%。2018 年，非政府组织（NGO）的研发支出仅为 0.15 亿令吉，占总研发支出的 0.1%。

　　从研究活动的类别来看，2018 年，基础研究与试验开发支出占比，相比往年有所增加。基础研究的占比由 2016 年的 28.9% 提高到 2018 年的 39.3%，而试验开发研究占比由 14.6% 提高到 24.5%。基础研究主要在高校研究机构进行，高校基础研究支出占总基础研究支出的 65.2%，而企业研发活动主要以应用研究为主。

从研发投入的重点领域看，马来西亚的重点研发领域已经由以往的信息、计算机和通信技术转向工程技术领域。工程技术研发投入占总投入的比例由2016年的15.2%提高到2018年的36.3%，其次为信息、计算机和通信技术（占22.4%）。在社会经济领域，先进试验与应用科学占26.7%，可持续经济发展占25.5%，知识推广占16.3%。在关键重点领域，研发投入主要集中在医学与卫生健康领域，占13.9%。在研发资金来源方面，企业仍然是研发投入的主体，占38.2%，政府研发投入占27.9%，其他来源占33.9%。

在研发人力资源方面，马来西亚从事科研活动的人力资源数量近年有所下降。马来西亚国家科技创新政策提出，到2020年每万名劳动人口的研发人员数量要到达70人。这个目标在2016年已经实现，达到74人。然而，2018年，这个数字又有所下降。2018年，马来西亚从事研发活动的总人数为123 362人，其中研究人员90 064人（比2016年的108 557人减少了17%），技术员12 532人，辅助员工20 766人，每万名劳动力人口研究人员数量为59人。研究人员中，具有博士学位人员占46.9%，硕士学位人员占36.2%，学士学位人员占13.5%，其他学历人员占3.4%。

在科研产出方面，2018年，马来西亚发表非引文指数期刊论文（non-indexed journal）14 560篇，发表引文指数期刊论文（indexed journal）30 684篇，会议论文17 790篇，其他论文16 003篇，出版学术著作1798部。2018年，马来西亚共申请专利1057件，授权专利464件，授权商标776件，工业设计512份，著作权4949份。

（二）创新指数排名进一步提升

马来西亚科技创新能力在东南亚占有重要地位。根据《2020年全球创新指数报告》（GII 2020），马来西亚创新指数在全球排名居第33位，比上一年提高两位。在东南亚仅次于新加坡，处于第2位。在全球中高收入国家及经济体中，马来西亚仅次于中国，成为第2个最具创新性的国家。在7个创新指标中，马来西亚有5个创新指标有较快的提升，分别是市场成熟度、人力资本与研发、商业多元化、知识和技术产出、创造性产出。

二、调整科技管理机构制定新政策应对新挑战

（一）调整政府科技机构强化创新职能

2020年，马来西亚政局动荡。3月，马来西亚国民联盟上台执政，穆希丁任总理。新一届政府将原"能源、科学、技术、环境与气候变化部"进行改组，

成立了"科学、技术与创新部"。能源部并入自然资源部,成立"能源与自然资源部"。而环境与气候变化部分成立"环境部"。更名后的科技创新部的职能包括各领域的科学和技术研发,并更加强调创新的功能,更加注重科研与经济的结合。

(二)制定新计划推进科技与经济的结合

为推动科技创新与经济社会发展的深度融合,2020年12月,马来西亚科技创新部发布了"10–10科技创新经济框架计划"。该计划确定了10项驱动性技术(Technology Driver),包括5G/6G、传感技术、4D/5D打印、先进材料、先进智能系统、计算机安全与加密、增强分析与数据发现、区块链、神经技术、生物科技。同时确定了10项驱动性社会经济领域(Economic Driver),即能源、商业与金融服务、文化艺术与旅游、医疗健康、新一代工程与制造、智慧城市交通、水资源与食品、农业与林业、教育、环境与生物多样性。通过对10项驱动性技术在10项驱动性经济领域的应用进行研究分析,确定了30个科技创新关键领域,如多样化可再生能源、能源存储系统、微电网、数字化旅游、数字化医疗、精准医学、新一代智能工厂、先进设备制造、城乡一体化智能系统等。该计划旨在建立充满活力的科技创新与经济紧密结合的生态系统,提高创新和创造能力,增强经济竞争力和改善人民生活,推动马来西亚实现社会经济转型。

(三)大力支持创新型中小企业

2020年的新冠肺炎疫情对中小企业造成毁灭性打击,为拯救中小企业,政府出台多项政策,扶持中小企业,吸引投资者。

2020年8月,马来西亚出台政策规定,凡是有意投资马来西亚初创企业及中小企业的外国风险投资者,可向财政部设立的Capital Generator公司提出申请,以获得政府通过国家复苏基金提供的一对一配对补贴。国家复苏基金将采用公私伙伴合作机制,以配对补助的模式,吸引外国投资者在马来西亚投资初创企业及中小企业。该基金共有12亿令吉,其中6亿令吉来自马来西亚政府,另外6亿令吉来自外国投资者。主要关注领域包括农业科技、金融科技及医疗保健。未来将扩大至私募股权和众筹等私人资本投资领域。马来西亚将通过建立监管良好的资本市场全态系统、具有竞争力的经商环境等,将马来西亚打造成初创企业的枢纽。

此外,面对科技型初创企业,政府还安排特别拨款1亿令吉,以协助有关企业解决现金流问题,搭救科技初创企业。该项资金通过马来西亚债务创投公司旗下的"科技初创资金援助基金"计划,以免息贷款形式发放给科技初创企业。

三、聚焦科技抗疫取得成效

突如其来的新冠肺炎疫情对马来西亚经济和社会带来严重影响。面对疫情，马来西亚积极投入研发，努力增强科技在抗疫中的作用，取得如下成效。

（1）研发快速检测试剂。马来西亚槟城一家科技公司研发出一种快速检测试剂，能在半小时内检测出样本是否呈阳性。

（2）研发医院送货机器人。马来西亚理工大学、马来西亚国立大学医院和DF自动化与机器人公司研发出一款送货机器人。该机器人可承重300公斤，能自动导航，将食物和药品运到患者房间。此外，机器人安装有LCD屏幕，医生和患者可通过机器人进行对话，无须进入患者病房。使用这款机器人可减少医护人员与患者接触，大幅降低感染风险。

（3）研发3D打印呼吸机。马来西亚理工大学与UEM共同研发出3D打印医疗设备的技术，包括3D打印呼吸机、可重复拆卸和组装的深切治疗病房及医用分离器。这种医用分离器可把一台呼吸机分给两个患者同时使用，缓解呼吸机吃紧问题。

（4）研发早期预警响应系统。马来西亚电信公司研发出"早期预警和响应系统"。该系统使用热成像仪，可协助筛查医疗人员和前线抗疫人员的体温，尤其在客流量大的地方测量体温，因此有助于实现非接触性大规模筛检，提升工作效率。

（5）研发人工智能测温仪。马来西亚科技集团绿驰通讯公司推出一款人工智能测温仪，能够根据政府制订的标准作业程序，记录来访者信息和抵离时间并保存记录至少30天。若发现有人感染，该系统能迅速查询患者活动轨迹，助力追踪管理，切断传染链。

（6）开发智能加油站。马来西亚绿驰通讯公司与Five石油公司，采用前沿技术，如人工智能、机器人学习及电子模拟识别、电子钱包、支付网、汽车牌号识别等，开发出马来西亚首个智能加油站。该技术可以智能化扫描车牌、侦测司机预先设置的加油信息，客户可自动完成支付，无接触，对疫情防控具有重要意义。

（7）设立国家技术与创新沙盒。为加强科技在疫情防控中的作用，马来西亚政府宣布设立国家技术与创新沙盒（National Technology and Innovation Sandbox），包括5项科技计划：医学与健康、制造业、旅游、农业、教育。该计划面向所有技术领域开放，重点包括5G/6G、传感技术、4D/5D打印、先进制造、先进智能技术、增强分析与数据发现、区块链、神经科学、生物科学、机器人、制造技术、电子科技、计算机安全与加密、无人机等。

四、大力发展数字经济推动社会数字化转型

（一）大力发展 5G 技术

根据马来西亚经济研究所报告，到 2025 年，5G 的实施将会为马来西亚带来 85.38 亿令吉的经济增长，并增加 39 000 个高端就业岗位。因此，发展 5G 推动数字化转型是马来西亚的一个重要议题。

为推进 5G 技术的发展，马来西亚成立了 5G 工作组。2019 年底，工作组向马来西亚政府提交了马来西亚 5G 实施计划。根据实施计划，马来西亚 5G 的部署分为 2 个阶段。第一阶段，2020—2021 年，主要在柔佛州和沙巴州实施，重点开展智慧城市、数字化销售和服务（柔佛州）、智能农业（沙巴州）项目；第二阶段，2022—2024 年，重点在吉打州、彭亨州和沙捞越州进行，重点领域为电子电器智能制造（吉打州高科技园）、智能交通（彭亨州）和智慧医疗卫生（沙捞越州）。

频段分配是 5G 部署的关键因素。2020 年 1 月，马来西亚通信与多媒体委员会（Malaysian Communication and Multimedia Commission，MCMC）宣布，通过公开招标流程，分配 700 MHz 频段上的 2×30 MHz 频谱和 3.5 GHz 频段上的 100 MHz 频谱，并将这些频段作为马来西亚 5G 网络的先发频段。

目前，马来西亚政府和业界共提出 66 个 5G 应用领域。2020 年，马来西亚在 6 个州进行了为期 5 个月的 5G 示范项目，总投资 1.16 亿令吉，6 个州属分别是吉隆坡、雪兰莪、槟城、霹雳、登嘉楼和吉打州。主要项目有智慧农业项目、数字教育的 AR 学习体验、娱乐 VR 及 AR 游戏、医学 5G 远程诊断、实时医疗数据传输、视频会诊、智慧城市、5G 实时视频操控、智能旅游、智能交通、自动驾驶等。

（二）成立"数字经济和第四次工业革命理事会"推动数字化转型

新冠肺炎疫情对马来西亚企业特别是中小企业造成巨大冲击。社会各界普遍认为，疫情之后，企业的经营模式和消费者的消费行为都将发生巨大变化，唯有加快推进智能制造，实施国家工业 4.0 战略，才能在疫情之后应对日益增长的不确定性，重启大马经济。

2020 年 9 月，马来西亚成立了由总理为主席的"数字经济和第四次工业革命理事会"，旨在指导国家数字经济发展，通过采用新技术，如人工智能、传感技术、5G 技术等，促进社会经济全面发展，并从第四次工业革命科技潜能中获益。数字经济和第四次工业革命理事会是制定、执行及监督全国数字和第四次工业革命政策及计划的最高管理机构。

2020 年 11 月，总理穆希丁通过视频在首次理事会会议上宣布，确定了六大集群加速第四次工业革命的发展及落实数字经济。六大集群分别是：经济、数字人才、社会、数字及数据基础设施、新兴科技、政府，并分别由 6 名内阁部长牵头落实。总理穆希丁强调，新冠肺炎疫情大流行促使政府要加快实施第四次工业革命及落实数字经济，政府要采取明确的政策和综合的努力和行动，确保马来西亚数字经济全面发展。

（三）建立大规模数字中心助力数字化转型

大数据持续影响全球企业和行业用户。随着越来越多的数据被创建、存储和分析，意味着需要更多的服务器。超大规模数据中心的建设已经成为目前许多科技、信息技术和数字公司的重要项目。2020 年，马来西亚 G3 Global 公司提出，将建立大规模数据中心，在开始阶段，超大规模数据中心的容量将控制在 3 个 10 MW（兆瓦），而最终的容量规模将扩大到 100 MW。马来西亚政府批准由 G3 Global 公司与其合作伙伴开发的人工智能产业园入驻马来西亚科技园，并在此基础上建立大规模的数据中心。该产业技术园是马来西亚甚至东盟首创，将发展成为人工智能驱动的科技城。该人工智能产业园将促进马来西亚人工智能产业的发展，带动公共服务设施建设、培养本地专业人才及引进国内外大型投资，创造就业机会及带动经济增长。

（四）推动远程医疗服务迅速发展

2020 年，新冠肺炎疫情推动了马来西亚远程医疗的迅速增长。目前，马来西亚有多个医疗健康网站和手机应用程序，在疫情期间开展网上医疗服务，受到大量关注。创办于 2016 年的 DoctorOnCall 医疗平台是马来西亚首个也是最大的在线医疗平台，有超过 1000 名医疗专家提供远程医疗服务。疫情发生后，患者咨询、购药需求显著增加。目前该网站已有 500 万用户。2020 年 2 月，该网站还与马来西亚卫生部合作，开发了定制式虚拟健康咨询平台，以应对大众对 COVID-19 的关注。Doctor2L 是由 BP 医疗集团研发的一家网络医疗平台。疫情发生后，新增用户 20 多万，目前累计用户已达 100 多万户。DOC2US 是创立于 2017 年的一家在线问诊服务平台，是全马第一家推出电子签名药物处方和药物寄送服务的远程医疗平台。疫情发生以来，网上问诊量提高了 50%，平均每月开出 15 000 个处方。

疫情的暴发对远程医疗产生了深远影响，正在改变未来医疗的方式。通过远程医疗，患者能够在不亲临医院的情况下进行咨询和治疗，节省时间且减少暴露风险，药物也可以通过快递送上门。面对人口老龄化、慢性疾病及新冠肺炎疫情防控的新常态，马来西亚将智慧医疗作为一项重要发展项目。目前，马来西亚卫生部、医药理事会、医药协会已展开讨论，探讨立法监管远程医疗。

五、半导体产业继续吸引海外投资与国际合作

马来西亚是全球电子半导体领域重要的一员，特别是在封装测试领域保持国际领先地位。马来西亚槟城，由于其良好的投资生态，吸引众多国际半导体企业前来建厂，被誉为东方的硅谷。2020 年，马来西亚在吸引全球半导体产业投资方面保持强劲势头。

2020 年 7 月，总部位于美国的半导体领域关键子系统的主要供应商超科林半导体（Ultra Clean Holdings，UCT）宣布，将在马来西亚槟城峇都加湾工业区设立工厂，以扩展其业务。UCT 是半导体供应链中，流体输送关键子系统的领头企业，是晶圆制造设备重要供应商。UCT 此次在槟城设厂，是继在美国、新加坡、中国、捷克和菲律宾设立工厂之后所增设的新设施，新工厂占地 34 000 平方米，预计 2021 年下半年投产。

2020 年 8 月，中国十三生肖应用科技研究中心有限公司［Zodiac（China）Applied Science and Technology Research Center Ltd］与马来西亚政府达成一致，将在马来西亚投资建厂，建立 5G 芯片及封装制造基地，项目初始投资 15 亿令吉（约合 3.6 亿美元），占地 500 英亩。该公司第一个全产基地位于中国泉州，为适应当前国际形势和市场需要，该集团决定在马来西亚建立第二个生产制造基地，开展 5G 芯片的封装测试与制造。

2020 年 9 月，德国英飞凌（Infineon）公司宣布，将在未来 10 年在马来西亚投资 32.5 亿令吉，发展半导体产业。英飞凌是一家德国公司，在马来西亚设厂已经有 47 年历史，是英飞凌在德国之外唯一生产半导体晶圆机组装和测试的工厂。此项投资将助力马来西亚半导体领域的发展，特别是集成电路封装。

马来西亚集成电路公司 SilTerra（矽佳）经营效率不佳，亏损严重。2020 年，马来西亚国库控股有意将其股权出售。众多企业参与了竞标，包括中国芯恩、中国台湾的鸿海集团、德国的 X-FAB，以及马来西亚本土企业 Grecnrjacket 和 Dagang Ncxchangc Bhd 等。矽佳成立于 1995 年，是一座 8 英寸半导体晶圆代工厂，提供 CMOS 制造技术，应用范围涵盖先进逻辑集成电路、混合信号和射频元件、高压元件等。矽佳也涉足硅光子、生物电子、微机电整合 CMOS、氮化镓、BCD 制造等先进制造技术。SilTerra 股权竞标，是 2020 年马来西亚半导体领域一项最大的并购案件。

六、空间科技及稀土研发新态势

（一）制定新法案成立太空局

2020 年 11 月，马来西亚科技创新部向国会下议院提呈"马来西亚太空局法案"。根据法案，政府将成立太空局以监控太空物体，并制定航天犯罪相关事项的刑罚条文。该法案规定，太空用以安全目的，任何人不可在太空放置、安装、发射或操作任何大规模毁灭性武器，不得在太空中进行任何大规模毁灭性武器测试，成立陆军基地、设施和堡垒，以进行任何武器测试和在太空中进行军事演习。任何违反此法令的个人将处罚款不超过 5000 万令吉或监禁不超过 30 年，或两者兼施；违法组织将予以罚款不超过 1 亿令吉。同时，法令规定任何有意在太空建立或制造任何太空物体、拥有或管理任何用于集成或测试任何太空物体的设施、拥有或管理任何发射设施，都必须向该局申请执照，违者个人将被罚款不超过 1500 万令吉或监禁不超过 10 年或两者兼施，违法组织可处罚款 3000 万令吉。若有意来马来西亚经营发射服务，也须向该局申请注册，违法个人将被罚款不超过 3000 万令吉或监禁不超过 10 年，违法组织可被罚款不超过 6000 万令吉。

（二）稀土环境纷争引关注

澳大利亚莱纳斯集团在马来西亚关丹建有一座稀土加工厂。该厂 2012 年投产，年产高纯度稀土 22 000 吨，主要出口美国、欧盟、日本等国家和地区，是除中国外全球最大的稀土加工厂。多年来，该厂稀土废料处理问题一直受到民间环保人士、非政府组织及当地居民的强烈反对，要求关闭稀土厂的应声此起彼伏。马来西亚政府出于对经济因素的考量，多次为稀土厂更新运营执照。2020年 7 月，马来西亚原子能执照局批准莱纳斯建设永久性稀土存储设施，并再次延长该厂运营执照。关丹稀土厂对马来西亚具有重要经济价值，年产值 17 亿美元。这是马来西亚政府批准稀土厂运营执照延续的重要考量因素。关丹稀土厂长期运营将是大概率事件。同时，出于对环境污染和民众健康的担忧，民间反稀土的活动也将成为常态。

2020 年，马来西亚发现了大量稀土资源，价值 7410 亿令吉，主要集中在吉打州、霹雳、登嘉楼、吉兰丹、彭亨、柔佛等州署。

（执笔人：曹建如）

新 加 坡

2020年，受新冠肺炎疫情影响，新加坡遭受多年来最大幅度的经济萎缩。面对疫情，新加坡政府通过科学有效的防控措施，以及在新冠肺炎检测、诊疗、疫苗研发等方面的一系列有效研究成果，成为世界上疫情控制较好的国家之一，也将新冠肺炎患者死亡率控制在全球最低水平。

与此同时，新加坡政府抓住新冠肺炎疫情带来的科技创新发展机遇，一方面，大力发展生物医药等传统优势产业；另一方面，更加重视疫情下显现出的具有发展潜力的新增长领域投入，在数字化、医疗保健、金融科技、可持续发展、信息技术、食品科技等领域加强布局，投入250亿新元部署下一个科技创新五年发展规划，积极为疫后经济恢复和抢占世界科技创新发展前沿做好准备，巩固其作为区域金融、贸易中心及科技创新枢纽的地位。

科技创新能力继续保持平稳增长。世界知识产权组织发布的《2020年全球创新指数报告》（GII 2020）显示，2020年新加坡全球创新指数排名继续保持第8位，与2019年持平，依旧领先其他亚太经济体。

一、综合性科技创新战略规划

2020年12月，新加坡政府公布"研究、创新与企业2025计划"（Research Innovation and Enterprise 2025，简称RIE2025），提出在2021—2025年投入250亿新元强化科技创新能力，比前一个五年计划的190亿新元增加约30%，占国民生产总值的1%。250亿新元中，73亿新元用于加强大学和新加坡科技局的核心科研能力，65亿新元用于支持4个优先研究领域，52亿新元用于建立创新与创业平台和提升能力，22亿新元用于培育科研人才，37.5亿新元作为"留白资金"，资助未来和新兴研发项目使用。主要特点如下。

（一）加强基础科学研究

RIE2025 中 73 亿新元将用于支持基础科学研究，加强量子科技、网络安全等领域研究，更好保护 5G 应用程序和数据中心之间的连接；发展人工智能系统，改善航空和海港运行；开发区块链技术加强食品、药品、疫苗的溯源认证等。新加坡国立大学的量子技术中心正在与新科工程（ST Engineering）合作研发加强加密代码的网络安全工具。

（二）支持四大优先研究领域

未来五来将投入 65 亿新元，支持 4 个优先领域：制造业与商贸连接、人类健康和潜力、城市解决方案和可持续发展、智慧国家与数字经济。

（三）提升传染病防治能力

为应对未来的公共卫生危机，政府将制定一项全国流行病防范与应对科研计划（简称 PREPARE），由卫生部医疗护理转型署负责，通过提升诊疗和疫苗开发平台，以及建立区域传染病合作网络等，加强病毒检测能力，为应对未来公共卫生危机做好准备。参与此项研究的人员可以申请总额达 37.5 亿新元的"留白经费"。

（四）培养科研人才

未来五年政府将投入 22 亿新元，提供更多研究生奖学金及实习和工作岗位，并推出创新与企业人才培训计划。5 年中将提供 4700 份研究生奖学金，大部分为博士奖学金，其中包括近 400 个新加坡科研局奖学金，以及为工程研究生计划提供的 400 个奖学金。需求较强烈的科研领域，如人工智能和替代蛋白等，将获得更多奖学金。

RIE2025 将提供 1000 个新的实习和工作岗位，包括在新加坡科研局、大学 – 企业联合实验室和高科技起步公司的 700 多个实习岗位，帮助提高公共领域的科研能力，并让企业获得参与 RIE 项目的机会。新加坡国立研究基金会和企发局将推出创新与企业人才培训计划（I&E Fellowship Programme），培育更多拥有科技和商业方面经验和专业知识的人才，促进科研项目成果转化。

（五）呼吁本地企业和公共部门提高研发投入

新加坡在宣布 RIE2025 时，呼吁本地企业与公共部门紧密合作，加大研发投入。在新加坡的企业研发支出中，只有 15% 来自本地前 50 名的顶尖大企业，这意味着本地领军企业不如海外跨国企业重视研发，且研发工作比较零散。政府下一步将加大力度鼓励本地企业增加研发投入，将在大学设立更多研究实验室，鼓励企业组织产业联盟，推动本地企业更多参与研发。

二、重点领域的专项计划

（一）加快数字化转型

加大财政投入，推动数字化转型。为舒缓疫情冲击，自 2020 年 2 月以来，政府共推出约 1000 亿新元的抗疫财政预算，除了聚焦疫情全力保工作、保生计、保企业外，其中超过 10 亿新元直接用于推动企业数字化转型，包括对开展数字化的企业进行奖励，帮助企业与网络平台供应商建立从线下到线上的销售模式，通过额外补贴鼓励零售业主采取电子付款方式等。同时政府积极采取措施，帮助社会数字化转型补上"最后一公里"短板，在全国设立了近 50 个"数字转型社区服务站"，招募 1000 名数字服务大使专门为老年人和零售主提供一对一和一站式服务，计划在 2021 年 3 月前，协助 10 万名老年人掌握基本数字技能。

"智慧国"建设进程加快。新加坡约 94% 的政府交易实现电子化，原计划 2023 年底实现 95% 政府交易电子化的目标将提前三年实现。政府 2020 年在信息通信技术（ICT）领域投入高达 35 亿新元，包括为追踪新冠密切接触者研发的"合力追踪"应用、Safe Entry 访客登记系统，以及 2020 年实施的全国数字身份认证和"人生旅程助手"等重要项目。

政府 2020 年将大部分 ICT 系统转移至商业云端服务平台，提升相关基础设施。由凯德集团等企业联合投入 1000 万新元打造的智慧城市联合创新实验室将在未来三年为 200 家企业共创和测试智能城市方案，涵盖先进制造业、智能房地产、智能出行、可持续发展及城市农业等多个领域。

加大数字化人才培养力度。政府推出一系列人才培训计划，支持本地人才掌握数字化技能，适应社会数字化发展趋势。通信及新闻部推出网络安全专才培训计划，在 ICT 行业创造约 1.8 万个科技相关岗位。政府与华为合作推出线上人工智能学院，提供超过 140 门免费信息通信领域相关课程，帮助民众提升技能。经济发展局、资讯通信媒体发展局和精深技能发展局与谷歌联手推出"SG 技能启动"计划，将提供 3000 多个数字营销和云科技等领域的培训岗位。

（二）推动金融科技发展

加大资金投入力度。新加坡金管局未来三年投入 2.5 亿新元支持"金融领域科技和创新 2.0 计划"（Financial Sector Technology & Innovation Scheme，简称 FSTI2.0 计划），加快金融业科技创新发展。FSTI 计划于 2015 年启动，投入 2.25

亿新元，共有 200 多家金融机构和金融科技公司获得补贴，并设立 40 多个创新实验室，创造了约 180 个高价值的就业机会，开展了 500 个项目，40% 已开始在金融行业采用。FST12.0 将在原计划基础上提高补贴限制和资助比例，如人工智能和数据分析津贴限制从 100 万新元提高到 150 万新元，鼓励金融机构采用人工智能方案，鼓励培养新加坡本地人才。

成立亚洲数字金融研究所。新加坡金管局、新加坡国立研究基金会和新加坡国立大学联合成立亚洲数字金融研究所（Asian institute of Digital Finance），强化数字金融领域的教学、研究和企业之间的协同效益。研究所将开展金融科技相关内容教学及研究，提供金融服务，并设立金融孵化器。

加快推动数字银行发展。2020 年 12 月，新加坡金管局首次批准数字银行牌照，发放 2 张全面数字银行牌照和 2 张批发数字银行牌照，其中蚂蚁集团全资子公司、中国绿地金融联合相关联易融公司和背景协力创成股权投资基金组成的财团，包揽 2 张批发数字银行牌照。

（三）重视可持续发展

专家预测，到 2100 年，新加坡的海平面将升高 1 米，许多低洼地区可能被淹没。2020 年新加坡政府财政年度预算中，约 143 亿新元集中在投资未来和可持续发展领域，包括应对老龄化、海平面上升问题、推广使用电动汽车、绿色发展等，其中海岸及洪水防护基金，首期投入启动资金 50 亿新元。新加坡是东南亚地区第一个征收碳税的国家，推出了总值 20 亿美元的绿色投资计划，投资绿色发展企业及基金。

新加坡计划在 2040 年前将所有内燃式引擎车辆更换为节能环保车辆，将全国电动车充电站增至 2.8 万个，并准备出台使用电动出租车的税收优惠政策等。企业发展局和标准理事会正在制定六项绿色标准，协助本地企业朝可持续方向发展并拓展海外市场，涉及可再生能源、能源效率和存储及可持续粮食生产等。太阳能使用快速发展，目前，超过一半的政府组屋（类似国内经济适用房）顶层已经或正在安装太阳能板，到 2030 年，比例将达到 70%。因土地面积有限，新加坡在蓄水池铺设大型浮动太阳能光伏系统，并资助第一个浮动能源储存系统试验计划，解决太阳能间歇性电流供应问题。可持续发展将成为新加坡经济新的增长点。

（四）布局网络安全规划

网络安全是数字经济发展的重要前提和基础，也是数字社会维持互信的关键。新加坡政府未来三年将拨款 10 亿新元提高网络和数据安全能力，更好保护个人资料及本地关键信息基础设施系统，为进入数字化社会做好准备。

近期，新加坡推出安全网络空间总蓝图（Safer Cyberspace Masterplan），提高个人、社区、企业和机构的网络安全水平，主要涵盖 3 个方面内容：确保核心数字基础设施的安全、更好地保护数据活动及加强国民的网络安全能力。计划在 2021-2023 年落实 11 项主要措施，包括建设人工智能网络融合平台（Cyber Fusion Platform）和物联网威胁分析平台，加强网络威胁检测、分析和防范能力，企业参与网络安全信誉标志计划，实施网络安全标签计划等。2020 年下半年，已推出智能产品网络安全水平分级系统，所有智能产品根据网络安全水平进行评级并贴上分级标签，帮助消费者选购网络安全水平较高的产品，降低遭受网络袭击的风险。

2020 年初，新加坡重组武装部队网络安全指挥机构，设立综合网络指挥部，进一步提高开发网络威胁情报和侦测威胁等能力。国防部制定了网络安全分层框架，涵盖数据库安全标准、数据处理、管理员认证、终端机安全措施等。同时，新加坡加快培养网络安全人才，推出网络人才计划，未来三年通过网络奥林匹克和网络领袖两个项目，培养网络专才、具备新一代网络安全专业知识和领导能力的领军人才。

（五）先进制造业加快转型

新加坡将建立更具数字化和韧性的制造业基地。新加坡科研局和南洋理工大学将建立全新的先进制造培训中心，制定先进制造业技能培训计划。计划同世界经济论坛合作，将新加坡制定的智能工业成熟度指数（The Singapore Smart Industry Readiness Index）发展为衡量工业 4.0 转型标准的国际框架。亚洲开发银行与新加坡理工学院将推出全球科技创新村计划，在先进制造、5G、人工智能和食品科技等领域为政府人员和企业领袖提供工业 4.0 技能培训。

（六）推出"科技准证"计划

为进一步巩固新加坡作为区域科技枢纽的领先地位，新加坡政府推出"科技准证"（Tech.Pass）计划，主要针对各领域的顶尖科技人才，帮助本地科技人才队伍实现"群聚效应"。"科技准证"计划自 2021 年 1 月开放申请，限 500 人，期限两年，门槛很高，必须满足三项条件中的两项：一是过去一年的固定月薪至少 2 万新元；二是曾在市值至少 5 亿美元或拥有至少 3000 万美元资金的科技企业担任领导职位五年以上；三是曾主导科技产品的研发工作至少 5 年，这项科技产品的每月活跃使用者至少 10 万人，或产品至少能带来 1 亿美元收入。"科技准证"针对个人，灵活性高，有利于吸引科技公司的创新创业人员，以及跨国公司的创业者和投资者在新加坡创业或投资。

三、重点领域科技及产业发展动态和趋势

（一）农业和食品工业领域

新冠肺炎疫情带来的各国粮食出口限制，凸显了自产粮食的重要性。新加坡2019年宣布农产品"30·30"愿景，即在2030年实现自产农产品满足本国人民30%营养需求的目标。受疫情影响，新加坡政府2020年宣布将把"30·30"愿景第一阶段计划提前，加大科技创新力度，更早掌控国内食品供应。

2020年下半年，政府加快了农业食品领域科研和产业布局。12月，新加坡食品局批准美国食品科技公司Eat Just研发的人工培养鸡肉在新加坡出售，新加坡成为全球首个批准出售培养肉的国家。Eat Just将于2021年第一季度投资1.2亿美元，在新建造亚洲首座，也是世界最大的植物蛋白生产设施。新加坡科研局将设立食品科技创新中心，支持植物肉制造商生产并测试产品，尤其是植物蛋白的发酵过程。

2020年初，新加坡食品局和科研局就"可持续的城市食物生产"及"未来食品：替代蛋白质"开始征集研究项目，拟通过基因改造技术，让热带水产养殖品种和蔬菜品种适合在室内生产，并克服蛋白质工业在全球所面临的土地资源使用和环境可持续性限制，找到生产高蛋白食品的新方法。与德国西门子公司合作，建成世界首个智能浮动渔场，采用物联网系统和人工智能科技，年产量达到250吨，比一般传统渔场高出10倍。

（二）信息通信领域

加快推进5G发展。疫情带来的居家办公、视频会议、在线学习等导致对信息通信网络提升需求急剧增加，2020年疫情阻断措施期间，新加坡出现两次大面积网络通信故障。为尽快提升信息通信网络质量，4月，新政府加速批准了国内5G牌照，确定全国5G部署和启用时间表，预计2022年5G网络覆盖率达一半，2025年底覆盖全国。8月，政府批准移动网络试行利用现有的4G网络基础，推出非独立5G网络。配合发展5G网络，南洋理工大学设立5G应用实践中心，计划推出人脸识别系统等在零售、先进制造和智能城市等领域试用，并培养5G人才。

提前布局区块链科研。新加坡国立研究基金会、新加坡企发局和资讯通信媒体发展局将联合投入1200万新元，推出新加坡首个区块链创新计划（Singapore Blockchain Innovation Programme），未来三年内通过75家大型企业设计17个区块链项目，推广区块链研究，并根据市场需求探讨区块链方案的拓展和互通，提高区块链能源效率，增强不同区块链之间的互通能力。同时，为中小企业制定一套

风险评估框架，鼓励其采用区块链技术。

四、科技管理体制、机制方面的重大变化

2020年新加坡虽进行了大选，但政府管理体制方面依旧以稳妥为主，没有对政府构进行大规模改革，仅根据长远发展目标和重点发展规划，调整个别政府部门设置。

为满足关于可持续发展的长远规划和设计，大选后，新加坡内阁将原来的环境与水源部更名为可持续发展和环境部，将可持续发展和环境议题提升到更重要的位置。

另外，为应对当前面临的经济挑战，新加坡拟整合现有的政府科技局（Government Technology Agency）、国立研究基金会（National Research Foundation）和企业发展局（Enterprise Singapore）的职能，成立数字经济部，整合现有数字经济领域不同政府部门和机构对企业的支持项目，推动数字经济转型加快速度。

五、国际科技创新合作政策动向

（一）服务国内数字化转型，与多个国家签署双多边数字经济协定

作为一个高度依赖对外贸易的国家，新加坡国内产业数字化转型必须与国际贸易实现对接。为推动国内数字化转型顺利进行，自2020年以来，新加坡与智利、新西兰、澳大利亚、英国等签订数字经济协定，促进国际贸易中端对端数字贸易及可靠的跨境数据流通，消除数字经济中的贸易壁垒。新加坡海事及港务管理局与荷兰鹿特丹港务局等5个国际贸易伙伴签署合作备忘录，旨在促进数据互换。新加坡金融管理局与美国财政部联合发表针对金融服务数据连接的联合声明，肯定跨境数据整合、存储、处理和传输数据能力对金融领域的重要性，将致力于打造可促进全球经济的金融服务环境。新加坡企发局与德国商业亚太委员会签署谅解备忘录，将支持两国企业在先进制造、数字化与创新等领域的合作。

（二）发挥区域枢纽作用，持续吸引跨国公司来新创新

长久以来，新加坡作为区域贸易、科技创新枢纽，以其良好的税收政策、完善的法治环境和稳定的政治局势等吸引跨国公司在新设立国际、地区总部或投资创新中心、生产基地。2020年，韩国现代汽车集团投资4亿新元，在新加坡建造创新中心，开展电动车相关研发等；中国互联网企业腾讯、字节跳动、阿里巴巴都计划增加在新加坡的投资，以支持东南亚地区业务；美国太阳能巨头

Maxeon Solar Technologies 将在新加坡设立全球总部和科研中心，研发最新的太阳能板技术；半导体企业英飞凌科技（Infineon Technologies）宣布 3 年内投资 2700 万新元，在新加坡打造首个全球人工智能创新中心；美国食品科技公司 Perfect Day 在新设立研发中心，培育生产人造蛋白。

（三）积极推动和参与区域科技创新合作

新加坡在多个场合积极呼吁和推动东盟各国开展各领域科技创新合作。疫情以来，新加坡主动召集并积极加入东盟新冠肺炎疫情应对基金，并率先捐款 10 万美元，加强区域内各国科研合作，提高疫情应对能力。加入《区域全面经济伙伴关系协定》（RCEP），呼吁各国探讨在《东盟互联互通总体规划 2025》规划下进一步推动区域的合作、数字化和经济复苏。

（四）积极加入应对新冠肺炎疫情国际合作倡议

新加坡高层多次在各种场合宣布，要战胜新冠肺炎疫情，各国必须合作加快疫苗开发，支持疫苗多边主义。新加坡先后加入了世卫组织主导的"获取抗击新冠肺炎工具加速计划"［Access to COVID-19 Tools（ACT）Accelerator］及"新冠疫苗全球获取保障机制"（COVID-19 Vaccine Global Access Facility）。新加坡还和瑞士共同担任"COVAX 机制之友"的联席主席，并代表"小国论坛"参加 ACT 促进委员会。

（执笔人：王　慧）

◎ 缅　　甸

2020 年，缅甸尽管遭受新冠肺炎疫情重创，失业人员剧增，经济增幅远低于预期的 6%，但农业仍然是主要产业和出口来源，加工制造业和服务业经济占比较小，以及中国经济增长的带动，国际货币基金组织《世界经济展望报告》预测，缅甸经济依然实现约 2% 的正增长，跌幅相对较小，进出口基本保持平稳。

一方面，疫情导致各种研讨交流和人员培训几近中止，缅甸科技发展受到影响；另一方面，疫情冲击也在一定程度上倒逼缅甸科技发展，高层对发展科技应对疫情和恢复生产重要性的认识增强，缅甸政府在联合国亚太经社会帮助下制定国家科技创新政策，这是 2020 年缅甸科技创新发展的一大成就，将成为引领缅甸国家发展的驱动工具。

一、整体科技创新实力仍然十分落后

缅甸属于世界最不发达国家，人均 GDP 在世界 190 个国家中排名居第 143 位。经济以农业为主，2020 年农业产值占全国 GDP 的 22%，农业就业人口占总就业人口的 48%。工业产值占全国 GDP 的 36%，就业人口占总就业人口的 16%。

根据联合国世界知识产权组织发布的《2020 年全球创新指数报告》(GII 2020)，2020 年缅甸在 131 个世界经济体中排名居 129 位。在创新产出方面的表现略优于创新投入，在创新投入方面排名居 129 位，而创新产出排名居 120 位。在 29 个低中收入经济体中排名居 29 位，在东南亚、东亚与大洋洲 17 个经济体中排名居 17 位。在研发机构、创造产出、人力资本与研究、知识与技术产出、基础设施、商业成熟度和市场成熟度等 7 项主要创新指数指标上，缅甸在 29 个低中收入经济体和 17 个东南亚、东亚与大洋洲经济体中均处于垫底位置。

缅甸科技发展十分落后，政府和社会研发投入很低。据世界银行及环球经济网站的最新数据，2017 年缅甸政府研发支出占 GDP 的 0.03%，而当年基于 91 个国家的世界平均数是 1.04%。从 1997—2017 年的 20 年间，缅甸的该指标的平均数为 0.07%。缅甸 2019 年才颁布《缅甸工业设计法》、《商标法》、《缅甸专利法》和《缅甸文学艺术作品版权法》等知识产权立法。根据世界知识产权组织数据，缅甸 2017 年、2018 年、2019 年国外专利申请数分别仅为 3 项、1 项、3 项，相应授权仅为 0、1 项、2 项。

缅甸教育和研究体系在促进科技创新方面还处于早期发展阶段，大学科研基本处于试验水平，缺少重大科研成果和科技创新成就。虽然建立了不少技术大学，但工程类学生占大学在校生的比例不到 10%，仰光大学和曼德勒科技大学最近才被赋权授予工学学士学位。大学科研论文产出数量很低，2018 年仅有 566 篇论文发表在国际期刊上，相比之下，泰国为 17 943 篇，越南为 8837 篇。尽管有各种支持中小企业的区域创业中心，特别是在仰光省，但是居于大学和企业间的科技中介机构都不发达。

缅甸共有 170 所大学，包括 48 所综合大学、33 所技术大学和 27 所计算机大学，其他还有医科类、农业、林业与环境科学大学和海事大学等，在校生总数约 60 万人。

二、综合性科技创新政策的制定

自实行政治转型、经济改革和对外开放以来，缅甸政府对科技创新于实现国家发展重要性的认识持续增强。2018 年通过《科技创新法》，并于 2019 年成立以第一副总统为主席，包括部长、研究机构和非政府组织知名专家共 28 名成员的国家科技创新理事会，设立了科技创新基金。

即将出台的科技创新政策将是缅甸的重要科技战略规划，正在等待国会批准实施。

缅甸《科技创新政策（草案）》致力于从以下 4 个方面改善科技创新体系：一是健康的创新生态体系；二是商产学研合作；三是商业相关的高质量研究；四是足够的科技创新教育。其总体目标是到 2030 年使缅甸进入世界经济论坛综合指数国家前 90 名，"将缅甸发展成包容可持续的亚洲之虎"，并实现 GDP 每年 5% 以上增长。主要目标包括，到 2022 年科技创新投资占 GDP 的 0.25%，2025 年增加到 0.5%，2030 年达到 1%。逐步将研发创新公共资金重点投入实现国家可持续发展目标上，2023 年该指标占比达 50%，2025 年达 75%，2030 年达 100%。

2020 年 8 月，缅甸国家科技创新理事会举行会议，强调落实《科技创新法》目标，起草实施科技创新工作国家政策和框架，鼓励更大的创造和创新，以落实缅甸可持续发展计划（2018—2030 年），发展现代经济。会议决定制定"国家科技创新行动计划和实施计划"，落实东盟科技创新行动计划（2016—2025 年）。会议强调从研发到工业和生产部门的技术转让，都须确保发明人和投资者之间的互利。依照法律在研究、商业化、与国际伙伴合作的技术保护和转让、人力资源开发等领域，实施促进创新和创造的制度。

三、科技管理体制机制、重点领域动态和趋势

在缅甸科技管理体制中，教育部是科技主管部门，国家科技创新理事会是指导科技创新政策制定的中心机构，教育部研究创新司和其他部门研究机构是公共研究机构。

但《科技创新政策（草案）》已建议建立新的科技创新管理机制。根据草案，2021 年缅甸将成立科技创新机构，对科技创新理事会负责，灵活调动、激励、协调和管理支持科技创新。科技创新机构职能包括：管理科技创新基金，并设计、支持实施和监督科技创新政策中提出的工具；积极为缅甸科技创新社区发展做贡献；支持科技创新理事会制定科技创新政策并与各部门协调；围绕科技创新发展缅甸的情报功能（围绕科技创新开展数据收集，分析趋势并发布结果）。

缅甸的创新体系仍处于发展阶段。教育部下属的研究创新司是化验、标准、信息通信、原子能、生物技术的科研和管理机构。其他专业科技力量主要集中在农业畜牧和灌溉部的农业研究司、卫生和体育部的医学研究司，以及交通和通信部的气象水文司，自然资源和环保部的森林司、环境保护司等。

缅甸国家科技创新政策草案确定以信息通信技术、农业、卫生、能源和制造业为重点领域。对农业、交通通信、卫生、自然资源和环保制定专门国家创新计划（NIP）。

四、主要领域科技创新发展成就

2020 年面对新冠肺炎疫情，缅甸抗疫设备研发应用能力提升，数字经济发展、新能源开发利用和生态环境保护方面的科技创新取得显著进展。

（一）科技界积极研发抗疫设备助力抗疫

新冠肺炎疫情暴发后，缅甸科技界积极开展研发投入抗疫。2020 年 4 月，缅甸航空航天工程大学、曼德勒科技大学、工业训练和教育学院（SITE）、政府技术学院（Insein）、政府技术学院（彬乌伦 Pyin Oo Lwin）和政府技术学院、教育大学等研发生产了遥控推车、遥控消毒器、装有扩音器的无人机、自动喷洒消毒水的无人机、推车机器人（TR201）、容器机器人（CR201）等现代化设备用于

新冠肺炎防治工作，减少医护人员与确诊患者之间运送餐食和药品的接触次数。

（二）数字经济、电商和电子政务加快发展

疫情发生后，缅甸政府部门和教育机构纷纷大力完善通信设施，所有联邦政府部门和大学以及多数省邦都安装了互联网视频设备，可进行线上可视会议。缅方通过线上方式，参与了众多国际活动，特别是东盟峰会等系列活动。2020 年 3 月，曼德勒电子政务全面推开，市民可以在线纳税缴费。5 月底，商务部在线召开首次电子商务会议，鼓励发展电子商务、规范互联网贸易。

同时，为减少"禁足令"、隔离、宵禁和封城等防疫措施造成的影响，缅甸主要连锁超市 Market Place 和 Ocean 等纷纷推出手机 APP 和网上超市，消费者可以通过手机和网络选购商品。5 月，阿里巴巴旗下蚂蚁金融服务集团同缅甸移动金融服务企业 Wave Money 达成战略合作，阿里投资 7350 万美元，用技术和经验助力 Wave Money，为当地消费者和小微商家提供更便捷、安全的移动支付和数字金融服务。1—9 月，Wave Money 在线汇款额达 59 亿美元。

5 月 20 日起，缅北掸邦生产的水果、花卉和蔬菜通过缅甸水果、花卉和蔬菜生产与出口商协会（MFVP）建立的电子商务平台进行销售。MFVP 还配合平台建立了移动市场系统，安排流动市场卡车在城镇销售。卖方可以通过应用程序详细显示产品、质量、数量、图像和价格，消费者可以直接在线选购产品并选择配送或自取服务。MFVP 计划将该在线平台尽快扩展到批发和出口市场，以弥补种植者因新冠肺炎疫情而遭受的损失。

疫情期间，缅甸中小微企业数字化程度大幅提升。2020 年 11 月，计划财政和工业部联合数字经济发展委员会，对 73 000 多家中小微企业中的 2500 家进行数字效用基准调查（Baseline Survey on Myanmar MSME's Digital Utility），以确定数字化和改进指标，制定数字化相关政策。

（三）新能源尤其是太阳能开发利用发展强劲

2020 年 3 月，缅甸政府宣布正在研究实施一批可再生能源项目，包括 5746.37 兆瓦的 61 个太阳能发电项目，1163 兆瓦的 7 个风力发电项目和 200 兆瓦的 6 个生物质发电项目。5 月中旬，缅政府就总装机容量为 1060 兆瓦的 30 个太阳能发电项目组织招标，共收到 52 家公司提交的 155 份申请书。

缅甸国家电气化计划的目标是，到 2025 实现为 75% 的人口供电，并在 2030 年达到 100%。该计划得到世界银行（简称世行）4 亿美元贷款支持。然而，对于岛屿和农村山区的社区来说，实现供电仍然是一个遥远的梦想。世行估计，钦邦、克钦邦、克依邦、掸邦、若开邦、德林达依省和实皆省偏远地区约 130 万人口要与国家电网连接，可能需要数年甚至 10 年以上的时间。

缅甸的电力需求以每年 15% ～ 17% 的速度增长，电力供应缺口很大。随着电价上涨，可再生能源尤其是太阳能，正在吸引着投资者的兴趣。亚洲开发银行及美国国际开发署研究报告显示，缅甸发展太阳能潜力突出，是东南亚地区光伏发电成本最低的国家，年发电量最高可达到 26 962 兆瓦。特别是对于那些需要等待数年才能接入电网的社区，小型太阳能电网已成为有吸引力的选项。

随着私营部门将太阳能视为缅甸实现完全电气化的商业可行方案，缅甸的小型太阳能电网获得飞速发展。缅甸帕拉米能源集团公司（Parami Energy Group of Companies）在马圭省耶萨吉岛上安装了价值 160 万美元的小型电网，首次为 1000 多户家庭供电。该项目的部分资金来自世界银行，目标是给岛上超过 4000 户家庭通电。法国英吉集团（French Engie Group）和新加坡咨询公司 Sol Partners 的合资企业——曼德勒优玛能源公司也看到了这一领域的商机，在缅甸运营了 40 多个太阳能混合小电网。

挪威、韩国和日本等国在缅甸边远地区太阳能开发中也发挥了重要作用。2020 年 3 月，由挪威开发机构挪威基金、世界银行国际金融公司和在新加坡上市的优玛战略（Yoma Strategic）共同创立的优玛微电力（Yoma Micro Power）公司，在实皆省村 Thint Sein Gyi 启动了第 250 家离网太阳能发电厂。这家耗资 10 万美元的工厂峰值容量为 31.2 千瓦，可为大约 1000 位村民供电。迄今，由挪威发展投资基金（Norfund）支持的这家公司已在缅甸偏远地区完成了总计投资 2800 万美元的 250 家太阳能发电厂的安装。

在世界银行支持下，缅甸农业部农村发展司也承担了离网电气化的任务。2020 年 7 月，世行发布消息称，缅甸政府和世界银行首次签署援助协议，旨在为居住于缅甸农村地区的 45 万多民众提供太阳能供电。根据协议，世行将为缅甸农村地区通电提供 345 万美元援助，用于太阳能产品生产、进口和销售业发展。缅甸农业部农村发展司将向私营公司发放这些援助金，开展太阳能开发工作。

（四）小型卫星计划取得进展

缅甸委托日本北海道大学和东北大学研发制造的首个小型卫星 MMSATS–1 于 2020 年 10 月完成，并于 2021 年 2 月发射。该卫星将用于缅甸农业、林业、城市规划、海洋部门、矿产勘探、天气、水资源和自然灾害监测管理等工作。缅甸小型卫星计划从 2019 年 9 月至 2024 年 8 月，为期 5 年，耗资 16.8 亿日元，包括两颗小型卫星。第二颗小型卫星将于 2023 年发射。缅甸航天工程大学将在年内建成地面卫星控制室和实验室。日方还将为缅甸培养一批专业人员。

（执笔人：苏　哲）

◎ 印　　度

2020年新冠肺炎疫情使印度经济、社会、民生遭受重创。印度实施近半年的"全国封锁"措施，严重影响各领域科技发展。除医药卫生取得一定成果外，印度其他领域发展迟缓，个别领域几近停摆状态。

一、科技创新整体实力情况

（一）科技投入情况

（1）研发投入情况。印度全社会研发投入严重不足，近20年来一直不到GDP的1%。2020年4月，印度科技署发布的《研发统计一览2019—2020》显示，2017—2018财年，印度全社会研发投入为1.14万亿卢比（约合1100亿人民币），占GDP的0.7%。预计2018—2019财年仍将维持该水平，全社会研发投入约为1.24万亿卢比。

2017—2018财年全社会研发投入中，印度政府科技投入主要投向制药、交通、信息技术、机械工程等领域。93%的中央财政科技投入被12家科技组织获得，其中占比最高的前4个机构分别为国防研发组织（31%）、空间署（19%）、农业研究理事会（11.1%）和原子能署（10.8%）。

（2）研发人员情况。《研发统计一览2019—2020》显示，截至2018年4月1日，印度从事研发活动的全职研发人员34.2万人，科研管理和辅助人员18万人。全职研发人员在政府研究机构和高等院校中达20.4万人，在产业部门有13.8万人。

（二）科技产出情况

（1）论文发表情况。据SCI数据库，2018年，印度科学出版物产出达73 813

篇，全球排名居第 9 位。据自然指数统计结果，2018 年 9 月 1 日至 2019 年 8 月 31 日，印度发表的所有研究产出按分数计数（FC）为 1034.12，排名居全球第 12 位。

（2）知识产权和专利申请。据《科睿唯安亚太知识产权 2020 年度报告》显示，2019 年，印度向境外提交的商标申请数量为 6539 件。2017—2018 年度，印度专利申请量 47 854 件，其中印度人申请量 15 550 件，占比不足 1/3；印度共授予专利 13 045 件，其中印度人被授予 1937 件，占 14.8%；印度尚有效的专利合计 56 764 件，其中印度人拥有 8830 件。

（3）高被引科学家。2019 年 11 月，科睿唯安公布的年度"高被引科学家"名单。在 6008 人榜单中，印度上榜 10 人。

（三）创新排名

印度在 2020 年彭博创新指数的 60 个经济体中排名居第 54 位。在世界知识产权组织（WIPO）发布的《2020 年全球创新指数报告》（GII 2020）中，印度居第 48 位，比 2019 年上升 4 位。

二、综合性科技创新战略、政策及举措

（一）制定第五个国家科技政策《科技创新政策 2020》（STIP 2020）

受疫情影响，STIP 2020 初稿刚完成，正在内阁审核，尚未对外公布。该政策在疫情导致印度经济衰退大背景下，肩负重振经济使命，对印度科学、技术和创新生态系统意义重大。该政策目标是在优先事项、部门重点和战略方面重新定位科学、技术和创新的方向；更加聚焦发展自主技术，鼓励草根创新，增强政府、学术界和产业界紧密联系；充分利用新兴颠覆性和具有影响力的技术促进所有领域发展；重点将解决研发投入强度、增加私营部门对研发投入贡献等关键问题；提升科研便利化程度，加强央地合作，实施科技外交战略。

该政策通过 4 个关联层面推动：第一层为公众和专家广泛咨询，建立公众意见库；第二层为开展由专家主导的 21 个重点专题磋商；第三层为各部委及邦级磋商，收集关键政策建议；第四层为顶级多方利益攸关者参与，政府、学术界、各行业和民间组织代表与社会经济部门、各邦政府及全球合作伙伴沟通协商。

该政策第二层 21 个重点专题磋商是政策制定核心，涉及知识和资源获取；农业、水和粮食安全；能力发展；数据和法规框架；未来颠覆性技术；教育；能源、环境和气候变化；企业家精神；平等与包容；科技创新融资；健康；创新；

国际科技参与和科技创新外交；大科学；政策与计划关联；研究；科学，技术和创新治理；科学，技术和创新政策治理；战略性技术；可持续技术；系统互连。其中 10 个关键领域主要内容概要如表 3-12 所示。

表 3-12　10 个关键领域主要内容概要

序号	专题	主要内容
1	数据和法规框架	致力于在印度建立一个"开放数据生态系统"网络，促进科学技术与创新。通过战略性管理数据、增强研发产出可获得性，实现有效再利用和商业化。同时配套合理、统一、透明、强有力的"监管框架"，将思想快速转化为实践
2	未来颠覆性技术	旨在通过发展本土技术，在印度建立一个自我维持的生态系统。通过关键基础架构设计，制定路线图解决颠覆性技术有关问题
3	能源、环境和气候变化	关注新兴能源领域科学、技术和创新，减少对常规能源依赖，增强抵御气变风险能力。主要通过科学研究和利益相关者之间合作，减少碳排放
4	创新	将印度中长期技术战略列为优先事项，深入思考印度必须面对的 3 个重要问题：①与可持续发展有关的各种挑战，如气候变化；②在取得新技术方面收入不平等和冲突日益加剧；③技术变革的速度和复杂性日益增强
5	国际科技参与和科技创新外交	致力于通过国际参与，最大限度提升印度本地化进程，通过南南合作和三方合作，帮助印度实现工业革命和可持续发展方面各项目标
6	大科学	聚焦印度前沿技术研发，建立国际一流科学设施，并利用这些设施衍生技术实现社会效益，协同科学界和产业界，共同应对挑战
7	研究	旨在为印度战略研究领域的全球竞争力提供建议，解决尚未充分解决的国家重要事项，将特别强调卫生和医学及社会科学等优先领域研发
8	科学、技术和创新治理	该专题涵盖其他所有领域，重点讨论如何在现代基础设施和资金、科学氛围和道德价值体系基础上，构建强大、包容性的科技创新生态系统，寻找解决印度面临挑战的方法
9	战略性技术	聚焦战略性关键技术、包括核能、太空、生物和网络及相关领域，如人工智能、机器人、量子技术等，研究如何通过谨慎、科学方法加快关键技术本土化进程
10	可持续技术	重点研究适用技术发展，讨论产品从原材料到最终使用每个环节中，通过采取适用技术满足人民基本需求，实现经济、社会、生态可持续发展

（二）发布《后新冠肺炎疫情时期"印度制造"重点干预措施》白皮书

印度科技部于 2020 年 7 月发布《后新冠肺炎疫情时期"印度制造"重点干预措施》白皮书，提出依靠科技驱动加强"印度制造"，减少对中国产品的进口，缓解疫情对印度经济的负面影响。

白皮书重点讨论印度医疗与卫生、机械与制造、信息与通信技术、电子、农业与食品加工等五大领域现状、挑战、机遇与对策。具体科技政策建议如表3-13所示。

表3-13　白皮书中具体科技政策建议

序号	建议内容
1	在全印度建立一批技术集群，创造同质性就业机会
2	确定领军行业的技术，制定分类解决方案，建设一站式聚合平台
3	建设初创企业孵化"高速公路"，推动货币化技术交流
4	与学术机构和研究中心合作，促进进口替代、自主创新（将资金支持与确定的技术应用联系起来）
5	确定10项具有重大影响的突破性技术，协调所有研究机构开展技术中试
6	与以色列、日本和德国合作发展太阳能技术、电动汽车和农业加工新技术平台
7	建设一批增值中心，支持印度机构研究相关技术，与投资者一道促进技术规模化应用和改进，让技术可供投资，与德国、美国的孵化辅导平台合作
8	对目前主要依赖进口的高价值医疗产品和技术给予特别关注，加快临床试验和法规遵从性监管
9	支持面向农村地区的负担得起的技术开发、微型化和应用，包括现场加工、无土栽培、水产养殖、移动测试中心、远程学习和知识平台
10	采取政府和社会资本合作（PPP）模式拓展远程医疗技术在农村地区的推广应用
11	建设成熟技术数据库

三、重点领域专项计划和部署

（一）医药卫生

（1）启动国家数字健康使命。旨在实现印度健康记录及全国医生和医疗机构注册信息数字化。为每位印度公民提供个人健康ID。平台将推出健康ID、个人健康记录、数字医生和医疗设施注册4项关键功能，并将集成电子药房和远程医疗服务。

（2）批准COVID-19紧急响应和卫生系统一揽子计划。该计划耗资1500亿卢比，于2020年4月被批准。主要目标包括通过开发诊断程序和新冠肺炎专用治疗设施，对印度疫情做出紧急响应，集中采购基本医疗设备和药品，在央地两级强化卫生系统，设立实验室，加强监测和流行病研究。

（3）实施SARS-CoV-2病毒1000个基因组测序计划。该计划旨在了解新型冠状病毒进化系统发育和病毒 RNA 中出现的突变、鉴定与传播，易感性和疾病严重程度相关的宿主遗传变异。

（4）实施新冠疫苗使命计划。印度耗资 90 亿卢比实施该计划，加大疫苗研发支持力度。具体由印度生物技术署实施。

（5）批准促进原料药和医疗设备生产一揽子计划。印度于 2020 年 3 月批准该计划，总支出为 1376 亿卢比，以促进国内原料药和医疗设备的生产和出口。已批准用于大宗药品和医疗设备支出资金，推进未来 5 年原料药园区发展。

（6）制定促进医药创新与产业化新政策。计划建设 3 个大型医药产业园（每个园区投资 100 亿卢比）促进药物发现，支持研究机构和产业界开展联合研究，加速研发成果产业化。

（7）建立全球传统医学中心。2020 年 11 月 13 日，世界卫生组织宣布将在印度建立全球传统医学中心（Global Centre for Traditional Medicine）。印度通过法案授予阿育吠陀主要研究机构重要资质，以将印度传统医学中心打造成全球健康中心。

（二）电子信息

（1）出台电子元器件和半导体制造促进计划。该计划意在推动印度芯片组在内的核心部件研发能力，实现电子元器件最大附加值。计划将为电子产品下游价值链的电子元器件、半导体 / 显示器制造单元、ATMP 单元及用于制造上述产品的专门组件电子产品清单提供 25% 的资本开支奖励。

（2）升级电子制造集群计划（EMC2.0）。该计划旨在完善印度电子制造生态系统，开发世界一流基础设施，吸引全球主要电子制造商及其供应链在印度设立工厂。通过加强供应链响应能力、整合供应商、缩短上市时间、降低物流成本等措施，加强印度国内市场与国际市场对接。该计划下项目最低投资额度为 30 亿卢比，财政奖励最高可达项目成本的 50%。

（三）航空航天

印度计划 2021 年初发射"月球三号"探测器，并利用"月球二号"轨道器进行信号传输。同时计划 2021 年发射 10 颗地球成像卫星，加紧推进"加冈扬（Gaganyaan）"载人航天计划。

（四）国防

印度于 2020 年 5 月批准国防测试基础设施计划，该计划耗资 40 亿卢比，以促进印度国防和航空航天制造业发展，减少军事装备进口。计划将持续 5 年，通过与私营部门合作建立 6 ～ 8 个现代化测试设施。计划下项目将获得 75% 的政府资金。

（五）核能

印度将启动建设 4 个核反应堆，分别为两座 700 MW 和两座 1000 MW。700 MW 反应堆将采用印度自主研发重水反应堆技术，1000 MW 核反应堆将采用俄罗斯罗萨托姆公司技术。印度计划未来 5 年新增 5300 MW 核电装机容量，届时印度核电总装机容量将达 12 080 MW。

（六）新兴技术

（1）印度于 2020 年 2 月宣布了耗资 800 亿卢比实施国家量子技术与应用任务（NM-QTA）计划。该计划为期 5 年，目标是促进研发和演示量子计算、量子通信、量子密钥分配、量子设备等，加强国际合作研究和人力资源开发，培育创新和初创企业。

（2）计划加大超级计算机投入。在国家超级计算机（NSM）计划下，印度 2020 年将有 14 台新超级计算机投入使用。计划在 2020 年底前部署在印度各国家级研究实验室和学术机构。部署完毕后，NSM 计划下超级计算机总数将增至 17 台，成为印度国家知识网络主干。2020 年将部署 3 台每台计算能力为 3000 万亿次的超算，年底前完成另外 11 台超算部署。

（3）拟设立国家人工智能（AI）使命。印度电信部提议设立国家 AI 使命，促进印度 AI 发展。预计耗资约 200 亿卢比，具体包括在各部委之间开展政府项目；建立一个 AI 卓越中心，鼓励 AI 初创企业；探月计划和基础研究项目等。

（七）气候环境

印度计划启动十年期气候预测新计划。计划先在国家级进行十年期气候预测，成功后将预测范围缩小至邦区级。目前，印度已掌握部分技术，正在完成基础工作，将使用耦合模型，主要对来自深海的信号进行研究。

四、科技管理体制机制方面的重大变化

（一）科技部及其他相关部门机构设置调整

（1）科技部整合科技合作相关部门。2020 年，印度科技部所属科技署将其原国际科技合作司（多边）和国家合作司（双边）合并为国际科技合作司，统筹对外科技合作与交流。

（2）外交部新设立新兴战略技术司。为强化科技外交统筹，印度外交部

于 2020 年初设立该部门。其职能包括评估新兴技术对外交政策和国际法律的影响；根据印度优先发展事项和国家安全目标，制定或建议印度技术外交；负责国际技术治理规则、标准和架构谈判；促进印度外交部各技术领域外交官员专业化。

（3）批准空间部门改革。印度 2020 年 6 月批准该领域改革，促进私营部门参与空间活动，包括改善获得空间资产、数据和设施机会，向私营部门开放部分行星探索任务。通过改革减少印度空间研究组织（ISRO）开展空间活动所需的巨额投资。

（4）新设立国家空间促进和授权中心。此举意在促进私营企业开展空间活动。该机构将独立运作，与新空间印度有限公司（NSIL）合作，承担更多 ISRO 项目，包括运载火箭和卫星生产、发射和空间基础服务。

（5）新建青年科学家实验室。印度国防研究与发展组织将新建 5 个实验室，专门研究未来技术核心领域，包括人工智能、量子技术、认知技术、非对称技术和智能材料，大幅提升印度战术战略防御能力。5 个验室由 35 岁以下青年科学家来研发先进技术，为未来国防高科技战做准备。

（二）科研人才培养

（1）新设"加速科学"计划。印度通过该计划加强青年科研人员培养。主要包括两个部分：一是高端研习班，将在 5 年内特定领域组织 1000 个高端研习班，对 2.5 万名硕士博士生进行实操科研训练；二是研究实习，将在高水平研究机构为 1000 名优秀硕士生提供实习机会，使其获得必要技能，在未来承担高水平科研任务。

（2）计划出台"科学社会责任"政策。该政策意在加强学术界与各行业、各阶层互动交流。印度每年将安排 80 亿卢比直接支持 1 万多名研究者，扩大政府资助受益对象。

（三）基础设施使用

（1）升级"大学和高等教育机构科技基础设施改善基金"。印度通过升级该基金方便初创企业和各行业使用全印度不同大学、科研高校科技基础设施，促进行业技术转化研究，吸引工业界参与研发。

（2）计划出台科学基础设施共享政策。该政策将明确国家科技任务产生的科技基础设施由科学界、产业界和初创企业、职能部门和学术界 3 个部门平等拥有和参与。科学基础设施所在机构将获得 25% 的时间分配，其余 75% 将留给其他机构。

五、国际科技创新合作情况

受疫情影响，2020 年印度国际科技合作主要集中在生物医药领域。

（一）继续推进与发达国家、欧盟双边合作

（1）印度与美国。2020 年 7 月，印美能源部门共同举行"推进清洁能源伙伴关系研究"视频会，确定新合作领域优先事项。两国在"加速清洁能源研究计划"下进行洁净煤技术、超临界二氧化碳动力循环和碳捕获利用与储存技术对话。10 月，两国就《关于地球观测和地球科学技术合作的谅解备忘录》进行续签，延长 10 年，11 月，两国将全球核能伙伴关系中心合作谅解备忘录延长 10 年。

在印 – 美疫苗行动计划下两国开展区域性结核病前瞻性研究，讨论结核病诊断新方法和疫苗研发。

（2）印度与英国。2020 年 10 月，两国签署"英 – 印 COVID-19 合作伙伴计划"，了解英国和印度南亚人种感染新冠肺炎情况。12 月，两国推出英—印虚拟疫苗中心，以加强疫苗研发和分销合作，分享临床试验和监管领域最佳实践。该中心还将建立合作关系，明确未来十年及以后疫苗供应情况。

（3）印度与日本。在印日合作科学计划 2019 下，双方决定在基础科学中的物理和化学、生命科学和生物工程科学、天文学、空间、地球系统、数学和计算科学等领域开展 20 个联合研究项目。2020 年 7 月 18 日，两国通过视频会就量子技术前沿领域战略合作计划进行联合项目征集。9 月，两国在第七届印日信息技术与电子 / 数字合作联合工作组视频会上同意在电子制造、数据治理和网络安全（仅限 G–2–G），以及软件、初创企业 / 创新和新兴技术领域开展合作，加强全球供应链及与人工智能和半导体领域相关研究。

（4）印度与韩国。两国共同建立印韩联合网络中心，利用双方现有基础设施和资金，开展联合研究。同时，联合呼吁在绿色交通、工程科学、材料科学与技术及可再生能源领域开展研究项目。

（5）印度与德国。2020 年 7 月，两国通过视频会就推动量子技术前沿领域战略合作计划进行联合项目征集。印度与德国研究基金会合作，为生命科学基础研究领域进行项目资助。9 月，两国召开联合科委会视频会，决定在学术界和产业界间建立合作伙伴关系。

（6）印度与瑞典。两国在循环经济、电动交通和数字技术 3 个研究领域提出联合建议，并就印 – 瑞合作工业研究和发展计划 2020 年智能电网领域达成广泛协议。两国组织"人工智能促进医疗保健"网络研讨会，探讨数字医疗领域合作模式。双方联合发起倡议，计划使用 AI 技术创新公共卫生解决方案。

（7）印度与欧盟。2020年5月，双方根据"地平线2020年"计划，就新冠肺炎启动项目征集，在医疗技术、数字工具和AI分析等领域开展联合研究。7月14日，双方签署关于和平利用核能研究与开发合作协议。7月15日，双方通过"欧盟－印度战略合作关系：2025年路线图"，战略性引领未来5年合作方向。此外，双方续签印度－欧盟科学与技术协定2020—2025，继续扩大科技研究领域合作及科技成果在经济和社会各领域的应用；启动1800万欧元的印欧一体化本地能源系统项目，为所有能源载体提供新颖解决方案。

（二）加强与主要发展中国家、周边邻国合作

（1）印度与俄罗斯。2020年7月，双方共同启动印－俄联合技术评估及加速商业化计划，将两国科技型中小初创企业联系起来，通过联合伙伴关系和技术转让等方式在信息通信技术、医药、可再生能源、航空航天、环境、新材料、生物技术、无人机等领域进行联合研发。印度药企引进、生产俄罗斯研发的新冠疫苗"卫星5号"，并在印度开展临床试验。

（2）印度与巴西。两国科技部门就可再生能源及低碳技术、地球系统科学、创新创业、信息和通信、生物多样性可持续利用、生物技术和人类健康、农业等领域签订合作协议。

（3）印度与白俄罗斯。双方在2020年8月举行的第九届科技联委会视频会上，同意在能源、信息和通信、生物技术、医药、农业技术、清洁技术、材料等领域联合发起项目征集，并考虑建立虚拟联合网络中心。

（4）印度与乌兹别克斯坦。在2020年9月两国举行的虚拟会上，全球核能伙伴关系中心与乌兹别克斯坦核能发展局签署谅解备忘录。合作将通过组织专家就热点问题举办培训、研讨会等形式，开展和平利用核能领域研究。

（5）印度与孟加拉。印度重视对孟加拉的疫情援助。印度承诺一旦印度生产出疫苗，孟加拉便可获得，并赴孟加拉商讨在孟加拉启动新冠疫苗3期临床试验方案。此外，印度药企血清研究所与孟加拉签署了3000万新冠疫苗协议。

（6）印度与越南。双方同意根据《东盟印太展望》等协议，加强合作，决定在民用核能、太空、海洋科学和新技术等新兴领域探索更紧密合作。

（7）印度与周边邻国合作情况。印度启动"加强邻国临床试验研究能力"培训计划，对尼泊尔、马尔代夫、孟加拉、斯里兰卡、不丹、阿富汗等国进行临床培训，帮助提升疫苗试验能力；为孟加拉国、不丹、尼泊尔和斯里兰卡等南亚国家提供紧急洪水指导服务。

（三）积极响应、参与多边机制科技合作

（1）金砖框架。2020年9月，印度参加由俄罗斯主办的第一届金砖国家研究基础设施特别工作组会议，审议中子源、同步加速器和地下实验室基础设施未来合作。10月，印度参加金砖国家新能源和可再生能源与能源效率工作组第二次会议，分享印度实践成果，并提议2021年在印度举行该工作组会。11月，印度参加第八届金砖国家科技创新部长级线上会议，与其他四国部长主要就金砖五国科技创新发展和政策开展交流。

（2）上海合作组织（SCO）。2020年11月，印度主持首届SCO青年科学家会议，为成员国年轻人提供交流合作机会，应对新兴科学技术领域挑战。

（3）东盟－印度科技发展基金。印度批准10个为期2年的东盟－印度合作研发项目，涵盖生物医学、网络物理与信息通信技术、食品与农业科学等领域。

（4）经济合作与发展组织（OECD）。应OECD邀请，印度同意成为该组织科学技术政策委员会（CSTP）"参与国"。

（5）印度与流行病防范创新联盟（CEPI）合作，支持新冠疫苗研发。

（执笔人：叶　晗）

👁 巴 基 斯 坦

一、国家科技与创新政策

2020 年，巴基斯坦继续贯彻落实《"十二五"（2019—2023）规划》。规划指出，在科技创新方面一要聚焦开放公共科研平台，推进产学研互动与融合；二要发力电动汽车、农作物新品种、国产卫星、生物技术、纳米技术和机器人等高科技领域。

2019 年底，巴基斯坦宣布实施"数字巴基斯坦愿景"，加强信息化建设。该愿景包含五大战略支柱：可及性和互联互通，即普及互联网服务；数字基础设施，即能够安全快捷地使用智能手机处理日常事务；电子政务，即政府机构内部流程及公众服务实现电子化；数字技能普及与培训，主要是确保大学生能参与全球职场竞争；创新创业，主要是营造初创企业茁壮成长的环境。一年来，计划实施建树不多。

二、创新排名与研发投入产出

在世界知识产权组织发布的《2020 年全球创新指数报告》（GII 2020），巴基斯坦在 131 个经济体中排名居第 107 位，其中创新投入分指数全球排名居第 118 位，创新产出分指数排名居第 88 位，高于尼泊尔和孟加拉国。

巴基斯坦研发投入主要来自于政府和高校，联合国教科文组织最新数据显示，2017 年，巴基斯坦研发总支出为 784.22 亿巴基斯坦卢比（1 人民币约合 24.6 巴基斯坦卢比），研发强度 0.24%。2020—2021 财年，巴基斯坦科技部申请公共项目预算 543.7 亿巴基斯坦卢比，政府实际拨付 44.58 亿巴基斯坦卢比，同比下降 39.8%。

科技人力资源方面，联合国教科文组织最新数据显示，2017 年，巴基斯坦研发人员 18.95 万人，全时当量 10.14 万人，其中研究人员 12.99 万人，全时当量 6.98 万人，每百万人口中研究人员 424.6 人，全时当量 335.6 人。

研发产出方面，2019 年，巴基斯坦科学家在国际期刊上发表论文 23 522 篇，同比增长 12%。2018 年，巴基斯坦知识产权收入 700 万现价美元，同比减少 30%，2019 年知识产权支出 1.92 亿现价美元，同比增加 1.6%。其中 2018 年居民专利申请量 306 件，同比增长 58.5%；非居民专利申请量 586 件，同比增长 16%。居民商标申请量 30 543 件，同比下降 0.3%；非居民商标申请量 7438 件，同比下降 4.6%。2019 年，巴基斯坦高技术出口产值为 4 亿现价美元，同比增长 5.3%，占制成品出口比例的 2%，同比持平。

三、重要科技发展动态和主要成就

1. 动员组织科技力量，为抗疫贡献科技智慧

2020 年 3 月，巴基斯坦政府在科技部下属机构成立科技抗疫专家委员会，由总理科技工作组主席挂帅，统筹全国科技抗疫。巴基斯坦科技理事会成立新型冠状病毒知识中心，提供新型冠状病毒科研和科普资讯。卡拉奇大学国际化学和生命科学中心对本地新型冠状病毒株进行基因测序，并发现 9 个突变。巴基斯坦国立科技大学与中科院武汉病毒研究所等机构联合研发出新型冠状病毒分子诊断试剂，价格仅为进口试剂的 1/4。巴基斯坦科技部和国家广播电信公司联合研发出手持式呼吸机并量产。

2. 依托中巴合作实施重大基础工程，消化吸收先进工程技术

中巴核电合作稳步推进。恰希玛核电 4 号机组安全稳定运行 3 年，2020 年 9 月通过巴基斯坦国家最终验收。恰希玛核电 4 台机组装机容量超过 130 万千瓦，为能源紧缺的巴基斯坦提供了清洁、高效、安全的电力。项目为巴基斯坦培训了大量核电站生产、调试、检修和运维人才。4 台压水堆机组采用最新核安全标准，设计技术更趋成熟完善，达到二代加核电的先进水平。此外，卡拉奇 2 号、3 号机组项目则在筹建中。

交通项目捷报频传。2020 年 7 月，中巴经济走廊项下巴基斯坦喀喇昆仑公路二期项目全线通车。项目沿线地形地质条件复杂，桥隧结构物和高边坡防护工程众多，施工技术难度大。中方团队带领巴方员工迎难而上，防疫复产并重，为促进地区互联互通做出贡献。2020 年 10 月，拉合尔轨道交通橙线项目正式开通，巴基斯坦进入"城铁时代"。项目全部采用中国标准、技术和装备，实现中国城

铁从设计、制造、建设到运营全产业链完整输出，在设计、土建、机电安装和运维各环节，中方手把手传授经验，为巴基斯坦培养了大量城铁技术管理和施工人员。

高等级电网项目竣工。2020 年 11 月，中巴经济走廊项下巴基斯坦默拉 ±660 kV 直流输电工程全线贯通，这是巴基斯坦国家电网电压等级最高、输电线路最长（886 km）的项目。此前，巴基斯坦只有交流电输电项目，在长距离、大容量输电方面，直流输电项目具有损耗小、传输距离远、经济性更高的优势。这一南北输电"大动脉"输送功率可占全网的 1/6 左右，有力支撑巴基斯坦经济社会发展。

四、国际科技创新合作

2020 年，巴基斯坦政府积极开展国际双边和多边科技创新合作，集聚资源，拓展舞台，培养人才，提升科研水平。

1. 双边合作

2020 年，巴基斯坦政府继续加强与中国、美国、韩国、波黑等国双边科技创新合作。

中巴科技创新合作机制进一步完善。中巴经济走廊联委会科技联合工作组成立并召开首次会议。中巴政府间联合资助项目稳步推进，双方科技部筛选出 13 个合作研究项目，中国国家自然科学基金委员会与巴基斯坦科学基金会 2020 年拟联合支持 10 个合作研究项目。中科协国际合作平台建设项目纷纷落地，北京工商大学联合北京科协、巴基斯坦科学基金会倡议发起"中巴经济走廊科普合作网络"。双方政府高度重视农业科技合作。两国科研机构疫情下保持交流热度。

美国国际开发署继续支持巴美水资源、能源、农业与食品安全、气候变化 4 个高级研究中心建设。巴基斯坦农业研究理事会与韩国农村发展署签署农业科技合作协议，双方将在巴基斯坦建立农业中心，推进种质研发和智慧农业技术创新。巴基斯坦科技部与波黑内政部签署合作协议，双方将成立科技联委会，加强生物技术、微电子、医药和化工、矿物、材料科学、农业产业、可再生能源、质量控制与标准化等领域交流合作。

2. 多边合作

2020 年，巴基斯坦主导的南方科技促进可持续发展委员会（COMSATS）继续积极推动发展中国家科技创新合作，聚焦全球共同挑战。2020 年 5 月，

COMSATS 与中国科技部签署关于"创新之路合作倡议"的谅解备忘录，为促进双方及与 COMSATS 成员国之间的合作构建了合作框架。7 月，第 23 届协调理事会会议召开。11 月，第 4 届 COMSATS 部级咨询委员会会议召开。

（执笔人：贾　伟）

⊚ 以 色 列

一、以色列科技管理和创新发展情况

（一）以色列支持创新的政策与措施

1. 加大抗疫研发领域的支持力度

2020 年 3 月，由以色列创新署牵头负责，以色列经济工业部和以色列制造商协会联合组织实施了对抗新冠肺炎疫情创新研发项目，用于资助与对抗新冠肺炎疫情相关的企业，资助金额约 5000 万谢克尔。4 月，以色列高等教育委员会和慈善基金会联合会发布了名为 "kill Corona" 项目，两轮资助总额约 1400 万谢克尔，在第一轮中有 25 个项目通过评审，获得总额为 900 万谢克尔资助，涉及领域包括免疫学、病毒学、药理学、分子和细胞生物学、流行病学、人工智能、机器人技术、工程学等。

10 月，以色列创新署在原计划 18.6 亿谢克尔的年度预算外，争取到 3.9 亿谢克尔的预算额度，用于快速审核资助在新冠肺炎疫情期间具有发展潜力但资金短缺的初创公司。该项快速审核计划是以色列新冠肺炎疫情期间推出的最有效的项目之一，有助于以色列创新生态持续发展。

2. 均衡区域发展，为偏远地区创造创新生态环境

以色列 77% 的初创公司集中在特拉维夫，一方面给特拉维夫带来了飞速发展；另一方面也给特拉维夫的城市交通、环境、住房等带来压力。此外，偏远地区经济远远落后于中部地区，区域发展不平衡问题长期困扰以色列政府。2019 年 3 月，以色列政府投资部门联合创新署启动《区域均衡发展试点计划》，

鼓励科技公司离开特拉维夫及周边发达城市，落户偏远地区，如贝尔谢巴（Beer Sheva）、拿撒勒（Nazareth）、卡兹林（Katzrin）等。4月，以色列创新署启动5年内总投入为1.8亿谢克尔的计划，为在偏远地区的企业提供特别支持。除了资金投入外，以色列创新署还会在试点区域建立高新企业孵化器，形成区域性的创新生态系统功能，将高新企业与高校、基础设施、基础服务业等联合起来，更好地为高新企业公司提供服务，达到吸引高新企业入驻的目的。

3. 积极支持极端正统犹太人企业家创新创业项目

以色列经济部前期已投入2500万谢克尔支持以色列极端正统犹太人（又称哈瑞地犹太人，Haredi）创新创业项目。2018年7月，以色列经济部宣布将资金支持期延长2年。

以色列创新署极端正统犹太人管理部门主要推动该项目的具体实施，旨在使极端正统犹太群体更好地融入以色列创新环境，为以色列经济和高新技术发展带来新的活力。该计划被作为政府增加高新科技产业技术人才数量的一项重要政策举措。受支持的极端正统犹太人企业，第一年可获得最多250万谢克尔的支持，第二年累计可达到450万谢克尔的支持。以色列创新署还会提供创业培训、市场咨询等配套服务。

4. 加强在高新技术产业研发与应用方面的国际合作

创新署自2018年1月以来已与中国、日本、印度、美国、加拿大、法国、德国、英国等20多个国家达成双边合作协议。2019年以色列内阁批准加强与非洲国家经济联系与合作的专门战略计划，旨在进一步拓宽国际市场，与非洲国家建立合作。以色列与亚太、欧洲、美国等国家和地区的合作进展顺利。例如，与印度政府成立联合研发基金，目前已支持4个联合研发项目，吸引欧盟委员会创新基金首次直接投资以色列风险投资公司；与美国印第安纳州签署联合研发协议进一步推动以色列电子部件、化学产品、运输设备领域的创新合作；与日本、韩国通过路演等方式加强VR&AR等前沿技术合作。

5. 未雨绸缪提出未来创新成功转型的4个突破

近年来，以色列创新不断刷新纪录，即使全球经济增长速度减缓，以色列创新创业依然保持蓬勃发展，跨国公司、创业公司和成长型公司非常活跃。尽管如此，作为推动以色列创新创业保持世界领先地位的核心支撑机构，以色列创新署依然未雨绸缪，提出了未来以色列成功转型必须实现的4个突破。

一是突破技术层面挑战，在新一轮技术浪潮中依旧保持领导地位。重点发展以人工智能为代表的新兴技术，充分调配资源并制定以色列人工智能国家战略，加快相关基础设施、人力资本等建设，促进人工智能与经济社会融合应用。值得一提的是，这一做法对于创新署意味着一个重大转折，体现在之前根据项目质量资助紧贴市场的研发到针对重点技术领域提供支持。

二是突破主导产业领域边界，在个性化医疗时代充分发挥以色列的竞争优势。基于以色列在创新药物、癌症研究、免疫学、基因组医学数据等方面取得的成就，改变以色列药物发现多数在国外开发的现象，推动生物制药领域为以色列经济贡献高质量的收益和就业，打破信息通信技术产业的主导局面。

三是突破创新活动区域边界，推动外围地区发展创新经济。有针对性地促进周边智能制造业发展，支持精准农业和功能食品产业技术创新，加强海法、耶路撒冷和贝尔谢巴人工智能、网络安全生态系统建设。

四是颠覆创新认识层面，让技术创新成为以色列社会日常生活的自然组成部分。鼓励以色列高科技公司在当地测试或展示新产品，增加本地客户，政府根据需要为技术示范提供资金等支持，采用试点新规、监管沙盒等措施推进创新监管体系的建立，加快建设一个在开发创新技术和消费创新技术方面均卓有成效的智能经济体。目前，创新署正与相关政府部门合作，提出解决办法和详细建议，加速促进这些突破的实现，推动以色列向"智慧国度"迈进。

（二）科技研发投入

根据 OECD 统计数据，OECD 成员国平均民用研发投入占 GDP 比例常年维持在 2.3% 左右。2000—2019 年，以色列民用研发投入占 GDP 比例呈逐年上升趋势，2018 年和 2019 年分别达到 4.8% 和 4.9%，远高于 OECD 平均水平，也高于美国、德国、澳大利亚等西方发达国家。

2020 年 6 月，以色列创新署批准了 1.5 亿谢克尔的预算，用于在 3 年内建立 3 个不同研发领域的研发联盟：仙女座研发联盟（Andromeda Consortium）、先进材料加工联盟和量子通信联盟。其中，仙女座研发联盟着重城市自动驾驶技术和中央控制系统研发，由 LiveU、BWE、mPrest、RGO Robotics、DriveU、Cognata、以色列航空航天工业和 Elbit Systems 等企业牵头，带领相关研发团队在人工智能、自动驾驶、远程操控等智能交通领域开展研发创新。先进材料加工联盟着重大功率激光材料加工技术研发，由 Plasan Sasa、Rafael、以色列航空航天工业、以色列造船厂、Ricor、Sivan Technologies 和 Ophir Optronics 等企业牵头，推动激光和自动化技术领域的新技术、新方法和新材料的研发。量子通信联盟致力跨服务器场通信系统和量子通信技术研发。由 Elisra、Mellanox Technologies、OpSys、Quantum LR 等企业牵头，与以色列国防部、耶路撒冷希伯来大学、以色列理工学院等政府机构和科研机构合作，对数据传输、数据加密、传输通道等进行研发。

8 月，以色列创新署启动 2000 万谢克尔的"后疫情时代危机恢复基金"项目，一方面用于支持以色列失业人群重返工作岗位；另一方面用于提高科技人员科研创新能力，如提供岗位能力强化、创新水平提升、项目合作谈判等专业培训。

9月，以色列创新署与以色列能源部联合启动1200万谢克尔的"替代能源基金"项目。基金项目分为两个部分：其中1000万谢克尔用于替代能源开发研究；剩余200万谢克尔用于提高能源利用率研发。对于该项目，以色列能源部和创新署极为看重。以色列能源部部长在一份公开声明中称，世界能源使用方式正在转变，逐步转向清洁能源使用，该项目对于以色列在清洁能源创新技术领域占据世界前列有十分重要的意义，将刺激以色列先进能源经济发展。

（三）教育与创新人才情况

以色列人才和科技资源的人均拥有率全球领先，全国大学及以上学历人口占比超过20%，每万人科学家和工程师数量高达145人，居世界第1位。

以色列现有全国授予本科以上学位的高等院校62所，其中大学9所，高职院校32所，师范学院21所，高等教育入学率约51%。

（四）融资并购情况

2020年新冠肺炎疫情对全球经济有所影响，以色列海外融资也受到影响。2020年上半年以色列高新企业总融资额27.4亿美元，共151起，但平均融资额为0.18亿美元，是2015年以来的最低水平。2020年上半年发生了3笔超过10亿美元的海外融资并购，分别是网络安全公司CheckMarx被Hellman&Friedman以11.5以美元收购，IoT安全公司Armis被谷歌母公司Alphabet的投资部门CapitalG以11亿美元收购，Moovit公司被英特尔以10亿美元收购。世界报（Globes）对此评论说，尽管有3笔大单，但平均下来与2019年同期的海外融资交易额相比还是较小。2020年下半年，以色列海外融资情况有所好转。其中7月发生28起海外融资，筹集海外资金6.71亿美元，融资额比6月份增长近33%；8月发生19起海外融资，筹集海外资金6.21亿美元；9月发生海外融资37起，筹集海外资金9.86亿美元；10月发生海外融资38起，筹集海外资金7.31亿美元。

尽管海外融资一定程度上受疫情影响，但2020年前三季度总融资额比2019年同期上涨33%，尤其是第三季度总融资27.4亿美元，较第二季度环比增长26%，较2019年第三季度同比增长24%。对以色列而言，2020年高新技术产业能在疫情影响下依然保持积极发展实属不易。IVC数据显示，2020年前三季度的总融资额为75.24亿美元，已经完成2019年总融资额的95%。

（五）高新技术产业发展

根据以色列中央统计局《统计数据摘要（2019）》，2016年高新企业生产总值 1269 亿谢克尔，占以色列商业总产值的 19.2%，高新企业雇员 32.14 万人，占以色列总就业人口的 9.4%，雇员平均月工资 2.25 万谢克尔。

高新技术产业是以色列最重要的产业。以政府通过实施《鼓励产业研发法》和技术孵化器计划、建立风险投资基金和科技产业园区、吸引跨国公司投资、提供出口补贴等政策，推动高新技术产业发展。据以色列中央统计局数据，2019年，以色列高新技术产业（不含钻石）工业出口额达 181 亿美元，占工业出口总额的 38%。以色列的电子信息、生命科学、半导体、纳米技术、国土安全、军工电子、清洁技术（包括水技术、新能源和其他环境技术）等行业在世界上具有技术优势。以色列政府积极发展可再生能源、新水源开发、干细胞研究与应用、先进教育设备及技术、反恐设备及技术等 5 个新兴高科技行业。

二、2020 年重要科技动态

（一）研究机构创新排名

Scimago 根据全球科研机构的研究和创新能力，发布了 2020 年全球研究机构排名，以色列有 24 所研究机构在全球排名居前 500 位，其中以色列前 10 位分别为魏兹曼科学院（219 位）、哈达萨医疗中心（299 位）、耶路撒冷希伯来大学（320位）、特拉维夫大学（326 位）、以色列理工学院（345 位）、苏拉斯基医疗中心（381位）、舍巴医疗中心和农业研究组织（并列 382 位）、巴依兰大学（384 位）和希尔扎达克医疗中心（408 位）。

路透社发布的 2019 年全球大学创新排名中，耶路撒冷希伯来大学排名居第88 位，特拉维夫大学排名居第 95 位。

2017 年《自然》发布的全球研究机构创新指数排名中，以色列魏茨曼科学院在公布的 200 个世界顶级科研机构中居第 6 位，也是前十位研究机构中唯一的非美国研究机构。

（二）疫苗研发进展

以色列生物研究所与魏兹曼科学院联合研发的疫苗"BriLife"2020 年 11 月开始进行临床试验。试验分 3 阶段进行，持续至 2021 年 4 月或 5 月，若试验成功，之后可能获批大规模使用。

除以色列生物研究所与魏兹曼科学院联合研发的新冠疫苗"BriLife"外，以色列 Migal Galilee 研究所也于 2020 年 4 月底成立了一家名为 MigVax 的新公司，以进一步将先前为家禽研发的一种冠状病毒疫苗，改造成可用于人体对抗 SARSCoV-2的口服疫苗。目前 MigVax 正与潜在合作伙伴进行深入讨论，以期加速结束动物实验并进入人体试验阶段，加速完成最终产品开发及相关法规核准程序。

（三）人工智能和信息技术

1. 研发突破

以色列在计算和数据处理等领域的技术处于全球领先地位，为人工智能发展提供了坚实基础，政府正从人才培养、基础设施建设、信息数据库构建 3 个方面加大对人工智能的支持力度，并寻求学术研究、产业实施等层面上的有机合作。

英特尔以色列研发中心研发出首款人工智能芯片。该芯片代号为 Spring Hill，其基础是大小仅 10 nm 的冰湖（Ice Lake）处理器架构 Nervana NNP–I。该芯片专为大型数据设计，针对数据中心推理工作负载达到 4.8 TOPS/W，实现了 5 倍功率调节，在 10 ～ 50 W 的宽功率范围内可扩展，具有高度可编程性但不会影响性能功效，具有全面的 RAS 功能，可在现有数据中心内无缝部署并支持所有主流深度学习框架。

以色列兹布拉医学视觉公司和苏格兰斯托姆咨询公司联合研发出识别有骨质疏松症风险的潜在病患的方法，其基本思路是利用机器人学习和人工智能技术开发软件，对医学成像数据和病患病例进行分析，帮助临床医疗组在患者骨折前将他们筛选出来并加以治疗。

疫情期间，很多"面对面"的工作需要采取远程方式，人工智能在"减少接触"方面作用显著。以色列魏兹曼科学院和伊迪丝·沃尔夫森医学中心的研究人员联合开发出一款在线嗅觉检测平台系统 SmellTracker，利用该系统个人不用去医院，通过自我检测是否存在嗅觉异常情况，初步判断是否感染新冠肺炎病毒。SmellTracker 的算法由魏兹曼科学院诺姆·索贝尔教授团队研发，可以准确地表征个人的嗅觉变化情况。基于该算法，SmellTracker 的气味测试系统可以在线指导用户如何使用香料、醋、牙膏等家庭常见的物品来映射个人对 5 种常见气味的反应。整个测试过程仅仅需 5 min。

以色列舍巴医院在疫情期间使用智能服务型机器人帮助患者之间运送药物、测量患者体温，帮助患者与医护人员进行远程沟通。大大减少了人与人的接触。此外人工智能在疫情期间的疫苗研发、药物研发、病毒检测等方面也大展拳脚。

2. 产业应用发展

以色列安全形势特殊，除传统安全风险如自然灾害之外，还可能面临战争风险。政府在军事冲突开始后，会拉响防空警报提醒民众到就近的防空掩体躲避。近日，首款提示防空警报的 APP 通过了以色列相关部门审批，将在手机、电视、pad 等支持安卓系统的智能设备上推出，供用户免费下载使用。该款 APP 由两名年仅 15 岁的年轻人尼尔·瓦克宁（Nir Vaknin）和伊泰·高丽（Itai Goli）开发。这两位年轻人设计该款 APP 的初衷是为了解决传统警报的滞后问题。据瓦克宁称，以色列的传统警报方式通常会比军方发出的警报通知滞后约 30 s，而且在有些区域由于传统设备老旧，当地人往往收不到及时有效的空袭警报。这两位年轻人开发的 APP 得到以色列军方支持和授权，能够实时向智能设备推送防空警报通知。

（四）智能交通

1. 研发突破

以色列智能交通产业走在世界前列，其无人驾驶产业、智能交通服务业、新能源驾驶、交通智能共享等智能交通相关领域取得了突出的成就。其中，位智（Waze）公司被谷歌公司以 10 亿美元收购；Mobileye 公司被英特尔公司以 153 亿美元收购；2020 年英特尔以近 10 亿美元收购以色列智能交通公司 Moovio 据英特尔 CEO Bob Swan 称，Mobileye 的高级驾驶助理系统 ADAS 技术及能够提升数百万辆汽车的驾驶安全，而 Moovit 将实现交通驾驶的变革，减少路面拥堵并保护人们声明安全。

除去 Waze、Mobileye、Innoviz 这些耳熟能详的大公司外，以色列还有 300 多家智能交通领域的初创公司。例如，毫米波级雷达技术公司 Arbe Robotics 在 2020 年推出 Phoenix 车规级 4D 成像雷达测试版产品。该款新前端系统采用了 Arbe 芯片组专利技术，可对 4D 成像雷达的生产及全面商业化进行评估和拓展，可应用于各类自动驾驶车辆。尽管当前的雷达拥有 12 个信道，但 Phoenix 利用两个发射装置（各自拥有 24 个信道）及 4 个接收装置（各自拥有 12 个信道），可支持 2000 多个虚拟信道，其清晰度可比业内同类产品高百倍。此外，Phoenix 可同时追踪、分离和分辨数百个目标物，提供车辆周边环境的远程高清广角图像。

2. 产业应用发展

智能交通的应用主要有驾驶辅助技术、交通工具智能共享、交通网络智能优化。在驾驶辅助方面，以色列政府 2018 年开始实施无人驾驶计划，制定管理框架，发展基础设施，设立实验中心，协助汽车制造商开发、测试、验证和完善自动驾驶技术。宝马、奥迪、大众、斯柯达、西亚特、康耐特等国际汽车巨头纷赴以色列开设研发中心和实验室，并与当地创新公司合作。以色列 Ride Vision 公司研发出摩托车辅助驾驶和避撞技术 CAT。该技术采用了近年崭新的环景摄影科技，搭配上电脑智慧分析收集回来的影像，来完成 360° 的环绕式预警系统。CAT 可以在摩托车的周围，建立起 360° 的监测网，并且预知警告驾驶员即将发生的道路意外。这套侦测设备，通过环绕着摩托车周围的镜头拍摄图像，并解析回传的图像，来分析侦测与周围车辆的安全距离，透过高达 100 ms 的高速运算，反馈给驾驶员即时的行车安全资讯，并通过闪烁灯光的方式，来提醒骑士可能存在的风险。在交通工具共享方面，Moovit 公司研发出私家车共享平台，私家车主通过平台将闲置的车辆租赁给他人，平台负责对车主、车辆和租车人进行资格审查。TruckNet 公司推出货运车共享平台，运输公司通过平台可以共享并优化配置运输车辆。Anagog 公司设计出停车位共享系统，该系统可实时更新制定范围内的停车位，用户通过该系统便可预定停车位。在交通网络智能优化方面，Intellicon 公司研发的交通流量预测系统，可通过安装在交通灯上的数据采集系统功能采集交通流量数据，经后台分析后可预测出未来时段的交通流量。而 HerO、Tondo、ACiiST 等公司研发出智能信号灯系统，可以根据汽车流量和车速对信号灯时间进行智能调节，在防止拥堵的同时确保道路最大流量高效运转。

（五）医疗卫生

1. 研发突破

以色列医疗硬件一直处于世界前列，以色列舍巴医学中心（Sheba Medical Center，简称舍巴医院）在美国 *Newsweek* 统计的"全球最佳医院排名"中，居第 9 位，比 2019 年排名上升 1 位。*Newsweek* 花费近 90 年时间，对全球各大医院在医疗、保健、医患反馈等各个方面进行研究分析，并与全球市场研究和消费者数据公司 Statista Inc. 合作，对近 1000 多家医院进行综合排名。2020 年的排名中，美国梅奥诊所居第 1 位，其次是美国克利夫兰诊所和麻省综合医院。以色列另一家医院苏拉斯基医疗中心排在第 34 位。

全球知名创投研究机构 CB Insights 在全球范围内，根据创新潜力和对社会经济的贡献，从 12 个类别中选出了 36 家公司。Theranica 公司是唯一入围的以色列公司，该公司被 CB Insights 称为"2020 年游戏规则改变者"。该公司通过神经调节治疗与无线技术相结合的手段，研发产品解决偏头痛等医学疾病。2019 年初，Theranica 的首个产品电脉冲偏头痛治疗仪 Nerivio 获得了美国食品和药物管理局的授权进入市场，它也被《时代周刊》评为 2019 年最佳发明之一。Nerivio 是全球第一款用于缓解偏头痛的智能可穿戴设备，利用手机控制电子脉冲刺激疼痛区，以减轻疼痛并减少偏头痛发作。

在医学机理研究方面，以色列理工大学（Technion）健康与疾病实验室的主任艾他马尔·凯恩（Itamar Kahn）教授与美国和法国的科学家联合研究，通过核磁共振扫描和数值模拟的手段成功构建了小鼠的个性化大脑功能模型，揭示大脑运作机制的个体差异。

2. 产业应用发展

以色列 Alpha Tau 医疗公司已经开发出一种全新的癌症治疗方法。该方法利用 α 射线靶向治疗实体肿瘤，最大限度地减少副作用并保留健康组织，同时能有效杀灭肿瘤细胞。Alpha Tau 医疗公司的该项技术称为扩散 α 射线放射治疗技术（Diffusing Alpha-emitters Radiation Therapy，DaRT）。该技术将装载镭 -224 的探头刺入肿瘤组织内，通过镭 -224 衰变时的辐射能量破坏肿瘤组织。该技术的优势在于 α 射线的半衰期短且穿透力小，在破坏完肿瘤组织后放射性会迅速减弱，对周边的健康组织影响非常小。经临床实验结果表示，经过 DaRT 治疗的所有病例的肿瘤组织都无一例外地都明显缩小，其中 78% 病例的肿瘤完全消失。目前 AlphaTau 医疗公司已经与以色列、加拿大、日本、俄罗斯、意大利和美国等的多家医疗机构共同合作进行实体肿瘤治疗。

（六）能源

2020 年的新冠肺炎疫情对全球化石燃料行业造成了严重冲击，也加快了各国清洁能源研发。以色列清洁能源公司与美国纽约电力局（New York Power Authority，NYPA）联合承办以美智慧能源挑战赛。旨在提高以美电力供应的可靠性、安全性、环保性和可持续性。挑战赛涉及领域包括分布式能源解决方案、储能、电网现代化建设、微电网、电动汽车充电技术、网络安全、区块链与能源贸易、校园建筑与能源、工业物联网和云服务、数据分析、人工智能、同步相量应用、虚拟和增强现实、无人机、机器人等。竞赛将角逐出几家以色列在清洁能源领域的公司，这些公司将与 NYPA 合作，开战试点项目。此外，2020 年以色列能源部宣布将投入 800 亿谢克尔（约合 228 亿美元），大力发展太阳能光电计划。据统计，尽管以色列太阳能利用技术先进，但截至 2019 年年底，以色列的电力产量仅 5% 来自太阳能，天然气发电量占 64%，其余来自煤炭发电。以色列能源部长尤瓦尔·斯坦尼茨（Yuval Steinitz）表示，一方面为了适应以色列日益增长的用电需求；另一方面为了保护环境，以色列必须提高太阳能供电占比，同时缩小煤炭供电占比。斯坦尼茨称，预计到 2030 年底，以色列太阳能发电量占比将上升至 30%。

2020 年 BNEF Pioneers 在全球范围内评选除了 10 家在能源、交通运输和可持续发展方面具有颠覆性的公司，其中以色列 StoreDot 公司独占鳌头。该公司通过全新的锂电池充电技术，可以在 5 min 内为电动汽车充满电，2019 年该公司已经在一次公开展览上向公众展示了此项技术，预计到 2021 年底市面上将能看到 5 min 充满电的充电汽车。

（执笔人：秦同春）

◉ 哈萨克斯坦

2020 年，哈萨克斯坦科技创新领域基本呈现稳步发展的态势。政府高度重视科技创新政策的制定与实施，总统在国情咨文和相关会议上为科技创新发展指明了方向，相关部门制定并批准了《2020—2025 年国家教育和科学发展计划》《2020—2022 年支持青年科学家科研计划》《2020—2025 年国家产业创新发展计划》《2020—2022 年科技项目计划》等一系列计划项目。另外，哈萨克斯坦在农业、工业、数字化、宇航等重点领域的科技创新也取得了较大进展。

一、科技领域主要统计数据

据世界知识产权组织发布的《2019 年全球创新指数报告》，哈萨克斯坦在当年受调查的 129 个经济体中位列第 79 位，在创新投入方面排名 64 位，创新产出排名 92 位，较 2018 年均有所下降。

据哈萨克斯坦统计局的数据，2019 年哈萨克斯坦国内研发投入为 823.33 亿坚戈，比 2018 年增加 3.4%，占 GDP（69.53 万亿坚戈）的比重约为 0.12%。按研发经费投入领域，基础研发领域投入为 110.44 亿坚戈，约占研发总投入的 13.41%，应用研发领域投入为 526.21 亿坚戈，约占研发总投入的 63.91%，实验设计开发投入为 186.68 亿坚戈，约占研发总投入的 22.67%。按研发经费来源看，国家财政预算为 221.32 亿坚戈，社会组织投入为 581.70 亿坚戈，国外机构投入为 20.31 亿坚戈。

2019 年，哈萨克斯坦共有科研院所 386 家，比 2018 年增加 2 家，其中国有 100 家，隶属高校 92 家，企业所有 158 家，非商业组织 36 家。2019 年，哈萨克斯坦研发工作人员总计 21 843 人，较 2018 年减少 535 人，其中科研人员 17 124 人（科学博士 1703 人，哲学博士 1045 人，专业领域博士 317 人，副博士 4240 人）。整体来看，哈萨克斯坦科研人员总体数量保持稳定且青年科研人员数量增加明显，35 岁以下科研人员占比升至 34%。

在论文发表方面，哈萨克斯坦学者在国际学术期刊发表科研成果继续保持活跃。2011—2019 年，哈萨克斯坦在 Web of Science 收录的排名前 1/4 知名学术期刊发表的论文数从第 122 位上升至 87 位。2019 年，Web of Science 共收录了哈萨克斯坦作者发表的论文 3704 篇，是 2011 年的 8.7 倍，而 Scopus 收录的文献数是 2011 年的 8.5 倍，另有 12 种哈萨克斯坦学术期刊被 Web of Science 收录，5 种被 Scopus 收录。

二、政府颁布的主要科技政策、规划和项目

（一）国情咨文中与科技创新相关内容

2020 年 9 月 1 日，哈萨克斯坦总统托卡耶夫发表国情咨文，在谈到科学发展问题时，托卡耶夫指出：需要借鉴国际经验制定新的发展规划；将每年支持 500 名科学家赴世界领先的科研中心学习进修，同时为"青年学者"项目提供 1000 名奖学金名额；责成哈政府根据国家科学优先发展政策，确保科研经费在财政预算中的比例，同时进行合理分配；鼓励大企业积极支持所在地区的高校科研活动。

在谈到数字化问题时，托卡耶夫指出：数字化不是追赶潮流，而是实现国家竞争力提升的关键步骤；哈数字化的首要任务是消除数字鸿沟，确保公民最大程度的访问互联网和享受高质量的信息服务，到 2020 年底，哈萨克斯坦人口超过 250 人的村庄都要保障开通互联网服务；数字化要致力于解决行政管理的效率，便利人民；鼓励生物识别技术在公共服务和私人企业中广泛使用，简化电子服务；政府要在工业和 IT 行业之间建立互利合作关系，建立能为各行业数字生态系统提供驱动力的数字技术平台；政府要不断提高"个人数据"的应用水平，组织引导开发，并建立统一的数据库系统；支持哈萨克斯坦成为国际处理和存储"数据"的中心之一。

（二）总统在第三次社会信任国家委员会会议上谈科教工作

2020 年 5 月，哈萨克斯坦总统托卡耶夫在第三次社会信任国家委员会会议上指出，哈萨克斯坦科学界面临的首要任务是如何成为经济的助推器。为此，哈萨克斯坦政府将努力解除一切束缚科技发展的制约因素，尽最大努力促进教育更有质量，科研更有利于各领域的创新发展，从而打造出哈萨克斯坦高质量的产品和服务，哈萨克斯坦政府拟出台的具体措施包括：至 2025 年，国家教育经费将增加 6 倍，科学经费将增加 7 倍；将研究提高大学教师工资待遇问题；将博士生

的月生活费提高至 15 万坚戈；将师范类专业学生的生活费从 2.6 万坚戈 / 月提高
到 4.2 万坚戈 / 月；加强农村学校师资队伍建设，缩小教育差距；建立统一药品
生产系统；提高医生薪资水平，使其超过社会平均工资的 2.5 倍。

（三）批准《2020－2025 年国家教育和科学发展计划》

2019 年年底，哈萨克斯坦政府总理马明签署第 988 号政府令，批准哈萨克
斯坦《2020－2025 年国家教育和科学发展计划》。该计划由教育和科学部牵头制
订，旨在提高哈萨克斯坦基于普世价值观的科学、教育及培训方面的全球竞争
力，以此提升科学在社会经济发展中的贡献。该计划列举了 11 项内容，其中多
数与完善教育体系有关，第 9、10、11 项涉及科技领域，主要为加强科学领域的
知识实力、推进科技的现代化和数字化建设、提高科研效率并推动哈萨克斯坦更
多融入世界科研领域。

计划制定了 7 项未来五年应达成的具体目标：① 使 1～6 岁儿童的学前教
育和培训覆盖率达到 85.3%，3～6 岁儿童达到 100%；② 使哈萨克斯坦 15 岁
年龄段学生在欧洲经济与合作组织的国际学生评估项目测试中的数学成绩达到
480 分，阅读成绩达到 450 分，科学与自然成绩达到 490 分；③ 儿童福利指数达
到 0.73；④ 国民教育序列的高等、技术和职业教育毕业生第一年的就业率达到
75%；⑤ 研发支出占 GDP 的比例达到 1%；⑥ 在 Web of Science 和 Scopus 平台收
录出版物中的发文数比 2018 年增长 88%；⑦ 在科研机构质量方面进入世界前 63
行列。

计划中还对落实上述目标所需经费进行了预算，未来五年将累计投入 11.58
万亿坚戈，其中国家预算 9.57 万亿坚戈，地方预算 7160 亿坚戈，其余来自其他
渠道。经费在 2020 年拨付 1.16 万亿坚戈，之后逐年递增，在 2025 年将达到 2.68
万亿坚戈。

（四）出台《2020－2022 年支持青年科学家科研计划》

2020 年 2 月，哈萨克斯坦政府总理马明召开高等科学技术委员会会议确定
《2020－2022 年支持青年科学家科研计划》。按照该计划，2020－2022 年哈萨克
斯坦政府每年拨款 30 亿坚戈，合计将出资 90 亿坚戈，用于支持青年科学家开展
科研活动。截至 2020 年 2 月，专家委员会已筛选出 1013 名青年科学家申报的研
究项目，主要涉及 7 个方向：能源和机械制造领域 102 项；自然资源合理利用领
域 313 项；信息、通信和航天技术及自然科学领域 167 项；农业持续发展和农产
品安全领域 139 项；生命和健康科学领域 127 项；21 世纪教育、人文科学领域
基础和应用研发相关 155 项；国家安全及国防领域 10 项。

（五）实施《2020—2025 年国家产业创新发展计划》

2019 年 12 月，《2020—2025 年国家产业创新发展计划》正式颁布实施。这是哈持续推动产业发展的第三个五年计划，此次计划的重点是建立具有高附加值的出口导向型经济。近年来，哈萨克斯坦萨克斯坦推动制造业发展的主要途径是依靠引进先进技术，对工业企业进行现代化、数字化升级改造。通过这种改造，哈萨克斯坦制造业产出实现了快速增长，特别是劳动生产率提高了 1.3 倍，企业固定资产投资增加了 2.1 倍。为实现更高质量的产业发展，打造具有竞争力的制造业，特别是在地缘政治形势恶化及全球贸易战的背景下，哈萨克斯坦政府将采取兼顾各方利益和平衡的国家战略，兼顾国内企业与国家利益之间的平衡，推动国家经济发展。哈萨克斯坦产业化政策的主要目标在于为发展其多元经济提供助推，为发展和形成制造业驱动的国家经济创造环境和条件。为此，在本次五年计划中，哈萨克斯坦重点出台了对出口型企业的一系列激励措施，特别是刺激高科技产品的出口。根据该计划，2025 年哈萨克斯坦制造业中的劳动生产率将提升至 2018 年的 1.6 倍，制造业出口将增加至 2018 年的 1.9 倍，制造业固定资产投资将达到 2018 年的 1.6 倍。

（六）启动《2020—2022 年科技项目计划》

2020 年 5 月，哈萨克斯坦教科部启动《2020—2022 年度科技项目计划》申报工作，该计划的实施期限分为 12 个月和 27 个月。计划主要支持哈萨克斯坦科技发展优先领域的基础和应用研究项目，包括：《永恒的国家》科学基础中涉及 21 世纪教育、人文科学领域的基础和应用研究；能源和机械制造；水、地质资源的合理利用、加工及新材料、技术、安全产品及构件；生命和健康科学；信息、电信和航天技术；自然科学领域研究；农业综合体稳定发展及农产品安全；国家安全和国防及项目竞标文件中规定的专业科学方向的研究。

三、主要国民经济领域科技创新发展动态

（一）农业领域

1. 重组机构强化科研

2020 年 10 月，哈萨克斯坦农业部长表示，为推动哈萨克斯坦农业领域的科学研究和加强农业人才的教育质量，农业部对国立农业科学教育中心下属机构进行重组，将使该中心工作符合国际标准。此外，在科学院、试验站和实验生产中

心的基础上成立了 22 所教育和咨询机构。

2. 制定农工综合体发展规划

当前，哈萨克斯坦农业部正在制定新的《农工综合体发展五年规划》，旨在提高哈萨克斯坦土地资源和融资可行性、发展农业科技、提高检验检疫安全、扩大农产品，特别是加工产品的出口潜力。为提高加工产能，哈萨克斯坦政府拟推出一系列支持政策，建立肉类、水果、蔬菜、糖类、粮食和油料作物、乳制品及水产品加工的全产业链生态系统。

（二）工业领域

2020 年上半年，哈萨克斯坦制造业总产值达到 3.7 万亿坚戈，其中冶金行业占比为 43%，食品行业为 15%，机械行业为 12%，炼油行业为 7.3%，化工行业为 4%。尽管制造业有了一定的发展，但其市场供应仍需依赖进口，部分商品甚至完全依靠国外供应。因此，亟须加快发展高附加值产品生产，尽快融入全球产业链。

1. 组建工业发展基金，推动机械制造业发展

哈萨克斯坦总统在国情咨文中提出在五年内将哈制造业产量提高至少 1.5 倍的任务目标。通过《简单物品经济》《商业路线图—2025》等一系列国家计划，为制造业领域的发展提供资金和政策支持。2020 年，哈萨克斯坦实施了 206 个工业项目，投资总额达 9960 亿坚戈，并累计增加了 1.3 万亿坚戈工业产值和 3250 亿坚戈的出口额，创造了 1.9 万个就业岗位，主要集中在机械制造、采矿冶金、农工综合体和能源行业。为进一步解决企业融资困难的问题，2020 年，哈萨克斯坦成立《工业发展基金》，向企业提供利率不超过 3% 的低息贷款，促进企业扩产升级。

2. 启动为期 6 年的第三个工业化计划

2020 年，哈萨克斯坦政府启动为期 6 年的第三个工业化计划，优先发展方向是支持工业企业发展，扩大高技术产品生产。在这一计划中，哈萨克斯坦政府更加突出"创新"内容，尤其是数字化技术，共启动了 51 个数字化工厂项目，总投入达到 136 亿坚戈。得益于工业创新技术发展，哈萨克斯坦制造业企业创新指数在过去十年内由 4.6% 增加到 15.8%。

（三）数字化技术

哈萨克斯坦电子商务市场成为哈萨克斯坦经济发展的优先方向之一。2019年，哈萨克斯坦电子商务市场交易额达到 7020 亿坚戈，较上年增长 80%，在社会消费品零售总额中的占比从 2018 年的 2.9% 上升到 3.7%。2019 年，哈萨克斯坦通过互联网进行的线上交易额为 2063 亿坚戈，同比增长 42.6%，占零售总额比例从 2018 年的 1.4% 上升至 1.8%。尽管增长较快，但与先进国家相比仍有较大差距。哈萨克斯坦计划到 2025 年将电子商务的市场份额提升至 10%。2020 年，新冠肺炎疫情对哈萨克斯坦电子商务市场产生了积极的影响，防疫隔离措施促使线上交易和互联网支付变得更受欢迎，2020 年 1—4 月，哈萨克斯坦非现金支付交易总额达到 7.4 万亿坚戈，较 2018 年增长了 1.5 倍。与此同时，哈萨克斯坦 POS 终端基础设施快速发展，各种在线支付系统进入哈市场，商业领域积极推广使用非现金支付方式。

（四）宇航领域

2020 年，哈萨克斯坦审议通过《关于哈俄两国就拜科努尔航天基地建立巴依杰列克航天火箭综合体建设协议的补充修改议定书》法案，该修订法案旨在对双方建设并共同使用巴依杰列克航天火箭综合体的条件及发射费用进行明确。主要修改条款包括：改变原项目中的运载火箭"安加拉"为更有前景的俄产中型运载火箭；俄方负责完成运载火箭及相关部件的运输装配，负责对助推器、火箭主体进行技术完善；哈萨克斯坦方保障对现有运载火箭发射平台等地面基础设施进行现代化改造，并为培养发射和技术保障人员建立教学培训设施；双方约定在 2022 年开始发射试验。

2020 年 8 月，哈萨克斯坦财政部公布《2021—2023 年国家财政预算》法案，未来三年拟拨款 891 亿坚戈在拜科努尔航天发射场建设"巴伊杰列克"火箭发射综合体项目。其中，2021 年拨款 232 亿坚戈，2022 年拨款 208 亿坚戈，2023 年拨款 452 亿坚戈。"巴伊杰列克"火箭发射综合体项目拟建设一整套航天发射基础设施，包括一个与俄罗斯合作的无人航天器发射平台，该设施不仅可用于实施哈俄两国航天计划，还可面向国际市场提供航天发射服务。此外，还将花费 310 亿坚戈，建立运行 KazSat-2R 卫星通信系统，用于替代使用寿命即将到期的 KazSat-2 通信卫星。

（执笔人：苗　园）

◎ 乌兹别克斯坦

2020 年，乌兹别克斯坦经济社会发展受到新冠肺炎疫情严重冲击，尽管社会资源大量投入抗疫，但政府依然尽力支持科技和创新工作。乌兹别克斯坦政府从创新经济建设出发，积极推动科研和产业一体化，构建新型创新生态系统。

一、科技创新持续推动

（一）科研经费投入有保障

乌兹别克斯坦政府研发投入水平较低，2000 年来，占 GDP 比重长期维持在 0.2% 左右。2020 年 10 月底，乌兹别克斯坦总统批准《至 2030 年科学发展构想》（简称《构想》），提出到 2025 年将科学投入占 GDP 比重提高 6 倍（与 2020 年相比），到 2030 年进一步提高 10 倍。针对技术创新，《构想》鼓励逐步扩大私营部门参与，目标是到 2025 年将私营部门创新投资提高 3.5 倍，到 2030 年提高到 9 倍。

乌兹别克斯坦国家统计委员会的数据显示，乌兹别克斯坦 2019 年研发与设计投资总额为 6023 亿苏姆，同比增加 13.9%。其中，自然科学投资 3870 亿苏姆，医学和农学投资 1066 亿苏姆，社会与人文科学投资 1087 亿苏姆。乌兹别克斯坦绝大部分科研机构均属国有性质，也承担了国家主要的自然科学研究任务，因此获得的资金规模也最大，达到 3044 亿苏姆；企业获得 1910 亿苏姆；高校获得 1041 亿苏姆；私营非营利组织排在最后，仅获得 280 亿苏姆。

（二）科研创新队伍基本保持稳定

1. 科研机构数量减少

新冠肺炎大流行对乌科技等各经济社会领域造成严重冲击，乌 2020 年内从事研发和创新单位数量大幅减少，总数从 2019 年初的 668 家减少至 304 家，缩水比例几乎达到 55%，研究项目数量也出现大幅下滑，同比减少 50% 左右。另外，疫情冲击和严峻的经济形势并未能倒逼乌企业扩大创新技术推广和使用，2020 年内引进创新技术的企业和机构仅有 1514 家。乌企业创新技术应用普遍动力不足，总体水平只有 0.3%，与世界平均水平 40% 相差甚远。

2. 人才队伍基本保持稳定

2018—2019 年，乌兹别克斯坦先后颁布《2019—2021 年国家创新发展战略》和《科学与科学活动法》，将加强人才培养、吸引更多青年加入科技研发队伍作为最重要任务。同时，乌政府还成立专门基金，资助青年科技人员到国外攻读硕士、博士学位，并大力吸引学成人员回国工作。

2016 年以来，乌科技人员队伍基本保持稳定，总人数始终维持在 3.6 万人左右。由于机构重组和退休年龄改革，乌科研人员队伍在 2019 年出现小幅下降，从 2018 年的 3.72 万人降至 3.11 万人。

3. 创新能力有所增强

根据 2018 年出台的《2019—2021 年乌兹别克斯坦创新发展战略》规划，乌提出在 2030 年前进入全球创新指数（GII）50 强国家行列目标。2020 年，乌时隔五年后重返 GII 排名，在全球 131 个国家中排名第 92 位。在构成 GII 排名的 80 多项指标中，乌在创新机制、人力资源与研究、基础设施、知识与技术经济成果等几方面取得正分。

（三）科研绩效有待加强

1. 研发工作有序进行

2020 年，在政府的大力支持下，乌继续推进改善本国全球创新指数各项指标，落实建设创新型国家目标。科学院和高校集中精力发展基础研究和应用研究，创新发展部则统筹全国创新研发，主抓高科技和产业发展。

2. 论文发表保持积极态势

科睿唯安 2019 年发布的《以信息、知识和技术获取加速创新》显示，自 2015 年加入 Web of Science 数据库以来，乌论文发表数量出现快速增长，即从 2015 年的 577 篇／年蹿升至 2016 年的 716 篇和 2017 年的 724 篇。据乌创新发展部科技信息中心统计，2020 年 SCOPUS 数据库收录的乌学者论文数量达到 2406 篇，较 2019 年的 1507 篇取得大幅增长，主要分布在化学、物理、药理学、材料学、数学、光学、能源、生化和天文学等各领域。

3. 专利申请数量持续在低位

乌知识产权署发布的数据显示，乌 2020 年前 9 个月专利申请和获批专利情况并未特别改善，整体数量甚至出现大幅下降。乌国家知识产权局年内共收到 7483 份注册申请，完成审查 6938 份，登记 3066 份。与 2019 年（全年）相比，这三项指标分别下降 2659 份、1763 份和 1390 份。

二、数字经济成为国家发展重点

（一）数字经济发展措施出台

在 2020 年初的国情咨文中，乌兹别克斯坦总统米尔济约夫宣布 2020 年为科学、教育和数字经济发展主题年，将积极向数字经济过渡列入未来五年国家发展重点。

2020 年 4 月，乌出台《关于广泛推广数字经济和电子政务措施》（简称《措施》）总统条例，授权信息技术与通信发展部为主管机关，负责本国数字经济和电子政府发展、IT 科技园建设和管理。《措施》要求主抓在塔什干推广电子医疗卡、普及线上支付、推行铁路运输自动计费系统和市政交通一卡通、扩大光纤通信普及、移动通信提速、构建数据中心、开发土地和水利电子登记系统、从 7 年级开始推广编程课程、支持本国 IT 企业入驻科技园区等具体项目。

为落实数字经济发展目标，米尔济约夫还于 2020 年 5 月主持召开数字经济和电子政府推广专题会议，除批准系列数字经济发展项目外，着重强调在新冠肺炎大流行背景下，众多政府服务、教育、贸易、服务业及其他经济和管理领域将转为远程模式，因此要利用网络技术创造就业、扩大工业企业 IT 技术应用、扩大宽带网络普及带动 GDP 提高、向农业领域推广信息和遥感技术等目标。

此外，乌兹别克斯坦政府于 2020 年 6 月通过《创新法》，对创新活动作出定义，对创新活动国家管理、创新活动开展和创新基础设施等各方面作出框架性规定，将创新活动纳入国家法律调控范围。

（二）数字经济管理与实施机构不断完善

近年来，乌兹别克斯坦高度关注数字经济和创新发展。继成立创新发展部，并在该部设立数字经济和电子政府管理局后，乌兹别克斯坦还陆续出台《关于加速发展电子商务》总统条例、《关于在乌发展数字经济措施》总统条例、《关于以发展数字经济为目标升级数字基础设施》总统条例、《关于加强数字经济、电子政务及在国家治理体系中推广信息技术补充措施》总统条例、《2018—2021 年电子商务发展计划》《乌电子政务 2019—2025 年发展构想》《数字乌兹别克斯坦 2030》等政策措施。基于这些措施，乌政府将推动实现建筑、能源、农业和水利、交通、地质、地籍、卫生、教育、档案等领域的数字化。

三、科技园区建设受到政府重视

科技园区作为推动产学研结合的重要工具，其建设工作在乌取得进展。2018 年，乌总统访问印度期间，双方达成扩大信息技术合作协议。为落实双方这一共识，乌方于 2019 年在塔什干市启动建设软件与信息技术科技园区（IT 科技园），并提供大量税收优惠政策。另外，还简化园区企业注册手续，将企业注册用时降至 15 天以内，并对入园企业初创项目提供资金支持。

2020 年，IT 科技园运转受到疫情冲击，入驻企业数量距预期目标尚有差距。但乌政府认为 IT 科技园已显示出活力，并由总统签署条例，向努库斯、撒马尔罕等地推广塔什干 IT 科技园模式，带动地方经济增长。

另外，为发展在乌具备良好基础的制药产业，2020 年 4 月，乌出台总统条例，在塔什干郊区规划建设制药产业园。按照规划，制药产业园区占地 79 公顷，由国家制药发展署牵头，由科技园和工业区两部分组成，将吸引研发机构、大学、大型制药企业、国外医院和医学中心等入驻。目前，乌已与韩国达成协议，由韩方提供长期贷款，支持园区科技和教育机构建设。

（执笔人：刘　宇）

◎ 澳 大 利 亚

受新冠肺炎疫情影响，2020年澳大利亚科技创新发展充满挑战与变革。疫情导致经费紧张，科研活动受阻；在医药健康领域的科技实力为其应对新冠肺炎疫情提供了助力；远程办公催化了数字化变革；联邦政府将科技创新视为经济复苏的重要支柱，在多个领域部署发展计划；国际科技合作不断推进，澳美科技联系日益紧密；中澳科技合作难以摆脱泛政治化影响，前景存在风险。

一、科技创新整体情况

根据世界知识产权组织发布的《2020年全球创新指数报告》（GII 2020），澳大利亚在全球排名居第23位，较上一年下滑1位。在49个高收入经济体中排名居第22位。在东南亚、东亚和大洋洲的17个经济体中排名居第6位。世界百强科技集群中有3个位于澳大利亚，分别坐落于墨尔本、悉尼和布里斯班。

高校是澳大利亚科研主阵地，高校科研约占澳大利亚科研活动的1/3。然而，澳大利亚高校大部分科研经费来自国际学生学费，由于疫情导致国境封锁，高校科研经费出现短缺。

根据墨尔本大学高等教育研究中心2020年9月发布的报告，截至2024年，澳大利亚科研经费缺口预计将达76亿澳元，将导致6100个研究岗位流失，约占全国研究人员的11%。八校联盟（Go8）也在2020年9月发布报告称，其优先领域的1万名研究人员有流向海外的风险，约4000名合同制科研人员将由于经费短缺而被停止续约。

（一）科技创新整体投入

根据澳大利亚统计局（ABS）2020年发布的数据，2018—2019财年澳大利亚政府研发支出为33亿澳元，占GDP的比重从2016—2017年度的0.19%降至

2018—2019 年度的 0.17%，其中联邦政府经费占 63%（20.79 亿澳元），州 / 领地政府经费占 37%（12.21 亿澳元）。与 2016—2017 年度相比，联邦政府科研支出减少了 2900 万澳元，州 / 领地政府科研支出增加了 8000 万澳元。

根据 OECD 最新数据，2017—2018 年度澳大利亚全社会研发支出占 GDP 比重的 1.79%，企业研发支出占 GDP 比重的 0.90%，较上一年度（2015—2016 年度，1.88%，1.00%）均有所下降，同时低于 OECD 平均水平（2.37%，1.49%）。

（二）科技创新抗疫投入

1. 项目经费支持

科技抗疫是澳大利亚政府应对新冠肺炎疫情的重要举措之一。截至 2020 年 12 月，联邦政府财政对 COVID-19 的科研支持经费已超过 9600 万澳元，主要的投资包括 3 个方面。一是通过针对 COVID-19 的国家健康计划，对新型冠状病毒科研项目进行支持。2020 年 2 月，澳大利亚卫生部首次宣布通过医学研究未来基金（MRFF）对新冠疫苗研究进行支持。3 月，总理莫里森公布了 24 亿澳元的综合医疗方案，其中包括通过 MRFF 拨款 3000 万澳元，对疫苗、抗病毒治疗、呼吸道医学等研究进行支持。这也是联邦政府对 COVID-19 科研进行针对性支持的主要计划。6 月，联邦政府将 COVID-19 科研经费预算增加至 6600 万澳元，主要包括 COVID-19 疫苗、抗病毒治疗、潜在疗法临床试验及卫生系统 COVID-19 及其他流行病应对等 4 个方向。11 月，澳联邦政府再次通过 MRFF 追加 400 万澳元经费，支持数字化医疗和疫情暴发控制等领域的新冠科研项目。二是澳大利亚传染病突发事件防备研究合作组织与新兴传染病研究卓越中心共同筹措经费 63 万澳元，支持 COVID-19 诊断、治疗等优先方向的 16 个快速研究项目。三是通过生物医学转化桥梁计划（BTB），对新医疗设备、诊断、防治方法等进行支持。5 月，BTB 发起第三轮资助，支持研发与 COVID-19 相关的新医疗设备、诊断方法、疫苗或治疗方法。项目承担机构将获得最多 100 万澳元的资助，并需提供 1:1 配套经费。

2. 升级澳大利亚疾病预防中心

2020 年 4 月，联邦政府宣布对联邦科工组织（CSIRO）的动物健康实验室进行升级，并更名为澳大利亚疾病预防中心（ACDP），预计投入经费 2.2 亿澳元，还承诺额外资助 1000 万澳元支持其工作。该设施是南半球生物安全级别最高的实验室，也是唯一一个生物安全等级 4（BSL4）的实验室，对于澳大利亚新冠疫苗研发工作具有重要意义。

（三）疫情后的科技创新补贴

为应对疫情对科技界带来的打击，支撑澳大利亚疫情后经济复苏，政府在2020—2021 年度预算中加大了对科技创新的支持力度。一是额外拨款 4.59 亿澳元支持 CSIRO。为保障 CSIRO 科研活动的正常开展，弥补产业界投资减少，联邦政府在本次预算案中额外投入 4.59 亿澳元，从 2021 年开始分 4 年对其进行支持（分别为 1.33 亿澳元、1.13 亿澳元、1.15 亿澳元和 9900 万澳元）。此外，澳大利亚农业科技（Australian AgTech）部门将在 2020—2021 年获得 500 万澳元资金对 CSIRO 农业和畜牧研究设施进行升级。二是额外拨款 10 亿澳元支持高校科研活动。三是教育部位澳大利亚研究理事会（ARC）链接计划（Linkage Program）每年增加 3000 万澳元的资金，以加强政府在产业相关研究项目上的支持力度。但此笔经费来自 ARC 其他计划经费，政府向 ARC 拨付的 8 亿澳元年度经费总额不变。

二、重点领域专项计划与部署

（一）新兴技术

1. 发布《国家区块链路线图》

2020 年 2 月，工业、科学、能源与资源部（DISER）发布了《国家区块链路线图》。该路线图概述了澳大利亚在未来五年的行动计划，是澳大利亚面向 2030 年实现数字经济而采取的行动之一，预计到 2025 年，澳大利亚将为全球区块链商业市场贡献超过 1750 亿美元。

该路线图重点介绍了澳大利亚开发区块链教育通用框架、针对海外初创企业和初创项目实施能力开发计划等，以探索区块链技术的多领域应用，包括葡萄酒行业的农业供应链、大学教育领域的可信凭证和金融部门的可转移用户支票等。

2. 发布量子产业报告

2020 年 5 月，CSIRO 联合澳大利亚量子技术行业 40 多个组织、80 多个利益相关方编制并发布了《澳大利亚量子产业的发展》（Growing Australia's Quantum Technology Industry）报告，制定了面向 2040 年的澳量子技术发展路线图。报告对目前澳大利亚量子领域的科研与产业发展现状进行了全面分析，并呼吁政府明确国家层面的长期发展战略和投资重点，促进量子技术成果商业化，通过政策手段遏制量子领域人才外流。

3. 推进 AI 行动计划

2020 年 11 月，DISER 发布了《澳大利亚的 AI 行动计划》。该计划旨在确保 AI 技术开发和使用的安全性、责任制和道德性，确保澳大利亚 AI 技术发展和政策制定符合澳大利亚价值观，并探索澳大利亚 AI 未来发展所需行动。该行动计划也是澳大利亚实现 2030 年数字经济目标的行动之一。

（二）能源与资源

1. 推出首份低排放技术声明

2020 年 9 月，能源和减排部长发布了《澳联邦政府的首份低排放技术声明》（Low Emissions Technology Statement）。该声明旨在向澳大利亚家庭和工业提供更加低廉、清洁和可靠的能源，提高能源生产效率。政府计划针对降低排放、降低成本和增加就业机会 3 个方面，预计将在 10 年内投入至少 180 亿澳元，目标是到 2030 年新增就业 13 万，到 2040 年减少碳排放约 2.5 亿吨。澳大利亚政府确定了 5 项优先技术，分别是清洁能源、能源储存、清洁钢铁和清洁铝、碳捕捉与封存（CCS）及土壤碳测定。

2. 制定《国家关键矿物发展路线图》

2020 年 4 月，DISER 关键矿物办公室（CMFO）牵头制定了《国家关键矿物发展路线图》。该路线图旨在促进澳大利亚重要矿物开采和产业链下游增值，并将首先确定澳具有比较优势的优先关键矿物，巩固澳作为全球关键矿产可信赖供应国的地位。

（三）现代制造业

1. 推出现代制造业战略

为应对疫情暴露的澳大利亚供应链短板，联邦政府在 2020—2021 年度预算中公布了价值 15 亿澳元的"现代制造业战略"，包括 13 亿澳元的"现代制造业倡议（MMI）"、1.072 亿澳元的"供应链弹性计划"、5280 万澳元的"制造业现代化基金（第二轮）"及"恢复与超越路线图" 4 项举措。

该战略旨在营造适宜企业生存的营商环境，聚焦澳大利亚优势领域，促进科技对行业的支撑作用，提高澳大利亚国家适应能力。确定了 6 个国家优先领域，分别为资源技术与关键矿物加工、食品与饮料、医疗产品、可循环与清洁能源、国防、空间领域，计划在 10 年内挖掘并培育具有高产能、高竞争性和高影响力的公司。

2. 发布《COVID-19：复苏与韧性》报告

由于新冠肺炎疫情对澳大利亚科研界产生了冲击，CSIRO 在以往行业技术路线图和《2019 年澳大利亚国家展望》报告的基础上，撰写了《COVID-19：复苏与韧性》报告。该报告确定了 6 个重点领域，分别为数字、能源、食品与农业、健康、制造业和矿物资源，以期企业能够利用科学技术在上述领域中创造巨大的经济价值。该报告强调了科技对澳大利亚就业和经济社会的支撑作用，并将有助于澳在 2022 年后建立具有韧性和前瞻性的长期经济。

在此基础之上，CSIRO 又发布了《科技的价值》报告，梳理了澳大利亚科技创新存在的 5 个障碍，分别为创新投入减少、科研成果商业化转化不足、职工技能培训不足、对海外同行重视不足、对新技术警惕性过高。针对上述问题，报告建议采取以任务为导向的创新机制，行业部门、研究机构和政府围绕共同问题建立更加紧密的合作网络，聚焦国内具有独特价值和差异性的领域，通过开展国际合作保持行业竞争力，创造更多收益。

（四）数字商务转型

2020 年 9 月，联邦政府宣布将投资 8 亿澳元用于"创造就业数字业务计划（JobMaker Digital Business Plan）"，并将此作为政府带动疫情后经济恢复计划的一部分。

该计划旨在以澳大利亚企业的数字化转型为基础，提高企业生产力和收入，创造就业机会，主要包括开发数字身份系统、全面实施现代化企业登记计划、小型企业咨询服务数字解决方案计划、监管技术商业化计划，以及对 5G、金融科技、区块链、国际标准制定影响力、电子发票、数字技术培训等方面的支持。估计到 2024 年，澳大利亚数字基础设施一揽子计划将使澳大利亚 GDP 每年增加 64 亿澳元。

（五）南极科学考察

2020 年 4 月，澳大利亚南极科学理事会制定并发布了《澳大利亚南极科学战略计划》。该计划是在此前《澳大利亚南极科学战略计划（2011—2020）》的基础上制定的，将在未来 10 年内指导澳大利亚南极科学计划实施，以实现 2016 年澳大利亚发布的《澳大利亚南极战略及 20 年行动计划》中的关键科研指标。

三、重要的政策措施与管理机构变动

（一）企业研发税收优惠政策改革尘埃落定

备受争议的研发税收优惠（RDTI）政策改革伴随 2020—2021 年度预算案的出台尘埃落定。该改革法案 2018 年提出后备受争议。2020 年 10 月，政府宣布放弃削减 RDTI 政策 18 亿澳元优惠额的计划，但仍将对研发退税门槛和分级进行调整。

根据原 RDTI 政策，对于年营业额低于 2000 万澳元的中小企业，可退税抵减额为 43.5%，对于年营业额高于或等于 2000 万澳元的大型企业，退税门槛为 1 亿澳元，不可退税抵减额为 38.5%。调整后，对于中小企业，税收返还额度为其公司税率加 18.5%；对于大型公司，退税门槛调增至 1.5 亿澳元；对于研发强度小于或等于 2% 的公司，返还比例为公司税率加 8.5 个百分点；对于研发强度大于 2% 的公司，返还比例为公司税率加 16.5 个百分点。新的改革举措将在 2021 年 7 月 1 日开始生效。

（二）澳大利亚创新和科学理事会更名为产业创新和科学理事会

澳大利亚创新和科学理事会（Innovation and Science Australia，ISA）更名为澳大利亚产业创新和科学理事会（Industry Innovation and Science Australia，IISA），并增加了 5 名行业经验丰富的新成员。IISA 将在政府 15 亿澳元的"现代制造业战略"实施和监督行业主导路线图制定方面发挥重要咨询作用，指导澳大利亚未来的投资和行动。

四、国际科技合作动向

（一）多边合作不断推进

1. 加入全球人工智能合作伙伴关系

2020 年 6 月，澳大利亚作为创始成员国加入了经合组织（OECD）成立的全球人工智能合作伙伴关系（GPAI）组织。GPAI 汇集了来自行业、政府、民间组织和学术专家多方成员，其创始成员除澳大利亚外，还包括美国、英国、加拿大、欧盟、日本、韩国、印度等国家和地区，旨在推动全球各国以符合人权、自由和共同民主价值观的原则，以负责任和以人为本的方式开发和使用 AI 技术，并对 AI 优先方向的前沿研究和应用进行支持。

2. 成为第 4 个批准《SKA 天文台公约》的国家

2020 年 9 月，澳大利亚议会核准并通过了《平方公里阵列射电望远镜天文台公约》[Square Kilometre Array（SKA）Observatory Convention]，成为第 4 个批准《SKA 天文台公约》的国家。根据公约，西澳将建设约 13 万个天线，预计 2021 年中进入建设阶段。

（二）澳美科技合作日益紧密

2020 年 8 月，DISER 部长与美国白宫科技政策办公室主任共同主持科学和前沿技术高层对话视频会议。澳美两国将在诸如人工智能、量子计算、海洋勘探和制图及科研诚信等关键问题上深化合作。澳大利亚还表示希望与美国及其他志趣相投的国家进行持续合作，以在国际论坛上增进共同价值观和利益。此外，在 7 月的澳美双部长会上，澳美双方就科技创新与合作达成共识，将在高超音速、综合防空和导弹防御、电子和海底战争、太空、网络、关键矿物等技术领域开展合作。并计划召开第五次澳美科技合作联委会会议。

（三）中澳科技合作在艰难中推进

受 2019 年"应对外国干涉"纲要后续影响，澳大利亚高校纷纷建立内部审查机制，加强了对国际合作项目尽职调查，客观上造成了一些到期协议的停滞和拟议合作协议的审查进度延后。2020 年 8 月，澳大利亚外交贸易部提出《对外关系法案》（Australian Foreign Relations Bill），称需加大对所谓危害国家利益风险的防控。根据该法案，澳大利亚州政府、领地政府、地方政府及高校等组织在与外国实体谈判或签署协议之前，需向外交贸易部报告，外交贸易部部长将在 30 天内做出决定，其有权否决相关协议及合作项目。此外，外交贸易部部长还有权否决此前已生效执行的协议。该法案被广泛认为是试图通过限制州 / 领地和地方政府及高校与中国开展合作。该法案已获得议会批准。10 月，《2020 年外国投资改革（保护澳大利亚国家安全）法案》[The Foreign Investment Reforms（Protecting Australia's National Security）Bill 2020]提交议会。根据该法案，对被视为"国家安全业务"的澳大利亚本地公司的任何拟议直接投资都将接受新的国家安全测试。澳大利亚国库部长还将有权阻止或剥离被视为危及本国安全的投资。国家安全业务被定义为"如果中断或以特定方式开展可能会造成国家安全风险的活动"。该方案将在年底前提交议会审议。

不过，中澳已建立的政府间机制性科技合作仍在有序正常推进，澳大利亚相关政府部门及机构对与我国开展科技合作未表现出明显负面倾向。虽然疫情关闭边境导致人员交流受阻，2020 年中澳青年科学家交流活动暂停。但中澳联合研究基金第四轮项目评选工作正常开展。中科院与 CSIRO 第十一届联委会也以视频会议形式线上召开。

（执笔人：石　坤　蔡嘉宁）

◉ 新 西 兰

2020 年度新西兰以抗击新冠肺炎疫情为主线，大幅增加科技研发投入，推出了多个"抗疫"相关科技计划，从短期到中期，从临床试验到疫苗研究，多领域多维度加强新冠研发创新和国际研发合作。自 2020 年 3 月 26 日新西兰全国进入封锁状态，历时近 11 周成功消灭了社区传播，疫情防控重点转向外防输入，国内科技创新活动基本回到正轨，政府重大科技研发计划未受到严重影响，政府间科技合作计划总体执行顺利，但科研人员国际交流与合作仍受到边境管制困扰。

一、紧急资助"抗疫"研发创新，应对新冠肺炎疫情挑战

为迅速响应新冠肺炎疫情挑战，2020 年 3 月，新西兰政府紧急设立了"新冠肺炎疫情快速响应基金"，5 月设立了"新冠肺炎疫情创新加速基金"，支持了 60 余个"抗疫"急需的中短期研发创新项目，主要资助领域涵盖社会科学、医学研究、技术开发和临床试验，强调各领域专家和创新型企业形成合力，力求短期见到实效，为政府和全社会应对新冠肺炎疫情提供切实帮助。

（一）新冠肺炎疫情快速响应基金

2020 年 3 月，新西兰医学研究理事会和新西兰卫生部联合宣布成立快速研究响应基金，重点支持两类项目：一是由医学研究理事会和卫生部联合资助的快速响应研究项目，预算 100 万新西兰元，目标是立即响应新冠肺炎疫情威胁，在短期内（3～6 个月）向卫生部和 / 或其他相关部门提供可落实到行动上的成果，增强新西兰应对和准备能力；二是由医学研究理事会单独资助的面向新冠肺炎疫

情和新出现传染性疾病研究项目，预算 200 万新西兰元，目标是在中短期（最长两年）内提供研究成果，增强新西兰响应新出现传染性疾病威胁的研究能力。该基金实际支出逾 380 万新西兰元，共资助项目 13 个，受资助对象主要是奥克兰市立医院等公立医院和奥塔哥大学、梅西大学等研究型大学，主要领域涉及直接间接影响政府"抗疫"成效的社会因素研究、新冠肺炎药物和疗法的临床试验和研究等。

（二）新冠肺炎疫情创新加速基金

2020 年 5 月，新西兰研究、科学和创新部长梅根·伍兹（Megan Wood）宣布设立新冠肺炎疫情创新加速基金，以推动应对新冠肺炎疫情的前沿创新技术和服务尽快问世。基金总额 2500 万新西兰元，专门资助能在 6 ～ 18 个月内拿出实用成果、能为应对新冠肺炎疫情做出直接贡献的研发创新项目。该基金共资助了 50 个项目，涵盖领域包括血液抗体检测、远程体温监测、机械呼吸机高效生产、药效评估等，受资助对象多为创新型企业。其中 2020 年 5 月成立的初创企业新冠疫苗有限公司（Covid–19 Vaccine Corporation Ltd）获得了新冠肺炎疫情创新加速基金 48.8 万新西兰元启动经费资助，随后又获得了 480 万新西兰元私人投资，目标是利用新西兰梅西大学衍生公司 PolyBatics 开发的生物微珠（bio–bead）专利技术，自主开发新冠疫苗并于 2021 年底完成首例人体实验。

二、面向长期"抗疫"需求，出台"新冠疫苗战略"

2020 年 5 月，时任新西兰外交贸易部长彼得斯，卫生部长戴维·克拉克和研究、科学和创新部长梅根·伍兹联合发布"新冠疫苗战略"，目标是确保新西兰第一时间获得安全、有效和充足的新冠疫苗供应。新西兰政府为该战略专项拨款 3700 万新西兰元，其中 1000 万新西兰元用于资助本土疫苗研发，500 万新西兰元用于提升本土疫苗生产能力，1500 万新西兰元支持国际研究合作，特别是支持流行病防范创新联盟（CEPI）管理的新冠疫苗独立研究项目，700 万新西兰元支持全球疫苗免疫联盟（Gavi）向发展中国家交付疫苗。

8 月，马拉翰医学研究所、奥塔哥大学和惠灵顿维多利亚大学联合组建的新西兰新冠疫苗联盟获得该战略 1000 万新元资助，负责建设新冠疫苗评估平台，加强与 CEPI 和国际药企合作，引进有前景的疫苗在新西兰本土进行临床试验，并提升本土疫苗研发能力。其中惠灵顿维多利亚大学和马拉翰医学研究所研究人员合作开展重组刺突蛋白疫苗研究，奥克塔研究团队开展灭活疫苗研究，与此同时，Avalia 免疫治疗公司也与国际伙伴合作探索泛冠状病毒疫苗研究。

三、增加政府研发资助，以科技推动后疫情时代经济转型

2020 年 6 月，新西兰政府宣布通过 2020 财年科技创新预算和"新冠响应和恢复基金"，在未来 4 年里额外投入 4.01 亿新西兰元，其中 1.5 亿新西兰元短期研发贷款支持企业继续开展研发活动，3300 万新西兰元帮助毛利族群参与研究、科学和创新并从中受益，1.9 亿新西兰元资助皇家研究机构继续开展科技创新，以响应新冠肺炎疫情带来的挑战。科技预算的增加，显示出政府高度重视科技创新在后新冠肺炎疫情经济恢复时期的重要作用，希望继续通过科技创新取得环境、社会和经济成果，推动新西兰的经济转型。

近年来新西兰商业研发支出增长势头明显，2019 年商业研发支出 24 亿新西兰元，较 2012 年增加了 102%。为减轻新冠肺炎疫情带来的负面影响，激励企业在当前经济环境下继续开展研发活动，政府在新增预算中专门设立了 1.5 亿新西兰元短期研发贷款计划，由卡拉翰创新署负责管理，向合格的研发型企业直接提供现金贷款。受到新冠肺炎疫情影响的企业可申请最多 40 万新西兰元的贷款（作为研发经费），年利率 3%，还款期限最长 10 年。

四、国家科技创新计划基本正常执行

专门支持重大应用研究的"奋进"基金 2020 年度顺利完成项目征集，共收到项目申请 128 个，资助项目 17 个，资助经费 1.87 亿新西兰元。支持自由探索的"马斯顿"基金经费 8475 万新西兰元，共资助项目 134 个，其中 59 个项目资助职业生涯初期研究人员的独立研究，项目申请成功率约 13%，其他 74 个项目资助成熟研究人员，项目申请成功率约 10%。其他科技创新计划也基本按部就班。

受新冠肺炎疫情影响，新西兰政府暂停了本年度"奇思妙想"（Smart Ideas）基金 1100 万新西兰元资助，待 2021 年重新启动项目征集。

五、火箭实验室进军卫星制造领域，成功进行火箭回收试验

火箭实验室公司 2020 年在新西兰 Mahia 半岛进行了 7 次发射。1 月和 6 月火箭实验室公司的两次发射，将包括美国国家侦查局 4 枚情报间谍卫星在内的多个载荷送入轨道。7 月该公司发射失败，搭载的 7 颗卫星全部报废。9 月该公司

将其首颗自行制造的卫星送入轨道，标志着火箭实验室公司进军卫星设计制造领域，能够提供卫星制造、发射、运营一条龙服务。

2020年11月，火箭实验室公司在新西兰 Mahia 半岛发射了"电子"号火箭，在将29颗小卫星送入太阳同步轨道的同时，成功完成了其首次火箭回收试验。火箭第一级在升空几分钟后分离，并在降落伞帮助下完整返回新西兰海域。回收的火箭下部出现局部热损伤，初步分析与隔热材料有关。火箭实验室将于2021年初再进行一次火箭回收试验。火箭实验室表示，此次试验证明其可以回收"电子"号火箭，在条件成熟时火箭实验室还将试验在半空中使用直升机进行回收，希望2021年底开始重复使用火箭。如果成功的话，"电子"号火箭将成为全球首个可重复使用的轨道级小型发射系统。

六、全球创新指数排名连续下滑

据世界知识产权组织2020年9月发布的《2020年全球创新指数报告》（GII 2020）显示，新西兰居第26位，连续5年下滑，跌出了创新领导者（前25位）行列。从分项指标看，新西兰在制度方面居第4位，市场成熟度居第10位，基础设施居第15位，人力资本／研究居第18位，但知识／技术产出居第39位，创意产出居第33位，商业成熟度居第32位，具体而言，整体劳动生产力水平较低、高技术、信息通信技术服务和创意产品出口在贸易中占比较低，外国投资流入流出占国民生产总值的比例较低，科学工程类毕业生占比较低，是新西兰的明显弱项。另据瑞士洛桑国际管理发展学院发布的《2020年全球竞争力报告》显示，新西兰居第22位，亦呈下滑势头。

科技创新产出低是新西兰科技创新体系长期存在的症结。执政党工党在10月大选中获胜，议会席位过半，预计其未来施政重点是恢复经济，推动低排放转型和应对气候变化，对科技创新政策不会做太大调整。从短期看，部分发达国家受新冠肺炎疫情打击，新西兰疫情应对较好，有机会在各类创新排名上重振声威。但从长远看，若不采取更强力措施进一步提高农业、食品等关键行业技术含量，促进科技创新成果转化应用，新西兰恐难有大的起色。

七、宣布进入气候紧急状态，继续推动低排放转型

2020年1月，新西兰政府宣布斥资2亿新西兰元，启动国有部门脱碳计划（State Sector Decarbonisation Programme）。12月，新西兰总理阿德恩宣布新西兰

进入气候紧急状态，并承诺公共部门将在 2025 年前实现碳中和。这一承诺意味着政府机构要每年测量、核实和报告碳排放量，设定总减排目标，并提出减排计划。为实现这一目标，政府机构须立即着手淘汰最大型、使用最多的燃煤锅炉；只能购买电动汽车或混合动力车，并缩减公务车队规模；公共部门建筑均须达到"绿色标准"。所需经费由国有部门脱碳基金支持。

针对企业减排，2020 年 11 月，新西兰宣布出资 6900 万新西兰元成立"脱碳产业政府投资基金"，配套资助企业升级热加工工艺，把使用煤和天然气等化石燃料的锅炉换成使用更清洁的电力和生物能源设备。热加工约占新西兰能源使用的 1/3，所产生热量约占新西兰能源相关排放的 1/4，该基金有望在推动减排的同时创造就业机会，帮助经济重建。

八、国际科技合作

（一）新西兰、以色列签署"关于技术创新、研究和发展合作的协定"

2020 年 3 月 5 日，新西兰与以色列在惠灵顿签署"关于技术创新、研究和发展合作的协定"。根据该协定，新西兰卡拉翰创新署与以色列创新署将促进双方企业对接、并联合资助企业合作研发项目。以色列技术部门非常发达，与全球资本和市场关联密切，在农业技术、水管理和其他对新西兰有价值的领域，以色列都拥有关键技术。通过建设更密切的合作伙伴关系，新西兰企业能够借机获得世界顶尖技术，更好地通过创新，帮助新西兰实现向多元化、可持续、高产出经济迈进的目标。

（二）政府间国际科技合作计划顺利实施

专门支持国际科技合作特别是政府间国际科技合作计划的"催化"基金2020 年度预算 3500 万新西兰元，较 2019 年几乎翻番。新西兰－新加坡、新西兰－澳大利亚、新西兰－德国和新西兰－中国政府间科技合作计划有序推进，受新冠肺炎疫情影响不大。

其中，新西兰－新加坡数据科学研究计划共获资助 1080 万新西兰元，奥克兰大学、梅西大学、奥克兰理工大学、皇家土地研究所与新加坡南洋理工大学、新加坡国立大学、高性能计算研究所等机构联合承担了人脑连接模式图形分析、本土语言自然语言处理、城市森林遥感建模、面向精神卫生诊断预测的神经－基因计算模型等 4 个合作项目。新西兰－新加坡未来食品研究计划共获资助 1180 万新西兰元，皇家农业研究所、奥克兰大学与新加坡食品与生物技术研究所等机构联合承担了海藻烹饪与处理、实现藻类作为替代蛋白质来源的价值、未来食品的消费者维度、植物蛋白与细胞农业等4个合作项目。

新西兰－澳大利亚跨塔曼互联网安全研究计划共获资助600万新西兰元，由奥克兰大学牵头的"后量子密码学方案"、怀卡托大学牵头的"面向以人为中心的安全的人工智能"、梅西大学牵头的"面向威胁响应自动化的人工智能"等3个合作研究项目分别获得200万新西兰元。奥克兰大学同时还承担跨塔曼互联网安全研究计划新方协调员角色。澳大利亚联邦科工组织数据创新部门Data61承担澳方协调员职责。

新西兰－中国战略研究联盟联合研究计划和新西兰健康研究理事会－中国国家自然科学基金委"生物医学合作研究项目"的项目征集工作顺利完成，"新冠肺炎合作研究项目"正在进行项目征集。

新西兰－德国宇航中心联合研究计划也于2020年底启动了项目征集，新西兰方将投入112万新西兰元资助15个项目，研究在推进器、空间通信和SAR领域对德合作的可行性。在此基础上双方将支持开展更长期的研究和技术开发合作。

此外，"催化"基金还斥资600万新西兰元，资助新西兰皇家水与大气研究所研究团队与哈佛大学研究团队合作，利用甲烷卫星（MethaneSAT)数据调查研究新西兰农业甲烷排放。

（三）科学家交流计划暂停，部分外国科研人员可入境豁免

新冠肺炎疫情对于科研人员的国际交流造成了严重影响。由于多国均采取了边境管控措施，新西兰与中国、德国、法国等国2020年度的科学家交流计划被迫暂停。尽管如此，考虑到部分外国科研人员"对于完成或继续政府全额或部分资助的科学计划非常必要"，且其"来新西兰开展工作获得商业、创新和就业部国际合作部门支持"，从2020年8月18日起，这些外国科研人员可应新西兰移民局邀请，通过其在新西兰的雇主单位申请入境豁免。

（四）坎特伯雷大学与国家南极局长理事会续签协议，新西兰南极门户地位得到巩固

2020年10月，新西兰坎特伯雷大学与国家南极局长理事会（COMNAP）第三次续签合作谅解备忘录，至2027年，COMNAP总部将继续落户基督城。自2008年新西兰参加COMNAP总部选址竞标成功后，坎特伯雷大学南极门户系（Gateway Antarctica）便为COMNAP秘书处提供专业支持至今。全球新冠肺炎疫情肆虐之际，新西兰一度对南极科考活动加以限制，只支持长期科学观测、基本运营和已规划的维修活动，并要求采取严格的隔离计划，确保南极洲无新冠肺炎

疫情。在确保疫情管控措施到位的前提下，新西兰对于韩国、意大利和中国科考船往来南极大陆中途停靠基督城补给给予了便利。新西兰（基督城）的南极门户地位进一步得到了巩固。

（执笔人：任洪波）

埃　　及

　　受地区和全球疫情防控措施影响,埃及经济复苏势头在一定程度上受到波及。据埃及计划和经济发展部统计,2019—2020财年(2019年7月至2020年6月)经济增长率下降至3.57%,成为2014年以来历史低点。迫于经济和就业压力,政府6月底宣布逐步复工复产,对内稳定金融市场,推出多个建设项目以刺激内需;对外开辟新出口渠道,积极寻求国际援助,获得一定成效。

　　科技发展方面,埃及政府一方面组织力量应对新冠肺炎疫情挑战,自主研究新冠疫苗,开发技术解决方案遏制疫情传播;另一方面继续围绕"2030国家科技创新战略"(STI-EGY2030),通过制定国家战略/政策、实施科技计划、加强平台和能力建设、积极开展国际合作等手段努力推进重点领域科技创新能力,并服务于经济社会发展。然而,囿于基础设施相对落后、科研投入偏低、私营部门创新能力不足、行政管理效率低下等因素所造成的长期效应,埃及科技创新整体能力依然在低位徘徊甚至略有倒退。

一、创新表现

　　根据世界知识产权组织发布的《2020年全球创新指数报告》(GII 2020),埃及排名从前些年持续攀升后出现小幅下滑,排在第96位。在列入报告的19个西亚北非经济体中排名在第17位,在29个中低收入经济体中排名在第14位。

　　在Scimago发布的2020年公共研究机构排名报告,中东地区共有22家研究机构列入名单,其中伊朗9家,埃及6家,以色列、科威特和土耳其各2家,沙特1家。埃及入帮的6家机构是国家研究中心(中东地区第2位,全球第617位)、科研技术院(中东地区第3位,全球第623位)、石油研究所(中东地区并列第8位,全球并列第731位)、农业研究中心(中东地区第11位,全球第745位)、中央冶金研究开发所(中东地区第12位,全球第748位)、埃及原子能机构(中东地区第 17 位，全球第 796 位)。

二、科研投入与产出概况

从投入来看，埃及议会通过的 2020—2021 财年政府预算中，总额达到 2.2 万亿埃镑 (约合 1375 亿美元；其中政府支出 1.7 万亿埃镑)，较 2019—2020 财年增加 1386 亿埃镑。其中卫生领域预算为 2588 亿埃镑 (约 161.7 亿美元)，大学前教育、高等教育分别达到 2416 亿埃镑 (约 150 亿美元) 和 1220 亿埃镑 (约 76 亿美元)；用于科学研究的政府预算为 604 亿埃镑 (约 37 亿美元)。

2018 年，埃及各领域研究人员总数约 14.07 万人 (按全时当量计算为 6.87 万人)，其中 78.47% 来自高等教育机构，17.51% 来自公共研究中心，3.86% 来自企业，0.16% 来自非营利性私营机构。

从产出来看，中央公共动员与统计局 (CAPMAS) 的数据显示，2019 年埃及专利办公室共收到 2183 份专利申请，其中本国人提交 1027 份，外国人 1156 份；2019 年共授予专利 750 项，其中授予本国人 175 项，外国人 575 项。

Scimago 数据显示，埃及 2019 年发表自然科学和工程类论文 2.2 万余篇。另据高教科研部统计，2014—2019 年埃及在海水淡化领域科学论文数居全球第 11 位 (非洲居第 1 位)，纳米技术方面全球排名居第 25 位，智慧农业方面非洲排名居第 3 位。

三、科研抗疫

1. 疫苗研究

埃及国家研究中心 (NRC) 在高教科研部支持下组织开展 4 种类型的新冠疫苗研发工作，分别为 DNA 疫苗、灭活疫苗、载体疫苗和蛋白质疫苗。上述疫苗已被列入世卫组织 "新冠肺炎候选疫苗草案" (Draft Landscape of COVID-19 Candidate Vaccines)。

2. 疫情应对资助计划

① 埃及科研技术院 (ASRT) 3 月拨款 3000 万埃镑 (约 193 万美元) 启动 "研发创新快速响应计划" (Rapid RDI)，主要用于生产防疫物资和设计、开发技术解决方案。例如，设计生产可重复使用的医用口罩、简易呼吸辅助设备及自动体温检测和消毒装置；开发用于追踪感染者社交轨迹的移动应用程序。此外，还包

括分析疫情导致的经济社会影响；通过生物信息学和数学建模对国际刊物上发表的涉新冠肺炎论文进行评估分析，研判疫情走势并获取科研经验等。

② 埃及科技创新基金署（STIFA）于 2020 年 4 月拨款 4000 万埃镑（约 257 万美元）启动"新冠肺炎应急定向研究计划"，主要涵盖以下几个方面：医疗服务（开发快速检测工具、对现有药物改良并寻找合适的整体治疗方案）；药物研究（新冠肺炎辅助治疗药物功能重新定位、疫苗开发）；医用设备（呼吸机设计、隔离医院空气净化解决方案、医护人员防护设备）；公共卫生（高效清洁杀毒剂、对空气采样以判断公共场所病毒传播风险）；信息技术（构建大数据平台，对疫情传播时间和地区分布进行追踪和映像分析）；11 月又启动第二批项目征集，主题涵盖"限制疫情传播"、"诊断和管理优化"、"新冠肺炎病理机制"、"提高医卫系统效率"和"心理健康维护，减轻疫情经济影响"5 个方向，资助金额超过 5000 万埃镑（约 320 万美元）。

四、国家战略计划

1. 发布《2035 年可再生能源战略》

2019 年 12 月，埃及政府发布《2035 年可再生能源战略》，提出到 2022 年实现 20% 的电力供应来自可再生能源，到 2035 年将这一比例提高至 42%。这意味着埃及届时将生产至少 61 GW 可再生能源，其中包括 43 GW 太阳能和 18 GW 风能。2020 年 10 月，埃及电力和可再生能源部长表示，该部拟对战略进行修改，将 2035 年可再生能源发电比例提高至 60%。

2. 制定《国家人工智能战略》

《国家人工智能战略》（National AI Strategy）的整体目标是，挖掘人工智能在经济社会发展关键领域的应用潜力，加强技术研发和基础设施建设，推动人工智能可持续发展，使埃及成为该领域的区域领导者和国际竞争参与者。

该战略提出了支持人工智能发展的四大支柱（pillars）和现阶段优先应用领域。四大支柱分别为：① 政府系统对人工智能的应用，即利用人工智能提升政府公共服务质量、部署基于人工智能的决策支持系统以改进决策效率和透明度；② 促进涉人工智能技术开发，即与国外技术伙伴开展知识转移合作、支持人工智能研究项目；③ 能力建设，主要是推广人工智能教育和职业培训、帮助相关中小企业发展；④ 国际关系建设，即通过地区组织协调非洲和阿拉伯国家对人工智能的立场，广泛参与国际研讨，在涉及未来劳动力市场、人工智能教育及伦理规则制定等方面发出地区声音。优先应用领域则包括农业、环境和水资源管理、医疗卫生、制造业、文化创意产业、经济规划、自然语言处理。

3. 通过《2020—2030 年国家空间计划》

2020 年 3 月，政府通过了《2020—2030 年国家空间计划》，该计划旨在完善法律法规、加强能力建设、推动设施升级、促进国际合作，将埃及打造成地区卫星与空间技术开发应用中心。

五、主要科技计划与平台建设

2020 年 1 月，埃及科技创新基金署（STIFA）首次启动了人工智能项目征集，旨在推动人工智能在医疗卫生、能源、农业、智慧城市、网络安全、自然语言处理等领域的实际应用。申请单位必须是埃及法人机构。项目执行期 3 年，资助上限为 300 万埃镑（约 19 万美元）。

2020 年 2 月，埃及科研技术院（ASRT）启动了"ScienceUp"计划，主要目标是在《2030 国家科技创新战略规划》框架下加强对基础学科的支持力度，改善研究环境，为实现《可持续发展 2030 愿景》做好科学储备。计划含两大类共计 6 个子项目：一是人才培养类，包括"人才孵化项目"、针对女性科研人员的"技术孵化项目"、"理工科女性学者年度会议"和"短期奖学金资助项目"（资助期最长 3 个月，针对基础与交叉学科、新兴技术和创新管理）。二是研究资助与硬件升级类，包括数学和物理"研究资助"，每家理工类学院最多可申请 2 个项目，单个项目资助上限 100 万埃镑，费用涵盖服务咨询、设备及耗材采购、发布论文和参加学术会议等；"实验室建设"，资助上限 200 万埃镑，其中 95% 用于购置或升级实验设备，5% 用于其他非直接开销。上述两个项目执行期均为 1 年。

2020 年初，埃及环境研究和气候变化与可持续发展应用卓越中心投入使用。中心的主要任务是通过与政府部门、大学、科研机构和国际组织合作，建立可靠的环境和气候变化分析模型，为国家和地区层面适应并减轻气候变化带来的影响提出务实解决方案。8 月，埃及和中东地区首个生物安全三级实验室（BSL-3）在亚历山大大学建成，实验室耗资 2200 万埃镑（约 140 万美元），由埃及国际合作部、亚历山大大学与意大利驻埃及使馆合作，通过"意大利–埃及债务发展交换计划"（The Italian–Egyptian Debt for Development Swap Program，IEDS）获得资金支持。实验室主要用途是对呼吸道病毒［如禽/猪流感及其新兴病毒株、重症急性呼吸综合征（SARS）、新冠肺炎、布鲁氏菌及耐结核病微生物等］开展研究工作，克服早期诊断障碍，为制定适当的卫生政策和加强疾病传播控制提供参考。此外，实验室还将作为培训平台，推动开展新型传染疾病诊断治疗和溯源方面的能力建设培训。相关设备通过与意大利方面合作［同时美国海军医疗研究单元（开罗）工程中心也参与其中］从海外进口，保证实验室在埃及和地区层面的先进性。8 月，埃及国家空间数据基础设施中心（National Center for Spatial Data Infrastructure）正式落成。中心依靠最新卫星技术，对空间数据的创建和传播进行规范，推动建立国家综合规划体系；同时也有助于监督违法建筑和土地侵占行为，促进政府机构之间的地理数据共享并改善国家项目和投资的执行。

六、国际科技合作

1. 签署多个国际科技合作协议

埃及航天局（EgSA）于 2020 年初与法国国家空间研究中心（CNES）签署合作协议源，计划在地球观测、空间气候观测、空间技术应用、纳米卫星开发和人员培训等领域开展合作。8 月与（日本）全球大学空间工程联盟（UNISEC-Global）达成合作协议，旨在通过人员交流与项目合作挖掘研发和人才资源方面的潜力。8 月，埃及国际合作部、电力和可再生能源部与丹麦气候、能源和公用事业部签署《埃及—丹麦能源合作协议（2019—2022）》。协议将推动两国在清洁能源技术和商业应用等方面的经验交流，深化可再生能源领域投资以支持埃及释放绿色转型潜能，加速埃及可持续能源战略的实施，确保埃及获得可靠、可负担和可持续的现代能源技术。双方还组成联合委员会，就双边合作计划展开战略对话。

2. 与欧盟和日本的合作

2020 年，埃及科技创新基金署（STIFA）启动了第 3 批欧盟"PRIMA"计划项目征集，项目主要分布在两个主题领域："水资源管理—提高小型农户灌溉效率的低成本解决方案"和"农业体系—具有良好恢复能力的农业生态体系再设计"。

此外，2020 年 7 月，埃及科技创新署还与日本学术振兴会启动了第 11 批联合研究项目征集，主题包括水、能源、农业与食品、卫生、ICT。每个项目执行期为 2 年，由 STIFA 和 JSPS 向本国机构提供资金支持。9 月，埃及国际合作部与日本国际协力机构（JICA）、日本驻埃及使馆举行线上政策对话，就2021—2022 年合作重点方向达成一致。双方认为，为支持埃及疫后经济恢复，

JICA 将着重于在埃推广可再生能源应用，维护和改善输配电网，促进离网供电，加速构建氢能社会并改善现有火力发电设施；推动埃及数字化转型进程；卫生方面，将拨款 1850 万美元用于支持日本医疗设备出口埃及并开展技术援助，促进埃及卫生机构应对新冠肺炎和其他传染性疾病的能力。其他合作重点还包括农业、航空、环保、交通运输等行业，以及进一步促进两国科技和其他领域专家学者交流。

（执笔人：袁　超）

肯 尼 亚

一、科技创新整体实力

在《2020 年全球创新指数报告》(GII 2020) 的 131 个经济体中，肯尼亚排名居第 86 位，位于中下。其中创新投入排名居第 92 位，低于去年的第 89 位和前年的第 91 位；在创新产出方面，肯尼亚排名居第 78 位，低于去年和前年的第 64 位；总体上，创新产出比创新投入表现更好。

在创新绩效方面，相对于国内生产总值，肯尼亚的技术发展水平高于预期；在将创新投资有效转化为创新产出方面，相对于其创新投资水平，肯尼亚产生的创新产出更多。

肯尼亚在市场成熟度方面表现最好，其次是商业成熟度、知识与技术产出、制度环境。最弱的是基础设施，较弱的是人力资本与研究、创造性产出。2020 年，肯尼亚在基础设施和知识与技术产出这两个领域的排名有所提升。

二、综合性科技创新战略和规划

2020 年，肯尼亚总统肯雅塔承诺，政府将继续推出积极政策，促进科技创新，将国家年度预算的 2% 投资于契合国家发展计划的研究和创新。政府还将继续执行旨在不断扩大科学人才库的各项计划，以便为肯尼亚人创造财富和扩大就业机会。

肯尼亚政府于 2020 年 9 月宣布，计划建设 10 家科技产业园。这些产业园将植根肯尼亚 "四大发展议程" 和《2030 年愿景》，旨在把肯尼亚建设成为一个工业化国家。首个国家科技园已在德丹·基马提科技大学启动。

肯尼亚国家创新局于 2020 年 11 月公布了四年路线图 (2020—2024 年)。该路线图包括两个关键支柱：研究商业化支持和创业生态系统支持，旨在通过吸引和培养适当的合作伙伴关系，可持续支持个人、职教机构、大学和研究中心商业化以促进创新。此外，还将确定和改造 1 万家创意阶段、1000 家增长阶段和 100家高影响力的初创公司。

三、重点领域的专项计划和部署

2020 年，肯尼亚推出了个人唯一身份识别码，即新一代身份证。这是肯尼亚信息化进程中的一件大事。新一代身份证集成了国家健康保险基金、肯尼亚税务局、国家社会保障基金和个人生物数据。自 2021 年起，新一代身份证将作为政府签发的官方识别和交易文件启用。启用新一代身份证旨在提高服务效率，消除政府机构中的腐败，有效管控从事恐怖主义、毒品和欺诈等犯罪活动的非法移民和外国人。

肯尼亚政府还加强了其太空探索计划，推动肯尼亚成为世界太空计划的主要参与者。肯尼亚计划向太空发射更多卫星，并与中、俄、美等国家合作。2020年 10 月 22 日，肯尼亚航天局发布了《2020—2025 年战略规划》，为肯尼亚利用空间科学加强安全、研究和教育以支持"四大发展议程"提供了路线图。10 月15 日，肯尼亚国民议会批准了国防和外交关系委员会关于审议肯尼亚和意大利之间就后者未来五年使用路易吉·布罗格里奥·马林迪太空中心的协议的报告。肯尼亚将每年从中获得 2500 万肯先令。该太空中心还将帮助肯尼亚航天局建立一个区域地球观测中心、获取科学数据、提供教育培训并支持远程医疗。

肯尼亚政府充分认识到信息通信技术和创新在国家发展中发挥的重要作用，为了改善获得信息和电子政务服务的机会，政府在全国 135 个选区建立了创新中心；为了确保肯尼亚人继续享有信息通信技术福利，政府在 67 个地区推出了基本语音基础设施，增加了这些地方接触信息通信技术基础设施和连接的机会。

四、国际科技创新合作动向

（一）肯尼亚和德国加强技术转移合作

肯德两国元首于 2020 年 2 月 2 日在内罗毕宣布，两国将在技术技能教育方面合作，重点发展应用科学。德国将协助肯尼亚建立一所应用科技大学。德国还期待与肯尼亚科技初创公司合作。

（二）美国资助肯尼亚杰出科学家建设科研中心和牵头大项目

美国国立卫生研究院国际过敏和传染病研究所将支持肯尼亚病毒学专家建立

东非和中非新兴传染病研究中心开展对裂谷热和导致中东呼吸综合征的冠状病毒等病毒的研究。美方将在前五年提供 18 亿肯先令（约合 1800 万美元）的初始支持。美国国家科学基金会地球科学前沿研究项目资助肯尼亚古生物学家牵头图尔卡纳中新世项目，研究气候变化和构造如何影响生命和进化。美方资助 2.7 亿肯先令（约合 270 万美元）。

（三）肯尼亚将主办非洲青年创新中心

非洲区域发展资源测绘中心选中肯尼亚主办非洲青年创新中心。该项目由 20 个非洲国家合作，旨在为创新青年提供一个地理数据平台，使非洲青年能够利用地理空间技术提供的机会，开发产品并刺激增长。

五、涉疫科技工作

新冠肺炎疫情暴发初期，肯尼亚研究基金即发起新型冠状病毒合作研究等国家战略项目紧急征集，请公共和私营机构的联合研究团队提交研究方案，寻求通过早期发现、预防、管理、支持卫生系统或增加应对对策的科学证据，提供针对新冠肺炎疫情的创新解决方案。孔扎科技城技术发展管理局则与全国创新中心协会、私营部门、学术界、非政府组织和联合国开发计划署合作发起侧重卫生系统创新、食品系统创新和有尊严工作的"新型冠状病毒创新挑战大赛"。乔莫·肯雅塔农业技术大学率先开发出多项成果，包括便携式太阳能呼吸机、密接追踪应用、肯尼亚新型冠状病毒感染趋势预测系统和太阳能自动洗手机等。肯尼亚医学研究院于 2020 年 6 月初成功测序新型冠状病毒基因组。肯尼亚医学研究院和乔莫·肯雅塔农业技术大学还将合作开发新型冠状病毒疫苗。此外，英国政府在疫情初期向肯尼亚捐赠 1.5 亿肯先令用于新型冠状病毒抗体检测的创新研究。

（执笔人：田　中）

第四部分

附　　录

本部分主要介绍了最新的科技统计数据，其中包括研发投入、
研发人员、专利、科技论文等。

科技统计表

附表 1 2020 年、2019 年主要经济体世界竞争力排名

经济体	2020 年	2019 年	经济体	2020 年	2019 年
新加坡	1	1	冰岛	21	20
丹麦	2	8	新西兰	22	21
瑞士	3	4	韩国	23	28
荷兰	4	6	沙特阿拉伯	24	26
中国香港	5	2	比利时	25	27
瑞典	6	9	以色列	26	24
挪威	7	11	马来西亚	27	22
加拿大	8	13	爱沙尼亚	28	35
阿联酋	9	5	泰国	29	25
美国	10	3	塞浦路斯	30	41
中国台湾	11	16	立陶宛	31	29
爱尔兰	12	7	法国	32	31
芬兰	13	15	捷克	33	33
卡塔尔	14	10	日本	34	30
卢森堡	15	12	斯洛文尼亚	35	37
奥地利	16	19	西班牙	36	36
德国	17	17	葡萄牙	37	39
澳大利亚	18	18	智利	38	42
英国	19	23	波兰	39	38
中国大陆	20	14	印度尼西亚	40	32

续表

经济体	2020 年	2019 年	经济体	2020 年	2019 年
拉脱维亚	41	40	墨西哥	53	50
哈萨克斯坦	42	34	哥伦比亚	54	52
印度	43	43	乌克兰	55	54
意大利	44	44	巴西	56	59
菲律宾	45	46	斯洛伐克	57	53
土耳其	46	51	约旦	58	57
匈牙利	47	47	南非	59	56
保加利亚	48	48	克罗地亚	60	60
希腊	49	58	蒙古	61	62
俄罗斯	50	45	阿根廷	62	61
罗马尼亚	51	49	委内瑞拉	63	63
秘鲁	52	55			

数据来源：瑞士洛桑国际管理学院《2020 年世界竞争力年鉴》。

附表 2 2020 年全球创新指数

经济体	得分	名次	收入群组	名次	所属地区	名次
瑞士	66.08	1	高收入	1	EUR	1
瑞典	62.47	2	高收入	2	EUR	2
美国	60.56	3	高收入	3	NAC	1
英国	59.78	4	高收入	4	EUR	3
荷兰	58.76	5	高收入	5	EUR	4
丹麦	57.53	6	高收入	6	EUR	5
芬兰	57.02	7	高收入	7	EUR	6
新加坡	56.61	8	高收入	8	SEAO	1
德国	56.55	9	高收入	9	EUR	7
韩国	56.11	10	高收入	10	SEAO	2
中国香港	54.24	11	高收入	11	SEAO	3
法国	53.66	12	高收入	12	EUR	8
以色列	53.55	13	高收入	13	NAWA	1
中国大陆	53.28	14	中高收入	1	SEAO	4
爱尔兰	53.05	15	高收入	14	EUR	9
日本	52.70	16	高收入	15	SEAO	5

续表

经济体	得分	名次	收入群组	名次	所属地区	名次
加拿大	52.26	17	高收入	16	NAC	2
卢森堡	50.84	18	高收入	17	EUR	10
奥地利	50.13	19	高收入	18	EUR	11
挪威	49.29	20	高收入	19	EUR	12
冰岛	49.23	21	高收入	20	EUR	13
比利时	49.13	22	高收入	21	EUR	14
澳大利亚	48.35	23	高收入	22	SEAO	6
捷克	48.34	24	高收入	23	EUR	15
爱沙尼亚	48.28	25	高收入	24	EUR	16
新西兰	47.07	26	高收入	25	SEAO	7
马耳他	46.39	27	高收入	26	EUR	17
意大利	45.74	28	高收入	27	EUR	18
塞浦路斯	45.67	29	高收入	28	NAWA	2
西班牙	45.60	30	高收入	29	EUR	19
葡萄牙	43.51	31	高收入	30	EUR	20
斯洛文尼亚	42.91	32	高收入	31	EUR	21
马来西亚	42.42	33	中高收入	2	SEAO	8
阿联酋	41.79	34	高收入	32	NAWA	3
匈牙利	41.53	35	高收入	33	EUR	22
拉脱维亚	41.11	36	高收入	34	EUR	23
保加利亚	39.98	37	中高收入	3	EUR	24
波兰	39.95	38	高收入	35	EUR	25
斯洛伐克	39.70	39	高收入	36	EUR	26
立陶宛	39.18	40	高收入	37	EUR	27
克罗地亚	37.27	41	高收入	38	EUR	28
越南	37.12	42	中低收入	1	SEAO	9
希腊	36.79	43	高收入	39	EUR	29
泰国	36.68	44	中高收入	4	SEAO	10
乌克兰	36.32	45	中低收入	2	EUR	30
罗马尼亚	35.95	46	中高收入	5	EUR	31
俄罗斯	35.63	47	中高收入	6	EUR	32

经济体	得分	名次	收入群组	名次	所属地区	名次
印度	35.59	48	中低收入	3	CSA	1
黑山	35.39	49	中高收入	7	EUR	33
菲律宾	35.19	50	中低收入	4	SEAO	11
土耳其	34.90	51	中高收入	8	NAWA	4
毛里求斯	34.35	52	中高收入	9	SSF	1
塞尔维亚	34.33	53	中低收入	10	EUR	34
智利	33.86	54	高收入	40	LCN	1
墨西哥	33.60	55	中高收入	11	LCN	2
哥斯达黎加	33.51	56	中高收入	12	LCN	3
北马其顿	33.43	57	中高收入	13	EUR	35
蒙古	33.41	58	中低收入	5	SEAO	12
摩尔多瓦	32.98	59	中低收入	6	EUR	36
南非	32.67	60	中高收入	14	SSF	2
亚美尼亚	32.64	61	中高收入	15	NAWA	6
巴西	31.94	62	中高收入	16	LCN	4
格鲁吉亚	31.78	63	中高收入	17	NAWA	6
白俄罗斯	31.27	64	中高收入	18	EUR	37
突尼斯	31.21	65	中低收入	7	NAWA	7
沙特阿拉伯	30.94	66	高收入	41	NAWA	8
伊朗	30.89	67	中高收入	19	CSA	2
哥伦比亚	30.84	68	中高收入	20	LCN	5
乌拉圭	30.84	69	高收入	42	LCN	6
卡塔尔	30.81	70	高收入	43	NAWA	9
文莱	29.82	71	高收入	44	SEAO	13
牙买加	29.10	72	中高收入	21	LCN	7
巴拿马	29.04	73	高收入	45	LCN	8
波黑	28.99	74	中高收入	22	EUR	38
摩洛哥	28.97	75	中低收入	8	NAWA	10
秘鲁	28.79	76	中高收入	23	LCN	9
哈萨克斯坦	28.56	77	中高收入	24	CSA	3
科威特	28.40	78	高收入	46	NAWA	11

经济体	得分	名次	收入群组	名次	所属地区	名次
巴林	28.37	79	高收入	47	NAWA	12
阿根廷	28.33	80	中高收入	25	LCN	10
约旦	27.79	81	中高收入	26	NAWA	13
阿塞拜疆	27.23	82	中高收入	27	NAWA	14
阿尔巴尼亚	27.12	83	中高收入	28	EUR	39
阿曼	26.50	84	高收入	48	NAWA	15
印度尼西亚	26.49	85	中低收入	9	SEAO	14
肯尼亚	26.13	86	中低收入	10	SSF	3
黎巴嫩	26.02	87	中高收入	29	NAWA	16
坦桑尼亚	25.57	88	低收入	1	SSF	4
博茨瓦纳	25.43	89	中高收入	30	SSF	5
多米尼克	25.10	90	中高收入	31	LCN	11
卢旺达	25.06	91	低收入	2	SSF	6
萨尔瓦多	24.85	92	中低收入	11	LCN	12
乌兹别克斯坦	24.54	93	中低收入	12	CSA	4
吉尔吉斯斯坦	24.51	94	中低收入	13	CSA	5
尼泊尔	24.35	95	低收入	3	CSA	6
埃及	24.23	96	中低收入	14	NAWA	17
巴拉圭	24.14	97	中高收入	32	LCN	13
特立尼达和多巴哥	24.14	98	高收入	49	LCN	14
厄瓜多尔	24.11	99	中高收入	33	LCN	15
佛得角	23.86	100	中低收入	15	SSF	7
斯里兰卡	23.78	101	中高收入	34	CSA	7
塞内加尔	23.75	102	中低收入	16	SSF	8
洪都拉斯	22.95	103	中低收入	17	LCN	16
纳米比亚	22.51	104	中高收入	35	SSF	9
玻利维亚	22.41	105	中低收入	18	LCN	17
危地马拉	22.35	106	中高收入	36	LCN	18
巴基斯坦	22.31	107	中低收入	19	CSA	8
加纳	22.28	108	中低收入	20	SSF	10
塔吉克斯坦	22.23	109	低收入	4	CSA	9

续表

经济体	得分	名次	收入群组	名次	所属地区	名次
柬埔寨	21.46	110	中低收入	21	SEAO	15
马拉维	21.44	111	低收入	5	SSF	11
科特迪瓦	21.24	112	中低收入	22	SSF	12
老挝	20.65	113	中低收入	23	SEAO	16
乌干达	20.54	114	低收入	6	SSF	13
马达加斯加	20.40	115	低收入	7	SSF	14
孟加拉	20.39	116	中低收入	24	CSA	10
尼日利亚	20.13	117	中低收入	25	SSF	15
布基纳法索	20.00	118	低收入	8	SSF	16
喀麦隆	19.98	119	中低收入	26	SSF	17
津巴布韦	19.97	120	中低收入	27	SSF	18
阿尔及利亚	19.48	121	中高收入	37	NAWA	18
赞比亚	19.39	122	中低收入	28	SSF	19
马里	19.15	123	低收入	9	SSF	20
莫桑比克	18.70	124	低收入	10	SSF	21
多哥	18.54	125	低收入	11	SSF	22
贝宁	18.13	126	低收入	12	SSF	23
埃塞俄比亚	18.06	127	低收入	13	SSF	24
尼日尔	17.82	128	低收入	14	SSF	25
缅甸	17.74	129	中低收入	29	SEAO	17
几内亚	17.32	130	低收入	15	SSF	26
也门	13.56	131	低收入	16	NAWA	19

注：收入分组依据世界银行（2013年7月）划分法。地区划分依据联合国划分法：EUR＝欧洲；NAC＝北美；LCN＝拉美和加勒比海地区；CSA＝中亚和南亚；SEAO＝东南亚和大洋洲；NAWA＝北非和西亚；SSF＝撒哈拉以南非洲地区。

数据来源：世界知识产权组织、美国康奈尔大学和欧洲工商管理学院《2020年全球创新指数报告》（GII 2020）。

附表 3　主要经济体研发总支出（2018 年或最新数据）

经济体	国内研发总支出					
	当前购买力评价 / 百万美元	经费来源占比 /%		执行部门占比 /%		
		企业	政府	企业	高校	政府
澳大利亚	22 555.24$^{e.q}$	—	—	52.74$^{e.q}$	33.98$^{e.q}$	10.07$^{e.q}$
奥地利	16 700.42$^{p.r}$	53.58$^{p.r}$	30.20$^{p.r}$	69.87$^{p.r}$	22.44$^{p.r}$	7.14$^{p.r}$
比利时	15 991.76^{e}	63.49^{q}	19.96^{q}	69.78^{e}	19.71^{e}	9.89^{e}
加拿大	29 771.75$^{p.r}$	41.00$^{p.r}$	32.88$^{p.r}$	51.36$^{p.r}$	41.21$^{p.r}$	7.03$^{p.r}$
智利	1 621.28^{p}	29.90^{p}	48.09^{p}	33.60^{p}	47.36^{p}	12.63^{p}
哥伦比亚	2 208.88^{r}	42.97^{r}	30.75^{r}	40.60^{r}	27.25^{r}	8.80^{r}
捷克	8 286.92	32.99	34.10	61.95	21.48	16.35
丹麦	10 054.21^{p}	58.52$^{p.q}$	27.21$^{p.q}$	64.27^{p}	32.43^{p}	3.00^{p}
爱沙尼亚	675.00	40.83	42.79	42.35	44.54	11.43
芬兰	7 504.13	55.80	28.27	65.66	25.22	8.31
法国	68 440.90^{e}	56.08$^{p.q}$	32.41$^{p.q}$	65.41^{e}	20.50^{e}	12.50^{e}
德国	141 299.91	66.01^{d}	27.85^{d}	68.89^{e}	17.58	13.54^{d}
希腊	3 843.77	42.50	40.62	48.16	28.38	22.40
匈牙利	4 733.51^{b}	52.35^{b}	32.35^{b}	75.60$^{b.d}$	12.71$^{b.d}$	10.87$^{b.d}$
冰岛	415.76	40.18	36.03	64.33^{d}	31.51	4.16
爱尔兰	4 100.14	52.08$^{e.q}$	22.95$^{e.q}$	70.94	24.15	4.91
以色列	17 669.91$^{d.e}$	35.77$^{d.e.q}$	10.64$^{d.e.q}$	88.26$^{d.e}$	9.30$^{d.e}$	1.53$^{d.e}$
意大利	36 892.85	54.59	32.74	63.26	22.84^{e}	12.43
日本	171 293.55^{b}	79.06^{b}	14.56^{b}	79.42^{b}	11.56^{b}	7.75^{b}
韩国	98 451.28	76.64	20.53	80.29	8.22	10.07
拉脱维亚	378.46	22.34	34.32	24.87	52.36	22.77
立陶宛	945.43	38.04	32.41	41.83	35.93	22.24
卢森堡	860.00^{p}	49.58^{q}	43.07^{q}	55.82^{p}	20.36^{p}	23.82^{p}
墨西哥	8 053.93^{e}	18.58^{e}	76.85^{e}	22.11^{e}	50.56^{e}	26.19^{e}
荷兰	21 463.06$^{b.p}$	51.63^{q}	31.38^{q}	67.05$^{b.p}$	27.17$^{b.p}$	5.78$^{b.p}$
新西兰	2 679.21^{q}	46.40^{q}	35.80^{q}	55.21^{q}	24.65^{q}	20.13^{q}
挪威	7 405.77	42.03	48.03	51.52	34.63	13.85
波兰	14 622.02	53.19	35.42	66.09	31.67	1.94

续表

经济体	国内研发总支出					
	当前购买力评价 / 百万美元	经费来源占比 /%		执行部门占比 /%		
		企业	政府	企业	高校	政府
葡萄牙	4 786.52	47.33	40.58	51.45	41.63	5.31
斯洛伐克	1 486.94	48.85	38.01	54.08	24.28	21.22
斯洛文尼亚	1 567.94	62.58	23.71	74.20	11.92	13.55
西班牙	23 552.88	49.49	37.61	56.50	26.40	16.83
瑞典	18 162.39^e	60.76^{v,q}	25.02^{v,q}	70.95^e	25.32^e	3.62^e
瑞士	18 688.49^q	68.56^q	26.48^q	70.97^q	28.20^q	0.84^q
土耳其	23 966.26	53.60	32.28	60.44	30.32	9.24^d
英国	53 952.63	54.80	25.94	67.57	23.58	6.64
美国	581 553.00^{d,e}	62.37^{d,e}	22.96^{d,e}	72.58^{d,e}	12.85^{d,e,p}	10.36^{d,e}
欧盟 28 国	464 876.40^e	57.78^{e,q}	29.70^{e,q}	66.28^e	21.94^e	10.90^e
经合组织	1 447 827.52^e	62.52^e	24.92^e	70.59^e	17.10^e	9.93^e
阿根廷	5 781.95^q	17.82^q	70.68^q	27.07^q	25.22^q	46.81^q
中国大陆	468 062.33	76.63	20.22	77.42	7.41	15.18
中国台湾	43 342.66	80.35	18.79	80.31	8.89	10.67
罗马尼亚	2 857.40	57.08	33.32	59.34	9.81	30.63
俄罗斯	41 505.12	29.49	67.03	55.59	9.68	34.43
新加坡	10 530.53	53.08	36.99	60.75	27.73	11.52

注：b. 序列中断；d. 定义不同；e. 估计值；p. 暂定值；q.2017 年数据；r.2019 年数据；v. 未包含细类总额。

数据来源：经合组织《主要科技指标》数据库，2021 年 1 月。

附表 4　2018 年主要经济体研发支出与排名

经济体	总支出 / 百万美元	排名	总支出 GDP 占比/%	排名	人均支出 / 美元	排名
美国	581 553	1	2.83	10	1776.5	5
中国大陆	497 431	2	2.14	15	213.2	35
日本	162 276	3	3.28	6	1282.5	14
德国	123 726	4	3.13	8	1492.7	10
韩国	77 900	5	4.53	2	1509.5	8

经济体	总支出 / 百万美元	排名	总支出 GDP占比/%	排名	人均支出 / 美元	排名
法国	61 136	6	2.20	13	914.1	18
英国	48 713	7	1.70	22	732.9	21
意大利	29 030	8	1.39	27	480.0	26
加拿大	26 822	9	1.57	23	725.8	22
澳大利亚	25 340[a]	10	1.83[a]	21	1030.0[a]	17
瑞士	22 901[a]	11	3.37[a]	3	2719.8[a]	1
巴西	22 693[b]	12	1.26[b]	31	110.1[b]	44
中国台湾	20 422	13	3.36	4	865.7	20
荷兰	19 779	14	2.17	14	1143.0	16
瑞典	18 401	15	3.31	5	1798.7	4
以色列	18 310	16	4.94	1	2062.9	2
西班牙	17 651	17	1.24	32	377.7	29
俄罗斯	16 408	18	0.99	38	111.7	43
比利时	15 010	19	2.76	11	1313.1	13
奥地利	14 462	20	3.17	7	1636.3	7
印度	13 301[c]	21	0.62[c]	47	10.3[c]	57
丹麦	10 787	22	3.03	9	1866.0	3
挪威	8999	23	2.07	16	1690.2	6
土耳其	8184[a]	24	0.96[a]	40	101.3[a]	45
芬兰	7603	25	2.76	12	1378.4	12
波兰	7101	26	1.21	33	184.9	36
新加坡	6881	27	1.84	20	1220.4	15
泰国	5644	28	1.11	37	85.1	46
阿联酋	5397	29	1.28	30	576.2	23
捷克	4729	30	1.93	19	444.9	27
爱尔兰	4387	31	1.15	36	903.3	19
马来西亚	4263[b]	32	1.42[b]	25	134.9[b]	40
墨西哥	3820	33	0.31	55	30.5	52
阿根廷	3480[a]	34	0.54[a]	48	79.0	47
葡萄牙	3251	35	1.35	29	316.8	32

经济体	总支出 / 百万美元	排名	总支出 GDP占比/%	排名	人均支出 / 美元	排名
中国香港	3125	36	0.86	42	419.4	28
新西兰	2767ᵃ	37	1.37ᵃ	28	571.2ᵃ	24
希腊	2568	38	1.18	35	239.1	34
南非	2427ᵇ	39	0.82ᵇ	44	43.4ᵇ	51
匈牙利	2421	40	1.53	24	247.6	33
印度尼西亚	1864ᵇ	41	0.20ᵇ	57	7.2ᵇ	60
罗马尼亚	1210	42	0.50	50	62.1	49
斯洛文尼亚	1054	43	1.95	18	509.1	25
智利	987ᵃ	44	0.36ᵃ	53	53.7ᵃ	50
卡塔尔	974	45	0.51	49	353.0	30
斯洛伐克	887	46	0.83	43	163.2	38
卢森堡	859	47	1.21	34	1427.0	11
哥伦比亚	685	48	0.21	56	14.1	53
克罗地亚	593	49	0.97	39	145.0	39
冰岛	525	50	2.04	17	1507.8	9
菲律宾	515ᵃ	51	0.16ᵃ	58	4.9ᵃ	61
乌克兰	503ᵃ	52	0.45ᵃ	52	11.9ᵃ	55
保加利亚	500	53	0.76	45	71.0	48
立陶宛	469	54	0.88	41	167.3	37
爱沙尼亚	432	55	1.40	26	326.6	31
委内瑞拉	287ᵇ	56	0.10ʰ	62	9.3ᵇ	58
秘鲁	255ᵃ	57	0.12ᵃ	60	8.0ᵃ	59
拉脱维亚	220	58	0.64	46	113.7	42
哈萨克斯坦	210	59	0.12	61	11.5	56
约旦	128ᵇ	60	0.33ᵇ	54	13.3ᵇ	54
塞浦路斯	101ᵇ	61	0.48ᵇ	51	118.8ᵇ	41
蒙古	15ᵃ	62	0.13ᵃ	59	4.8ᵃ	62

注：a.2017 年数据；b.2016 年数据；c.2015 年数据。

数据来源：瑞士洛桑国际管理学院《2020 年世界竞争力年鉴》。

附表 5　主要经济体近年研发支出 GDP 占比

单位：%

经济体	2013 年	2014 年	2015 年	2016 年	2017 年	2018 年
澳大利亚	2.09e	—	1.88e	—	1.79e	—
奥地利	2.95	3.08e	3.05	3.12e	3.05	3.14p
比利时	2.33	2.37	2.43	2.52	2.66	2.68e
加拿大	1.71	1.71b	1.69	1.73	1.67	1.56p
智利	0.39	0.38b	0.38	0.37b	0.36	0.35p
哥伦比亚	0.26	0.30	0.32	0.30	0.26	0.29
捷克	1.90	1.97	1.93	1.68	1.79	1.93
丹麦	2.97	2.91	3.05	3.09	3.05p	3.03p
爱沙尼亚	1.71	1.42	1.46	1.25	1.28	1.40
芬兰	3.27	3.15	2.87	2.72	2.73	2.76
法国	2.24	2.28b	2.27	2.22	2.20p	2.19e
德国	2.84	2.88	2.93	2.94	3.07	3.13
希腊	0.81	0.83	0.96	0.99	1.13	1.18
匈牙利	1.39	1.35	1.35	1.19	1.33	1.53b
冰岛	1.70b	1.95	2.20	2.13	2.10	2.04
爱尔兰	1.57e	1.52e	1.18e	1.17e	1.24e	1.00
以色列	4.10d	4.17d	4.27d	4.51d	4.82d,e	4.94d,e
意大利	1.30	1.34e	1.34	1.37b	1.37	1.43
日本	3.31b	3.40	3.28	3.16	3.21	3.28b
韩国	3.95	4.08	3.98	3.99	4.29	4.53
拉脱维亚	0.61	0.69	0.62	0.44	0.51	0.64
立陶宛	0.95	1.03	1.04	0.84	0.90	0.94
卢森堡	1.30	1.26	1.30	1.30	1.27	1.21p
墨西哥	0.43	0.44	0.43	0.39	0.33e	0.31e
荷兰	1.93	1.98	1.98	2.00	1.98	2.16b,p
新西兰	1.15	—	1.23	—	1.35	—
挪威	1.65	1.72	1.94	2.04	2.10	2.06
波兰	0.87	0.94	1.00	0.96	1.03	1.21
葡萄牙	1.32	1.29	1.24	1.28	1.32	1.36

经济体	2013 年	2014 年	2015 年	2016 年	2017 年	2018 年
斯洛伐克	0.82	0.88	1.16	0.79	0.89	0.84
斯洛文尼亚	2.56	2.37	2.20	2.01	1.87	1.95
西班牙	1.28	1.24	1.22	1.19	1.21	1.24
瑞典	3.26^e	3.10^e	3.22^v	3.25^e	3.36^v	3.32^e
瑞士	—	—	3.37	—	3.29	—
土耳其	0.82	0.86	0.88	0.94	0.96	1.03
英国	1.62	1.64^e	1.65	1.66^e	1.68	1.73
美国	2.71^d	2.72^d	2.72^d	2.76^d	2.81^{d,p}	2.83^{d,e}
欧盟	1.92^e	1.94^e	1.95^e	1.94^e	1.98^e	2.03^e
经合组织	2.30^e	2.32^e	2.31^e	2.30^e	2.34^e	2.38^e
阿根廷	0.62	0.59	0.62	0.53	0.56	—
中国大陆	2.00	2.02	2.06	2.10	2.12	2.14
中国台湾	3.01	3.01	3.05	3.15	3.28	3.46
罗马尼亚	0.39	0.38	0.49	0.48	0.50	0.50
俄罗斯	1.03	1.07	1.10	1.10	1.11	0.98
新加坡	1.92	2.08	2.18	2.08	1.92	1.84
南非	0.72	0.77	0.80	0.82	—	—

注：b.序列中断；d.定义不同；e.估计值；p.临时数据；v.未包含细类总额。

数据来源：经合组织《主要科技指标》数据库，2021 年 1 月。

附表 6　主要经济体近年研究人员统计

单位：人年

经济体	2013 年	2014 年	2015 年	2016 年	2017 年	2018 年
奥地利	40 425.60^d	42 627.00^{de}	43 562.00^d	46 992.60^{de}	47 521.00^d	50 484.30^{dp}
比利时	46 355.07	50 820.00	53 178.00^b	54 280.00^e	54 010.31	56 650.67^e
加拿大	163 180.00	161 982.00^b	162 952.00	158 980.00	158 890.00	—
智利	5892.90^d	7585.24^d	8175.33^d	8985.42^d	9098.92^d	9204.67^{dp}
捷克	34 271.10	36 039.70	38 081.00	37 337.72	39 180.64	41 198.13
丹麦	39 868.10	41 409.00	42 826.00	44 815.00	45 428.00^p	46 396.00^p
爱沙尼亚	4407.00	4323.90	4187.00	4338.00	4674.00	4967.80

经济体	2013 年	2014 年	2015 年	2016 年	2017 年	2018 年
芬兰	39 196.20	38 280.60	37 515.80	35 908.20	37 046.50	37 891.20
法国	265 465.81[e]	271 772.27[b]	277 631.50	285 488.00	295 754.00[p]	306 451.00[e]
德国	354 463.00	351 923.00	387 982.00	399 605.00	419 617.00	433 685.04
希腊	29 228.24[d]	29 877.09[d]	34 708.00[d]	29 403.00[d]	35 000.19[d]	36 688.08[d]
匈牙利	25 038.00	26 213.00	25 316.00	25 804.00	28 426.00	37 606.00[d]
冰岛	1848.07[b]	—	1944.44[b]	—	2050.00	—
爱尔兰	23 707.00[e]	24 543.00[e]	24 521.35[e]	24 315.70[e]	25 672.63[e]	25 264.93[e]
意大利	116 163.30[d]	118 183.00[d]	125 875.00[d]	133 706.00[bd]	140 378.00[d]	152 522.60[d]
日本	660 489.00[bd]	682 935.00[d]	662 071.00[d]	665 566.00[d]	676 292.00[d]	678 134.00[bd]
韩国	321 841.85	345 463.43	356 447.29	361 291.53	383 100.28	408 370.46
拉脱维亚	3625.00[d]	3748.00[d]	3613.00[d]	3152.00[d]	3482.00[d]	3456.00[d]
立陶宛	8557.00	9075.00	8167.00	8525.00	8741.10	8937.70
卢森堡	2503.49	2629.00	2609.80	2766.90	2936.00	2986.00[p]
墨西哥	29 920.62	31 315.13	34 281.68	38 882.39	—	—
荷兰	76 670.45	76 229.18	79 155.00	81 117.00	83 187.00	95 611.00[bp]
新西兰	17 900.00	—	25 000.00	—	26 000.00	—
挪威	28 312.00	29 237.00	30 632.00	31 913.00	33 632.00	34 337.00
波兰	71 472.30	78 621.90	82 594.00	88 165.00	114 585.00[d]	117 788.50[d]
葡萄牙	37 813.40[b]	38 155.42	38 671.60	41 349.41	44 937.54	47 651.65
斯洛伐克	14 727.40[d]	14 742.20[d]	14 405.50[d]	14 149.00[d]	15 226.00[d]	16 337.00[d]
斯洛文尼亚	8707.00	8574.00	7900.00	8119.00	9301.00	10 068.00
西班牙	123 224.69[d]	122 235.39[d]	122 437.00[d]	126 633.39[d]	133 213.19[d]	140 120.10[d]
瑞典	64 194.00[be]	66 643.00[e]	66 734.00[e]	70 372.00[e]	73 132.00	75 151.00[e]
瑞士	—	—	43 740.00	—	46 088.00	—
土耳其	89 074.86	89 657.26	95 160.76	100 158.00	111 893.00	126 249.14
英国	267 698.50	276 583.80[e]	284 483.00	288 922.00[e]	295 934.00[e]	305 794.50[e]
美国	1 294 358.02[e]	1 340 103.28[e]	1 369 457.03[e]	1 372 090.65[e]	1 434 415.49[e]	—
欧盟 28 国	1 736 853.07[e]	1 772 537.90[e]	1 845 896.71[e]	1 898 457.81[e]	1 999 886.10[e]	2 097 382.30[e]
经合组织	4 529 992.15[e]	4 670 046.83[e]	4 780 628.34[e]	4 855 796.84[e]	5 075 075.47[e]	—
阿根廷	50 785.00	51 665.00	52 970.00	54 045.50	53 184.00	
中国大陆	1 484 039.70	1 524 280.30	1 619 027.70	1 692 175.80	1 740 442.20	1 866 108.80

续表

经济体	2013 年	2014 年	2015 年	2016 年	2017 年	2018 年
中国台湾	140 781.12	142 458.31	144 836.49	147 140.93	149 886.03	153 998.39
罗马尼亚	18 576.00	18 109.00	17 459.00	18 046.00	17 518.00	17 213.00
俄罗斯	440 581.00	444 865.00	449 180.00	428 884.00	410 617.00	405 772.00
新加坡	36 011.64	36 647.30	39 182.14	39 207.45	38 898.16	39 272.39
南非	23 346.01	23 571.90	26 159.40	27 656.20	—	—

注：b. 序列中断；d. 定义不同；e. 估计值；p. 临时数据。

数据来源：经合组织《主要科技指标》数据库，2021 年 1 月。

附表 7　2018 年主要经济体研发人员统计

经济体	全时当量 /千人年	排名	每千人研发人员数 /全时当量	排名
中国大陆	4381.4	1	3.14	36
日本	896.9	2	7.09	18
俄罗斯	758.5	3	5.17	24
德国	706.6	4	8.52	12
印度	528.2[e]	5	0.41[e]	55
韩国	501.2	6	9.71	3
英国	469.6	7	7.07	19
法国	451.4	8	6.75	21
巴西	347.7d	9	1.71d	44
意大利	311.7	10	5.15	25
中国台湾	262.3	11	11.12	2
印度尼西亚	251.0[e]	12	0.98[e]	50
西班牙	225.7	13	4.83	27
加拿大	223.1[b]	14	6.16[b]	22
波兰	162.0	15	4.22	33
泰国	159.5	16	2.40	40
荷兰	157.4	17	9.10	8
土耳其	153.6[a]	18	1.90[a]	41
瑞典	92.0	19	8.99	10
马来西亚	89.2[b]	20	2.82[b]	39
比利时	88.7	21	7.76	14
瑞士	81.8[a]	22	9.71[a]	4

经济体	全时当量 /千人年	排名	每千人研发人员数 /全时当量	排名
奥地利	81.5	23	9.23	7
阿根廷	78.7[a]	24	1.79[a]	42
捷克	75.0	25	7.05	20
乌克兰	74.8[a]	26	1.77[a]	43
墨西哥	65.8[b]	27	0.54[b]	54
丹麦	64.6	28	11.17	1
葡萄牙	57.2	29	5.57	23
哥伦比亚	54.2	30	1.12	49
希腊	51.1	31	4.76	28
芬兰	50.0	32	9.07	9
挪威	46.8	33	8.80	11
匈牙利	45.6	34	4.66	30
新加坡	44.8	35	7.95	13
南非	42.5[b]	36	0.76[b]	53
阿联酋	40.1	37	4.28	32
新西兰	36.0[a]	38	7.43[a]	16
爱尔兰	35.8	39	7.37	17
保加利亚	34.6	40	4.91	26
中国香港	33.6	41	4.51	31
罗马尼亚	31.9	42	1.64	45
菲律宾	27.8[a]	43	0.26[a]	57
斯洛伐克	20.3	44	3.73	35
哈萨克斯坦	16.7[b]	45	0.94[b]	51
智利	16.6[a]	46	0.90[b]	52
斯洛文尼亚	15.7	47	7.58	15
克罗地亚	12.0	48	2.93	38
立陶宛	11.7	49	4.16	34
爱沙尼亚	6.2	50	4.68	29
拉脱维亚	6.0	51	3.12	37
卢森堡	5.6	52	9.34	6

续表

经济体	全时当量/ 千人年	排名	每千人研发人员数/ 全时当量	排名
秘鲁	5.4^c	53	0.17^c	58
蒙古	4.3	54	1.32	47
约旦	3.3^c	55	0.36^c	56
卡塔尔	3.3	56	1.21	48
冰岛	3.2^a	57	9.37^a	5
塞浦路斯	1.3^b	58	1.48^b	46

注：a.2017 年数据；b.2016 年数据；c.2015 年数据；d.2014 年数据。

数据来源：瑞士洛桑国际管理学院《2020 年世界竞争力年鉴》。

附表 8　1950—2019 年诺贝尔物理学、化学、生理学或医学及经济学奖获奖统计

经济体	总数	总数排名	每百万人获奖数	每百万人获奖数排名
美国	300	1	0.91	5
英国	71	2	1.06	3
德国	35	3	0.42	10
法国	23	4	0.34	14
日本	20	5	0.16	18
瑞士	15	6	1.76	1
加拿大	10	7	0.27	16
俄罗斯	10	7	0.07	23
瑞典	10	7	0.97	4
荷兰	9	10	0.52	8
澳大利亚	8	11	0.32	15
以色列	8	11	0.88	6
挪威	8	11	1.49	2
意大利	5	14	0.08	22
奥地利	4	15	0.45	9
比利时	4	15	0.35	13

经济体	总数	总数排名	每百万人获奖数	每百万人获奖数排名
丹麦	4	15	0.69	7
中国大陆	3	18	0.00	27
印度	2	19	0.00	28
爱尔兰	2	19	0.41	11
中国台湾	2	19	0.08	21
阿根廷	1	22	0.02	24
捷克	1	22	0.09	20
芬兰	1	22	0.18	17
中国香港	1	22	0.13	19
立陶宛	1	22	0.36	12
南非	1	22	0.02	25
土耳其	1	22	0.01	26

数据来源：瑞士洛桑国际管理学院《2020年世界竞争力年鉴》。

附表 9-1　2018 年主要经济体专利统计（按申请人国籍统计）

经济体	申请数 / 件	排名	每 10 万居民申请数 / 件	排名	专利授予数（2016—2018 年均值）/ 件	排名	每 10 万居民有效专利数 / 件	排名
中国大陆	1 460 244	1	104.65	18	350 796	1	129.9	27
美国	515 180	2	157.38	13	283 977	3	806.6	12
日本	460 369	3	363.84	4	286 428	2	2231.6[a]	3
韩国	232 020	4	449.59	3	128 011	4	2061.6	4
德国	180 086	5	217.27	8	100 075	5	974.4	8
法国	69 120	6	103.34	19	48 532	6	669.6	14
英国	56 216	7	84.58	20	25 139	9	330.6	21
中国台湾	54 759	8	232.14	6	38 584	7	1331.1	6
瑞士	46 659	9	549.96	1	26 060	8	2693.5	1
荷兰	36 539	10	211.16	9	22 387	11	962.1	9
意大利	32 286	11	53.38	24	20 789	12	238.7	23

经济体	申请数/件	排名	每10万居民申请数/件	排名	专利授予数（2016—2018年均值）/件	排名	每10万居民有效专利数/件	排名
俄罗斯	30 696	12	20.91	31	24 221	10	117.7	29
印度	30 036	13	2.22	55	7520	18	3.5	55
瑞典	25 310	14	247.41	5	15 707	13	1337.0	5
加拿大	24 483	15	66.25	22	13 835	14	384.5	20
以色列	15 482	16	174.43	11	7030	19	690.5	13
比利时	14 587	17	127.61	16	8122	17	578.3	15
奥地利	14 561	18	164.75	12	8667	15	832.6	11
丹麦	13 385	19	231.53	7	6393	20	961.2	10
澳大利亚	12 261	20	49.08	26	5916	22	222.9	25
芬兰	11 572	21	209.81	10	8316	16	1330.6	7
西班牙	10 292	22	22.03	29	6238	21	76.5	31
土耳其	9360	23	11.41	37	3086	26	18.2	43
新加坡	7415	24	131.50	14	3180	25	431.6	19
沙特阿拉伯	6910	25	20.68	32	2622	28	34.2	37
巴西	6859	26	3.29	51	1690	30	5.3	53
波兰	6757	27	17.59	34	4039	23	17.2	44
挪威	6511	28	122.30	17	3612	24	572.0	16
爱尔兰	6334	29	130.41	15	2994	27	491.8	17
卢森堡	3199	30	531.40	2	2043	29	2611.5	2
新西兰	3039	31	61.66	23	1224	34	240.4	22
墨西哥	2695	32	2.15	56	1072	36	7.4	52
乌克兰	2541	33	6.04	48	1552	31	28.1	38
捷克	2251	34	21.18	30	1379	32	80.7	30
中国香港	2205	35	29.59	28	1122	35	122.1	28
马来西亚	2060	36	6.36	46	958	37	22.4	41
南非	1861	37	3.22	52	1317	33	26.4	40
泰国	1685	38	2.54	54	274	47	3.3	56
葡萄牙	1643	39	16.01	35	439	42	38.7	36
哈萨克斯坦	1633	40	8.96	41	850	38	1.2	59
罗马尼亚	1501	41	7.71	44	524	41	10.8	49

经济体	申请数 / 件	排名	每 10 万居民申请数 / 件	排名	专利授予数（2016—2018 年均值）/ 件	排名	每 10 万居民有效专利数 / 件	排名
印度尼西亚	1451	42	0.55	60	311	46	0.5	63
匈牙利	1340	43	13.70	36	654	39	44.6	35
希腊	1137	44	10.59	38	525	40	51.5	33
智利	946	45	5.04	49	415	44	16.5	45
阿根廷	755	46	1.75	57	340	45	3.6	54
斯洛文尼亚	738	47	35.65	27	434	43	168.8	26
菲律宾	736	48	0.69	59	140	56	0.7	62
阿联酋	734	49	7.84	43	245	48	14.2	47
哥伦比亚	637	50	1.35	58	232	50	2.7	57
斯洛伐克	560	51	10.31	39	200	52	16.3	46
保加利亚	459	52	6.51	45	217	51	18.4	42
塞浦路斯	432	53	49.65	25	242	49	236.3	24
冰岛	281	54	80.64	21	173	53	435.6	18
爱沙尼亚	270	55	20.42	33	132	57	68.8	32
立陶宛	230	56	8.21	42	164	54	26.7	39
克罗地亚	201	57	4.92	50	65	58	11.8	48
拉脱维亚	175	58	9.05	40	153	55	47.0	34
卡塔尔	167	59	6.05	47	56	60	7.6	51
秘鲁	135	60	0.42	62	52	61	0.8	61
蒙古	83	61	2.56	53	45	62	10.6	50
约旦	51	62	0.49	61	61	59	2.2	58
委内瑞拉	21	63	0.07	63	18	63	0.9	60

注：a.2017 年数据。

数据来源：瑞士洛桑国际管理学院《2020 年世界竞争力年鉴》。

附表 9-2 2016—2018 年主要经济体三方专利族统计

经济体	2016 年		2017 年		2018 年	
	专利数 / 件	占比 /%	专利数 / 件	占比 /%	专利数 / 件	占比 /%
澳大利亚	353.65	0.65	367.44	0.67	369.79	0.65
奥地利	398.45	0.74	415.23	0.75	426.75	0.75
比利时	426.70	0.79	446.88	0.81	458.33	0.80
加拿大	586.66	1.08	611.64	1.11	625.41	1.09
智利	13.53	0.02	14.77	0.03	15.86	0.03
哥伦比亚	4.66	0.01	5.39	0.01	5.76	0.01
捷克	51.32	0.09	55.06	0.10	56.00	0.10
丹麦	319.66	0.59	329.93	0.60	337.06	0.59
爱沙尼亚	4.44	0.01	4.42	0.01	4.76	0.01
芬兰	262.43	0.48	262.19	0.47	266.34	0.47
法国	2196.63	4.05	2117.22	3.83	2073.35	3.62
德国	4697.48	8.67	4736.94	8.58	4772.07	8.34
希腊	11.14	0.02	12.46	0.02	13.43	0.02
匈牙利	35.79	0.07	34.63	0.06	33.80	0.06
冰岛	3.13	0.01	3.35	0.01	3.53	0.01
爱尔兰	100.30	0.19	105.38	0.19	108.03	0.19
以色列	528.93	0.98	542.72	0.98	560.76	0.98
意大利	848.42	1.57	868.44	1.57	883.56	1.54
日本	17 489.07	32.28	17 779.82	32.19	18 644.76	32.58
韩国	2177.28	4.02	2102.77	3.81	2159.77	3.77
拉脱维亚	6.07	0.01	5.97	0.01	6.70	0.01
立陶宛	2.79	0.01	2.99	0.01	3.11	0.01
卢森堡	25.93	0.05	25.04	0.05	24.88	0.04
墨西哥	29.25	0.05	28.80	0.05	28.82	0.05
荷兰	1136.78	2.10	1095.86	1.98	1091.21	1.91
新西兰	65.07	0.12	65.86	0.12	66.34	0.12
挪威	104.55	0.19	108.87	0.20	107.50	0.19
波兰	80.83	0.15	91.30	0.17	95.06	0.17
葡萄牙	38.66	0.07	40.20	0.07	41.56	0.07
斯洛伐克	9.63	0.02	10.12	0.02	10.46	0.02

经济体	2016 年		2017 年		2018 年	
	专利数 / 件	占比 /%	专利数 / 件	占比 /%	专利数 / 件	占比 /%
斯洛文尼亚	6.90	0.01	7.38	0.01	7.75	0.01
西班牙	295.53	0.55	306.37	0.55	314.00	0.55
瑞典	713.82	1.32	741.80	1.34	772.37	1.35
瑞士	1231.68	2.27	1257.29	2.28	1274.55	2.23
土耳其	56.70	0.10	64.83	0.12	74.21	0.13
英国	1669.85	3.08	1689.84	3.06	1713.68	2.99
美国	12 872.49	23.76	12 768.41	23.12	12 752.98	22.28
欧盟 28 国	13 366.28	24.67	13 434.58	24.32	13 543.88	23.67
经合组织	48 853.42	90.17	49 124.62	88.93	50 201.17	87.72
阿根廷	11.18	0.02	11.32	0.02	11.46	0.02
中国大陆	3792.30	7.00	4472.46	8.10	5323.17	9.30
中国台湾	460.30	0.85	489.22	0.89	517.77	0.90
罗马尼亚	13.35	0.02	14.17	0.03	14.73	0.03
俄罗斯	88.44	0.16	90.25	0.16	88.39	0.15
新加坡	116.94	0.22	120.76	0.22	119.80	0.21
南非	21.64	0.04	20.57	0.04	21.27	0.04

注：根据国别报告秘书处做出的估计或预测。

数据来源：经合组织《主要科技指标》数据库，2021 年 1 月。

附表 10-1　2018 年主要经济体科技论文统计

排名	经济体	论文数 / 篇	排名	经济体	论文数 / 篇
1	中国大陆	473 439	9	法国	70 101
2	美国	432 216	10	韩国	63 979
3	印度	121 631	11	加拿大	60 215
4	德国	107 803	12	巴西	58 022
5	日本	101 084	13	西班牙	55 432
6	英国	99 129	14	澳大利亚	53 429
7	意大利	71 485	15	波兰	34 676
8	俄罗斯	70 825	16	土耳其	33 836

排名	经济体	论文数/篇	排名	经济体	论文数/篇
17	荷兰	31 048	41	新西兰	7970
18	中国台湾	27 339	42	爱尔兰	7109
19	瑞士	22 421	43	智利	6791
20	马来西亚	22 258	44	哥伦比亚	6682
21	瑞典	20 769	45	匈牙利	6646
22	中国香港	18 529	46	斯洛伐克	5787
23	捷克	16 782	47	克罗地亚	4227
24	比利时	16 278	48	斯洛文尼亚	3449
25	墨西哥	16 005	49	阿联酋	2900
26	印度尼西亚	14 580	50	保加利亚	2808
27	葡萄牙	14 391	51	立陶宛	2405
28	丹麦	14 345	52	约旦	1962
29	奥地利	12 851	53	哈萨克斯坦	1959
30	南非	12 846	54	菲律宾	1855
31	以色列	12 270	55	拉脱维亚	1603
32	新加坡	11 841	56	爱沙尼亚	1559
33	挪威	11 671	57	卡塔尔	1385
34	泰国	11 152	58	秘鲁	1379
35	罗马尼亚	11 040	59	塞浦路斯	1193
36	希腊	10 987	60	委内瑞拉	840
37	芬兰	10 769	61	卢森堡	814
38	沙特阿拉伯	10 041	62	冰岛	629
39	乌克兰	8978	63	蒙古	147
40	阿根廷	8704			

数据来源：瑞士洛桑国际管理学院《2020 年世界竞争力年鉴》。

附表 10-2　2010—2020 年 SCI 收录科技论文 20 万篇以上国家（地区）论文数及被引情况

国家（地区）	论文数		被引用次数		篇均被引用次数	
	篇数	位次	次数	位次	次数	位次
美国	4 205 934	1	80 453 805	1	19.13	6
中国	3 019 068	2	36 057 149	2	11.94	16
德国	1 131 812	3	20 708 536	4	18.3	8

续表

国家（地区）	论文数		被引用次数		篇均被引用次数	
	篇数	位次	次数	位次	次数	位次
英国	1 068 746	4	21 240 295	3	19.87	4
日本	847 352	5	11 307 529	9	13.34	13
法国	773 555	6	13 818 958	5	17.86	9
加拿大	712 343	7	13 040 162	6	18.31	7
意大利	704 225	8	11 845 007	7	16.82	11
印度	656 758	9	6 797 314	14	10.35	18
澳大利亚	637 463	10	11 334 092	8	17.78	10
西班牙	610 413	11	9 933 003	10	16.27	12
韩国	587 993	12	7 293 015	13	12.4	14
巴西	466 067	13	4 611 085	17	9.89	19
荷兰	420 842	14	9 350 962	11	22.22	2
俄罗斯	357 473	15	2 761 637	21	7.73	22
伊朗	328 477	16	3 134 120	19	9.54	20
瑞士	314 919	17	7 330 311	12	23.28	1
土耳其	298 834	18	2 461 328	22	8.24	21
瑞典	284 063	19	5 579 579	15	19.64	5
中国台湾	281 521	20	3 476 899	18	12.35	15
波兰	280 990	21	2 930 617	20	10.43	17
比利时	231 108	22	4 667 754	16	20.2	3

数据来源：中国科学技术信息研究所《中国科技论文统计结果 2020》。

附表 11　2017 年主要经济体中高技术附加值占制造业总附加值的比例

排名	经济体	占比 /%	排名	经济体	占比 /%
1	新加坡	78.16	7	匈牙利	56.59
2	中国台湾	69.53	8	丹麦	55.34
3	瑞士	64.55	9	爱尔兰	54.32
4	韩国	63.01	10	瑞典	52.09
5	德国	61.68	11	捷克	51.89
6	日本	56.77	12	法国	50.52

排名	经济体	占比 /%	排名	经济体	占比 /%
13	斯洛伐克	49.71	39	委内瑞拉	34.28
14	比利时	49.61	40	波兰	34.21
15	荷兰	48.53	41	土耳其	32.21
16	卡塔尔	47.86	42	俄罗斯	30.05
17	美国	46.97	43	保加利亚	29.21
18	芬兰	46.03	44	乌克兰	29.17
19	奥地利	45.97	45	澳大利亚	28.20
20	罗马尼亚	44.44	46	克罗地亚	27.77
21	英国	44.43	47	爱沙尼亚	27.48
22	马来西亚	44.12	48	阿根廷	26.00
23	菲律宾	43.32	49	葡萄牙	25.04
24	意大利	42.96	50	立陶宛	24.89
25	印度	42.87	51	南非	24.43
26	挪威	42.68	52	塞浦路斯	23.68
27	以色列	42.40	53	约旦	23.66
28	墨西哥	41.61	54	哥伦比亚	23.33
29	中国大陆	41.45	55	智利	20.96
30	泰国	40.71	56	拉脱维亚	20.60
31	西班牙	39.98	57	希腊	20.03
32	沙特阿拉伯	39.22	58	卢森堡	20.02
33	加拿大	38.00	59	新西兰	18.53
34	中国香港	37.38	60	秘鲁	15.13
35	斯洛文尼亚	37.18	61	冰岛	13.90
36	阿联酋	35.92	62	哈萨克斯坦	13.35
37	巴西	35.39	63	蒙古	5.37
38	印度尼西亚	35.35			

数据来源：瑞士洛桑国际管理学院《2020 年世界竞争力年鉴》。

附表 12　2014—2018 财年美国整体研发支出及来源情况

单位：百万美元

年份	总计	企业	政府	高等教育	国外
2014	477 003	295 452	123 615	16 209	24 052
2015	495 893	309 688	125 206	17 293	24 857
2016	522 652	330 503	122 327	18 577	30 325
2017	556 343	347 688	127 306	19 673	39 386
2018	607 474	383 436	135 762	20 780	43 911

注：定义不同。

数据来源：经合组织数据库，2021 年 1 月。

附表 13-1　2013—2017 年德国国内研发支出统计

单位：百万欧元

主体		2013 年	2014 年	2015 年	2016 年	2017 年
按执行主体分	企业	53 566	56 996	60 952	62 826	68 787
	国家和公益性私营机构	11 862	12 320	12 486	12 721	13 484
	高校	14 302	14 930	15 344	16 627	17 282
按来源分	企业	52 176	55 589	58 239	60 116	65 884
	国家	23 198	24 184	24 762	26 267	27 596
	公益性私营机构	246	263	319	332	344
	外国	4110	4211	5462	5458	5729
总支出		79 730	84 246	88 782	92 174	99 554
占 GDP 比例 /%		2.84	2.88	2.93	2.94	3.07

数据来源：德国联邦教育与研究部数据平台。

附表 13-2　2013—2017 年德国研发人员统计（按所属部门）

单位：人年

部门	2013 年	2014 年	2015 年	2016 年	2017 年
经济部门	360 375	371 706	404 767	413 027	436 571
国家部门	98 161	101 005	101 717	103 206	106 025
高校部门	130 079	132 542	134 032	141 661	143 753
合计	588 615	605 253	640 515	657 894	686 349

数据来源：德国联邦教育与研究部数据平台。

附表 14-1 2017—2019 年欧盟及部分非欧盟国家研发支出统计

经济体	2017 年			2018 年			2019 年		
	总支出/百万欧元	人均支出/欧元	研发强度/%	总支出/百万欧元	人均支出/欧元	研发强度/%	总支出/百万欧元	人均支出/欧元	研发强度/%
欧盟	321 472	628.6	2.08	336 995	657.7	2.11	352 042[P]	685.6[P]	2.14[P]
欧元区 19 国	245 010	719.5	2.18	256 294	751.3	2.21	266 621[P]	779.8[P]	2.23[P]
比利时	11 868	1045.5	2.67	12 308[e]	1079.8[e]	2.67[e]	13 761[P]	1201.2[P]	2.89[P]
保加利亚	389	54.7	0.74	424	60.1	0.76	512[P]	73.2[P]	0.84[P]
捷克	3433	324.5	1.77	4006	377.6	1.90	4348[P]	408.3[P]	1.94[P]
丹麦	8919[P]	1551.4[P]	3.03[P]	9139[P]	1580.9[P]	3.02[P]	9245[P]	1592.4[P]	2.96[P]
德国	99 554	1206.4	3.05	104 669	1264.2	3.12	109 322[e]	1316.8[e]	3.17[e]
爱沙尼亚	304	231.3	1.28	366	277.2	1.41	453[P]	341.9[P]	1.61[P]
爱尔兰	3675	768.2	1.22	3717	769.5	1.14	2771	565.1	0.78
希腊	2038	189.3	1.15	2179	202.9	1.21	2337[P]	217.9[P]	1.27[P]
西班牙	14 063	302.2	1.21	14 946	320.3	1.24	15 572[P]	331.8[P]	1.25[P]
法国	50 619[P]	757.7[P]	2.20[P]	51 837[P]	774.6[P]	2.20[P]	53 158[e]	793.3[e]	2.19[e]
克罗地亚	424	101.9	0.86	502	122.2	0.97	601[P]	147.4[P]	1.11[P]
意大利	23 794	392.7	1.37	25 232	417.2	1.42	25 910[P]	429.3[P]	1.45[P]
塞浦路斯	110	128.9	0.55	133	154.0	0.62	140[P]	159.5[P]	0.63[P]
拉脱维亚	138	70.7	0.51	186	96.3	0.64	195[P]	101.6[P]	0.64[P]
立陶宛	379	133.0	0.90	426	151.8	0.94	484[P]	173.2[P]	0.99[P]
卢森堡	721	1220.1	1.27	705[e]	1170.3[e]	1.17[e]	757[P]	1233.1[P]	1.19[P]
匈牙利	1673	170.8	1.32	2051[b]	209.8[b]	1.51[b]	2159	220.9	1.48
马耳他	66	143.2	0.57	75	156.9	0.60	81[P]	165.1[P]	0.61[P]
荷兰	16 081	941.4	2.18	16 554	963.5	2.14	17 524[P]	1014.0[P]	2.16[P]
奥地利	11 290	1286.9	3.06	12 110[P]	1372.7[P]	3.14[P]	12 689[P]	1432.3[P]	3.19[P]
波兰	4834	127.3	1.03	6018	158.5	1.21	7046[P]	185.6[P]	1.32[P]
葡萄牙	2585	250.7	1.32	2769	269.1	1.35	2987[P]	290.6[P]	1.40[P]
罗马尼亚	945	48.1	0.50	1025	52.5	0.50	1067	55.0	0.48
斯洛文尼亚	802	388.4	1.87	893	431.9	1.95	989[P]	475.4[P]	2.04
斯洛伐克	749	137.8	0.89	751	138.0	0.84	777	142.5	0.83
芬兰	6173	1121.7	2.73	6438	1167.7	2.76	6715	1217.0	2.79
瑞典	16 142	1615.0	3.36	15 631	1544.6	3.32	16 078[ep]	1571.6[ep]	3.39[ep]
英国	39 704	603.0	1.68	41 903	632.3	1.73	44 364[P]	665.7[P]	1.76[P]

续表

经济体	2017 年			2018 年			2019 年		
	总支出 /百万欧元	人均支出/欧元	研发强度 /%	总支出 /百万欧元	人均支出 / 欧元	研发强度 /%	总支出 /百万欧元	人均支出 / 欧元	研发强度 /%
冰岛	457	1350.1	2.11	445	1276.8	2.04	—	—	—
挪威	7417	1410.5	2.10	7583	1431.9	2.06	7999ᵖ	1501.3ᵖ	2.22ᵖ
瑞士	19 835	2355.9	3.18	—	—	—			
黑山	15	24.1	0.35	23	37.7	0.50			
北马其顿	36	17.2	0.35	39	18.8	0.36	41	19.9	0.37
塞尔维亚	342	48.6	0.87	394	56.3	0.92			
土耳其	7245	90.8	0.95	6751	83.5	1.03			
俄罗斯	15 456	—	1.11	13 887	—	0.98	15 662		1.03
美国	485 956ᵈᵖ	1493.4ᵈᵖ	2.81ᵈᵖ	492 424ᵈᵉ	1503.9ᵈᵉ	2.82ᵈᵉ	—	—	—
中国（不含香港）	230 779	166.0	2.12	252 019	—	2.14			
日本	138 207	1090.8	3.20	137 416ᵇ	1086.8ᵇ	3.28ᵇ			
韩国	61 711	1201.5	4.29	65 992	1278.7	4.52	—	—	—

注：b.序列中断；d.定义不同；e.估值；p.临时数据

数据来源：欧盟统计局，2021 年 1 月。

附表 14-2　2017—2019 年欧盟及部分非欧盟国家研发人员统计

单位：人年

经济体	2017 年	2018 年	2019 年
欧盟	3 140 715	3 304 099	3 413 488ᵖ
欧元区 19 国	2 223 024	2 321 633	2 402 992ᵖ
比利时	82 686	88 031ᵉ	96 158ᵖ
保加利亚	23 290	25 809	26 399ᵖ
捷克	69 736	74 969	79 245ᵖ
丹麦	63 243ᵖ	64 591ᵖ	60 638ᵖ
德国	686 349	707 704	733 007ᵉ
爱沙尼亚	6048	6183	6448ᵖ
爱尔兰	35 771	35 817ᵉ	37 310
希腊	47 585	51 279	54 833ᵖ
西班牙	215 745	225 696	231 413ᵖ

续表

经济体	2017 年	2018 年	2019 年
法国	441 509ᵖ	452 970ᵖ	463 738ᵉ
克罗地亚	11 778	13 029	14 492ᵖ
意大利	317 628	345 625	355 362ᵖ
塞浦路斯	1535	1826	1870ᵖ
拉脱维亚	5378	5806	5923ᵖ
立陶宛	11 577	11 956	12 941ᵖ
卢森堡	5545	5468	5892ᵖ
匈牙利	40 432	54 654ᵇ	56 943
马耳他	1542	1530	1612ᵖ
荷兰	150 399	156 875	160 234ᵖ
奥地利	76 010	80 750ᵖ	84 060ᵖ
波兰	144 103	161 993	163 985ᵖ
葡萄牙	54 995	58 154	62 517ᵖ
罗马尼亚	32 586	31 933	31 665
斯洛文尼亚	14 713	15 686	16 984ᵖ
斯洛伐克	19 011	20 268	21 196
芬兰	48 999	50 011	51 494
瑞典	88 928	92 011	91 041ᵉᵖ
英国	443 597ᵉ	463 476ᵉ	486 088ᵖ
冰岛	3172	3172	—
挪威	46 234	46 601	49 249ᵖ
瑞士	81 751	—	—
黑山	611	682	—
北马其顿	1870	1995	1930
塞尔维亚	20 788	20 868	—
土耳其	153 552	172 119	
俄罗斯	778 155	758 462	753 796
中国（不含香港）	4 033 597	4 381 444	—
日本	890 749ᵈ	896 901ᵇᵈ	—
韩国	471 201	501 175	—

注：b. 序列中断；d. 定义不同；e. 估值；p. 临时数据。

数据来源：欧盟统计局，2021 年 1 月。

附表 15-1　2013—2018 年英国研发支出统计

单位：百万英镑

执行部门	2013 年	2014 年	2015 年	2016 年	2017 年	2018 年
政府	1503	1391	1321	1335	1341	1498
研究理事会	814	819	771	837	866	962
企业	18 617	19 982	21 018	22 580	23 669	25 048
高等教育	7295	7489	7670	7707	8144	8740
非营利私营机构	539	605	697	722	754	823
总支出	28 768	30 286	31 477	33 180	34 775	37 072
占 GDP 比例 /%	1.59	1.62	1.63	1.64	1.67	1.71

数据来源：英国国家统计局。

附表 15-2　2014—2018 年英国研发人员统计

单位：人年

部门	2014 年	2015 年	2016 年	2017 年	2018 年
企业	192 220.80	206 153.00	209 584.00	231 234.00	250 059.00
政府	16 249.80	14 615.00	14 531.00	14 698.00	14 631.20
高等教育	163 838.10	167 463.00	167 519.00	170 971.00	171 527.00
非营利私营机构	4787.40[e]	6368.00	6505.00[e]	7586.00	8259.90
合计	396 280.80[e]	413 860.00	417 390.00[e]	443 597.00[e]	463 476.30[e]

注：e. 估计值。

数据来源：经合组织数据库。

附表 16-1　2015—2020 年加拿大研发支出统计

单位：百万美元

执行部门	2015 年	2016 年	2017 年	2018 年	2019 年	2020 年
联邦政府	2027	2003	2207	2329	2412	2462
省政府	285	290	300	318	303	304
省研究组织	33	34	34	38	40	39
企业	17 954	18 723	19 032	19 521	18 619	19 081
高等教育	13 245	13 810	14 339	15 088	15 260	15 413
非营利私营机构	159	156	175	171	144	136
总支出	33 704	35 016	36 087	37 465	36 777	37 436
占 GDP 比例 /%	1.7	1.7	1.7	1.6	—	—

数据来源：加拿大统计局。

附表 16-2　2016—2020 年加拿大研发人员统计

单位：人

类型	2016 年	2017 年	2018 年	2019 年	2020 年
科学和专业人员	18 879	20 407	20 660	20 676	20 774
技术人员	6692	6874	7057	7163	7157
其他人员	8649	9036	9184	9348	9289
合计	34 219	36 317	36 902	37 186	37 220

数据来源：加拿大统计局。

附表 17　2014—2019 年俄罗斯研发支出与人员统计

项目		2014 年	2015 年	2016 年	2017 年	2018 年	2019 年
研发人员 / 万人		73.23	73.89	72.23	70.79	68.26	68.25
联邦科技投入 / 亿卢布	基础研究	1216	1202	1052	1170	1496	1925
	应用研究	3157	3192	2975	2609	2709	2967
	合计	4373	4394	4027	3779	4205	4892
	财政投入占比 /%	2.95	2.81	2.45	2.30	2.52	2.69
	GDP 占比 /%	0.56	0.53	0.47	0.41	0.40	0.44
科研内部经费 / 亿卢布	现行货币	8475	9147	9438	10192	10282	11348
	GDP 占比 /%	1.09	1.10	1.10	1.11	1.0	1.03

数据来源：俄罗斯联邦统计局《国家统计年鉴 2020》。

附表 18　2013—2019 年中国研发支出统计

单位：亿元

年份	科学技术支出	基础研究支出		应用研究支出		技术研究与开发支出		其他*	
		支出	占比	支出	占比	支出	占比	支出	占比
2013	5084.30	406.66	8.00%	1463.93	28.79%	1220.02	24.00%	1993.69	39.21%
2014	5314.45	471.07	8.86%	1507.44	28.36%	1318.32	24.81%	2017.62	37.96%
2015	5704.90	550.91	9.66%	1589.43	27.86%	1541.82	27.03%	2022.74	35.46%
2016	6563.96	569.69	8.68%	1619.55	24.67%	1592.56	24.26%	2782.16	42.39%
2017	7266.98	605.04	8.33%	1575.66	21.68%	1779.66	24.49%	3306.62	45.50%
2018	8326.65	649.33	7.80%	1757.54	21.11%	1960.03	23.54%	3959.75	47.56%
2019	9470.79	822.52	8.68%	1934.52	20.43%	2160.55	22.81%	4553.20	48.08%

*其他包括在科技条件与服务、社会科学、科学技术普及、科技交流与合作、科学技术管理事务等方面的支出。

数据来源：中国财政部《全国一般公共预算支出决算表》。

附表 19-1　2014—2018 年韩国研发支出统计

单位：百万韩元

执行部门	2014 年	2015 年	2016 年	2017 年	2018 年
企业	49 854 465	51 136 421	53 952 471	62 563 447	68 834 432
政府	7 146 441	7 745 313	8 012 527	8 429 716	8 636 202
高等教育	5 766 961	5 998 872	6 339 888	6 682 523	7 050 415
非营利私营机构	966 250	1 078 766	1 100 644	1 113 501	1 207 666
合计	63 734 127	65 959 372	69 405 530	78 789 187	85 728 715

数据来源：经合组织数据库。

附表 19-2　2014—2018 年韩国研发人员统计

单位：人年

部门	2014 年	2015 年	2016 年	2017 年	2018 年
政府	35 573.64	38 173.87	38 119.08	37 577.93	38 737.98
高等教育	74 861.46	72 745.48	72 482.33	70 037.38	71 333.35
企业	314 018.61	323 651.81	328 948.30	355 600.83	383 321.49
非营利私营机构	6414.33	7455.90	7858.50	7985.05	7781.71
合计	430 868.04	442 027.05	447 408.20	471 201.19	501 174.53

数据来源：经合组织数据库。

附表 20-1　2015—2019 年日本研发支出统计

单位：亿日元

年份	企业	非营利组织公立机构	大学等	合计
2015	136 857	16 095	36 439	189 391
2016	133 183	15 102	36 042	184 326
2017	137 989	16 097	36 418	190 504
2018	142 316	16 160	36 784	195 260
2019	142 121	16 435	37 202	195 757

数据来源：日本总务省统计局《2020 年科学技术研究调查结果》。

附表 20-2　2015—2019 年日本研究相关从业者数统计

单位：百人

年份	研究人员	研究辅助人员	技术人员	其他相关从业人员	合计
2015	8471	668	566	896	10 600
2016	8537	642	538	888	10 605
2017	8670	664	570	911	10 814
2018	8748	667	577	944	10 936
2019	8810	694	585	937	11 025

数据来源：日本总务省统计局《2020 年科学技术研究调查结果》。